Molekularbiologische Methoden in der Lebensmittelanalytik

Ulrich Busch
Herausgeber

Molekularbiologische Methoden in der Lebensmittelanalytik

Grundlegende Methoden und Anwendungen

Springer

Herausgeber
Dr. Ulrich Busch
Bayerisches Landesamt für Gesundheit und
Lebensmittelsicherheit
Veterinärstraße 2
85764 Oberschleißheim
Deutschland
ulrich.busch@lgl.bayern.de

ISBN 978-3-642-10715-3 e-ISBN 978-3-642-10716-0
DOI 10.1007/978-3-642-10716-0
Springer Heidelberg Dordrecht London New York

Die Deutsche Nationalbibliothek verzeichnet diese Publikation in der Deutschen Nationalbibliografie; detaillierte bibliografische Daten sind im Internet über http://dnb.d-nb.de abrufbar.

Einbandentwurf: WMXDesign GmbH, Heidelberg

Gedruckt auf säurefreiem Papier

Springer ist Teil der Fachverlagsgruppe Springer Science+Business Media (www.springer.com).

Inhalt

Autorenverzeichnis

Barbara Becker Hochschule Ostwestfalen-Lippe, Liebigstraße 87, 32657 Lemgo, Deutschland, barbara.becker@hs-owl.de

Ulrich Busch Bayerisches Landesamt für Gesundheit und Lebensmittelsicherheit, Veterinärstraße 2, 85764 Oberschleißheim, Deutschland, ulrich.busch@lgl.bayern.de

Anja Demmel Bayerisches Landesamt für Gesundheit und Lebensmittelsicherheit, Veterinärstraße 2, 85764 Oberschleißheim, Deutschland, anja.demmel@lgl.bayern.de

Matthias Ehrmann Lehrstuhl für Technische Mikrobiologie, Weihenstephaner Steig 16, 85350 Freising, Deutschland, m.ehrmann@wzw.tum.de

Rolf Geisen Bundesforschungsinstitut für Ernährung und Lebensmittel, Max Rubner Institut, Haid-und-Neu-Straße 9, 76131 Karlsruhe, Deutschland, rolf.geisen@mri.bund.de

Alexandra Hahn GALAB Laboratories GmbH, Max-Plank-Straße 1, 21502 Geesthacht, Deutschland, alexandra.hahn@galab.de

Ingrid Huber Bayerisches Landesamt für Gesundheit und Lebensmittelsicherheit, Veterinärstraße 2, 85764 Oberschleißheim, Deutschland, ingrid.huber@lgl.bayern.de

Philipp Hübner Kantonales Laboratorium Basel-Stadt, Kannenfeldstraße 2, 4012 Basel, Postfach, Schweiz, philipp.huebner@bs.ch

Regina Konrad Bayerisches Landesamt für Gesundheit und Lebensmittelsicherheit, Veterinärstraße 2, 85764 Oberschleißheim, Deutschland, regina.konrad@lgl.bayern.de

Dirk Kostmann Deutsches Institut für Normung, Normenausschuss Lebensmittel und Landwirtschaftliche Produkte (NAL), Burggrafenstraße 6, 10787 Berlin, Deutschland, dirk.kostmann@din.de

Dietrich Mäde Landesamt für Verbraucherschutz, Dienstsitz Halle, Freiimfelder Straße 66-68, 06112 Halle, Deutschland, dietrich.maede@lav.ms.sachsen-anhalt.de

Ute Messelhäußer Bayerisches Landesamt für Gesundheit und Lebensmittelsicherheit, Veterinärstraße 2, 85764 Oberschleißheim, Deutschland, ute.messelhäuser@lgl.bayern.de

Melanie Pavlovic Bayerisches Landesamt für Gesundheit und Lebensmittelsicherheit, Veterinärstraße 2, 85764 Oberschleißheim, Deutschland, melanie.pavlovic@lgl.bayern.de

Bert Pöpping Director Molecular Biology & Immunology, Eurofins Scientific Group, 69a Kilnwick Road, Pocklington, YO42 2JY, UK, bertpopping@eurofins.com

Silke Renger Bundesamt für Verbraucherschutz und Lebensmittelsicherheit (BVL), Diedersdorfer Weg 1, 12277 Berlin, Deutschland, silke.renger@bvl.bund.de

Barbara Schalch Bayerisches Landesamt für Gesundheit und Lebensmittelsicherheit, Veterinärstraße 2, 85764 Oberschleißheim, Deutschland, barbara.schalch@lgl.bayern.de

Manuela Schulze Niedersächsisches Landesamt für Verbraucherschutz und Lebensmittelsicherheit, Lebensmittelinstitut Braunschweig, Dresdenstraße 2, 38124 Braunschweig, Deutschland, dr.manuela.schulze@gmx.de

Carolin Stachel Bundesamt für Verbraucherschutz und Lebensmittelsicherheit (BVL), Diedersdorfer Weg 1, 12277 Berlin, Deutschland, carolin.stachel@bvl.bund.de

Claudia Unterberger Bayerisches Landesamt für Gesundheit und Lebensmittelsicherheit, Veterinärstraße 2, 85764 Oberschleißheim, Deutschland, claudia.unterberger@lgl.bayern.de

Martin Wagner Veterinärmedizinische Universität Wien, Institut für Milchhygiene, Milchtechnologie und Lebensmittelwissenschaft, Veterinärplatz 1, 1210 Wien, Österreich, martin.wagner@vu-wien.ac.at

Hans-Ulrich Waiblinger Chemisches und Veterinäruntersuchungsamt Freiburg, Bissierstraße 5, 79114 Freiburg, Deutschland, hans-ulrich.waiblinger@cvuafr.bwl.de

Patric Zeltz BF-BIOlabs GmbH, Ferdinand-Porsche-Strasse 5/1, 79211 Denzlingen, Deutschland, patric.zeltz@bf-biolabs.com

Abkürzungsverzeichnis

AC/IM RT-PCR	Antigen-Capture/Immunomagnetic beads RT-PCR
ANSI	American National Standards Institute
AFLP	Amplifizierter Fragmentlängen-Polymorphismus (amplified fragment-length polymorphism)
AOAC	Association of Offical Analytical Chemists
BAC	künstliche bakterielle Chromosomen (bacterial artificial chromosomes)
bar	Basta resistance
BHQ	BlackHole Quencher
Bp	Basenpaar
CEN	Europäisches Komitee für Normung (Comité Européen de Normanization)
CENELEC	Europäisches Komitee für elektrotechnische Normung
C_t-Wert	Schwellenwert-Zyklus (threshold cycle)
cyt	Cytochrom
DBPCFC	double-blind placebo-controlled food challenge
dTTP	Desoxythymidintriphosphat
dUTP	Desoxyuridintriphosphat
DEFT	Direkte-Epifluoreszenz-Filtertechnik
DGGE	denaturierende Gradientengelelektrophorese
DIN	Deutsches Institut für Normung e.V.
DKE	Deutsche Kommission Elektrotechnik Elektronik Informationstechnik im DIN und VDE
DNA	Desoxyribonukleinsäure
EPS	Eignungsprüfung
EPSPS	6-Enolpyruvylshikimate-3-phosphate-synthase
FAM	Fluoreszenzfarbstoff 6-Carboxy-Fluorescein
FISH	Fluoreszenz in situ Hybridisierung
FRET	Fluoreszenz Resonanz Energie Transfer
FTIR	Fourier transformierte Infrarotspektroskopie
IAC	interne Amplifikationskontrolle (Internal Amplification Control)
EDTA	Etylendiamintetraessigsäure

DEAE	Diethylaminoethyl
EFTA	Europäische Freihandelsassoziation (European Free Trade Association)
ELISA	enzymgebundener Immunoadsorptionstest (Enzym Linked Immunosorbent Assay)
EMA	Ethidiumbromid Monoacid
EN	Europäische Norm
ERIC-PCR	Enterobacterial Repetitive Intergenic Consensus PCR
ETSI	Europäisches Institut für Telekommunikationsnormen (European Telecommunications Standards Institute)
GG	Genogruppe
GmCl	Guanidiniumchlorid
GuHCL	Guanidiniumhydrochlrorid
GuSCN	Guanidine Isothiocyanate
GVP	gentechnisch veränderte Pflanzen
HACCP	Hazard Analysis Critical Control Point
HDA	High density array
HEX	Hexachlorfluorescein
HUS	Hämorrhagisch-urämisches Syndrom
IAC	interne Amplifikationskontrolle
ICC-PCR	Integrated Cell Culture-PCR
IgE	Immunglobulin E
IEC	Internationale Elektrotechnische Kommission (International Electrotechnical Commission)
IGS	Intergener Spacer
ISO	Internationale Organisation für Normung (International Organization for Standardization)
ITU	Internationale Fernmeldeunion (International Telecommunication Union)
ITS	intern transkribierter Spacer
GVO	Gentechnisch veränderter Organismus
KbE	koloniebildende Einheiten
KELDA	Kernel Lot Distribution Assessment
LAMP	Loop-Mediated Isothermal DNA Amplification
LDA	low density array
LFGB	Lebensmittel- und Futtermittelgesetzbuch
LIMS	Laborinformationsmanagementsystem
LMKV	Lebensmittelkennzeichnungsverordnung
LNA	locked nucleic acid
LOD	Detektionsgrenze (Limit of Detection)
LOQ	Quantifizierungsgrenze (Limit of Quantification)
LPA	ligation-dependent probe amplification
LTP – Proteine	Lipid Transfer Proteine
MGB	minor groove binder
MLST	Multi locus sequence typing

MPN	Most probable number
NAL	Normenausschuss Lebensmittel und landwirtschaftliche Produkte (NAL) im DIN
NASBA	Nucleic Acid Sequence Based Amplification
NSB	Nationale Normungsorganisation (National Standardization Body)
P35S	Blumenkohlmosaikvirus 35S Promotor
Pat	phosphinothricine acetyltransferase
PCB	polychlorierte Biphenyle
PCR	Polymerase Kettenreaktion
PEG	Polyethylenglykol
PFGE	Pulsfeld-Gelelektrophorese
PMA	Propidiumiodid
PNA	peptide nucleic acid
PVP	Polyvinylpyrrolidone
PVPP	Polyvinylpolypyrrolidone
QMS	Qualitätsmanagementsystem
RAPD	zufällig amplifizierte polymorphe DNS (randomly amplified polymorphic DNA)
RAST	Radioallergosorbent Assay
REA	Restriktionsendonukleasenanalyse
RFLP	Restriktionsfragmentlängenpolymorphismus
RIA	Radioimmunoassay
RIE	Rocket Immunoelectrophorese
RRS	Roundup Ready Soja
RSD	relative standard deviation
RT	Reverse Transkription
RT-PCR	Reverse Transkriptase-Polymerase Kettenreaktion
SC	Unterkomitee (Subcommittee)
SDS	Natriumdodecylsulfat
SNP	Singel Nucleotid Polymophismus
SSCP	Einzelstrangkonformations-Polymorphismus (single strand conformation polymorphism)
SSLP	simple sequence length polymorphism
STEC	Shigatoxin-bildene *Escherichia coli*
TAMRA	Tetramethylrhodamin
TET	Tetrachlorfluorescein
Tm	Schmelztemperatur
T-nos	Terminationssequenz aus *Agrobacterium tumefaciens*
tRFLP	terminaler Restriktionsfragmentlängenpolymorphismus
TC	Technisches Komitee (Technical Committee)
TTGE	temporale Temperaturgradientengelelektrophorese
VTEC	Verotoxin-bildende *Escherichia coli*
YAK	Yakima Yellow®
ZIK	Zelluläre interne Kontrolle

Kapitel 1
Molekulare Lebensmittelanalytik

Ulrich Busch

Inhalt

1.1 Einleitung

In der Lebensmittelanalytik spielen molekularbiologische Methoden neben den klassischen kulturellen, biochemischen, zytologischen und immunologischen Verfahren eine immer größere Rolle. Sie besitzen großes Potenzial, da Nukleinsäuren in zahlreichen Untersuchungsmaterialien enthalten sind. Zudem sind die Analysen oft schneller und mit weniger Aufwand verbunden als die klassische Diagnostik.

Molekularbiologische Protokolle sind in der Lebensmittelanalytik in den vergangenen Jahren umfassend eingeführt worden und können sowohl in der Routine- als auch in der Spezialdiagnostik eingesetzt werden. Dabei wird die Molekularbiologie weder die klassischen Verfahren oder die ELISA-Technologie verdrängen oder ersetzen, sondern sich als eine weitere Alternative in die Analytik einbringen.

Die molekularbiologische Methodik dient im Bereich des Nachweises pathogener Mikroorganismen zum einen als Screeningverfahren, um möglichst frühzeitig ein Untersuchungsergebnis zu erhalten. Eine Bestätigung des molekularbiologischen Befundes mittels klassisch-kultureller Verfahren ist aber in diesen Fällen für eine lebensmittelrechtliche Beurteilung immer zwingend erforderlich. Des Weiteren werden molekularbiologische Verfahren zur weitergehenden Charakterisierung von Isolaten, z. B. zum Nachweis von Pathogenitätsfaktoren bei einzelnen Erregergruppen, eingesetzt. Ergebnisse aus derartigen Untersuchungen ermöglichen eine gezieltere und differenziertere Risikobewertung für einzelne Produkte bzw. Produkt-

U. Busch (✉)
Bayerisches Landesamt für Gesundheit und Lebensmittelsicherheit, Veterinärstraße 2, 85764 Oberschleißheim, Deutschland
e-mail: ulrich.busch@lgl.bayern.de

U. Busch (Hrsg.), *Molekularbiologische Methoden in der Lebensmittelanalytik*, DOI 10.1007/978-3-642-10716-0_1, © Springer-Verlag Berlin Heidelberg 2010

gruppen. Ebenso hat sich die molekulare Diagnostik im Hinblick auf den Nachweis lebensmittelassoziierter Viren als Methode der Wahl etabliert.

Durch den direkten Nachweis der Erbinformation können aber auch allergene oder gentechnisch veränderte Bestandteile in Lebensmitteln identifiziert bzw. eine Differenzierung von Tierarten durchgeführt werden.

Die molekularbiologischen Methoden gewährleisten eine spezifische und schnelle Detektion und bieten ein breites Anwendungsspektrum. Der Nachweis gelingt sehr oft auch bei hoch prozessierten Lebensmitteln und ist damit deutlich empfindlicher als konventionelle ELISA-Tests.

Damit haben sich molekularbiologische Methoden nach der Diagnostik im medizinischen Bereich endgültig in der Lebensmittelanalytik etabliert und sind für die Routine- und die Spezialdiagnostik unverzichtbar.

Während mikrobiologische Methoden seit Mitte des 19. Jahrhunderts entwickelt und seitdem immer weiter verfeinert wurden, wurden für die molekularbiologischen Testverfahren erst durch die Entwicklung der PCR Mitte der 1980er-Jahre breite Anwendungsmöglichkeiten erschlossen. Mit der PCR können Nukleinsäuren nicht nur sehr spezifisch, sondern auch sehr sensitiv nachgewiesen werden. Die Grundlage dieser Technologie ist die Vervielfältigung von Desoxyribonukleinsäure (DNA), dem Trägermolekül der Erbsubstanz. Dabei werden spezifische DNA-Sequenzen in einem Reaktionsgefäß mit einer hohen Ausbeute angereichert; anschließend erfolgt mit unterschiedlichen Verfahren die Detektion der Sequenzen. Die Methode erlaubt jedoch keine Aussage über die Lebens- bzw. Vermehrungsfähigkeit eines Mikroorganismus. Um lebende Mikroorganismen nachzuweisen, wird daher immer eine Voranreicherung benötigt. Eine Fortentwicklung der PCR ist die Real-Time-PCR-Technologie, die eine Echtzeitanalyse der PCR über die Messung von Fluoreszenzsignalen erlaubt und damit auch die Möglichkeit der Quantifizierung bietet.

Zentrale Aufgabe der amtlichen Lebensmittelüberwachung ist es, im Rahmen des gesundheitlichen Verbraucherschutzes dafür zu sorgen, dass Lebensmittel, die als „nicht sicher“ anzusehen sind, nicht in den Verkehr gelangen. Als „nicht sicher“ sind Lebensmittel u. a. dann einzustufen, wenn sie „gesundheitsschädlich“ sind (Art. 14 Abs. 1 i. V. m. 2a der VO (EG) Nr. 178/2002), d. h. wenn sie beispielsweise im verzehrfertigen Zustand pathogene Mikroorganismen enthalten. Die Verantwortung für die Sicherheit der Lebensmittel trägt der Lebensmittelunternehmer, die amtliche Überwachung dient in diesem Bereich nur der Kontrolle der Betriebseigenkontrollen. Die mikrobiologischen Eigenkontrollen regelt die VO (EG) Nr. 2073/2005 über mikrobiologische Kriterien für Lebensmittel, die dem Lebensmittelunternehmer „Lebensmittelsicherheitskriterien“ vorgibt, die Lebensmittel, die in Verkehr gebracht werden, bis zum Ende des Mindesthaltbarkeitsdatums erfüllen müssen. Allerdings enthält die VO (EG) Nr. 2073/2005 nicht alle lebensmittelrelevanten pathogenen Mikroorganismen. Das entbindet den Lebensmittelunternehmer aber nicht von seiner Pflicht, gegebenenfalls zusätzliche mikrobiologische Untersuchungen durchzuführen, sofern er Hinweise darauf hat, dass das von ihm in Verkehr gebrachte Produkt weitere pathogene Mikroorganismen enthalten könnte, die in der VO (EG) Nr. 2073/2005 nicht aufgeführt sind. Die Lebensmittelüberwachungsbehörden kontrollieren routinemäßig die Einhaltung der oben aufgeführten Verordnungen nicht nur im Rahmen von Dokumentenkontrollen, sondern auch durch Probenentnahmen sowohl beim Hersteller/Inverkehrbringer als auch auf der Ebene von Groß- und Einzelhandel.

Für die mikrobiologische Untersuchung von Lebensmitteln liegt eine umfangreiche Sammlung methodischer Vorschriften vor, die durch das Bundesinstitut für Verbraucherschutz und Lebensmittelsicherheit (BVL) herausgegeben wird. Diese Methoden sind standardisiert, benötigen aber oft mehrere Tage, verlangen einen relativ hohen Arbeitsaufwand und sind mit zahlreichen Nachteilen verknüpft (z. B. lange Kultivierungsdauer der Mikroorganismen, Schwierigkeiten bei der Anzucht, nur einzelne Subtypen einer Spezies sind pathogen [Pathotypen]). Gerade im Bereich der Lebensmittelmikrobiologie ist es jedoch notwendig und wünschenswert, schnellstmöglich Ergebnisse zu erhalten, um entsprechende Maßnahmen einleiten zu können. Die Arbeitsgruppe § 64 des Lebensmittel- und Futtermittelgesetzbuches (LFGB) „Molekularbiologische Methoden Mikrobiologie" des Bundesamtes für Verbraucherschutz und Lebensmittelsicherheit hat in den vergangenen Jahren zahlreiche molekularbiologische Methoden erfolgreich für die Amtliche Sammlung erstellt. Da die Erarbeitung standardisierter Methoden nach § 64 LFGB sehr arbeits- und zeitintensiv ist, wurde im Jahr 2007 eine Übersicht über aktuelle moderne molekularbiologische Nachweisverfahren auf Real-Time-PCR-Basis im Journal für Verbraucherschutz publiziert (J. Verbr. Lebens 2; 2007). Diese Methodensammlung, bei der es sich vorrangig um Nachweisverfahren handelt, die noch nicht in der amtlichen Sammlung publiziert, aber in den einzelnen Laboratorien etabliert und validiert sind, sollen der Lebensmittelüberwachung und der Lebensmittelindustrie ein breites Spektrum moderner molekularbiologischer Nachweisverfahren an die Hand geben, um im Rahmen der Prozesskontrolle Kontaminationen aufzuspüren und unsichere Lebensmittel bzw. Rohstoffe nicht in den Verkehr gelangen zu lassen. Gleichzeitig werden die in Deutschland entwickelten und validierten Verfahren auch im europäischen und internationalem Rahmen in die entsprechenden DIN-, CEN- und ISO-Arbeitskreise eingespeist und sollen dort Eingang in die entsprechenden Methodensammlungen nach CEN und ISO finden".

Mit diesem Buch wird erstmals eine umfassende Bestandsaufnahme der in der Lebensmittelanalytik verwendeten Methoden vorgelegt, die für Wissenschaft, Industrie und Lebensmittelüberwachung von Bedeutung sind. Für die einzelnen Kapitel ist es gelungen, nationale und internationale Experten aus der Laborpraxis zu gewinnen, die teilweise schon sehr lange an der Thematik arbeiten und über entsprechende Erfahrungen verfügen. Besonders wichtig war dabei, dass die Autoren nicht nur über die theoretischen Grundlagen verfügen, sondern mit diesen Methoden selbst im Labor intensiv gearbeitet haben oder noch arbeiten und damit über die entsprechenden Voraussetzungen verfügen, um diesen Praxisratgeber zu verfassen. Dem Herausgeber war es ein wichtiges Anliegen, nicht ein weiteres Buch über die molekularbiologische Diagnostik herauszugeben, sondern mithilfe von erfahrenen Fachkolleginnen und Fachkollegen einen Werk zu erstellen, das den Leser mitnimmt und ihm ausgehend von den Grundlagen der Molekularbiologie bis zur Anwendung der Methoden bei den einzelnen Nachweisen mit Rat und Tat zur Seite steht. Nach den grundlegenden Kapiteln über die Kultivierung und die DNA-Extraktion werden die verwendeten Verfahren vorgestellt (PCR, real-time PCR, DNA Chips und alternative Verfahren). Der zweiten Teil des Buches umfasst die unterschiedlichen Anwendungen der molekularbiologischen Methoden, vom Nachweis pathogener Mikroorganismen (Bakterien und Viren) und der Speziesdifferenzierung über die Allergendiagnostik und GVO-Analyse, die Mykotoxindetektion, den Nachweis von Starterkulturen und quantitativen Analyseverfahren bis zur Akkreditierung, Standardisierung und Normierung. Damit zieht das Buch einen breiten Bogen der unterschiedlichen Methoden und Anwendungen und will dem Leser eine umfassende Darstellung über alle relevanten Bereiche der molekularen Lebensmittelanalytik an die Hand geben. Durch das jedem Kapitel angegliederte Literaturverzeichnis ist der Leser sehr schnell in der Lage, die entsprechenden Originalarbeiten zu recherchieren und die Methoden selbst im Labor einzuführen bzw. bestehende Methoden zu optimieren.

Kapitel 2
Kultivierungsverfahren für Bakterien

Ute Messelhäußer

Inhalt

2.1 Einleitung

Lange Zeit war die Isolierung bakterieller pathogener Mikroorganismen mithilfe von entsprechenden Nährmedien die einzige Möglichkeit zum Nachweis der Erreger in Lebensmittel-, Human- und Veterinärproben. Diese Vorgehensweise wurde Mitte des 19. Jahrhunderts entwickelt. Damals gehörte Louis Pasteur zu den ersten Mikrobiologen, die es für notwendig erachteten, Krankheitserreger auch außerhalb des menschlichen Körpers kultivieren zu können und entwickelte deshalb 1861 die erste flüssige Anreicherungsbouillon [7]. Er legte damit einen der Grundsteine für die heutige mikrobiologische Diagnostik und alle weiteren,

U. Messelhäußer (✉)
Bayerisches Landesamt für Gesundheit und Lebensmittelsicherheit, Veterinärstraße 2,
85764 Oberschleißheim, Deutschland
Tel.: +49-89-31560314
Fax: +49-89-31560110
e-mail: ute.messelhaeusser@lgl.bayern.de

U. Busch (Hrsg.), *Molekularbiologische Methoden in der Lebensmittelanalytik*,
DOI 10.1007/978-3-642-10716-0_2, © Springer-Verlag Berlin Heidelberg 2010

darauf aufbauenden Disziplinen. Grundlage der modernen bakteriellen Lebensmittelsuntersuchung sind, im Gegensatz zur viralen Diagnostik, nach wie vor entsprechende Anreicherungsschritte. Vor allem die oftmals sehr geringe Infektionsdosis der unterschiedlichen lebensmittelrelevanten Infektionserreger bedingt eine Nulltoleranz derartiger Mikroorganismen in verzehrfertigen Lebensmitteln und somit die Notwendigkeit einer Kultivierung mittels unterschiedlicher Anreicherungsmethoden vor dem Einsatz molekularer Nachweisverfahren, wie z. B. PCR und Real-Time-PCR. Nach den derzeitigen gesetzlichen Vorgaben ist zusätzlich zu dem molekularbiologischen Nachweis von Infektions- und Intoxikationserregern in der Lebensmittelanalytik der kulturelle Keimnachweis zwingend notwendig. Molekulare Nachweisverfahren können somit entweder als Screeningmethoden für einen schnellen und hohen Probendurchsatz oder nach entsprechenden Kultivierungsschritten zur Bestätigung bestimmter genetischer Eigenschaften von Isolaten herangezogen werden [12].

Die Verwendung unterschiedlicher Kultivierungsverfahren, z. B. Anreicherungsbouillons oder Nähragars, kann allerdings auch zu Störungen der nachfolgenden molekularbiologischen Nachweise führen, da eine Beeinflussung der molekularen Methoden durch die Inhaltsstoffe der jeweiligen Kultivierungssubstanzen gegeben sein kann, sodass entsprechende Reinigungs- bzw. DNA-Extraktionsschritte notwendig werden.

Um eine einheitliche mikro- und auch molekularbiologische Untersuchung von Lebensmitteln auf pathogene Mikroorganismen zu erleichtern und einen einheitlichen nationalen bzw. auch internationalen Standard in der Lebensmitteldiagnostik gewährleisten zu können, existieren deutschland- und europaweit gültige standardisierte Nachweisverfahren. Deutsche lebensmittelmikrobiologische Untersuchungseinrichtungen orientieren sich an den Vorgaben der Amtlichen Sammlung nach § 64 Lebensmittel- und Futtermittelgesetzbuch (LFGB) [1] sowie an den einschlägigen Normen des Deutschen Instituts für Normung (DIN) [4]. Durch die Schaffung eines einheitlichen Europäischen Wirtschaftsraumes wird auch die Angleichung der Untersuchungsverfahren in der Europäischen Union immer bedeutsamer. Eine wichtige Organisation, die als Spiegelgremium die Vereinheitlichung europaweit vorantreibt, ist das Comité Européen de Normanization (CEN), das eng mit der International Standardization Organisation (ISO) [8] verknüpft ist. Allerdings sind derartige Standardisierungsverfahren sehr langwierig und es kann Jahre dauern, bis neue Methoden Eingang in nationale und internationale Methodensammlungen finden. Insofern gilt in der Lebensmitteldiagnostik der Grundsatz, dass neuentwickelte Nachweismethoden, z. B. Real-Time-PCR-Verfahren, eingesetzt werden dürfen, wenn sie nach internationalen Standards validiert wurden und eine mindestens ebenso gute Nachweisrate aufweisen wie die entsprechenden nationalen oder internationalen Standardverfahren. Diese Regelung hält den Weg für die Entwicklung neuer Verfahren im molekularbiologischen und mikrobiologischen Bereich, wie z. B. Selektivnährmedien, offen.

2.2 Anreicherungsverfahren

Generell kann die Anzucht von Bakterien mit flüssigen, halbfesten sowie festen Nährmedien erfolgen. Dabei werden flüssige Anreicherungsbouillons zumeist als erster Schritt der Kultivierung eingesetzt, um Bakterien, die häufig nur in geringen Mengen vorhanden oder durch die vorherige technologische Behandlung des Lebensmittels subletal geschädigt sind, innerhalb von 24 bis 72 h wiederzubeleben und auf 10^6 bis 10^8 Koloniebildende Einheiten pro Milliliter (KbE/ml) zu vermehren, sodass für eine anschließende Detektion mittels molekularbiologischer oder konventionell mikrobiologischer Verfahrensweisen (z. B. über feste Selektivmedien) eine ausreichend hohe Keimzahl zur Verfügung steht. Feste Nährmedien werden zumeist im Anschluss an einen Kultivierungsschritt über Nährbouillons eingesetzt, um die gesuchten Bakterien isolieren und gegebenenfalls weiter charakterisieren zu können. Sowohl bei festen als auch bei flüssigen Nährmedien können nichtselektive und selektive Varianten eingesetzt werden. Grundsätzlich kann bei der Kombination beider Formen von Nährmedien zwischen mehreren unterschiedlichen Strategien unterschieden werden.

Erwartet man nur geringe Keimzahlen und eine eher mäßig ausgeprägte Begleitflora oder muss auch mit subletal geschädigten Mikroorganismen gerechnet werden, die es erst wiederzubeleben gilt, wird man eine flüssige nichtselektive Voranreicherung mit einer Selektivanreicherung bzw. einem Direktausstrich auf einem festen Selektivnährmedium kombinieren.

Ist dagegen mit einer hohen, sehr schnell wachsenden Begleitflora zu rechnen, ist zu überlegen, ob nicht ein flüssiges Selektivmedium als Voranreicherung mit einer nichtselektiven Hauptanreicherung oder mit einem Festmedium kombiniert wird.

Bei einigen Mikroorganismen, wie z. B. *Camyplobacter* spp., die hohe Ansprüche an ihre Umwelt stellen und sehr anfällig auf evtl. auftretende Begleitflora reagieren, wird man dagegen ganz auf ein zweistufiges Anreicherungsverfahren verzichten und ausschließlich Selektivnährmedien wählen.

2.2.1 Nichtselektive flüssige Nährmedien

Die heute noch verwendeten nichtselektiven Flüssignährmedien gehen zurück auf eine Forschergruppe um Louis Pasteur, der, wie bereits erwähnt, 1861 das erste flüssige Kulturmedium herstellte, um Mikroorganismen auch außerhalb des menschlichen, tierischen oder pflanzlichen Organismus zum Wachsen zu bewegen. Diese erste Flüssiganreicherung wies eine einfache Zusammensetzung auf und bestand aus destilliertem Wasser, Zucker, Ammoniumtatrat und Hefeextrakt [11]. Diese erste Anreicherungsbouillon wurde von anderen Wissenschaftlern aufgegriffen und Schritt für Schritt derart modifiziert, dass sie ein optimales Wachstum von Bakterien ermöglichte, ohne das Wachstum von Hefen und Schimmelpilzen allzu sehr zu fördern. Nach und nach entstanden daraus die heute noch verwendeten nichtselektiven Nährbouillons.

Grundbestandteile nichtselektiver Nährbouillons sind Nährstoffe (wie z. B. Pepton und Fleischextrakte), Energiequellen (wie z. B. Kohlenhydrate), essentielle Mineralien (wie z. B. Calcium und Magnesium) und Metalle, Puffersubstanzen (wie z. B. Phosphate) und weitere wachstumsfördernde Agenzien (wie z. B. Vitamine). Der pH-Wert liegt zumeist im leicht alkalischen Bereich zwischen 7,2 und 7,4. Diese Zusammensetzung ermöglicht das Wachstum einer Vielzahl unterschiedlicher Bakterien, wie beispielsweise *Enterobacteriaceae, Bacillus* oder *Clostridium* spp..

Der Vorteil des Einsatzes von nichtselektiven Nährmedien liegt darin, dass zum einen die Möglichkeit besteht, subletal geschädigte Organismen, die ohne derartige Anreicherungsbouillons durch die Diagnostik nicht erfassbar wären, zu rekultivieren und dass zum anderen ein breites Spektrum von Lebensmittelinfektions- und -intoxikationserregern gleichzeitig in einem Arbeitsschritt zeitsparend angezüchtet werden kann. Ein weiterer Vorteil ist darin zu sehen, dass nichtselektive Nährmedien aufgrund ihrer einfachen Zusammensetzung nur wenig Substanzen enthalten, die als Inhibitoren bei anschließend angewandten molekularbiologischen Verfahrensweisen wirken können. Insofern ist es zumeist problemlos möglich, derartige Anreicherungsschritte ohne aufwendige DNA-Extraktionsverfahren mit PCR- oder Real-Time-PCR-Verfahren als Screeningmethode zu verknüpfen.

Der Nachteil des Einsatzes nichtselektiver Nährmedien besteht darin, dass die einzelnen Bakterienspezies, die sich in den Anreicherungsbouillons vermehren, unterschiedliche Ansprüche an ihre Umwelt stellen und sich dadurch auch unterschiedlich rasch vermehren. So kann es vorkommen, dass Keime, die als ubiquitär vorkommende Umweltkontaminanten nur sehr geringe Ansprüche an ihren Lebensraum stellen, sich in der Nährbouillon sehr schnell vermehren und andere, anspruchsvollere Organismen, am Wachstum hindern. Aus diesem Grund sollte für eine folgende Isolierung der Mikroorganismen über eine sinnvolle Kombination von nichtselektiven und selektiven Nährmedien nachgedacht werden.

Zu den klassischen nichtselektiven Nährbouillons gehören:

2.2.1.1 Peptonwasser und Peptonwasser, gepuffert

Peptonwasser und Peptonwasser, gepuffert [6] zählen zu den nichtselektiven Anreicherungsmedien für Bakterien, insbesondere *Enterobacteriaceae*. Peptonwasser, gepuffert wird gemäß den Vorgaben der Amtlichen Sammlung nach § 64 LFGB sowie den einschlägigen DIN/ISO-Methoden als Voranreicherungsmedium für den Nachweis von *Salmonella* spp. verwendet. Es eignet sich hier insbesondere zur Rekultivierung subletal geschädigter Keime aus einer Vielzahl von Lebensmitteln. Aber auch andere Bakterienspezies, wie z. B. *Bacillus* spp. können damit angereichert werden. Gemäß den Vorgaben der entsprechenden nationalen und internationalen Normen besteht Peptonwasser aus Pepton, Natriumchlorid und Wasser. Peptonwasser, gepuffert enthält zusätzlich Dinatriumhydrogenphosphat-dodekahydrat und Kaliumhydrogenphosphat.

2.2.1.2 Tryptose-Soja-Bouillon

Tryptose-Soja-Bouillon ist ein universelles Kulturmedium ohne Zusatz inhibitorischer Substanzen, das für ein weites Anwendungsfeld geeignet ist. Es kann zur Kultivierung von *Enterobacteriaceae, Staphylococcus* spp., *Bacillus* spp., aber auch für die Anzucht von Hefen und Schimmelpilzen genutzt werden. In modifizierter Form ist es in der Amtlichen Sammlung nach § 64 LFGB als Standardnährmedium für den Nachweis von STEC/VTEC aus Lebensmitteln vorgesehen [3]. Als typische Zusammensetzung gelten Tryptose, D-Glucose, Natriumchlorid, Dikaliumhydrogenphosphat sowie Wasser.

2.2.1.3 Fleischbouillon

Fleischbouillon kann zur Kultivierung, aber auch zur Stammhaltung aerober und anaerober Bakterien eingesetzt werden [6, 11, 13]. Aufgrund des ausreichenden Angebots an Nährstoffen ist es möglich, auch geringe Mengen an Bakterien zu kultivieren und über längere Zeit am Leben zu halten. Diese Bouillon kann u. a. auch in der Clostridiendiagnostik eingesetzt werden und enthält Herzmuskulatur, Pepton, Fleischextrakt, Natriumchlorid, Glucose und Wasser. Der hohe Gehalt an Herzmuskulatur kann allerdings bei einer Kombination dieser Anreicherungen mit molekularbiologischen Verfahrensweisen eine aufwendigere DNA-Extraktion erforderlich machen.

2.2.1.4 Hirn-Herz-Glucose-Bouillon

Hirn-Herz-Glucose-Bouillon [14] ist ein vielfältig einsetzbares Flüssigmedium, das häufig zur Kultivierung anspruchsvoller Bakterien, wie Staphylokokken und Streptokokken, eingesetzt wird, sich aber auch in leicht modifizierter Form für die Anzucht von anaerob wachsenden Keimen oder pathogenen Pilzen eignet. In der ursprünglichen Form enthält es Kalbshirninfusion, Rinderherzinfusion, Proteose-Pepton, Glucose, Natriumchlorid sowie Dinatriumhydrogenphosphat.

2.2.2 Selektive Flüssignährmedien

Das von Louis Pasteur 1861 entwickelte flüssige Nährmedium ermöglichte zwar die Kultivierung von Mikroorganismen unter Laborbedingungen, allerdings erkannte man bald, dass nichtselektive Medien nur bedingt geeignet sind, die Vielfalt der mikrobiologischen Welt zu entdecken. Der Nachweis spezifischer Mikroorganismen aus Umweltproben fordert auch die Berücksichtigung der Ansprüche, die diese Keime an ihren Lebensraum stellen. So entstand nach und nach durch den

Zusatz unterschiedlicher Nähr- und Farbstoffe sowie chemischer und antimikrobieller Substanzen die heutige Vielfalt an Selektivbouillons.

Selektive Flüssignährmedien werden häufig in Kombination mit nichtselektiven Anreicherungsbouillons in zweistufigen Verfahren zur Anzucht von Keimen verwendet. Bei Bakterien allerdings, die sehr hohe Ansprüche an ihre Umwelt stellen, werden zur Kultivierung ausschließlich Selektivmedien verwendet. Grundlage derartiger Anreicherungsbouillons sind die oben aufgeführten klassischen nichtselektiven Medien, denen chemische Agenzien, wie Farbstoffe oder Selenit, und häufig auch antimikrobielle Substanzen zugesetzt werden. Durch den Zusatz selektiver antimikrobieller Substanzen kann das Wachstum der Begleitflora gehemmt oder völlig unterdrückt werden, sodass anspruchsvolle Mikroorganismen, die einen längeren Zeitraum zum Wachsen benötigen, nicht durch konkurrierende Umweltkontaminanten an der Vermehrung gehindert werden. Dabei nutzt man die Resistenz von Bakterien oder Bakteriengruppen gegen bestimmte chemische oder antibiotische Substanzen, um diesen einen Wachstumsvorteil zu verschaffen.

Der Vorteil des Einsatzes selektiver Flüssigmedien liegt somit darin, dass mit einer wesentlich geringer ausgeprägten Begleitflora zu rechnen ist, die das Wachstum des gesuchten Erregers erschwert und teilweise so verhindert, dass für eine Detektion ausreichend hohe Keimzahlen erreicht werden.

Der Nachteil von Selektivanreicherungen ist darin zu sehen, dass sie häufig nicht dazu geeignet sind, subletal geschädigte Mikroorganismen wiederzubeleben, sodass diese der Detektion entgehen. Des Weiteren sollte bedacht werden, dass Selektivmedien niemals in der Lage sind, das Wachstum der Begleitflora vollständig zu hemmen, da antimikrobielle Substanzen zumeist nur gegen eine Bakteriengruppe (grampositive oder gramnegative Bakterien) wirken; enger mit den gesuchten Mikroorganismen verwandte Keime werden häufig nicht am Wachstum gehindert.

Beispiele für die in der Lebensmittelmikrobiologie eingesetzten antimikrobiellen Substanzen und chemischen Agenzien, die in selektiven Flüssigmedien Verwendung finden, sind:

2.2.2.1 Polymyxin B

Polymyxin B dient als Hemmstoff für gramnegative Keime und wird u. a. für die selektive Anzucht von *Bacillus cereus* oder in Kombination mit anderen antimikrobiellen Substanzen in der Campylobacter- und Listeriendiagnostik eingesetzt.

2.2.2.2 Novobiocin

Novobiocin dient als antimikrobielle Substanz zur Hemmung der grampositiven Flora und kommt in der Salmonellen- und STEC/VTEC-Diagnostik [1, 6] zum Einsatz.

2.2.2.3 Selenit

Selenit hemmt das Wachstum coliformer Bakterien und Enterokokken in den ersten 12 h der Bebrütung, danach nimmt die Hemmwirkung langsam ab. *Salmonella* spp. und *Proteus* spp. werden dagegen nicht im Wachstum beeinträchtigt, sodass dieses Supplement in Selektivanreicherungen für die Salmonellendiagnostik eingesetzt werden kann.

2.2.2.4 Brillantgrün

Brillantgrün ist ein Farbstoff, der in der Lage ist, die gesamte grampositive Bakterienflora sowie zusätzlich selektiv *Shigella* spp. und *Salmonella typhi* im Wachstum zu hemmen. In der Lebensmittelmikrobiologie wird er zwar derzeit noch in der Salmonellendiagnostik eingesetzt, aber zunehmend auch durch moderne chemische Agenzien verdrängt.

Zusammenfassend ist zu sagen, dass für den anschließenden Einsatz molekularbiologischer Methoden, von wenigen Ausnahmen abgesehen, ein Anreicherung über nichtselektive Nährmedien ausreichen würde. Da aber grundsätzlich auch auf die Isolierung des gesuchten Mikroorganismus abgezielt werden muss, kann in vielen Fällen auf die Verwendung selektiver Flüssignährmedien entweder als alleinige Hauptanreicherung oder in Kombination mit einem nichtselektiven Anreicherungsmedium nicht verzichtet werden.

2.2.3 Nichtselektive Festnährböden

Als Pionier bei der Entwicklung von Festnährböden gilt der deutsche Botaniker Oscar Brefeld, dem es 1872 gelang, aus einzelnen Sporen Schimmelpilzkolonien auf einem Flüssigmedium, dem Gelatine zugesetzt worden war, zu kultivieren. Robert Koch erkannte die Bedeutung dieser Entwicklung, die im Labor eine Möglichkeit eröffnete, Mikroorganismen aus Umweltproben zu isolieren und danach, anders als im Flüssigmedium, auch voneinander zu differenzieren. Bald zeigte sich allerdings auch, dass Gelatine für die Verfestigung von Nährmedien wenig geeignet war, da sie erst bei Temperaturen unter 25 °C fest wird und weder für die Diagnostik während heißerer Sommertage noch für die für viele Bakterien notwendige Bebrütungstemperatur von 37 °C geeignet war. Friedrich Loeffler, ein Assistent von Robert Koch, entwickelte schließlich ein flüssiges Medium zur Kultivierung von *Bacillus* spp., das sich ursprünglich aus Fleischbouillon, 2 % Pepton und 0,6 % Kochsalz zusammensetzte und durch die Zugabe von Natriumphosphat einen leicht alkalischen pH-Wert erhielt. Dieses Flüssigmedium stellt auch heute noch die Grundlage einer Vielzahl von Festnährböden dar. Der Durchbruch für die Entwicklung der Festnährmedien gelang, als diesem Flüssigmedium Agar-Agar zugesetzt wurde, eine Substanz, die bei Temperaturen von bis zu 100 °C fest bleibt und sich weitgehend stabil gegenüber bakteriellen Enzymen erweist. Auf einen weiteren Assistenten Robert Kochs, R. J. Petri, gehen die heute noch verwendeten Behältnisse für Festnährmedien, die Petrischalen zurück. Die Entwicklungen von Robert Koch und seinen Kollegen legten den Grundstein für die Entdeckung der heute bekannten bakteriellen Infektions- und Intoxikationserreger und bilden die Grundlage der modernen Mikrobiologie [11].

Zusätzlich zu den bereits erwähnten Grundbestandteilen nichtselektiver Flüssignährmedien enthalten Festmedien auch heute noch Agar-Agar und häufig als weitere Nährstoffkomponente Schafblut. Festnährmedien werden in der Lebensmittelmikrobiologie entweder im Anschluss an die Anreicherung in Flüssigkulturen zur Isolation der Mikroorganismen eingesetzt oder für semiquantitative oder quantitative Verfahren verwendet. In Kombination mit molekularbiologischen bzw. biochemischen und immunologischen Verfahrenweisen ist so die genaue Identifizierung und Bestimmung eventuell vorhandener Pathogenitätsfaktoren möglich.

Zu den klassischen nichtselektiven Festnährmedien, die auch heute noch die Grundlage der mikrobiologischen Arbeit in der Lebensmittelanalytik bilden, gehören:

2.2.3.1 Nähragar

Bei Nähragar handelt es sich um einen universell einsetzbaren Nährboden, der zur Anzucht wenig anspruchsvoller Mikroorganismen verwendet werden kann. Er enthält, in Anlehnung an die Rezeptur von Friedrich Loeffler, Fleischextrakt, Hefeextrakt, Pepton, Natriumchlorid und Agar.

2.2.3.2 Blutagar

Blutagar (Abb. 2.1) wird zur Isolierung anspruchsvollerer Mikroorganismen verwendet. Er wird aus einer Nähragarbasis unter Zusatz von 5–10 % Schaf- oder Pferdeblut hergestellt. Neben der Kultivierung von Bakterien können mithilfe von Blutagar auch typische hämolysierende Reaktionen festgestellt werden, die einen ersten Hinweis auf Bakteriengattungen geben können.

2.2.4 Selektive Festnährmedien

Ähnlich wie auch bei den selektiven Flüssigmedien werden zur Herstellung von Selektivnährböden nichtselektive Nähragars als Grundlage verwendet, denen chemische Agenzien, insbesondere Farbstoffe und antimikrobiell wirksame Substanzen zugesetzt werden, um ein selektives Wachstum sowie eine erste Identifizierung der Mikroorganismen zu ermöglichen. Farbreaktionen sind häufig an die Verstoffwechslung verschiedener Zuckerarten gekoppelt, sodass ein Farbumschlag des Nährbo-

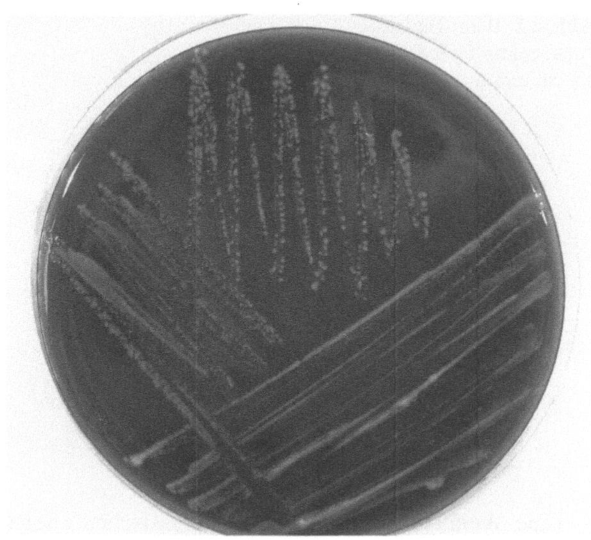

Abb. 2.1 Blutagar, beimpft mit thermophilen *Campylobacter* spp.

dens oder die Färbung einer Bakterienkolonie Hinweise auf die Bakterienspezies geben kann. Beispiele hierfür sind:

2.2.4.1 ENDO-Agar

ENDO-Agar [10] enthält als Nährsubstanz neben Pepton auch Lactose sowie als Farbstoff eine Fuchsin-Sulfit-Verbindung. Coliforme Keime verstoffwechseln die in dem Nährboden enthaltene Lactose unter Bildung von Aldehyd und Säure. Der entstehende Aldehyd setzt Fuchsin aus der Fuchsin-Sulfit-Verbindung frei und führt so zu einer Rotfärbung der Kolonien. Wachsen *Escherichia coli* auf diesem Agar, ist die Reaktion so stark, dass das Fuchsin auskristallisiert und den Kolonien einen beständigen metallischen Glanz verleiht.

2.2.4.2 Baird-Parker-Agar

Baird-Parker-Agar [2] wird zur Anzucht und zur ersten Differenzierung koagulasepositiver Staphylokken verwendet. Neben den üblichen Nährstoffen enthält er als Selektivsubstanzen Lithiumchlorid, Tellurit, Pyruvat und Glycocoll. Lithiumchlorid und Tellurit führen zu einer Hemmung der Begleitflora, Pyruvat und Glycocoll wirken selektiv wachstumsfördernd für Staphylokokken. Unbeimpft ist dieser Nährboden infolge des Gehalts an Eigelb undurchsichtig. Durch Lipolyse und Proteolyse entstehen beim Wachstum koagulasepositiver Staphylokokken klare Höfe um die Einzelkolonien, die durch enzymatische Reaktionen im Inneren eine undurchsichtige Zone aufweisen. Des Weiteren färben sich die Kolonien aufgrund der Reduktion von Tellurit zu Tellur schwarz (Abb. 2.2).

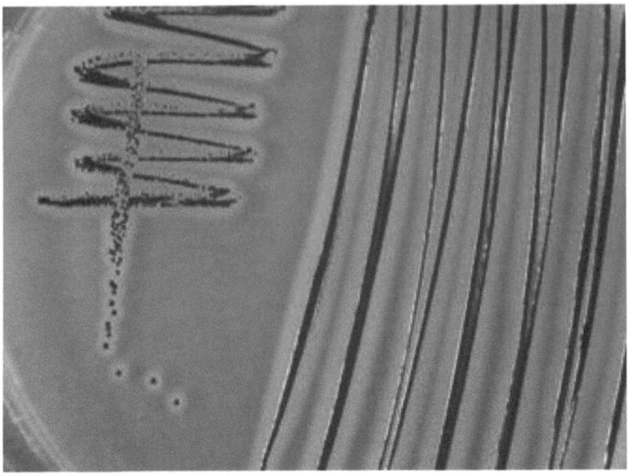

Abb. 2.2 Baird-Barker-Agar, beimpft mit *Staphylococcus aureus*

Eine Weiterentwicklung dieser „klassischen" Selektivnährböden stellen sogenannte „chromogene Nährböden" dar, die heute schon für eine Vielzahl von Anwendungsgebieten auf dem Markt sind. Die Funktionsweise dieser Medien ähnelt den oben beschriebenen Farbreaktionen. Allerdings werden hier den Nährböden verschiedene chromogene Substanzen zugesetzt, die durch bakterielle Enzyme gespalten werden, was zu einer unterschiedlichen Farbgebung bei einzelnen Bakterienspezies führt und so eine gute Erstidentifikation ermöglicht.

Eine Unterform der Selektivnährböden stellen halbfeste Nährmedien dar (Abb. 2.3). Sie enthalten eine geringere Menge an Agar und verfestigen sich deshalb nicht vollständig. Sie werden zum Nachweis beweglicher Bakterien, wie z. B. Salmonellen, verwendet, die die Fähigkeit besitzen, in den Nährboden hineinzuwandern und so eine opake Migrationszone um die Auftragsstelle zu bilden [5].

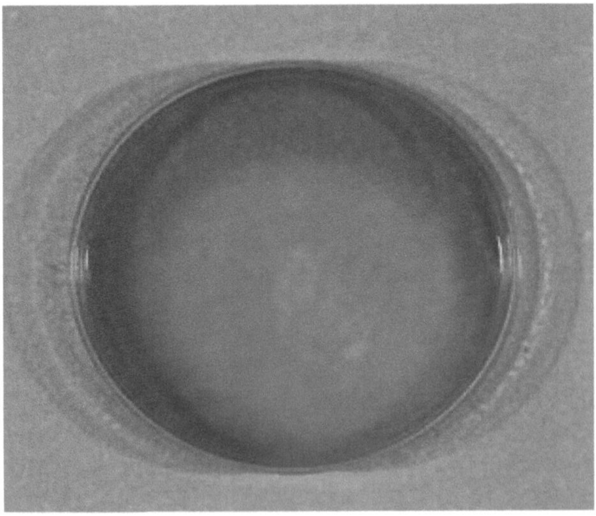

Abb. 2.3 Halbfestes Rappaport-Vassiliaris-Medium, beimpft mit *Salmonella* spp.

Zusammenfassend ist festzuhalten, dass sich feste Selektivnährmedien sehr gut für eine Isolierung und erste Differenzierung der unterschiedlichen Bakterienspezies eignen. Sollen allerdings weitergehende molekularbiologische Differenzierungen der Isolate vorgenommen werden, ist es häufig geschickter, diese erst nach einer Subkultivierung von nichtselektiven Nährböden durchzuführen, da Selektivmedien eine Vielzahl von Substanzen enthalten können, die ein Inhibitionsrisiko für nachfolgende molekularbiologische Nachweisverfahren darstellen.

2.3 Kultivierungsbedingungen

Neben den Anreicherungsmedien spielen noch zwei weitere Umweltbedingungen, die Temperatur und der Sauerstoffgehalt der Atmosphäre [9], eine entscheidende Rolle für eine erfolgreiche Kultivierung unterschiedlicher Mikroorganismen.

2.3.1 Temperatur

Die Ansprüche, die Mikroorganismen an ihre Wachstumstemperatur stellen, können sehr unterschiedlich sein und werden davon bestimmt, welchen Temperaturbereich sie in ihrem natürlichen Lebensraum vorfinden. Je nach optimaler Wachstumstemperatur unterscheidet man zwischen psychrophilen, psychrotrophen, mesophilen und thermophilen Mikroorganismen.

Psychrophile Mikroorganismen (griech. *psychros* = kalt) haben sich derart an die unteren Temperaturbereiche adaptiert, dass sie bei mittleren und hohen Temperaturen nicht mehr wachsen können; ihr Temperaturoptimum liegt bei 12–15 °C. Psychotrophe Keime haben ihr Wachstumsoptimum im mittleren Temperaturbereich (25–30 °C), können sich aber durchaus auch bei niedrigen Temperaturen (bis <5 °C) vermehren. Bekanntester lebensmittelrelevanter Vertreter hierfür ist *Listeria monocytogenes*. Da es sich bei vielen Bakterien, die in der Lebensmitteldiagnostik von Bedeutung sind, um humane Infektionserreger handelt, die sich im menschlichen Körper vermehren, gehören sie zur Gruppe der mesophilen Keime, deren Temperaturoptimum zwischen 30 und 40 °C anzusetzen ist. Eine der wenigen Ausnahmen aus der Gruppe der Lebensmittelinfektionserreger stellen thermophile *Campylobacter* spp. dar, die sich erst bei Temperaturen über 40 °C optimal vermehren.

Grundsätzlich sollte man bei der Kultivierung von Mikroorganismen darauf achten, dass die gewählte Temperatur möglichst in den Optimalbereich der jeweiligen Spezies fällt, die nachgewiesen werden soll. Je näher man an das Temperaturoptimum der einzelnen Keime herankommt, desto kürzer werden die Generationszeiten der Bakterien, wobei die Generationszeiten in den unteren Temperaturbereichen zumeist wesentlich länger sind als im mesophilen oder thermophilen Bereich.

Häufig ist es allerdings nicht möglich, allen Mikroorganismen, die nachgewiesen werden sollen, optimale Temperaturbedingungen zu bieten, da es hierbei nicht nur Unterschiede zwischen den einzelnen Spezies sondern auch innerhalb einer Spezies bzw. Subspezies geben kann. Einen Anhaltspunkt für das zu erwartende Keimspektrum und damit die Bebrütungstemperatur bietet immer auch die Herkunft des Lebensmittels, das es zu untersuchen gilt. Handelt es sich beispielsweise um Seefisch aus Ost- oder Nordsee, ist ein Keimspektrum zu erwarten, das sich auch noch bei niedrigeren Temperaturen (≤30 °C) vermehren kann. Bei rohem Geflügelfleisch dagegen wird unter normalen Bedingungen eine Bakterienflora vorherrschen, die ihr Temperaturoptimum bei ≥37 °C hat, da bei lebendem Geflügel mit einer höheren Körpertemperatur zu rechnen ist als bei Säugetieren.

Die Bebrütungstemperatur kann auch als Selektivkriterium herangezogen werden, um nahe verwandte Bakteriengruppen getrennt voneinander anzuzüchten und so eine differenzierte Diagnostik zu ermöglichen. Eine Bebrütung von Nährmedien bei 45 °C beispielsweise hemmt beim Nachweis von *Escherichia coli* das Wachstum anderer coliformer Keime. Generell ist bei niedrigeren Bebrütungstemperaturen (≤37 °C) mit stärker ausgeprägtem Wachstum von unerwünschter Begleitflora zu rechnen als bei höheren Temperaturen (≥40 °C).

2.3.2 Sauerstoffgehalt

So unterschiedlich die Ansprüche sind, die die einzelnen lebensmittelrelevanten Mikroorganismen an die Umgebungstemperatur stellen, so unterschiedlich sind auch die Bedürfnisse bezüglich des Sauerstoffgehalts in der Atmosphäre, die es bei der In-vitro-Kultivierung im Labor zu beachten gilt. Man differenziert zwischen obligat aeroben und obligat anaeroben, mikroaerophilen sowie aerotoleranten und fakultativ anaeroben Mikroorganismen. Obligat aerobe Bakterien benötigen den Sauerstoff der Luft zur Energiegewinnung, sie stellen an die Kultivierung in diesem Punkt die geringsten Ansprüche und können ohne größere Schwierigkeiten angezüchtet werden. Obligat anaerobe Mikroorganismen dagegen, wie z. B. *Clostridium botulinum*, gewinnen ihre Energie ausschließlich durch Gärung, für sie wirkt Sauerstoff im besten Fall bakteriostatisch, in vielen Fällen aber auch toxisch. Mikroaerophile Bakterien, wie z. B. *Campylobacter* spp., benötigen Sauerstoff für die Vermehrung, allerdings darf nur ein verminderter Sauerstoffpartialdruck vorliegen. Eine Kultivierung erfolgt hier bei einem CO_2-Gehalt von ca. 9 %. Eine große Anzahl anaerober Bakterien sind, im Gegensatz zu *Clostridium botulinum*, aerotolerant, d. h. sie können in Gegenwart von Sauerstoff überleben und sich gegebenfalls vermehren. Viele lebensmittelrelevanten Infektions- und Intoxikationserreger zählen zu den fakultativ anaeroben Bakterien, sie bevorzugen zwar eine aerobe Umgebung, können aber auch unter anaeroben Bedingungen überleben und sich vermehren. Zu dieser Gruppe von Bakterien zählen z. B. *Enterobacteriaceae* und *Bacillus* spp.

2.3.3 Weitere Wachstumsfaktoren

Zusätzlich zu Wachstumstemperatur und Sauerstoffgehalt spielen pH-Wert, a_w-Wert, Redoxpotential sowie Salzgehalt bei der Vermehrung von Mikroorganismen eine Rolle. Allerdings sind diese Faktoren bei der In-vitro-Kultivierung unter Laborbedingungen äußerst selten die limitierenden Wachstumsfaktoren. Nur wenige lebensmittelrelevante Mikroorganismen stellen hier spezifische Ansprüche an ihre Umwelt. Eine Ausnahme bilden Bakterien, deren natürlicher Lebensraum das Meerwasser ist, wie z. B. verschiedene *Vibrio* spp. Diese halophilen Mikroorganismen vermehren sich nur bei entsprechend hohen Salzkonzentrationen, die denen ihres natürlichen Lebensraumes entsprechen.

2.4 Qualitätssicherung bei der Kultivierung

Wie in allen Bereichen der Labordiagnostik muss auch in der Lebensmittelmikrobiologie eine strenge Qualitätssicherung betrieben werden. Die verwendeten Nährmedien müssen regelmäßig auf ihre Sterilität, aber auch auf ihre Spezifität geprüft werden [13]. Dies ist besonders bei Selektivnährmedien notwendig, die durch spezifische Farbreaktionen Hinweise auf die An- oder Abwesenheit bestimmter Bakteriengruppen geben. Diese Reaktionen sind regelmäßig mithilfe von Laborgebrauchskulturen zu testen, um insbesondere falsch-negative Befunde zu vermeiden.

Des Weiteren sollten in regelmäßigen Abständen sogenannte „Prozesskontrollen" durchgeführt werden. Hierbei wird mit beimpften Anreicherungsmedien bzw. im Idealfall mit künstlich kontaminierten Lebensmittelproben die Wiederfindungsrate der eingesetzten Methode überprüft. Gerade bei einer Kombination aus mikro- und molekularbiologischen Untersuchungsmethoden ist es wichtig, dass die Funktionsfähigkeit der Kultivierung, die den ersten Schritt im Nachweisverfahren darstellt, gewährleistet werden kann.

Literatur

[1] Bundesamt für Verbraucherschutz und Lebensmittelsicherheit (BVL). 2010. Amtliche Sammlung von Untersuchungsverfahren nach § 64 LF6B, Beuth Verlag, Berlin, Germany
[2] Baird-Parker AC. 1963. A classification of micrococci and staphylococci based on physiological and biochemical testa. J. Gen. Microbiol. 30:409.
[3] Busch U, Huber I, Messelhäußer U, Hörmansdorfer S, Sing A. 2007. Nachweis Shigatoxinbildender/Enterohämorrhagischer Escherichia coli (STEC/EHEC) mittels real-time-PCR. J. Verbr. Lebensm. 2:144–148.
[4] Deutsches Institut für Normung (DIN). 2010. DIN Normen, Beuth Verlag, Berlin, Germany.
[5] De Zutter L, De Smedt JM, Abrams R, Beckers H, Catteau M, de Borchgrave J, Debevere J, Hoekstra J, Jonkers F, Lenges J, et al. 1991. Collaborative study on the use of motility enrich-

ment on modified semisolid Rappaport-Vassiliadis medium for the detection of Salmonella from foods. Int. J. Food Microbiol. 13:11–20.
[6] Food and Drug Administration (FDA). Bacteriological Analytical Manual. http://www.fda.gov/Food/ScienceResearch/LaboratoryMethods/BacteriologicalAnalyticalManualBAM/
[7] Georgi P, Bierbach E. 2007. Infektionskrankheiten und Infektionsschutzgesetz. 2. Auflage, Elsevier GmbH, München, Germany.
[8] International Organization for Standardization (ISO). 2010. Microbiology of food and animal feeding stuff - ISO standards. ISO Central Secretariat, Geneva, Switzerland.
[9] Krämer J. 2007. Lebensmittelmikrobiologie. 5. Auflage, Verlag Eugen Ulmer, Stuttgart.
[10] Levine M. 1918. A simplified Fuchsin Sulphite (ENDO) Agar. Am. J. Public Health (NY). 8:864–865.
[11] Merck. Microbiology Manual. 12. Auflage, Merck KGaG, Darmstadt, Germany.
[12] Messelhäußer U, Zucker R, Elmer-Englhard D, Busch U, Hörmansdorfer S, Pudich U, Höller C. 2007. Nachweis und Charakterisierung von Clostridium perfringens mittels real-time-PCR. J. Verbr. Lebensm. 2:194–197.
[13] Oxoid. 2003. Oxoid Handbuch. 6. aktualisierte Auflage, Oxoid GmbH, Wesel, Germany.
[14] Rosenow EC. 1919. Studies on elective location. Focal infections with special reference to oral sepsis. J. Dental Res. 1:205–249.

Kapitel 3
Extraktion von DNA

Bert Pöpping und Claudia Unterberger

Inhalt

Abkürzungen

PCR	Polymerase Kettenreaktion
SDS	Natriumdodecylsulfat
GuSCN	Guanidine Isothiocyanate
EDTA	Ethylendiamintetraessigsäure
GmCl	Guanidiniumchlorid
PVPP	Polyvinylpolypyrrolidone
PVP	Polyvinylpyrrolidone
PEG	Polyethylenglykol
DEAE	Diethylaminoethyl
GuHCL	Guanidiniumhydrochlorid

B. Pöpping (✉)
Director Molecular Biology & Immunology, Eurofins Scientific Group,
69a Kilnwick Road, Pocklington, YO42 2JY, UK
Phone: +44 7768 166673
Fax: +44 870 168 8047
e-mail: bertpopping@eurofins.com

U. Busch (Hrsg.), *Molekularbiologische Methoden in der Lebensmittelanalytik*,
DOI 10.1007/978-3-642-10716-0_3, © Springer-Verlag Berlin Heidelberg 2010

CTAB	Cetyl-Trimethyl-Ammonium-Bromid
NaCl	Natriumchlorid
OD	Optische Dichte
C_t-Wert	Schwellenwert-Zyklus
IPC	Interne Positivkontrolle
LPE	CTAB-Liquid Phase Extraction
SPE	Solid Phase Extraction
IRMM	Institute for Reference Materials and Measurements

3.1 Einleitung

Eine DNA-gestützte Analytik spielt im Lebensmittelbereich eine große Rolle. So wird die PCR bzw. die real-time PCR z. B. für den Nachweis von Krankheitserreger in Lebensmitteln, zur Tier- und Pflanzenartendifferenzierung und den Nachweis von gentechnologisch veränderten Organismen eingesetzt [1]. Grundvoraussetzung für die sehr sensitiven molekularbiologischen Methoden ist eine saubere und kontaminationsfreie Nukleinsäure [2]. Die Qualität der Nukleinsäure entscheidet über Erfolg und Misserfolg der anschließenden molekularbiologischen Analytik. Deshalb werden im Bereich der Lebensmittelanalytik hohe Anforderungen an das jeweilige DNA-Extraktionsprotokoll gestellt. Durch die Anwendung eines geeigneten Extraktionsverfahrens soll die nachzuweisende DNA möglichst in hochmolekularer Form und frei von die nachfolgende Analytik hemmenden Substanzen vorliegen [1]. Gerade hier stellt die Natur der Lebensmittelmatrix eine besondere Herausforderung dar. Matrixkomponenten wie Fette, Zucker, Proteine und sekundäre Inhaltsstoffe erschweren die DNA-Extraktion und können, wenn sie nicht durch die Extraktion vollständig entfernt werden, zu einer Inhibierung der PCR führen [3]. Des Weiteren müssen auf der Matrixoberfläche vorhandene DNA-abbauende Enzyme gehemmt werden [1]. Daneben spielt der Einfluss verschiedener chemischer und physikalischer Parameter (pH-Wert, Temperatur, Enzyme, Scherkräfte) bei der Lebensmittelproduktion eine große Rolle für die Qualität der extrahierten DNA. So führen z. B. hohe Temperaturen und saure pH-Werte während der Lebensmittelverarbeitung zu einer Fragmentierung der DNA. Auch die physikalischen und chemischen Bedingungen der verwendeten Extraktionsmethode beeinflussen die Qualität der DNA [2]. Bleiben nach der Extraktion organische Lösungsmittel (Phenol, Ethanol), Enzyme, Proteine oder Salze zurück, können diese ebenfalls eine nachfolgende PCR inhibieren. Um eine Inhibition der PCR auszuschließen, sollten in der nachfolgenden Analytik entsprechende Inhibitionskontrollen mitgeführt werden [3].

In einer PCR-Reaktion kann theoretisch ein spezifisches DNA-Molekül nachgewiesen werden. Deshalb ist es wichtig, dass die zu analysierende Nukleinsäure nicht mit Fremd-DNA kontaminiert ist bzw. während der Extraktion kontaminiert wird. Dies kann durch eine räumliche Trennung von Probenaufarbeitung, Amplifikation und Detektion erfolgen [1].

Neben zahlreichen Extraktionsprotokollen gibt es viele kommerzielle Kits für eine Isolierung von DNA aus Lebensmitteln.

Die Entscheidung, welche der zahlreichen Extraktionsmethoden zum Einsatz kommt, ist abhängig von der zu untersuchenden Lebensmittelmatrix, der Reinheit, der Qualität und der Ausbeute an DNA, die für die nachfolgende Analytik erzielt werden muss sowie ob die Methode im Bereich der Routinediagnostik (Kosten, Zeitaufwand, Zuverlässigkeit, Untersuchung eines breiten Probenspektrums sowie einer großen Probenzahl) eingesetzt werden soll [4, 5].

3.2 Grundlagen der DNA-Extraktion

Die DNA-Extraktion erfolgt, ob mithilfe eines kommerziellen Kits oder mithilfe einer konventionellen Methode, immer nach ähnlichem Prinzip. Die Probe wird zunächst homogenisiert und anschließend lysiert. Schon während der Lyse bzw. in einem anschließenden Waschschritt werden viele inhibitorische Substanzen entfernt. Im Anschluss wird die DNA an Matrix gebunden, gewaschen und dabei aufgereinigt und anschließend von der Matrix eluiert bzw. gefällt. Zuletzt wird ihre Qualität überprüft.

3.2.1 Lyse

Um DNA aus einem Organismus bzw. einer Zelle oder Lebensmittelmatrix zu isolieren, muss diese zunächst aufgeschlossen (lysiert) werden.

Grundsätzlich kann ein Zellaufschluss physikalisch, chemisch oder biologisch erfolgen.

Zellaufschlussverfahren mittels osmotischem Schock, Gefrieren/Auftauen, Trocknen und Dekompression zählen zu den physikalischen, nichtmechanischen Aufschlussverfahren. Beispiele für physikalische, mechanische Zellaufschlussmethoden sind Mörsern, Ultraschall, Vortexen (maschinelle Homogenisation mittels eines Schüttelgeräts), Bottern (Homogenisation mittels Glasgefäß und Pistille) oder Blender (Homogenisierung durch Labormixer).

Ein chemischer Zellaufschluss erfolgt z. B. durch die Verwendung von Detergenzien (z. B. SDS, GuSCN und Triton-X), die die Oberflächenspannung der Zelle senken und so zur Lyse der Zellen führen. Ebenso können Zellen durch die Verwendung von Säuren/Basen, organischen Lösungsmitteln (z. B. Phenol, Chloroform, Ether), Chelatbildner (z. B. EDTA), Antibiotika (z. B. Penicillin) und chaotrope Reagenzien (z. B. GmCl, Harnstoff und CTAB) aufgeschlossen werden. Der biologische Zellaufschluss erfolgt durch die Verwendung von Enzymen (z. B. Proteinase K), Phagen oder durch Autolyse. Häufig kommt auch eine Kombination dieser Verfahren zum Einsatz.

Um die DNA vor einer enzymatischen Degradierung zu schützen, ist eine Inhibierung der Nukleasen (RNasen, DNasen) wichtig. Hierbei spielt die Kühlung der Proben während der Extraktion eine wichtige Rolle, da die Enzymaktivität durch niedrige Temperaturen verringert wird. Für die Inhibierung von Nukleasen werden häufig Chelatbildner, wie z. B. EDTA, eingesetzt, die bivalente Kationen, die als Kofaktoren der Nukleasen fungieren, binden. Chelatbildner werden häufig schon dem Homogenisierungspuffer zugegeben [4].

3.2.2 Entfernung von inhibitorischen Substanzen und Gewinnung reiner DNA

Nukleinsäurepräparationen können durch Proteine, Nukleasen, Salze, Makromoleküle oder andere Nukleinsäuren kontaminiert sein. Wie bereits beschrieben, erschweren im Lebensmittel Matrixkomponenten wie Fette, Zucker, Proteine und sekundäre Inhaltsstoffe die Extraktion. Um am Ende der Isolierung eine reine DNA zu erhalten, müssen diese entfernt werden.

Für das Entfernen von Kontaminationen und Inhibitoren werden die Eigenschaften der DNA wie z. B. Löslichkeit (hydrophil), Ladung und Molekülgröße ausgenutzt.

Klassisch werden lösliche Proteine durch eine Phenol/Chloroform-Extraktion entfernt. Dabei macht man sich die Löslichkeit der DNA in Wasser zunutze. Ihre negative Ladung spielt bei Methoden wie der Ionenaustauschchromatographie eine Rolle. Bei der Adsorptionschromatographie binden Nukleinsäuren unter hohen Salzkonzentrationen an Silica, Glas oder Diatomeen. Die Molekülgröße ist bei der Gelfiltration von Bedeutung. Für die Isolierung großer Mengen an DNA hat sich die CTAB-Methode als hilfreich erwiesen [4].

Für eine erfolgreiche Entfernung inhibitorischer Substanzen werden häufig nach der Lyse Substanzen wie z. B. PVPP, PVP, PEG 400 und Pro-Cipitat zugegeben, die die Inhibitoren binden. Die entstehenden Inhibitorkomplexe können durch Zentrifugation abgetrennt werden [6]. Erst im Anschluss wird die DNA aufgereinigt.

3.2.2.1 Phenol/Chloroform-Extraktion

Die klassische Methode lösliche Proteine zu entfernen, stellt das Aufschütteln der Nukleinsäurepräparation mit gepuffertem Phenol oder Phenol/Chloroform bzw. Phenol/Chloroform/Isoamylalkohol [25:24:1 (v/v/v)] dar. Phenol denaturiert Proteine, welche dann in der Interphase zwischen wässriger Nukleinsäurelösung und Phenolphase ausfallen. Durch Zentrifugation wird die Trennung der Phase beschleunigt. Für eine optimale Entfernung der Proteine wird der Phenolschritt wiederholt, bis keine Interphase mehr zu sehen ist.

Durch Chloroform, das ebenfalls denaturierend auf Proteine wirkt, kommt es zu einer Stabilisierung der Phasengrenze zwischen wässriger Nukleinsäurelösung und Phenolphase. Isoamylalkohol verhindert ein Schäumen während des Mischvorgangs.

Zur Volumenreduktion und weiteren Reinigung der DNA von sonstigen Zellkomponenten wird die DNA mithilfe von Ethanol und monovalenten Kationen (z. B. Natriumacetat) gefällt (präzipitiert). Dadurch bildet die DNA einen unlöslichen Niederschlag. Durch die Zugabe von Ammoniumacetat kann die Copräzipitation freier Nukleotide reduziert werden.

Soll das Volumen des Fällungsansatzes gering bleiben, wird für die Fällung Isopropanol verwendet.

Durch Waschen des Nukleinsäurepellets mit 70 %igem Ethanol können mitgefällte Salze größtenteils entfernt werden. Für die Präzipitation von geringen Mengen an DNA werden sogenannte Carrier (z. B. tRNA, Glykogen oder lineares Polyacrylamid) eingesetzt, die ebenfalls durch Ethanol präzipitiert werden und die Nukleinsäure mit ausfällen. Wichtig ist dabei, dass die verwendeten Carrier das nachfolgende Experiment nicht beeinflussen.

Für die Konzentrierung kleiner Probenvolumina eignet sich ebenfalls eine Vakuumkonzentrationszentrifuge (Speed Vac System) [4, 5].

3.2.2.2 Gelfiltration

Ein für die Reinigung von DNA, Proteinen und Polysacchariden geeignetes Chromatographieverfahren ist die Gelfiltration. Die Methode beruht auf dem Molekularsiebeffekt der verwendeten Gelfiltrationsmaterialien. Dabei eluieren große DNA-Moleküle im Ausschlussvolumen des Säulenmaterials, während kleinere Moleküle (z. B. Nukleotide und andere Verunreinigungen) durch die Poren des Gelfiltrationsmaterials diffundieren und später eluieren. Seqhadex G 50, Sephacel S300 und Biogel P-2 werden häufig als Gelfiltrationsmaterialien für die Reinigung von Nukleinsäurelösungen verwendet. Die zu reinigende Lösung wird auf die Säule aufgetragen und anschließend mit Puffer eluiert. Das Eluat wird fraktioniert gesammelt. Häufig ist das Fließen der Lösung durch die Säule aufgrund der Schwerkraft sehr zeitaufwändig. Eine Alternative bieten hier die sog. „Spin Columns", in denen der Elutionspuffer durch die Säule zentrifugiert wird [4].

3.2.2.3 Ionenaustauschchromatographie

Das Prinzip der Ionenaustauschchromatographie beruht auf der elektrostatischen Interaktion zwischen den Zielmolekülen und den funktionellen Gruppen der Säulenmatrix.

Aufgrund ihrer stark negativen Ladung binden DNA-Moleküle reversibel an die positiv geladene Matrix (Anionenaustauscher). Dabei wird die Salzkonzentration relativ gering gehalten, eine Bedingung, unter der degradierte RNA und Proteine nicht binden. Anschließend wird die Matrix mit Waschpuffer gewaschen und im Anschluss die DNA unter „High-salt“-Bedingungen eluiert. Als Säulenmatrix werden häufig protonierte DEAE-Gruppen verwendet [4].

3.2.2.4 Adsorptionschromatographie

Unter hohen Salzkonzentrationen (chaotrope Salze) adsorbieren Nukleinsäuren selektiv an Silica, Glas (meist mit Glas beschichtete magnetische Partikel) und Diatomeen, andere biologische Moleküle jedoch nicht. Die Elution erfolgt mithilfe eines „Low-salt“-Puffers oder reinem Wasser, was zum Vorteil hat, dass das Eluat sofort für „downstream“-Anwendungen verwendet werden kann („ready to use“).

Die Probe wird durch den Puffer, der neben den chaotropen Salzen niedere Alkohole und PEG enthält, direkt lysiert und homogenisiert.

Chaotrope Reagenzien, die verwendet werden, sind z. B. GuSCN, GuHCL, Natriumperchlorat und Kaliumiodid.

Durch die Verwendung von Spinsäulen wird die Filtration, die Adsorption und das Waschen der Nukleinsäure bewerkstelligt. Die DNA bindet unter diesen Bedingungen an die Silica (SiO_2). Proteine und andere Verunreinigungen fließen mithilfe von Zentrifugalkraft durch die Säule. Die DNA wird im Anschluss mithilfe von Niedersalzpuffer oder Wasser eluiert [4].

3.2.2.5 Affinitätschromatographie

Bei der Affinitätschromatographie handelt es sich um eine spezialisierte Form der Adsorptionschromatographie. Dabei binden die DNA oder andere Biomoleküle an einen immobilisierten Liganden. Nicht gebundene Komponenten werden in den nachfolgenden Waschschritten entfernt. Um die Biomoleküle von den Liganden zu trennen, wird ein Molekül zugegeben, das eine höhere Affinität zu dem verwendeten Liganden besitzt als das Biomolekül, welches in Folge verdrängt wird. Häufig sind die Liganden an magnetische Kügelchen gekoppelt und werden durch einen Magneten immobilisiert [4].

3.2.2.6 CTAB-Methode

Häufig wird auch CTAB (Cetyl-Trimethyl-Ammonium-Bromid) zur Präzipitation von Nukleinsäuren eingesetzt. Mithilfe der CTAB-Methode können große Mengen an DNA extrahiert werden. Nach geeigneter Aufarbeitung der Lebensmittelmatrix und Lyse der Zellen wird dem Extraktionsansatz CTAB zugesetzt. Das kationische Detergenz bildet bei einer NaCl-Konzentration von <0,6 M einen unlöslichen Komplex mit der Nukleinsäure, der durch Zentrifugation sedimentiert wird. Inhibitorische Substanzen verbleiben größtenteils im Überstand und können so entfernt werden. Durch Zugabe von 1,2 M NaCl wird die DNA in Lösung gebracht und anschließend mithilfe von Ethanol gefällt.

Bei einer NaCl-Konzentration von >0,6 M werden durch CTAB Proteine komplexiert. CTAB bildet unter diesen Umständen Komplexe mit Proteinen, Polysacchariden und sekundären Inhaltsstoffen. Zum Entfernen der CTAB-Protein- und CTAB-Polysaccharidkomplexe und überschüssigem CTAB wird eine Chloroform/ Isoamylalkohol-Extraktion durchgeführt. Nach Zentrifugation bleibt die DNA in der wässrigen Phase. Diese wird abgenommen und zum Entfernen von RNA mit RNAse A versetzt. Nach Zugabe von Isopropanol fällt die DNA als fädige Struktur aus. Durch Waschen mit Ethanol werden Salze entfernt. Ethanolreste werden durch verdampfen entfernt. Dieser Vorgang kann durch eine Vakuumzentrifuge beschleunigt werden [4].

Bei der DNA-Extraktion aus Lebensmitteln hat sich herausgestellt, dass nach Durchführung der beschriebenen Methode in der gelösten DNA immer noch Inhibitoren vorhanden sind. Deshalb wird im Anschluss eine erneute Reinigung über eine kommerziell erhältliche Silica-Säule empfohlen.

Häufig erfüllen traditionelle Methoden wie die detergenzvermittelte Lyse mit anschließender Proteinase-K-Behandlung und Phenol/Chloroform-Extraktion nicht die Anforderungen, die für eine Durchführung in einem Routinelabor erforderlich sind. Sie sind für eine DNA-Isolierung aus großen Zellzahlen und Volumina konzipiert und werden heute hauptsächlich in Forschungslaboren eingesetzt. Sie bedeuten einen hohen Arbeits- und Zeitaufwand, der in einem Routinelabor unerwünscht ist. Die Phenol/Chloroform-Extraktion z. B. liefert zwar sehr reine DNA, ist jedoch sehr zeitintensiv, da sie eine große Anzahl an Arbeitsschritten und auch Materialien erfordert. Auch der Umgang mit organischen Lösungsmitteln, die gesondert entsorgt werden müssen, ist in der Routine nicht erwünscht. Durch die vielen Arbeitsschritte, die auch viele Reaktionsgefäßwechsel beinhalten, ist die Methode auch sehr anfällig für Kontaminationen und nicht für eine Automatisierung geeignet. Zu den weiteren Nachteilen zählt, dass kleine Volumina nicht extrahiert werden können und dass die isolierten Nukleinsäuren sehr lang sind und dies für einige Folgereaktionen, wie z. B. die enzymatische Amplifikation, von Nachteil ist.

Deshalb haben sich neben diesen klassischen Methoden die beschriebenen chromatographischen Reinigungsstrategien etabliert, die in der Routine in Form von kommerziell erhältlichen Kits eingesetzt werden. Die meisten Kits basieren auf „Spin Colums". Der Vorteil der Kits ist, dass sie vom Zellaufschluss bis hin zur Lösung des Pellets alle erforderlichen Reagenzien enthalten und die Extraktion in wenigen Schritten in einem Arbeitsgang durchgeführt werden kann [4].

3.2.3 Nukleinsäurequantität und Qualität

Die Konzentration (Quantität) einer DNA- oder RNA-Lösung wird im Labor üblicherweise photometrisch bestimmt. Einzelne biologische Substanzen bzw. einzelne

Atomgruppen oder Bindungen adsorbieren Licht unterschiedlicher Wellenlängen. Bei Nukleinsäuren sind die aromatischen Ringe der vier Basen für die Adsorption verantwortlich. Für die Bestimmung der Konzentration einer Nukleinsäure (sowohl DNA als auch RNA) wird ihr Adsorptionsmaximum bei einer Wellenlänge von 260 nm in einer Quarzküvette, die selbst kein Licht adsorbiert, gemessen. Eine Lösung mit 50 µg/ml doppelsträngiger (ds) DNA, 40 µg/ml einzelsträngiger (ss) DNA, 33 µg/ml RNA oder 20 µg/ml Oligonukleotide besitzen unter definierten Bedingungen einen Adsorptionswert, die sog. optische Dichte, von 1.

Um die Qualität einer Nukleinsäure zu messen, wird ihre Adsorption bei 260 nm und bei 280 nm bestimmt. Ein A_{260}/A_{280}nm-Quotient von $>1{,}8 \pm 0{,}1$ spricht für eine reine DNA-Isolierung, ein Verhältnis von $>2{,}0 \pm 0{,}1$ für eine reine RNA-Isolierung. Ist die Nukleinsäurelösung mit Proteinen oder Phenol kontaminiert, so beträgt der A_{260}/A_{280}nm-Quotient $<1{,}5$. Um zu überprüfen, ob die Probe Salze, Peptide oder Polysaccharide enthält, die eine nachfolgende Applikation beeinflussen können, wird die Adsorption bei 260 nm und bei 230 nm bestimmt. Beträgt der A_{260}/A_{230}nm-Quotient $<1{,}2$, so ist davon auszugehen, dass noch organische Komponenten in der Probe enthalten sind [4, 5].

Neuere Spektrophotometer (z. B. NanoDrop [Thermo Scientific], Nano-Photometer [Implen]) benötigen nur noch geringe Mengen (0,7 bis 5 µl) unverdünnter DNA, sind leicht zu reinigen und benötigen keine Küvetten oder Kapillaren mehr. Sie stellen eine schnelle und unkomplizierte Alternative zur herkömmlichen Spektrophotometrie dar [7, 8]. Ein Nachteil der photometrischen Bestimmung ist, dass doppelsträngige DNA nicht gezielt gemessen werden kann. So werden in der Probe vorkommende freie Nukleotide und einzelsträngige Nukleinsäuren mitgemessen. Folglich kann auch nicht zwischen RNA und DNA unterschieden werden. In der Probe vorhandene Verunreinigungen durch organische Komponenten führen ebenso zu falschen Messergebnissen.

Um diese Nachteile zu umgehen, erfolgt die Bestimmung der Nukleinsäurequantität häufig mithilfe von Fluoreszenzfarbstoffen (z. B. PicoGreen, Hoechst 33258), die gezielt an doppelsträngige DNA binden. Diese adsorbieren Licht bestimmter Wellenlänge und gehen dadurch in einen angeregten Zustand über, aus dem sie unter Abgabe (Emission) von längerwelliger und damit energieärmerer Lichtstrahlung zurückfallen. Dieses Phänomen wird als Fluoreszenz bezeichnet. In Lösung besitzen die Fluoreszenzfarbstoffe eine schwache Eigenfluoreszenz, sind sie jedoch an die DNA gebunden, nimmt die Fluoreszenz zu und es kommt zu einer Verschiebung des Emissionsmaximums. Die Zunahme der Fluoreszenz wird mit einem Fluorometer bestimmt und die DNA-Konzentration anhand einer Eichkurve ermittelt.

Die Bestimmung der Nukleinsäurequantität mittels Fluoreszenzfarbstoffen bietet den Vorteil, dass gezielt doppelsträngige DNA gemessen werden kann und das Messergebnis nicht durch die Anwesenheit von Proteinen verfälscht wird.

Die Fluorometrie ist gegenüber der Absorptionsphotometrie wesentlich empfindlicher und eignet sich daher für sehr kleine DNA-Mengen [9, 10].

Sehr geringe DNA-Mengen lassen sich auch mithilfe einer Agarosegelelektrophorese in Bezug auf einen Standard (Verdünnungsreihe bekannter Konzentrationen) abschätzen. Daneben kann gleich die Qualität der Extraktion auf dem Agarosegel beurteilt werden [4].

3.3 DNA-Extraktion aus tierischen und pflanzlichen Geweben

Im folgenden Abschnitt werden verschiedene Extraktionsmethoden für tierische und pflanzliche Gewebe vorgestellt.

3.3.1 DNA-Extraktion aus tierischen Geweben

In einer Studie der Food Standards Agency [11] wurden für die Extraktion von DNA aus tierischen Geweben verschiedene DNA-Extraktionsmethoden getestet.

Hierzu wurden sieben kommerzielle Kits zur Extraktion von DNA aus Truthahn, Huhn, Schwein und Rind getestet und hinsichtlich ihrer Handhabbarkeit, Ausbeute, Qualität und Reinheit der extrahierten DNA bewertet. Den Kits liegen, obwohl sie alle dazu bestimmt sind, reine DNA aus Muskelgewebe zu isolieren, unterschiedliche Extraktionsstrategien zugrunde. Um die Variabilität zu minimieren und einen leichten Transfer in andere Laboratorien zu ermöglichen, wurden ausschließlich kommerzielle Kits evaluiert.

Folgende Kits wurden verwendet:

- Wizard® DNA Clean-Up System, Promega,
- Wizard® Magnetic DNA Purification System for Food, Promega,
- GenElute™ Mammalian Genomic DNA Kit, Sigma-Aldrich Chemie GmbH,
- DNeasy™ Tissue Kit, Qiagen GmbH,
- Midas Genomic DNA Kit, Biogene,
- Midas Forensic DNA Kit, Biogene und
- GenomeStar™ Kit, Thermo Hybaid GmbH.

3.3.1.1 Kurzbeschreibung und Vergleich der Verfahren

Die Kits der Firma Sigma und Qiagen verwenden Silica-Gel und Spin Column zum Binden und Immobilisieren der DNA, wohingegen das Wizard DNA Clean-Up System Silica-Gel in einer Suspension verwendet. Der Wizard Magnetic DNA Purification Kit für Nahrungsmittel basiert auf der Magnetic-Bead-Technologie. Die Kits der Firma Biogene und Hybaid verwenden pufferbasierte Ansätze, um die DNA zu isolieren.

Die Verwendung von organischen Lösungsmitteln ist, wie bereits beschrieben, mit einem höheren Risiko für den Anwender verbunden. Dennoch kommen sie in den Kits der Firma Hybaid und Biogene und dem Wizard DNA Clean-Up Kit nach Angaben des Herstellers zur Anwendung.

Die Extraktion von DNA aus Truthahn, Huhn, Schwein und Rindermuskelgewebe erfolgte nach den Angaben der Hersteller. Abweichend von diesen Angaben wurde die DNA nach Isolierung mithilfe des Kits der Firma Sigma in 100 μl Puffer eluiert. Die Qualität und Menge der isolierten DNA wurde spektrophotometrisch, gelelektrophoretisch und mittels Taqman-PCR ermittelt. Die spektrophotometrische Analyse gibt Hinweise auf die Menge und die Qualität der DNA. Die gelbasierte Analyse erlaubt eine Einschätzung des Fragmentierungsgrades der isolierten DNA. Das Taqman Internal Positive Control Kit erlaubt eine Bewertung der Amplifikationseffizienz, die bei gleichbleibenden anderen Parametern eine Kenngröße für die Anwesenheit von PCR-Inhibitoren im DNA-Extrakt darstellt.

3.3.1.2 DNA-Ausbeute und Reinheit

Der Wizard DNA Clean-Up Kit lieferte, unter den gegebenen Bedingungen, die höchste Ausbeute an DNA für Schwein und Rind. Das Genomic DNA Kit der Firma Biogene lieferte die höchste Konzentration für Truthahn und Huhn (Abb. 3.1).

Nach Überprüfung der Reinheit der Extrakte mithilfe des $A_{260/280}$-Quotienten, konnte festgestellt werden, dass das Wizard DNA Clean-Up Kit für Rind, das Hybaid Kit für Schwein und das Sigma Kit für Truthahn und Huhn am besten geeignet ist (Abb. 3.2). Keiner der Extrakte lieferte einen Quotienten von ca. 1,8, weshalb eine Verunreinigung der Extrakte mit Proteinen als sehr wahrscheinlich anzunehmen ist.

Mithilfe des Magnetic-DNA-Purification-Systems der Firma Promega konnte aus Schwein und Rind keine DNA isoliert werden, was unter Umständen an einem fehlerhaften Kit lag.

Inhibitoren Bei der Analyse auf Anwesenheit von Inhibitoren wurde eine definierte Zahl von DNA-Sequenzen, die keine Relation zur Matrix-DNA haben, mithilfe des Taqman Internal Positive Control Kits amplifiziert. Hierbei wird bei Abwesenheit von Inhibitoren ein C_t-Wert zwischen 29 und 30 erwartet. Höhere Werte oder flache Amplifikationskurven lassen auf eine Inhibition der PCR schließen.

Keiner der Rinder-DNA-Extrakte enthielt, nach unseren Untersuchungen mit dem Internal Positive Control Kit, PCR-Inhibitoren (Tab. 3.1). DNA-Extrakte aus Schwein, die mithilfe des Forensic DNA Kits und des Wizard-DNA-Clean-Up-Systems isoliert wurden, zeigten starke Inhibitionen, die eine Amplifikation der Positivkontrolle nicht zuließen. Extrakte, die mithilfe des Wizard-Magnetic-DNA-Purification-Systems und des DNA Clean-Up Kits isoliert wurden, zeigten ebenfalls eine starke Inhibition. Gleiches gilt auch für Extrakte aus Truthahn, die mithilfe des Hybaid Kits isoliert wurden.

Zusammenfassend kann gesagt werden, dass Rinder-DNA, unabhängig davon, mit welchem Kit sie isoliert wurde, konsistent gute Ergebnisse lieferte, die Ergebnisse für DNA aus Schwein, Truthahn und Huhn jedoch je nach verwendetem Kit zwischen C_t-Werten von 27–40 (40 = komplette Inhibition) stark schwankten.

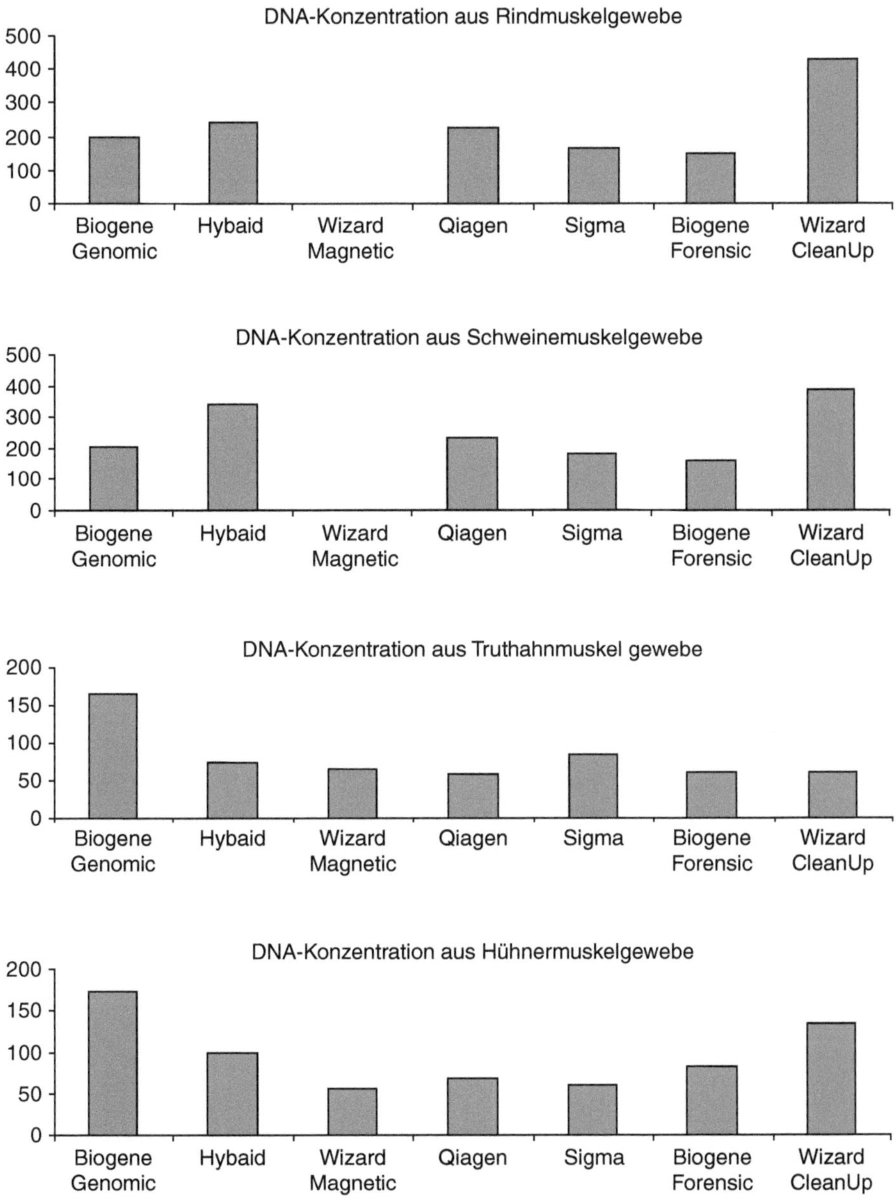

Abb. 3.1 DNA-Ausbeute in µg/ml für verschiedene Tierarten

Abb. 3.2 DNA-Reinheit A_{260}/A_{280}

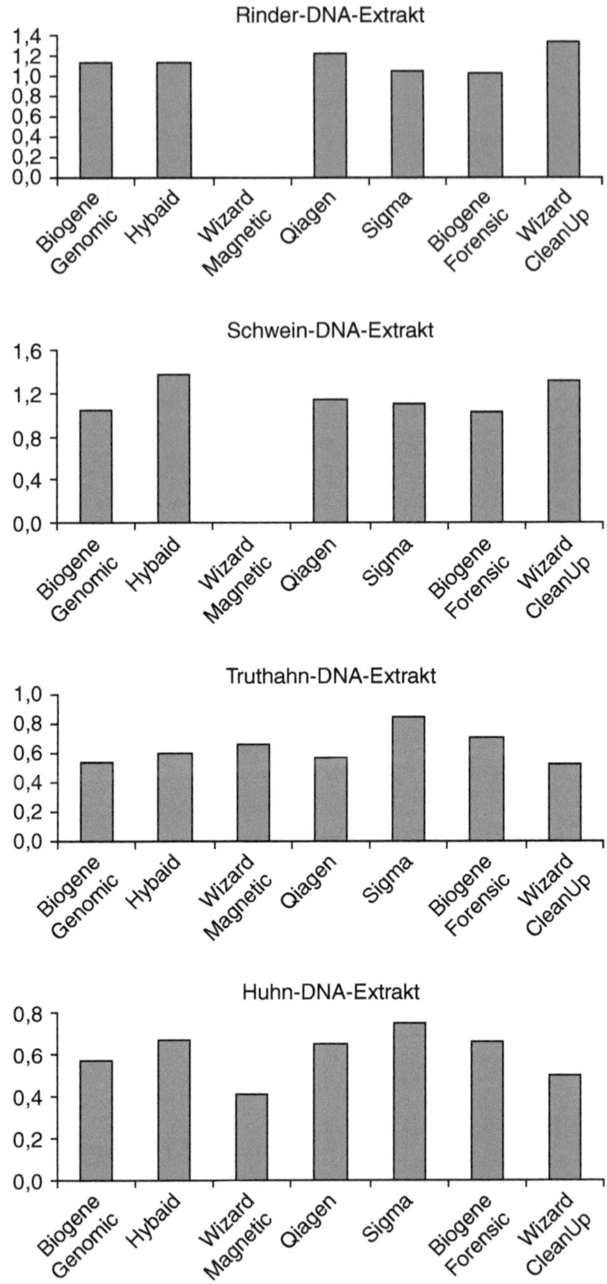

Tab. 3.1 Durchschnittliche IPC C_t-Werte für DNA, extrahiert mittels unterschiedlicher Extraktions-Kits aus Muskelgewebe

Gewebe	Kit	Durchschnitts C_t
Rind	Biogene Genomic	27,2
	Hybaid	27,2
	Wizard Magnetic	–
	Qiagen	27,4
	Sigma	27,9
	Biogene Forensic	27,4
	Wizard Clean-Up	27,1
Schwein	Biogene Genomic	27,9
	Hybaid	30,8
	Wizard Magnetic	–
	Qiagen	29,4
	Sigma	30,0
	Biogene Forensic	40,0
	Wizard Clean-Up	40,0
Truthahn	Biogene Genomic	29,7
	Hybaid	35,4
	Wizard Magnetic	31,5
	Qiagen	28,4
	Sigma	28,0
	Biogene Forensic	28,5
	Wizard Clean-Up	40,0
Huhn	Biogene Genomic	29,9
	Hybaid	28,4
	Wizard Magnetic	32,0
	Qiagen	28,5
	Sigma	28,1
	Biogene Forensic	28,9
	Wizard Clean-Up	40,0

3.3.1.3 DNA-Fragmentierung

Alle Kits lieferten nur leicht degradierte DNA aus den jeweiligen Extraktionen. Signifikante Unterschiede waren hier nicht zu erkennen (Abb. 3.3).

Extraktionseffizienz Die Extraktionseffizienz wurde durch die extrahierte DNA-Menge pro mg Probe bestimmt. Die höchste Effizienz wurde nach Extraktion von DNA aus Rind und Schwein mithilfe des DNeasy Tissue Kits erreicht. Bei der Extraktion aus Huhn und Truthahn wurde die höchste Effizienz durch Isolierung mithilfe des Sigma Kits erreicht.

Unter Einbeziehung aller Daten zeigte sich, dass mithilfe des Qiagen Kits und des Sigma Kits die besten Ergebnisse erzielt werden konnten und sie sich somit am besten für die Extraktion von DNA aus tierischen Geweben eignen. Beide Extraktionsmethoden hatten allerdings den Nachteil, dass die in der Extraktion eingesetzte Probe nur

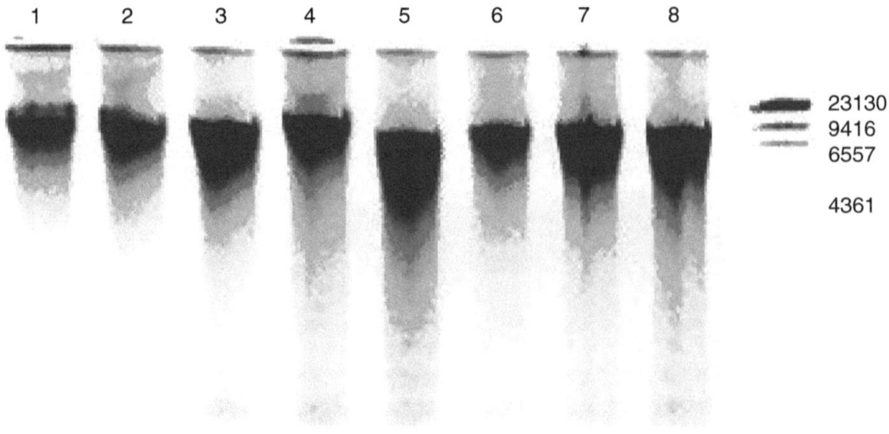

Abb. 3.3 Typische DNA-Größenverteilung nach Extraktion mithilfe des Promega Wizard Kits. Spuren 1–4: unterschiedliche DNA-Extrakte aus Schweinemuskelgewebe; Spuren 5–8: unterschiedliche Extraktionen aus Rindermuskelgeweben. Spur 9: DNA Größenmarker

relativ klein war (25 mg), was bei inhomogenen Proben ein Problem darstellt. Nach unseren Erfahrungen sollte eine analytische Probengröße 1 g nicht unterschreiten.

Es wurde versucht, die Methoden dahingehend zu modifizieren, dass auch größere Probenmengen eingesetzt werden können. Das Format des Qiagen Kits erlaubt eine solche Modifikation nicht. Eine Modifikation des Sigma Kits gelang durch eine Änderung der Gewebeverdauung im ersten Schritt. Dazu wurden folgende drei alternative Puffer für die Gewebeverdauung eingesetzt und miteinander verglichen: CTAB-Proteinase-K-Puffer, FISH-Puffer und Wizard-Magnet-Kit-Verdauungspuffer. Es wurden 25 mg Probe mit der Originalmethode und je 2 g Probe mit der modifizierten Methode aufgearbeitet. Um sicherzustellen, dass die Sigma-Säulen nicht überladen wurden, wurden aus dem Überstand nur 0,4 ml entnommen, was der Menge an Überstand der Originalmethode entspricht. Dabei stellte sich heraus, dass der Wizard-Magnetic-Kit-Puffer die Gewebezellen nicht effizient aufbrach und sehr schwierig zu pipettieren war. Die weitere Evaluierung des Puffers wurde an dieser Stelle eingestellt. Die anderen Extrakte wurden mithilfe des Internal Positive Control Kits und einem für die jeweilige Spezies spezifischen Primersatz auf Inhibition untersucht. Mit der Originalmethode wurde mit den Huhn-Primern ein durchschnittlicher C_t-Wert von 21,3, mit dem FISH-Puffer ein C_t-Wert von 19,7 und mit dem CTAB-Proteinase-K-Puffer ein C_t-Wert von 18,7 erzielt.

Demnach kann durch den Einsatz des CTAB-Proteinase-K-Puffers, statt dem Originalpuffer, der Sigma Kit hinsichtlich der DNA-Qualität und der Probenmenge, die eingesetzt werden kann, optimiert werden.

In einer Arbeit von Binke et al. [12] wurden kommerzielle DNA-Extraktionsmethoden, die CTAB-Extraktion und die Triton-Methode, miteinander verglichen. Das Ergebnis der Arbeit zeigte, dass die CTAB-Extraktion mit vorhergehendem Proteinase-K-Verdau eine sehr hohe DNA-Ausbeute mit einem guten Reinheitsgrad (OD_{260}/OD_{280}) von 1,83 ergab.

3.3.2 DNA-Extraktion aus pflanzlichen Geweben

Für die DNA-Extraktion aus Pflanzen existiert eine Reihe von Protokollen. Einige gelten als europäische Standards oder nationale Referenzmethoden.

In der Publikation von Lydia Olexova [13] werden drei Extraktionsmethoden für verarbeitete Pflanzen verglichen: die CTAB-Liquid Phase Extraction, die Chaotropic Solid Phase Extraction und die non-chaotropic Solid Phase Extraction. In dieser Arbeit konnte gezeigt werden, dass sich die CTAB-LPE hervorragend für eine DNA-Extraktion eignet.

In einer ähnlichen Arbeit von Di Pinto et al. [14] wurden kommerzielle Kits zur DNA-Extraktion aus überwiegend pflanzlichen Lebensmitteln getestet. Hierbei handelte es sich um das Wizard Magnetic DNA Purification System for Food (Promega) und den DNAEasy Tissue Kit (QIAGEN). Als positive Kontrolle der Extraktion diente von dem Institute for Reference Materials and Measurements zertifiziertes Bt-176-Mais Referenzmaterial. Verglichen wurden die Kits hinsichtlich der isolierten DNA-Konzentration, der Reinheit der DNA (OD_{260}/OD_{280}) sowie die mittels PCR ermittelte Nachweisgrenze. In dieser Studie zeigte sich, dass die Ergebnisse abhängig vom Nahrungsmittel, aus dem isoliert wurde, sehr schwanken. Bei Verwendung von ein und demselben Kit wurde, je nach dem, aus welchem Nahrungsmittel isoliert wurde, eine Reinheit zwischen 0,1 und 1,97 erreicht. Fazit dieser Arbeit war jedoch eine leichte Überlegenheit des Promega Wizard Magnetic DNA Purification for Food Kit für pflanzliche Matrizes, die reich an Polyphenolen und Polysacchariden sind. Dieses Kit war der Studie zufolge auch weniger zeitintensiv als das DNeasy Kit.

Methoden zur Aufarbeitung aus schwierigen Matrizes finden sich auch in nationalen Methodensammlungen wie dem § 64 LFGB. Hier wird z. B. in der 2007 publizierten Methode 57.06.01-3 [15] die Präparation von DNA aus Sojalecithinen beschrieben.

Die als internationale Standards akzeptierten DNA-Extraktionsmethoden aus pflanzlichen und tierischen Materialien finden sich im EN ISO 21571:2005 [16]. Hier finden sich im Annex A eine große Anzahl an DNA-Extraktionsmethoden, die verschiedenste Techniken anwenden: Phenol/Chloroform-basierte DNA-Extraktionsmethoden u. a. für fermentierte Würstchen und Starterkulturen für Joghurt; Polyvinylpyrollidon-basierte Extraktionsprotokolle; CTAB-basierte Extraktionsprotokolle; Silica-basierte Extraktionsprotokolle und Guanidinuimchlorid-basierte Extraktionsprotokolle. Für alle Extraktionsprotokolle sind Matrizes angegeben, an denen die Methoden erfolgreich getestet wurden.

3.3.3 Zusammenfassende Bewertung

Zusammenfassend kann gesagt werden, dass sowohl im pflanzlichen als auch im tierischen Lebensmittelbereich keine perfekte Methode existiert, die sowohl durch die DNA-Menge, die extrahiert werden kann, als auch durch die Abwesenheit von Inhibitoren und die Reinheit gleichermaßen besticht. In unserem Labor liefert die Anwendung von CTAB-basierten Protokollen, bei Lecithinen mit vorgeschalteter n-Hexan Ausschüttelung, in Kombination mit gelbasierten Säulen wie dem Promega Wizard Kit, bei fast allen tierischen und pflanzlichen Matrizes gute Ergebnisse für die PCR-Amplifikation. In unserem Labor werden aber zusätzlich, zur ständigen Kontrolle der Amplifikationseffizienz interne PCR-Positivkontrollen verwendet.

Literatur

[1] Schweizerisches Lebensmittelhandbuch, Molekularbiologische Methoden; Kapitel 52B; Erstausgabe 1998 Ergänzung 2000 und 2004.

[2] G. Di Bernardo, S. Del Gaudio, U. Galderisi, A. Cascino, M. Cipollaro; Comparative evaluation of different DNA extraction procedures from food samples; Biotechnology Progress, 2007, 23, 297–301.

[3] R. Steinmüller; Herausforderung Lebensmittelallergen-Analytik; Zusammenfassung (Teil 4); Hygiene Report 1, 2009.

[4] R. Steinmüller; Pflicht ohne Kür: Nukleinsäure-Extraktion (Teil I–VII); mta Spektrum 3, 2001.

[5] Lottspeich, F. und Zorbas, H. (1998). Proteinreinigung. Bioanalytik. F, Lottspeich and H, Zorbas. Heidelberg, Berlin, Spektrum Akademischer Verlag: 9–35. (ISBN 3-8274-0041-4)

[6] I. G. Wilson; Inhibition and facilitation of nucleic acid amplification; Applied and Environmental Microbiology, October 1997, 63, 3741–3751.

[7] Quantitation of nucleic acids using a microvolume spectrophotometer without the use of cuvettes or capillaries; current protocols in molecular biologie; Supplement 76, A.3D.10.

[8] R. Kartha, F. Trotier, A. Kreuz, A. Huber; Spektrophotometrische Quantifizierung im Nano- und Standardvolumen-Bereich; Biospektrum, 2007, 13, No 5, 521–523.

[9] S. J. Ahn, J. Costa, J. R. Emanuel; PicoGreen quantitation of DNA: effective evaluation of samples pre-or post-PCR; Nucleic Acids Research, 1996, 24, No 13, 2623–2625.

[10] Biotek – Quantitation of DNA using Hoechst 33258 – Application note–BioTek Instruments, Inc., P.O. Box 998, Highland Park, Winooski, Vermont 05404-0998, USA, COPYRIGHT © 2006, Tel: 888-451-5171; fax: 802-655-7941, Outside the USA: 802-655-4740, E-mail: customercare@biotek.com, URL: www.biotek.com

[11] B. Popping, H. Hird; Food Standards Agency Report Q01033/Q01043, 2004.

[12] R. Binke, R. Eichner, F. Schwägele: Comparison of different DNA extraction systems for the development of qualitative and quantitative methods for the identification of animal species in meat and meat products. Submitted to: Mitteilungsblatt der Bundesanstalt für Fleischforschung, Kulmbach.

[13] L. Olexová, Ľ. Dovičovičová, T. Kuchta; Comparison of three types of methods for the isolation of DNA from flours, biscuits and instant paps; European Food Research and Technology, 2004, 218, No 4, 390–393.

[14] A. D. Pinto et al.; A comparison of DNA extraction methods for food analysis; Food Control, 2007, 18, 76–80.

[15] Amtliche Sammlung von Untersuchungsmethoden § 64 LFGB 57.06.01-3: Präparation von DNA aus Sojalecithinen, April 2007.

[16] EN ISO 21571: 2005; Foodstuffs – Methods of analysis for the detection of genetically modified organisms and derived products – nucleic acid.

Kapitel 4
PCR und Real-Time PCR

Regina Konrad und Ulrich Busch

Inhalt

4.1 Einführung

Die vielfältigen Anwendungsmöglichkeiten der Polymerasekettenreaktion (polymerase chain reaction, PCR) machen sie zu einer der wichtigsten und am häufigsten eingesetzten Methoden in der molekularbiologischen Forschung und Diagnostik. Für diese Technologie wurde der Erfinder der Methode, Kary Mullis, 1993 mit dem Nobelpreis ausgezeichnet. Die PCR erlaubt einen hochsensitiven und spezifischen *in-vitro*-Nachweis von Desoxyribonukleinsäuren (DNA), da im Zuge der Reaktion Sequenzabschnitte gezielt vermehrt werden. Innerhalb weniger Stunden können aus einem einzigen Zielmolekül 10^{12} identische Moleküle entstehen [1].

R. Konrad (✉)
Bayerisches Landesamt für Gesundheit und Lebensmittelsicherheit, Veterinärstraße 2, 85764 Oberschleißheim, Deutschland
e-mail: regina.konrad@lgl.bayern.de

U. Busch (Hrsg.), *Molekularbiologische Methoden in der Lebensmittelanalytik*,
DOI 10.1007/978-3-642-10716-0_4, © Springer-Verlag Berlin Heidelberg 2010

4.2 PCR-Reaktion und Komponenten

Bei der PCR macht man sich die Fähigkeit des Enzyms DNA-Polymerase zunutze, einzelsträngige DNA mit den komplementären Nukleotiden zu Doppelsträngen zu ergänzen. Die Polymerase benötigt zum Start der Synthese ein kurzes Stück doppelsträngige DNA mit einem freien 3′-OH-Ende. Der Reaktionsansatz enthält deshalb zwei kurze 20–30 Basen lange einzelsträngige Oligonukleotide (Primer), deren Sequenz komplementär zum Anfang und Ende des zu amplifizierenden DNA-Abschnittes ist. Ein Primer bindet am Sense-Strang, der andere am Gegenstrang („antisense") bei einer definierten Temperatur (Annealing), die von der Schmelztemperatur der Primer und der Salzkonzentration im Reaktionsansatz abhängig ist [2].

Durch Erhöhung der Temperatur auf über 95 °C trennen sich die neu gebildeten Doppelstränge (Denaturierung) und stehen wieder als Template zur Verfügung. Mit jedem Zyklus wiederholt sich der Wechsel aus Denaturierung, Annealing der Primer und Neusynthese des DNA-Stranges (Extension). Die Menge der PCR-Amplifikate verdoppelt sich dabei. Dieser dreistufige Ablauf kann verkürzt werden, indem Primer-Annealing und Extension in einem Schritt (zumeist bei 72 °C) zusammengefasst werden, was zu einer erheblichen Zeitersparnis führt. Gute DNA-Polymerasen zeichnen sich durch eine hohe Prozessivität aus, d. h. die Fähigkeit, bei 72 °C längere DNA-Stücke synthetisieren zu können sowie durch eine hohe Stabilität bei 95 °C. Die gebräuchlichste Polymerase stammt ursprünglich aus dem Bakterium *Thermus aquaticus* und wird als Taq-Polymerase in verschiedenen Varianten angeboten [3].

Pfu-Polymerase *aus Pyrococcus furiosus* oder die Pwo-Polymerase *aus Pyrococcus woesei* besitzen neben der 5′-3′-Polymeraseaktivität eine 3′-5′-Exonukleaseaktivität, die falsch eingebaute Nukleotide erkennt und ersetzt (Proof-reading-Aktivität). Sie werden eingesetzt, wenn eine besonders genaue Amplifikation gewünscht wird, z. B. um eine Sequenzierung anzuschließen [4].

Hotstart-Taq-Polymerasen müssen durch einen 5–15 minütigen Denaturierungsschritt aktiviert werden, ansonsten sind sie bei niedrigeren Temperaturen inaktiv. Der PCR-Ansatz kann bei Raumtemperatur pipettiert werden, ohne dass Primer-Dimere oder unspezifische PCR-Produkte entstehen. Vorteile bieten sie insbesondere, wenn komplexe genomische DNA amplifiziert werden soll, die Ziel-DNA nur in sehr geringen Mengen vorliegt oder mehrere Primer-Paare gleichzeitig verwendet werden.

4.2.1 PCR

Bei der konventionellen PCR mit Endpunktanalyse werden die Amplifikate durch Gelelektrophorese der Fragmentlänge nach aufgetrennt und mit Ethidiumbromid unter UV-Licht sichtbar gemacht. Die Empfindlichkeit der Agarosegelelektrophorese mit Ethidiumbromidfärbung beträgt 10^{10} Moleküle, das entspricht etwa 5 ng eines 500 bp langen Fragmentes [1]. Eine Weiterentwicklung stellt die „Lab-on-a-Chip“-Technologie (z. B. Agilent Technologies oder Biorad) dar. Sie kommt mit geringsten DNA-Mengen aus und kann Fragmente unter 1000 bp bis auf drei Basenpaare unterscheiden. Auf einem Mikrochip wird Polymer mit einem Fluoreszenzfarbstoff in winzige Kanäle verteilt und Marker und Probe zugegeben. Nach Anlegen der Spannung durch Eintauchen der Elektroden in die einzelnen Kavitäten wandern die DNA-Moleküle durch das Polymer am Fluoreszenzdetektor vorbei und werden aufgezeichnet. Vorteile dieser auf Mikrofluidität basierenden Methode sind das Wegfallen des giftigen Ethidiumbromids und die genaue und schnelle Analyse der PCR-Fragmente. Eine der neuesten Weiterentwicklungen auf dem Markt basiert auf Kapillarelektrophorese, das so arbeitende Gerät kann nacheinander in Reihen eine 96-Well-Platte abarbeiten (Fa. Qiagen).

4.2.2 Real-Time PCR

Einen Meilenstein in der Entwicklung der PCR-Methodik stellt die real-time PCR dar, bei der die Amplifikate in Echtzeit detektiert werden und damit sehr viel schneller die Analysen durchgeführt werden können [5]. Die real-time PCR bietet enorme Vorteile durch die verringerte Kontaminationsgefahr; das PCR-Amplifikat muss nicht mehr auf ein Agarosegel aufgetragen werden (Vermeidung von „carry-over“) und die Integration der Bestätigungsreaktion erfolgt im PCR-Lauf (fluoreszenzmarkierte Hybridisierungssonden).

Aus diesen Gründen hat die real-time PCR konventionelle PCR-Methoden in der Routineanalytik inzwischen weitgehend abgelöst. Kommerzielle PCR-Detektions-Kits für die Lebensmittelanalytik werden fast ausschließlich im Real Time-Format angeboten.

Das zentrale Prinzip der real-time PCR mit Hybridisierungssonden ist der Fluoreszenz Resonanz Energie Transfer (FRET), ein physikalischer Prozess, bei dem die Energie eines angeregten Fluoreszenzmoleküls (Donor-Fluorophor oder Akzeptor-Molekül) strahlungsfrei auf ein zweites Fluoreszenzmolekül (Akzeptor-Fluorophor oder Quencher) übertragen wird, wenn beide sich in räumlicher Nähe befinden [6]. Das Reportermolekül wird bei einer definierten Wellenlänge zur Fluoreszenz angeregt und gibt diese Energie aufgrund seiner räumlichen Nähe zum Quencher weiter, der diese Energie aufnimmt. Voraussetzung ist, dass sich das Emissionsspektrum des Donors mit dem Absorptionsspektrum des Akzeptors überlappt. Wenn die räumliche Nähe der beiden Moleküle unterbrochen wird, kann die Energie gemessen und als ein Maß für die PCR-Reaktion ausgewertet werden.

Die einfachste Methode ist die Zugabe von Farbstoffen, die sich an doppelsträngige DNA anlagern und in der gebundenen Form Fluoreszenz emittieren. Am gebräuchlichsten ist SYBR Green, das nach Bindung an die DNA ein 1000fach erhöhtes Fluoreszenzsignal freisetzt [7]. In Lösung geht die Emission fast gegen null. Diese Eigenschaft erlaubt es, die Akkumulation des PCR-Produktes kontinuierlich zu verfolgen. Im Vergleich zu sondenbasierten Methoden ist die Etablierung und Optimierung eines SYBR Green Assays relativ schnell und einfach, man benötigt lediglich ein Primer-Paar und optimiert dann die PCR-Effizienz. Nachteil dieser Form der real-time PCR ist, dass unspezifisch amplifizierte Fragmente oder Primer-Dimere ebenfalls messbare Signale liefern [8]. Eine Schmelzkurvenanalyse hilft, diese unerwünschten Amplifikate zu erkennen. Dabei wird die Temperatur langsam erhöht, bis sich die DNA-Stränge abhängig von ihrer Länge und Sequenz trennen. SYBR Green dissoziiert von der DNA und die Fluoreszenz sinkt. Die Fluoreszenz wird gegen die Temperatur aufgetragen und es lassen sich anhand der Schmelztemperatur (*Tm*) spezifische Amplifikate von unspezifischen unterscheiden. Dieses Analyseformat ist für die Analytik weniger geeignet, da die Schmelzkurven nicht als Bestätigungsreaktion für eine PCR anerkannt sind.

Eine höhere Spezifität wird bei Zugabe eines weiteren Oligonukleotides, der internen Sonde, die innerhalb des PCR-Produktes bindet, erreicht. In Abwesenheit der Zielsequenz findet keine Hybridisierung der mit einem Fluorophor versehenen Sonde statt, das Fluoreszenzsignal bleibt unterdrückt (quenching). Erst nach Bindung an die Zielsequenz wird das Quenching aufgehoben, und die Fluoreszenz kann detektiert werden. Die Menge an Fluoreszenzsignal korreliert direkt mit der Menge an gebildetem PCR-Produkt in jedem PCR-Zyklus. Ein wesentlicher Vorteil im Vergleich zu DNA-bindenden Farbstoffen ist die Möglichkeit, gleichzeitig mehrere PCR-Targets unter Verwendung verschieden markierter Sonden zu detektieren.

Weit verbreitet sind TaqMan®- oder 5′-Nuclease-Assays. Sie wurden zuerst im Jahr 1991 beschrieben [9]. Die Oligonukleotid-Sonde trägt am 5′-Ende einen Reporterfluoreszenzfarbstoff und einen Quencher, der entweder intern oder am 3′-Ende liegen kann. Der in räumlicher Nähe liegende Quencher unterdrückt die Fluoreszenzemission des Reporters. Erst wenn die Taq-Polymerase mit ihrer 5′-3′-Exonukleaseaktivität die Taqman-Sonde abbaut, werden Reporter und Quencher getrennt und die Fluoreszenz freigesetzt.

Molecular Beacons bilden eine Haarnadelstruktur mit zueinander komplementären Enden, sodass Reporter und Quencher in direkter Nachbarschaft liegen. Solange die Sonden frei in Lösung sind, wird die Fluoreszenzemission unterdrückt. Erst wenn sie an die Zielsequenz hybridisieren, ändert sich die Konformation durch die Auflösung der Haarnadelstruktur und Fluoreszenz wird freigesetzt.

Bei real-time PCR Assays, die mit dem Lightcycler durchgeführt werden, verwendet man oft zwei Hybridisierungssonden, welche an die Zielsequenz zwischen den Primern im Abstand von 1–5 Basen binden [8]. Jede der beiden Sonden ist mit einem anderen Fluoreszenzfarbstoff markiert. Nach erfolgreicher Hybridisierung der beiden Sonden an die Ziel-DNA und Anregung des Farbstoffes (z. B. Fluorescein) der Donor-Sonde, überträgt diese die Energie auf den benachbarten zweiten Fluoreszenzfarbstoff (z. B. LC Red 640) der Akzeptor-Sonde, der dann Fluoreszenz emittiert (FRET). Die freigesetzte rote Fluoreszenz ist direkt proportional zur Menge an amplifizierter Ziel-DNA und wird einmal pro Zyklus nach dem Primer-Annealing gemessen. Ungebundene Sonden, die frei in der Lösung diffundieren, ergeben aufgrund fehlender räumlicher Nähe zueinander kein Signal.

Formate, die Primer und Sonden in einem Molekül kombinieren, sind Scorpion-Sonden und Amplifluor Direct® Primer. Scorpion-Sonden bestehen aus einem Primer am 3′-Ende, daran anschließend aus einem PCR-Blocker, welcher eine Strangverlängerung verhindert sowie aus einer Haarnadelstruktur („hairpin") mit dem internen Quencher und dem Fluorophor am 5′-Ende [10]. Die Schleife des hairpins fungiert als Sonde. Bei der ungebundenen Scorpion-Sonde wird die Fluoreszenz unterdrückt. Nach dem Denaturieren löst sich die Haarnadelstruktur und während des Abkühlens und der Annealing-Phase bindet der Primer-Teil an die Zielsequenz. Der Strang wird verlängert und nach wie vor unterdrückt der Quencher durch die räumliche Nähe die Fluoreszenz. Bei der anschließenden Denaturierung liegt der neusynthetisierte Strang mit dem Primer-Sondenteil am 5′-Ende vor. Die Haarnadelstruktur ist gelöst, aber erst beim Abkühlen kann der nun zugängliche Sondenteil an den DNA-Strang hybridisieren. Quencher und Fluorophor sind getrennt, die freiwerdende Fluoreszenz wird in dieser Phase detektiert.

4.2.3 Fluoreszenzfarbstoffe in der Real-Time PCR

Fluorescein (FAM) wird am häufigsten als Reporterfarbstoff verwendet, da er von allen Real-Time-Geräten gemessen werden kann. Sein Absorptionsmaximum liegt bei 458 nm und das Emissionsmaximum bei 515 nm. Es gibt noch eine Reihe weiterer Reporterfarbstoffe auf dem Markt, die sich in den Absorptions- und Emissionswellenlängen unterscheiden und dabei die ganze Bandbreite von UV bis ins sichtbare Licht und Infrarot abdecken. Im orangefarbigen Bereich liegen die Farbstoffe Yakima Yellow® (YAK), VIC, Rhodamin R6G, JOE, und Hexachlorfluorescein (HEX). Mit HEX markierte Sonden sind sehr hydrophob, was sich auf die PCR-Effizienzen auswirken kann, sodass dieser Farbstoff zunehmend durch die anderen aus diesem Wellenlängenbereich (z. B. VIC, YakimaYellow, JOE, R6G oder Cy3®) ersetzt wird. Der zwar sehr stabile Farbstoff Tetrachlorfluorescein (TET) unterscheidet sich nur wenig von der Emission von FAM (536 nm und FAM bei 515 nm), sodass auch dieser Farbstoff immer mehr ersetzt wird. Cy3®, Cy5® und Cy5.5® stammen von GE Healthcare, die Fluoreszenz von Cy3® liegt im orangefarbigen Bereich, die von Cy5® im blauen (678 nm) und Cy5.5® im blaugrünen Bereich (708 nm). Zu jedem Gerätetyp müssen die passenden Farbstoffe und Sondentypen ausgewählt werden. FRET-Sonden für den LightCycler® werden z. B. mit FAM als Donor und LC Red610®, LC Red640® oder LC Red 670® als Akzeptor markiert.

Als Quencher für Taqman oder Molecular-Beacons-Sonden wird häufig Tetramethylrhodamin (TAMRA) verwendet. Als Fluoreszenzfarbstoff besitzt TAMRA selbst eine Eigenfluoreszenz im roten Bereich bei 580 nm, sodass heute bevorzugt Dark Quencher eingesetzt werden. Diese Quencher der neuesten Generation haben selbst praktisch keine Hintergrundfluoreszenz mehr und finden v. a. in Multiplexsystemen Anwendung. Geeignete Dark Quencher sind Dabcyl (Methylorange) für gelbe/orange Farbstoffe im Bereich von 480 bis 580 nm oder die BlackHole Quencher (BHQ) von Biosearch. Alle auf dem Markt befindlichen Fluoreszenzfarbstoffe und Quencher wurden von Bustin und Nolan eingehend beschrieben [8].

4.2.4 Modifikationen von Sonden

Oligonukleotide, die als Sonden eingesetzt werden, sind oft 25–30 Basen lang. Kürzere Sonden sind aber von Vorteil, wenn Alleldiskriminierungen oder der Nachweis von Punktmutationen durchgeführt werden sollen. Bei den Minor-groove-binder-Sonden (MGB-Sonden) wird ein Molekül an die Sonde angefügt, das sich in die kleine Furche („minor groove") doppelsträngiger DNA einlagert und die Bindung der Sonde stabilisiert [11]. Dadurch kann die Sonde auf 13–20 Basen verkürzt werden. Als Quencher werden bei MGB-Sonden BHQ verwendet. Man erreicht durch die reduzierte Hintergrundstrahlung eine erhöhte Sensitivität und eine gesteigerte Effizienz bei der real-time PCR [12].

Eine weitere Möglichkeit, die Sensitivität zu erhöhen, ist die Verwendung von Nukleinsäure-Analoga, die einzelne dNTPs im Oligonukleotid ersetzen. Solch ein modifiziertes Nukleotid ist z. B. ein bizyklisches Ribosederivat mit einer Methylenbrücke zwischen O-2′ und C-4′, das als locked nucleic acid (LNA) bezeichnet wird [13]. Weitere Nukleinsäure-Analoga sind peptide nucleic acids (PNAs, [14]).

LNAs zeichnen sich dadurch aus, dass sie die thermische Stabilität von DNA-Duplex-Molekülen erhöhen, Fehlpaarungen (mismatchs) schlechter tolerieren und dass sie für alle vier Basen verfügbar sind. Kurze, AT-reiche Primer mit niedriger Schmelztemperatur können damit in ihrer Performance verbessert werden [13]. Die Verteilung der LNA innerhalb der Primer beeinflusst die Stabilität der Hybride und damit auch die Sensitivität. Am 5′-Ende eingefügte LNA erhöhten die Sensitivität und PCR-Performance im Vergleich zu LNAs am 3′-Ende [13]. Zudem sollten LNAs an den Positionen eingefügt werden, die für die Spezifität und die Diskriminierung entscheidend sind. Mehr als vier aufeinanderfolgende LNAs sollten vermieden werden. Wichtig ist außerdem, dass Primer und Sonden keine Dimere mit sich selbst oder anderen LNA-Oligos bilden können [14]. In der Lebensmittelanalytik wurden LNA-Sonden zum Nachweis von Salmonellen und zur Quantifizierung von gentechnisch veränderten Organismen verwendet [15, 16], weitere Beispiele sind SNP-Genotypisierungen oder der Nachweis von Mutationen [17]. Alle gängigen Sondenformate (Taqman, Molecular Beacon) können LNAs enthalten.

4.3 Qualitativer und quantitativer Nachweis

Die konventionelle PCR ist in erster Linie ein rein qualitativer Assay und liefert Ja/Nein-Antworten, denn marginale Änderungen der Reaktionskomponenten, des Thermoprofils, der Template-Qualität und unspezifische Primer-Bindungen in den ersten Zyklen wirken sich stark auf die Reaktionseffizienz und die Amplifikat-Menge aus. Die Menge an PCR-Produkten kann nicht über die Intensität der Bande auf einem Agarosegel bestimmt werden. Durch die gleichzeitige Amplifikation einer definierten Menge an artifizieller DNA, die über ein zweites Primer-Paar im gleichen Reaktionsgefäß vervielfältigt wird (kompetitive PCR) kann eine quantitative Aussage getroffen werden. All diese Versuche zur Quantifizierung von konventionellen PCR-Assays haben den Nachteil, dass sie sehr aufwändig und zeitintensiv sind und damit für die Routinediagnostik wenig geeignet.

Ein großer Fortschritt zur Quantifizierung von DNA ist die Real Time-fluoreszenzbasierte-PCR. Sie basiert auf der Grundlage, dass ein quantitativer Zusammenhang zwischen der Ausgangsmenge an Zielnukleinsäure und dem während der exponentiellen Phase gebildeten PCR-Produkts besteht, da bei jedem Zyklus die DNA-Menge verdoppelt wird [18].

Eine Hydrolyse der Sonde kann nur dann erfolgen, wenn es zu einer sequenzspezifischen Hybridisierung zwischen Sonde und Zielsequenz kommt. Entsprechend der Amplifikation des spezifischen PCR-Fragmentes steigt das Fluoreszenzsignal an. Dabei ist die Fluoreszenzzunahme mit dem Zuwachs an PCR-Amplifikat direkt proportional. Die Auswertung der Analyse erfolgt über den sogenannten C_t-Wert („threshold cycle") oder Cp („crossing point"). Der C_t-Wert drückt die Zyklenzahl aus, bei der zum ersten Mal ein Anstieg der Reporterfluoreszenz über das Grundrauschen ermittelt wird (Abb. 4.1). Beim C_t-Wert übersteigt die Standardabweichung der Fluoreszenzwerte die des Grundrauschens um den Faktor 10 [6].

Der C_t-Wert ist abhängig von der Anzahl an Template-Kopien, der Reaktionseffizienz, der Effizienz der Spaltung oder Hybridisierung der Sonden und der Sensitivität der Detektion. Je weniger Zyklen benötigt werden, um diesen Punkt zu erreichen, desto höher war die Kopiezahl der Ziel-DNA im Ausgangsmaterial. Nichtsdestotrotz müssen Standardreihen (z. B. Plasmid-DNA mit dem klonierten PCR-Produkt) zur Quantifizierung der PCR-Produkte in jedem Lauf mitgeführt werden, um die Reproduzierbarkeit und Vergleichbarkeit der Daten zu gewährleisten (Abb. 4.2).

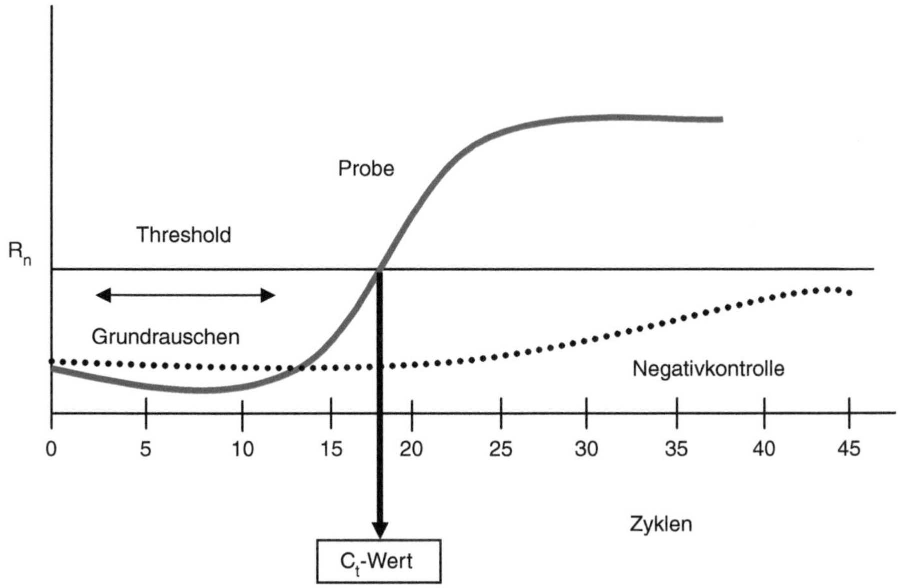

Abb. 4.1 Ermittlung des C_t-Wertes

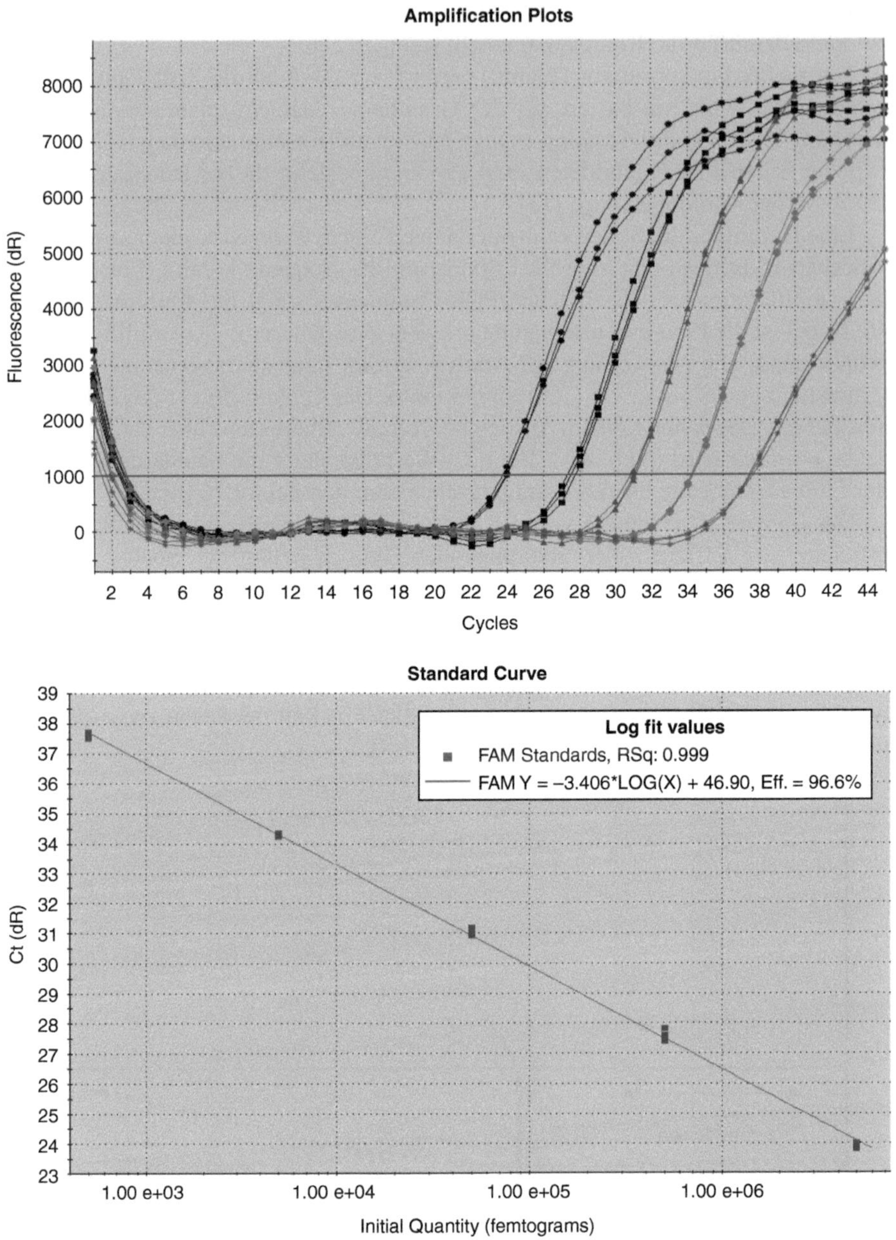

Abb. 4.2 Standardreihe

4.4 Optimierung und Validierung

Jede PCR-Methode, gleich ob konventionelle PCR oder real-time PCR, muss bei Einführung ins Routinelabor zuerst optimiert und an die verwendeten Reagenzien und PCR-Cycler angepasst werden. Meist genügt es, die Annealing-Temperatur um einige Grad herauf- oder herabzusetzen, um die Spezifität der Reaktion zu erhöhen bzw. zu senken. Ein Gradientencycler ermöglicht es, die optimale Annealing-Temperatur in einem Lauf über einen breiten Bereich zu ermitteln. Für die Optimierung einer PCR-Reaktion sollten immer die Konzentrationen von Nukleotiden und $MgCl_2$ aufeinander abgestimmt werden. Für den Master-Mix werden in der Regel 40–200 µM Nukleotide (dNTPs) eingesetzt und die $MgCl_2$-Konzentration sollte zwischen 1 und 4 µM liegen. Eine zu hohe Konzentration von dNTPs kann die PCR inhibieren. Die optimale $MgCl_2$-Konzentration sollte in jedem Falle titriert werden, denn die Mg^{2+}-Ionen bilden mit den eingesetzten Nukleotiden Komplexe, die dann für die Funktion als Coenzym für die Polymerase nicht mehr zu Verfügung stehen. Ein weiteres wesentliches Kriterium ist die Reinheit der isolierten DNA; die Entfernung möglicher Inhibitoren gelingt am besten durch die Aufreinigung mit zusätzlichen Säulchen. Auch die Menge an eingesetzter DNA hat einen entscheidenden Einfluss auf das Ergebnis: zu viel DNA inhibiert die Reaktion. Gegebenenfalls ist die eingesetzte DNA-Menge zu verdünnen und die Reaktion zu wiederholen. Auch die Spezifität und Konzentration der eingesetzten Primer sind von zentraler Bedeutung. Ein mangelhaftes Primer-Design kann die Ausbeute deutlich verringern, im Zweifelsfall ist es sinnvoller und schneller, sich ähnliche Primer zu designen, als langwierig alle Reaktionsbedingungen zu optimieren.

Werden kommerzielle PCR-Kits verwendet, fallen diese Optimierungsversuche meist weg und man richtet sich nach den Angaben der Hersteller.

Worauf aber nicht verzichtet werden kann, ist eine gründliche Validierung der neuen PCR-Assays bei Einführung in die Routineanalytik. In der Regel wird die neue Methode zuerst an einer genügend hohen Anzahl von Referenzstämmen auf ihre Inklusivität und Exklusivität hin überprüft. Danach wird sie anhand von realen Proben mit dem bisherigen „Goldstandard“ verglichen, um die Rate der falsch-positiven und falsch-negativen Resultate bestimmen zu können. Erst dann kann der neue (Real Time-)PCR-Assay in die Routineanalytik aufgenommen werden.

4.5 Bestätigungsreaktionen

Die Bestätigung der Ergebnisse der PCR-Analysen kann auf mehreren Wegen erfolgen. Das genaueste aber auch aufwändigste Verfahren ist die Sequenzierung des PCR-Fragmentes, um sicherzugehen, dass der gewünschte DNA-Abschnitt vervielfältigt wurde. Weitaus einfacher in der Durchführung ist der Verdau der Amplifikate mit einem Restriktionsenzym; man erhält dadurch für das PCR-Produkt charakteristische Fragmentgrößen. Real Time-Verfahren, die mit einer zusätzlichen internen Sonde arbeiten (Taqman, Lightcyler, Molecular Beacons etc.) benötigen keine weitere Bestätigung, da durch die Sonde die Spezifität zusätzlich erhöht wird. Eine ausreichende Validierung des Systems wird dadurch aber keinesfalls ersetzt.

In der Lebensmittelanalytik kann zudem die Isolierung der pathogenen Keime gefordert werden, um die Lebensfähigkeit der Erreger zu zeigen.

4.6 Qualitätssicherung im PCR-Labor und Kontrollen

Voraussetzung für die Anwendung von PCR-Techniken in der Routineanalytik ist die Definition und Einhaltung bestimmter Qualitätsstandards, um vergleichbare Ergebnisse zwischen einzelnen Untersuchungslaboren zu gewährleisten [19]. Gremien, die solche Qualitätsstandards erarbeiten und in Normen festschreiben, sind auf nationaler Ebene das Deutsche Institut für Normung e. V. (DIN), auf europäischer Ebene das European Committee for Standardization (CEN) und weltweit die International Organization for Standardization (ISO). Eine Recherche auf den Seiten der DIN (www.din.de) unter den Stichworten Nukleinsäure und Lebensmittel liefert 81 Regelwerke, die sich mit den allgemeinen Anforderungen an PCR-Nachweise und Extraktionsverfahren beschäftigen und bis hin zu spezifischen Nachweisen bestimmter Pathogene, Allergene oder GVOs reichen. Weitere Richtlinien für Nukleinsäureamplifikationstechniken werden von der Deutschen Gesellschaft für Hygiene und Mikrobiologie (DGHM) für die mikrobiologische Diagnostik herausgegeben (MiQ) [20].

Die größte Herausforderung bei der Anwendung von PCR-Techniken ist die Vermeidung von Kontaminationen, um keine falsch-positiven Ergebnisse zu produzieren. Eine wichtige Maßnahme ist die räumliche Trennung von Probenaufarbeitung (Prä-PCR-Bereich), Handhabung der Reagenzien (Master-Mix) und Amplifikation und Nachweis der Nukleinsäuren (Post-PCR-Bereich) [19]. Eine Verschleppung von PCR-Produkten zurück in den Master-Mix-Bereich oder die Probenaufarbeitung ist durch z. B. jeweils eigene Geräte und Pipetten und Wechsel der Schutzkleidung unbedingt zu verhindern. Pipettenspitzen mit Aerosolschutz und für die PCR geeignete sterile, nukleasefreie Gefäße sind Standard in einem molekularbiologischen Labor. Eine regelmäßige Dekontamination und Bestrahlung der Arbeitsflächen mit UV-Licht ist durchzuführen.

Die Verwendung von Uracil-N-Glycosylase bei der DNA-PCR ermöglicht den Abbau von verschleppten PCR-Amplifikaten im PCR-Ansatz, wenn von Anfang an dUTPs bei der PCR-Reaktion verwendet wurden.

Real Time-PCR-Techniken haben den großen Vorteil, dass nach Ablauf der Reaktion die Gefäße nicht mehr geöffnet werden müssen und somit eine wichtige Kontaminationsursache ausgeschlossen wird.

Um mögliche Kontaminationen frühzeitig zu erkennen, werden Negativkontrollen sowohl bei der Probenextraktion als auch der PCR-Reaktion („no template control“ oder Master-Mixkontrolle) mitgeführt. Falsch-negative Ergebnisse können entstehen, wenn im Reaktionsansatz inhibierende Substanzen z. B. aus der

Extraktion enthalten sind, die die Effektivität der PCR stark herabsetzen, sodass kein Amplifikat mehr entsteht. Durch Zugabe von Inhibitionskontrollen in jeden PCR-Ansatz wird sichergestellt, dass Inhibitoren erkannt werden. Dies wird auch von dem europäischen Standardisierungskomitee (CEN) und der International Standardization Organization (ISO) in einer allgemeinen Richtlinie für PCR-Tests im Lebensmittelbereich gefordert (EN ISO 22174). Das Design der internen Amplifikationskontrollen (IAC) bleibt aber offen. Bei der kompetetiven IAC wird ein artifizielles DNA-target mit den gleichen Primern amplifiziert wie die Ziel-DNA, um zu gewährleisten, dass die PCR-Kinetiken von IAC und target vergleichbar sind [21]. Die IAC-Konzentration muss aber sorgfältig eingestellt werden, denn ein Zuwenig an IAC begünstigt evtl. zu stark die Zielreaktion, während zuviel IAC evtl. Inhibitoren nicht anzeigen und mit der Ziel-DNA zu stark konkurrieren würde. Deshalb sollte auch die IAC ein längeres Amplifikat ergeben als das target [21]. Als Inhibitionskontrolle kann z. B. eine Fremd-DNA (als linearisierte Plasmid-DNA) zugegeben werden, die unabhängig von der Ziel-DNA in einer zweiten PCR-Reaktion amplifiziert wird (nichtkompetetive IAC). Der Nachteil dieser Form der IAC ist, dass aufgrund der unterschiedlichen Primer-Paare die Amplifikation von IAC und target nicht hundertprozentig vergleichbar ist. Die Konzentrationen der Fremd-DNA und Primern sollten deshalb möglichst niedrig gehalten werden und Größe und Nukleotidzusammensetzung sorgfältig gewählt werden [21]. Ein Beispiel für eine Inhibitionskontrolle ist ein kloniertes Fragment der Methyltransferase aus Tabak (ntb2), das mit entsprechenden Primern und Sonden amplifiziert bzw. detektiert wird [22].

Wird die Ziel-DNA amplifiziert, die IAC aber nicht, so gilt die Probe trotzdem als positiv. Dies ist der Fall, wenn die Ziel-DNA in sehr großen Mengen vorliegt. Nur wenn weder die Ziel-DNA noch die IAC amplifiziert werden, muss von Inhibitoren im PCR-Ansatz ausgegangen werden und die PCR wiederholt werden. Oft genügt es, die Proben-DNA 1:10 oder 1:100 zu verdünnen; wenn dies nicht zum Erfolg führt, muss die Extraktionsmethode überdacht werden, um störende Substanzen zu entfernen. Gerade in der Lebensmittelanalytik sind diese sogenannten Matrixeffekte ein häufiges Problem und erschweren den Direktnachweis von z. B. Pathogenen oder von GVOs aus einer Vielzahl von Lebensmitteln (z. B. Schokolade).

Mithilfe der IAC werden zwar Inhibitoren in der PCR-Reaktion erkannt, sie gibt aber keine Auskunft darüber, ob überhaupt genügend Proben-DNA in entsprechender Qualität extrahiert wurde. Die Effektivität der DNA/RNA-Extraktion und -Amplifikation kann auf verschiedenen Wegen überwacht werden. Es wird entweder ein Referenzpräparat (z. B. eine Reinkultur des jeweiligen Pathogens oder der Zielsequenz) parallel zu den unbekannten Proben extrahiert oder man führt eine zusätzliche PCR-Reaktion durch, die z. B. die Proben-DNA nachweist (z. B. Sojalectin bei Untersuchungen von Sojaprodukten auf GVOs) oder ribosomale Gene beim Nachweis von bakteriellen Pathogenen. Es kann aber auch zu Beginn jeder Probe DNA/RNA zugesetzt werden, welche dann in der PCR nachgewiesen wird und gleichzeitig eine Inhibitionskontrolle darstellt. Beim Nachweis von RNA-Viren wird diese Strategie gerne verfolgt, um RNAse-Aktivität auszuschließen und die reverse Transkription zu überprüfen [23].

Bei der Interpretation der Ergebnisse ist zunächst zu überprüfen, ob die Kontrollen korrekt ausfallen und keine Kreuzkontaminationen, Inhibitionen etc. vorliegen. Ein positives Ergebnis einer PCR muss immer noch bestätigt werden (Restriktionsverdau, Hybridisierung, Sequenzierung), der alleinige Vergleich der Größe des Amplifikates genügt nicht. Die Verwendung einer Real Time-PCR-Sonde gilt bereits als Bestätigung des PCR-Produktes.

4.7 PCR-basierte Typisierungstechniken

In der Lebensmittelanalytik genügt häufig für ein Screening der qualitative Erregernachweis. In besonderen Fällen will man aber auch epidemiologische Fragestellungen untersuchen und Infektionsketten bzw. Kreuzkontaminationen aufklären. Gängige Verfahren sind die Pulsfeldgelelektrophorese (PFGE), sequenzbasierte Methoden wie z. B. Multi Locus Sequence Typing (MLST) oder Fragmentlängenanalyse (RFLP, Ribotyping). Bei der RFLP wird das gesamte Genom mit einem Restriktionsenzym verdaut und elektrophoretisch aufgetrennt. Um die Komplexität der erhaltenen Muster zu reduzieren, geht häufig eine PCR-Amplifikation voraus. Beim PCR-Ribotyping werden z. B. gezielt die ribosomalen Gene amplifiziert. Eine andere Möglichkeit ist die Amplifikation von Bereichen mit repetetiven Sequenzen, auch als rep-PCR bezeichnet. Für *Enterobacteriaceaen* wurde die ERIC-PCR (Enterobacterial Repetitive Intergenic Consensus PCR) etabliert.

4.8 Schlussfolgerung

PCR und Real Time PCR-Techniken stellen ein vielfältiges Werkzeug zur Detektion und Charakterisierung von Mikroorganismen, Allergenen oder gentechnischen Veränderungen in Lebensmitteln dar. Diese außerordentlich sensitiven Methoden sollten allerdings nur durch geschultes und erfahrenes Personal unter Beachtung der Maßnahmen zur Qualitätssicherung durchgeführt werden, um falsch-positive oder -negative Resultate zu vermeiden.

Literatur

[1] Lottspeich, F, Engels, JW (Hrsg.) (2006) Bioanalytik, 2. Aufl. Spektrum Akademischer Verlag.

[2] Viljoen, GJ, Nel, LH, Crowther (2005) JR Molecular Diagnostic PCR Handbook, Springer Verlag.

[3] Saiki, RK, Gelfand, DH, Stoffel, S, Scharf, SJ, Higuchi, R, Horn, GT, Mullis, KB, Erlich, HA (1998) Primer-directed enzymatic amplification of DNA with a thermostable DNA polymerase. Science 239: 487–91.

[4] Lundberg, KS, Shoemaker, DD, Adams, MW, Short, JM, Sorge, JA, Mathur, EJ (1991) High-fidelity amplification using a thermostable DNA polymerase isolated from Pyrococcus furiosus. Gene 108(1): 1–6.
[5] Higuchi, R, Fockler, C, Dollinger, G, Watson, R (1993) Kinetic PCR analysis: real-time monitoring of DNA amplification reactions. Biotechnol 11: 1026–30.
[6] Mackay, IM, Mackay, JF, Nissen, MD, Sloots, TP (2007) real-time PCR: History and Fluorogenic Chemistries in real-time PCR in Microbiology: From Diagnosis to Characterisation. Mackay, IM (Hrsg.), 1. Aufl., Caister Academic Press.
[7] Wittwer, CT, Herrmann, MG, Moss, AA, Rasmussen, RP (1997) Continuous fluorescence monitoring of rapid cycle DNA amplification. Biotechniques 22: 130–1, 134–8.
[8] Bustin, SA, Nolan, T (2004) Chemistries. In A-Z of Quantitative PCR. Bustin, S (Hrsg.), 1. Aufl. Int University Line.
[9] Holland, PM, Abramson, RD, Watson, R, Gelfand, DH (1991) Detection of specific polymerase chain reaction product by utilizing the 5′—3′ exonuclease activity of Thermus aquaticus DNA polymerase. Proc Natl Acad Sci USA 88(16): 7276–80.
[10] Thelwell, N, Millington, S, Solinas, A, Booth, J, Brown, T (2000) Mode of action and application of Scorpion primers to mutation detection. Nucleic Acids Res 28: 3752–61.
[11] Afonina, I, Zivarts, M, Kutyavin, I, Lukhtanov, E, Gamper, H, Meyer, RB (1997) Efficient priming of PCR with short oligonucleotides conjugated to a minor groove binder. Nucleic Acids Res 25: 2657–60.
[12] Kutyavin, IV, Afonina, IA, Mills, A, Gorn, VV, Lukhtanov, EA, Belousov, ES, Singer, MJ, Walburger, DK, Lokhov, SG, Gall, AA, Dempcy, R, Reed, MW, Meyer, RB, Hedgpeth, J (2000) 3′-minor groove binder-DNA probes increase sequence specificity at PCR extension temperatures. Nucleic Acids Res 28: 655–61.
[13] Levin, JD, Fiala, D, Samala, MF, Kahn, JD, Peterson, RJ (2006) Position-dependent effects of locked nucleic acid (LNA) on DNA sequencing and PCR primers. Nucleic Acids Res 34: 142.
[14] Karkare, S, Bhatnagar, D (2006) Promising nucleic acid analogs and mimics: characteristic features and applications of PNA, LNA, and morpholino. Appl Microbiol Biotechnol 71: 575–86.
[15] Buh Gasparic, M, Cankar, K, Zel, J, Gruden, K (2008) Comparison of different real-time PCR chemistries and their suitability for detection and quantification of genetically modified organisms. BMC Biotechnol 8: 26.
[16] Reynisson, E, Josefsen, MH, Krause, M, Hoorfar, J (2006) Evaluation of probe chemistries and platforms to improve the detection limit of real-time PCR. J Microbiol Methods 66: 206–16.
[17] Petersen, M, Wengel, J (2003) LNA: a versatile tool for therapeutics and genomics. Trends Biotechnol 21: 74–81.
[18] Logan, J, Edwards, K, Saunders, N (Hrsg.) (2009) real-time PCR: Current Technology and Applications, 1. Aufl. Caister Academic Press.
[19] Apfalter, P, Reischl, U, Hammerschlag, MR (2005) In-house nucleic acid amplification assays in research: how much quality control is needed before one can rely upon the results? J Clin Microbiol 43: 5835–41.
[20] Roth, A, Mauch, H, Göbel, UB (2001) Nukleinsäureamplifikationstechniken in MiQ 01 Qualitätsstandards in der mikrobiologisch-infektiologischen Diagnostik, Urban & Fischer, München.
[21] Hoorfar, J, Malorny, B, Abdulmawjood, A, Cook, N, Wagner, M, Fach, P (2004) Practical considerations in design of internal amplification controls for diagnostic PCR assays. J Clin Microbiol 42: 1863–8.
[22] Anderson, A, Pietsch, K, Zucker, R, Mayr, A, Müller-Hohe, E, Messelhäußer, U, Sing, A, Busch, U, Huber, I (2010) Validation of a duplex-PCR for the detection of Salmonella spp in different food products. Food Analytical Methods, DOI 10.1007/s12161-010-9142-8.
[23] Hoffmann, B, Depner, K, Schirrmeier, H, Beer, M (2006) A universal heterologous internal control system for duplex real-time RT-PCR assays used in a detection system for pestiviruses. J Virol Methods 136: 200–9.

Kapitel 5
Biochips und ihr Einsatz in der Lebensmittelanalytik

Ingrid Huber und Patric Zeltz

Inhalt

5.1 Einleitung

Mit der Verbreitung des Begriffes „Biochip“ in den biotechnologischen Medien wurde Ende der 1990er-Jahre zunächst der Eindruck erweckt, dass die Computerelektronik in die molekularbiologischen Anwendungen eingestiegen ist [18].

I. Huber (✉)
Bayerisches Landesamt für Gesundheit und Lebensmittelsicherheit, Veterinärstraße 2, 85764 Oberschleißheim, Deutschland
Tel.: +49 (0)89 31560 158
Fax: +49 (0)89 31560 458
e-mail: ingrid.huber@lgl.bayern.de

U. Busch (Hrsg.), *Molekularbiologische Methoden in der Lebensmittelanalytik*, DOI 10.1007/978-3-642-10716-0_5, © Springer-Verlag Berlin Heidelberg 2010

In nur wenigen Jahren hat sich die Biochiptechnologie zu einem Verfahren entwickelt, das aus der molekularbiologischen Grundlagenforschung nicht mehr wegzudenken ist und über eine Vielzahl von Einsatzbereichen verfügt. Die Biochiptechnologie ermöglicht die Miniaturisierung von DNA-, RNA- bzw. Proteinanalytik in hochparallelen Formaten. Dieser hohe Parallelisierungsgrad ist einer der wesentlichen Vorteile dieser Technik gegenüber klassischen molekularbiologischen Methoden. Sie wird heutzutage vor allem in der Genomforschung eingesetzt, für Genexpressionsstudien, zum Screening von single nucleotide polymorphisms (SNPs), in der pharmakogenetischen Forschung sowie in der Erforschung von Erbkrankheiten und in der Krebsforschung [1, 7, 19]. Neben vielen weiteren Bereichen finden Biochips auch spezielle Anwendungen in der Lebensmittelanalytik.

5.1.1 Definitionen: Biochip – Microarray

Der Überbegriff *Biochip* umfasst eine Reihe unterschiedlicher Formen [13]. So finden sich darunter u. a. mikrofluidische Systeme („Lab-on-a-chip“) wie z. B. miniaturisierte Elektrophoresen, halbleiterbasierte Sensoren (z. B. Neurochips, biochemische Sensorchips), Mikrobioreaktoren, Mikroreagenzgefäße und Microarrays. Als *Microarrays* werden Systeme bezeichnet, bei denen sich eine Anzahl von Sonden auf engstem, meist nur wenige Quadratmillimeter großem Raum befinden [15, 16]. Sie sind eine Weiterentwicklung der sogenannten Macroarrays bzw. „Streifen“-Technologien. Die Sonden belegen im Microarray eine Fläche von wenigen Mikrometern und sind in einem definierten Raster angeordnet. Sie werden gemeinsam mit einer zu analysierenden Probe in Kontakt gebracht und die Wechselwirkungen einzelner Sonden mit der Probe gemessen.

In diesem Kapitel wird ausschließlich auf Protein- und DNA/RNA-Microarrays eingegangen. Ebenso werden nur derzeit relevante Verfahren erwähnt.

5.1.2 Vorteile und Limitierungen

Die wesentlichen Vorteile der Microarrays bestehen in der Parallelität der Analysen sowie in der Verringerung des Sonden-, Reagenzien- und Probenvolumens. Microarrays ermöglichen daher Analyseverfahren, die aufgrund geringer Probenmengen, teurer Reagenzien und/oder hohem Arbeitsaufwand bis dahin nicht durchführbar waren. Ein weiterer Pluspunkt ist die Möglichkeit der Automatisierung. Die Limitierung liegt vor allem in der eingeschränkten Zahl unterschiedlicher Proben, die gleichzeitig untersucht werden können. Außerdem werden für die Microarray-Analytik in der Regel spezielle, oft teure Geräte benötigt.

5.1.3 Trägermaterialien

Als Trägermaterial werden in der Regel speziell beschichtete bzw. modifizierte Gläser oder Kunststoffe, seltener auch Silizium verwendet. Die Beschichtung besteht meist aus Silanen, die reaktive Gruppen tragen. Aber auch Acrylamid- bzw. Nitrocelluloseartige, meist gelförmige Substanzen werden verwendet. Auch ein direktes Einbringen funktioneller Gruppen auf die Träger, wie z. B. durch Plasmabehandlung, ist möglich. Zweck der Beschichtungen ist, das Aufbringen der Sonden zu erleichtern, eine kovalente Kopplung der Sonden nach dem Aufbringen zu ermöglichen und, im Falle der gelartigen Schichten, die Sondendichte und damit die erzielbaren Signalstärken zu erhöhen (3-D-Effekt). Neuerdings sind auch mit physikalisch fluoreszenzverstärkenden Schichten versehene Träger auf dem Markt, womit eine Signalverstärkung um mehr als das 10fache möglich ist.

5.1.4 Herstellung von Biochips

Es gibt zwei generell unterschiedliche Herstellungsverfahren:

Spotting Die Sonden werden separat vom Träger hergestellt und mithilfe von Maschinen in einem Mikroraster aufgebracht. Das transferierte Volumen umfasst dabei Pico- bis wenige Nanoliter. Der Durchmesser eines Sondenpunktes liegt meist zwischen 50–500 µm. Der Abstand zwischen zwei Sondenpunkten liegt bei 100–500 µm. Die Roboter zur Herstellung dieser Microarrays funktionieren entweder nach dem Nadeldruck- oder dem Tintenstrahlverfahren, also analog zu Techniken, die von den Computerdruckern bekannt sind. Beide Techniken sind für größere Stückzahlen von Microarrays geeignet. Die Nadeltechnik hat Vorteile bei mittleren (100–500) bis höheren (500–30.000) Dichten, die Tintenstrahltechnik bei niedrigen Dichten bis zu 100 Sonden pro Microarray.

In-situ-Synthese Hierbei werden die Sonden direkt auf dem Träger (in situ) synthetisiert. Dabei kommen photolitografische, elektrochemische aber auch biochemische Verfahren zum Einsatz (z. B. http://affymetrix.com; http://nimblegen.com; http://www.agilent.com; http://www.combimatrix.com; http://www.febit.com). Mit diesen Techniken lassen sich hochdichte Microarrays (in der Regel Oligonukleotid-Arrays, s. unten) mit Sondenzahlen bis über 1 Mio. Sonden pro Träger erzeugen. Damit kann die Abbildung kompletter eukaryotischer Genome auf einem Chip verwirklicht werden. Ein weiterer wichtiger Vorteil ist die Tatsache, dass eine teure externe Synthese von Oligonukleotiden entfällt. Nachteile sind die geringe erzielbare Sondenlänge, die biochemische Eingeschränktheit (nur Oligonukleotide und nur 3′-5′ Synthese) sowie das Fehlen einer möglichen Qualitätsüberprüfung der Sonden. Während die in situ synthetisierten Microarrays Vorteile bei niedrigen Stückzahlen mit hohen Sondendichten aufweisen, sind Spotting-Techniken bei hohen Stückzahlen von Vorteil.

5.1.5 Trägerformate

Das Standardformat der Microarrays hat ihren Ursprung im aus der Histologie stammenden Objektträgerformat (1 × 3 inch bzw. 2,5 × 7,6 cm). Dieses Format ist heute am weitesten verbreitet. Daneben haben sich sehr ähnliche, aber proprietäre Formate etabliert, die jeweils nur im geschlossenen System von Träger und passendem Lesegerät verwendbar sind. Die Vorteile des Objektträgerformates während der Anfangsphase der Array-Technologie waren das Vorhandensein etablierter Glasträger und passenden Zubehörs für die Prozessierung. Die Glasträger können zudem einfach beschichtet und ausgelesen werden. Nachteile liegen in der mangelnden Kompatibilität zur allgemeinen Ausstattung molekularbiologischer Labore, in denen Mikrotiterplattenformat-kompatible Abmessungen dominieren (9 mm Raster, Streifen, 96 well, 384 well [4,5 mm Raster], etc.). Eine automatische Prozessierung von Standard-Mikroarrays ist daher nur auf spezifischen Geräten möglich. Während das Objektträgerformat für höhere Dichten ausreichend Fläche bietet, ist es für eine geringe Sondenzahl eher ungünstig, da in diesem Fall ein Großteil der vorhandenen Fläche ungenutzt bleibt. Aus diesem Grund entwickeln sich zunehmend Produkte, die zur Kammerung der Objektträger verwendet werden können, oder aber es werden spezielle Objektträger-kompatible Träger angeboten, die bereits gekammert sind. Somit können mehrere parallele Arrays auf einem Träger unabhängig analysiert werden.

Auch der Boden von Einzelreaktionsgefäßen wird z. T. als Arrayoberfläche inklusive passendem Reaktionsgefäß angeboten (http://www.clondiag.de) bzw. der Boden von 96-well-Mikrotiterplatten-(MTP)-ähnlichen Trägern (http://www.gbo.de). Während gekammerte Aufsätze für Standardobjektträger das Auslesen auf Standardlesegeräten erlaubt, sind für MTP-Arrays, Reaktionsgefäß-Arrays und andere Formate nur spezielle Lesegeräte geeignet.

5.1.6 Nachweisverfahren

Grundsätzlich muss zwischen protein- und nukleinsäurebasierten Nachweisverfahren unterschieden werden.

Nukleinsäurebasierte Nachweisverfahren Nukleinsäure-Microarrays werden vornehmlich für fünf Fragestellungen verwendet: zur Messung der Genexpression (Abb. 5.1), zur Prüfung des miRNA-Status, zur Überprüfung der Genomstruktur (Array-CGH, ChIP-on-chip), für den Nachweis der An- bzw. Abwesenheit von Genen (Gene-ID) und das Messen des Vorhandenseins von Sequenzvarianten (Allel- bzw. Einzelnukleotidpolymorhismennachweis [SNP]). Als Sonden kommen BACs, Plasmide, PCR-Fragmente, im analytischen Bereich aber vor allem Oligonukleotide zum Einsatz. Der Vorteil der Oligonukleotide liegt in der einfachen Herstellung und Qualitätskontrolle sowie in der praktisch nicht limitierten Verfügbarkeit [3].

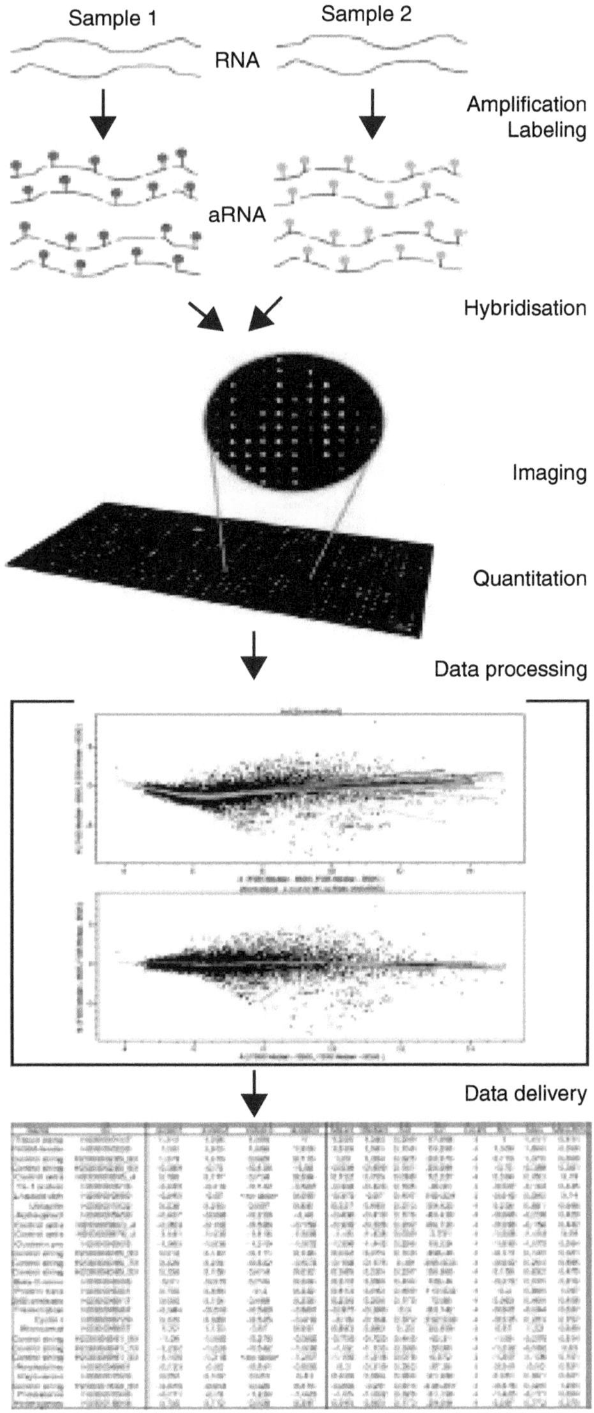

Abb. 5.1 Schematischer Ablauf einer Genexpressionsanalyse mittels eines Microarrays

Je nach Fragestellung, Menge und Qualität des zu untersuchenden Materials kann die zu analysierende Nukleinsäure direkt markiert werden, es kann cDNA oder cRNA erzeugt werden, oder aber es wird, wie im Falle der Spurenanalytik üblich, eine Polymerasekettenreaktion (PCR) vorgeschaltet.

Der Nachweis selbst basiert immer auf den Hybridisierungseigenschaften der Sonden bzw. der Probennukleinsäure oder deren Kopie. Meist wird das Hybridisierungsereignis direkt sichtbar gemacht. Es ist aber auch eine Veränderung der Sonde möglich, wie dies beispielsweise beim sogenannten Minisequencing (Extension der am Array gekoppelten Sonde um ein Nukleotid) Verwendung findet.

Proteinbasierte Nachweisverfahren Grundsätzlich bieten die Protein-Microarrays die Möglichkeit, fast jede Bindung mit einem Protein zu erfassen [20, 21]. Die Funktionsweise der Proteinchiptechnik ist dabei vergleichbar mit einem ELISA (Enzyme-linked Immunosorbent Assay) im verkleinerten Format. Ein Proteinchip wird mit einer biologischen Probe inkubiert und die Bindung an das immobilisierte Protein wird anschließend detektiert. Es gibt zwei wesentliche Typen der Proteinarrays (siehe Abb. 5.2):

Die am häufigsten eingesetzten Proteine sind Antikörper, entsprechend bedruckte Chips werden als Antikörper-Microarrays bezeichnet. *Antikörper-Microarrays* sind einfacher zu etablieren bzw. herzustellen, da die biochemischen Eigenschaften verschiedener Antikörper immer ähnlich sind. Im Microarray liegen gegen unterschiedliche Antigene gerichtete Antikörper in Rasterform an den Chip gebunden vor. Bei der Analyse wird zunächst eine zu untersuchende Lösung mit dem Microarray inkubiert. Antigene, die sich in der Lösung befinden, werden spezifisch vom jeweiligen Antikörper gebunden. In einem zweiten Schritt wird mit einem löslichen Antikörper, der einen Marker trägt (z. B. ein Fluorochrom), inkubiert. Dieser bin-

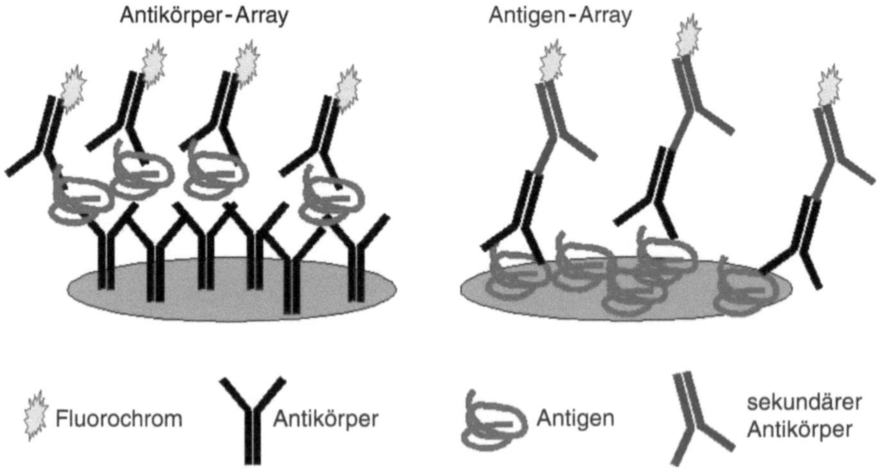

Abb. 5.2 Nachweisreaktion auf einem Antikörper- bzw. Antigen-Array mittels Fluoreszenz: Gezeigt ist beispielhaft jeweils ein Spot eines Arrays

det an bereits gebundene Antigene und der jeweilige Spot kann sichtbar gemacht werden. Auch eine zweistufige Detektion ist möglich (nicht gezeigt). Beim *Antigen-Microarray* werden die einzelnen Proteinantigene gespottet. Diese Arrays sind wesentlich schwieriger herzustellen, da die zu spottenden Proteine im Gegensatz zu Antikörpern in der Regel sehr unterschiedliche Eigenschaften aufweisen, was eine gemeinsame Handhabung problematisch macht. Es wird mit einer Antikörper enthaltenden Lösung (z. B. Blutserum) inkubiert. Gegen das jeweilige Antigen gerichtete primäre Antikörper haften spezifisch an die jeweiligen Spots. In einem zweiten Schritt werden diese Antikörper durch einen gegen den Antikörpertypus 1 gerichteten sekundären Antikörper nachgewiesen.

Neben den Antikörper-/Antigen-Arrays gibt es auch die reverse Form der Antikörper-Arrays, sogenannte Proteinlysat-Microarrays. Gesamtproteinlysate werden in Spots aufgebracht und es wird mittels Antikörpern überprüft, ob sich bestimmte Antigene im Lysat befinden. Auch aktive Proteine wie beispielsweise Enzyme können in einem Microarray aufgebracht werden. Hier kann die Umsetzung der Substrate zum Nachweis genutzt werden.

5.1.7 Marker

Als Markierungsreagenzien kommen in der Regel Moleküle zum Einsatz, die an einen der Reaktionspartner gekoppelt werden. Oft ist dies Biotin, aber auch andere nichtfluoreszierende Moleküle wie Digoxigenin werden eingesetzt.

Am weitesten verbreitet sind jedoch die biochemischen oder chemischen Markierungen mit Fluorochromen.

Markierungstechniken Die Markierung der Probennukleinsäuren bzw. -proteine erfolgt in der Regel direkt mittels enzymatischem Einbau (Nukleinsäuren) oder indirekt durch eine sekundäre Markierung (Proteine und Nukleinsäuren) bzw. einer Mischform beider Verfahren (Nukleinsäuren). Die sogenannte direkte Markierung nutzt die Tatsache, dass DNA-/RNA-Polymerasen modifizierte Bausteine in neu synthetisierte Nukleinsäurestränge einbauen, die im Anschluss nachweisbar sind. Alternativ können beim Direkteinbau die modifizierten Bausteine aus reaktiven Gruppen (in der Regel Amino-Allyl-(d)UTP) bestehen, die erst in einer zweiten, nachgeschalteten spezifischen chemischen Reaktion (in der Regel monoreaktive NHS-Ester von Fluoreszenzfarbstoffen) mit den nachweisbaren Molekülen verbunden werden. Diese zweite Variante hat den Vorteil, dass vor einer kompetitiven Hybridisierung während der ersten, biochemischen Stufe in beide zu vergleichende Probennukleinsäuren gleiche modifizierte Bausteine eingebaut werden und erst in der zweiten chemischen Stufe die unterschiedlichen Farben/Marker gekoppelt werden. Die Verwendung gleicher modifizierter Nukleotide in der ersten biochemischen Reaktion sorgt für gleiche Einbauraten. Im Gegensatz hierzu werden unterschiedlich modifizierte Nukleotide vom Enzym unterschiedlich akzeptiert, was zu einem ungleichen Einbauverhältnis führt.

Bei der rein sekundären Markierung werden die Marker an die Probennukleinsäuren (bzw. Kopien der Nukleinsäuren) oder -proteine gekoppelt. Beispiele hierfür sind z. B. Psoralen-Biotin (Ambion), das „Universal Linkage System" (ULS) (Kreatech) oder CyDye™ Reactive Dye (GE-Healthcare).

Detektion Marker können in einer Nachweisreaktion durch Streptavidin bzw. monoklonale Antikörper gebunden werden, die wiederum an ein Enzym (z. B. Peroxidase oder alkalische Phosphatase) gekoppelt sind. Das Enzym katalysiert beispielsweise eine Farbreaktion. Auch eine chemische Farbumsetzung (z. B. Silberfärbung) ist möglich. Gravierender Nachteil all dieser Färbeverfahren ist, dass die zeit- und aktivitätsabhängige Farbumsetzung keine sichere quantitative Aussage erlaubt. Alternativ kann die Sichtbarmachung auch über Fluoreszenz erfolgen. Fluoreszenz muss zwar in einem geeigneten Lesegerät sichtbar gemacht werden (s. unten), aber die Markierung ist sehr sensitiv und im Gegensatz zu den enzymbasierten Technologien sehr gut quantifizierbar.

5.1.8 Messprinzipien/Lesegräte

Auf Färbung basierende Microarray-Assays werden mit angepassten handelsüblichen Scannern ausgelesen (z. B. http://www.chipron.com; http://www.clondiag.com; http://www.eppendorf.com.

Fluoreszenz kann entweder über Laserscanner oder über Bildgewinnung (CCD/CMOS-Sensoren) gemessen werden. Laserscanner (z. B. http://www.axon.com; http://www.agilent.com) rastern den Träger ab und setzen die pro Rasterpunkt gemessene Fluoreszenz in ein Bild um. Da die Messzeiten pro Bildpunkt sehr kurz sind, muss mit hoher Energie bestrahlt werden, was ein schnelles Ausbleichen der Fluorochrome zur Folge hat. Es können zudem nur Fluorochrome verwendet werden, die im Wellenlängenbereich der vorhandenen Laser angeregt werden. Vorteile sind die gleichmäßige Auslesung beliebig großer Trägerflächen. In der Sonderform der konfokalen Anordnung sind optische Schnitte möglich. Ähnliches wird über die sogenannte „totale interne Reflexion" (TIR) erreicht (z. B. http://www.zeptosens.com), bei der der Laser, ähnlich wie bei einem Glasfaserlichtleiter, an der Unterseite der Chipoberfläche vollständig reflektiert wird und daher nur im Spot (an der Oberfläche) befindliche Fluorochrome anregt. Beide Techniken ermöglichen ein Livebild während der Hybridisierung.

CCD/CMOS-kamerabasierte Lesegeräte arbeiten meist mit einer Weißlichtquelle (LED, Halogen) sowie Filtern für Extinktion und Emission (z. B: http://www.api.com/lifescience/arrayworx.html;http://www.lavisionbiotec.de/start_product_index.html; http://www.Genewave.com; http://www.ditabis.de). Vorteile sind die Verwendung verschiedenster Fluorochrome mit entsprechenden Filtern, ein geringes Ausbleichen der Fluorochrome und die Aufnahme unterschiedlicher Farben ohne das Bild abzurastern, was eine Bildverschiebung der unterschiedlichen Kanäle vermeidet. Ein Nachteil kann die begrenzte Bildgröße bedeuten, die nicht den ganzen

Träger umfasst. So müssen Bilder großer Arrays aus mehreren Einzelbildern zusammengesetzt werden („stitching“).

5.1.9 Alternative Technologien

Neben den „klassischen“ Microarrays existieren noch eine Reihe weiterer Microarray-Prinzipien, die im Folgenden aufgeführt werden [7].

Suspensions „Bead“ Arrays Hierbei werden mit unterschiedlichen Farbcocktails gefüllte und mit verschiedenen Sonden bestückte Mikrosphären mit ebenfalls markierten Proben hybridisiert. Das entstehende Farbgemisch jedes Beads wird in einem speziellen Durchflusszytometer erfasst und ausgewertet (http://www.luminexcorp.com/technology/).

Planare „Bead“ Arrays Hierbei werden mit spezifischen Sonden und artifiziellen einmaligen Adresssequenzen beschichtete Beads einzeln, in winzigen wells auf einem planaren Träger gebunden. Die Verteilung auf die wells erfolgt zufällig und redundant. Die Adresssequenzen der Beads werden vor der eigentlichen Analyse in multiplen Hybridisierungsrunden über Antisense-Oligonukleotide dekodiert. Jedes well auf dem Array kann somit der jeweils vorliegenden Sonde zugeordnet werden (http://www.illumina.com).

Elektronische Ausleseverfahren Neben den optischen Verfahren gibt es mehrere elektrochemische Verfahren. Anstatt einer lichtemittierenden Sonde bzw. eines Farbsignals wird in diesem Falle die lokale Leitfähigkeit genutzt. Die Sonden sind auf elektrischen Sensoren aufgebracht, sodass diese Veränderung gemessen werden kann. Dies geschieht entweder über eine enzymatische Reaktion (z. B. http://www.ebiochip.com; http://www.combimatrix.com/products_electrasense.htm), leitfähige Marker (z. B. http://www.frizbiochem.de) oder unter Nutzung der elektrischen Eigenschaften der Nukleinsäuren selbst [9].

5.1.10 Auswertung/Bioinformatik

Die Auswertung der von Microarrays gewonnen Daten bedarf einer Verarbeitung der Rohdaten sowie einer statistischen Analyse [20]. Ziel ist es, kalibrierte und auf Referenzwerte normierte Werte zu erhalten. Erst diese normalisierten Werte erlauben eine qualitative und quantitative Auswertung der Daten. Ist dies für niedrigdichte Arrays (LDAs) noch relativ einfach, stellt die Auswertung von hochdichten Arrays (HDAs) allerdings ein eigenes Wissenschaftsgebiet dar. Hierfür stehen eine Vielzahl von öffentlichen und kommerziellen Auswertungsprogrammen zur Verfügung (z. B. http://www.ebi.ac.uk).

5.2 Einsatz der Biochips in der Lebensmittelanalytik

Immer häufiger auftretende Lebensmittelskandale zeigen deutlich, wie notwendig komplexe Kontrollen bei der Zusammensetzung von Lebensmitteln bzw. deren Herkunft sind. Wenn mehr Parameter dabei in geringerer Zeit, mittels niedrigen Kosten und geringem Arbeitsaufwand analysiert werden sollen, kann der Einsatz der Biochiptechnologie in bestimmten Anwendungsbereichen sinnvoll sein.

Neben „klassischen“ Microarrays für Forschungszwecke [8, 10, 12, 17, 23–25] existieren für die Lebensmittelanalytik auch spezielle Biochip-Kits, die auf den beschriebenen Markierungs- und Nachweistechniken basieren und zum parallelen Nachweis verschiedener Organismen bzw. Arten zum Einsatz kommen [2, 4–6, 14]. Ausgewählte Beispiele zum Nachweis von Mikroorganismen, gentechnisch veränderten Lebensmitteln und zur Tierartenanalytik werden in den folgenden Abschnitten beschrieben.

5.2.1 Nachweis von pathogenen Mikroorganismen mittels NUTRI®-Chip

Die NUTRI®-Chip-Analytik (www.badenbiotec.net) stellt einen spezifischen Schnelltest zur parallelen Detektion von Lebensmittelpathogenen sowie bakteriellen Indikatororganismen dar. Die Verknüpfung einer Multiplex-PCR mit einer anschließenden Biochiphybridisierung ermöglicht die eindeutige und simultane Detektion verschiedener Bakterien in einer Lebensmittelprobe.

Hierbei werden Oligonukleotidsonden über einen Poly-dT-Spacer kovalent an die Oberfläche eines Glasobjektträgers gekoppelt. Die Sonden sind dabei systematisch in einem Microarray angeordnet. Das Probenmaterial wird nach einer bakteriellen Voranreicherung einer DNA-Extraktion unterzogen (spezielles Extraktionsprotokoll für bakterielle DNA aus Schokolade im Kit enthalten). Die extrahierte DNA wird in einer Multiplex-PCR-Reaktion amplifiziert. Während der PCR wird in die entstehenden Amplifikate Biotin-dUTP eingebaut. Einzelsträngige PCR-Produkte hybridisieren anschließend in einer reversen Hybridisierung spezifisch mit den komplementären Sonden auf dem Biochip. Die markierten Hybride lassen sich nach Anfärbung mit einem an Streptavidin gekoppelten Fluoreszenzfarbstoff (CY5) über Fluoreszenzmessung in einem Biochip-Lesegerät detektieren. Die Auswertung der Testergebnisse erfolgt mit einer speziellen Software (Signalyse). Alle Reaktionsschritte werden dabei über Kontrollen auf dem Biochip überwacht. Durch den Einsatz einer heterologen internen Amplifikationskontrolle (IAC) kann eine falsch-negative PCR-Reaktion ausgeschlossen werden. Auf dem Biochip sind des Weiteren Hybridisierungskontrollen sowie Färbekontrollen zu detektieren. Jeder Testspot ist auf dem Biochip vierfach (in zwei identischen Microarrays) abgebildet.

Mittels NUTRI®-Chip-Analytik können derzeit die Lebensmittelpathogenen *Salmonella* spp., *Listeria monocytogenes*, *EHEC* und *Cronobacter* spp., einzelne

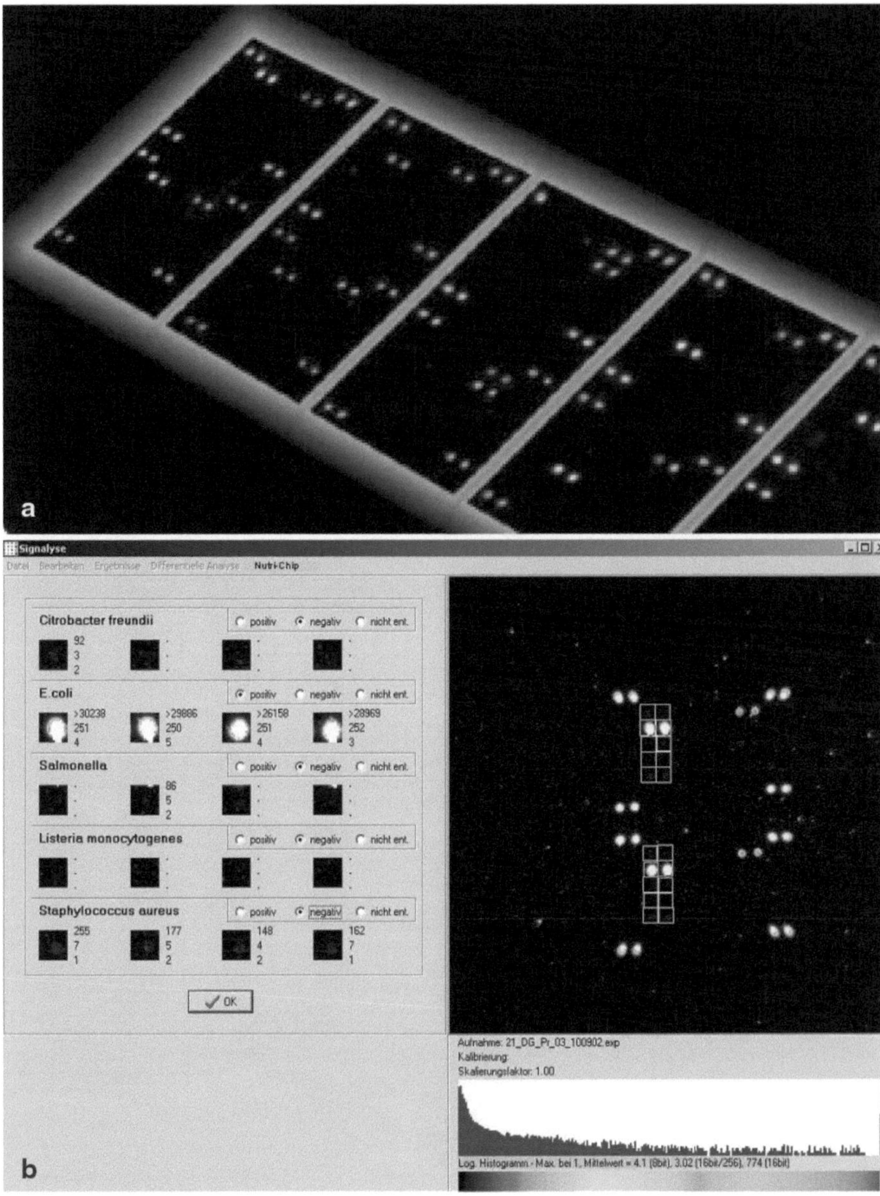

Abb. 5.3 NUTRI®-Chip-Analysen mehrerer Lebensmittelproben (**a**) und deren Auswertung mittels Signalyse-Software (**b**)

Vertreter der *Enterobacteriaceae* (z. B. *E. coli*) als Indikatororganismen und *Staphylococcus aureus* als Hygieneparameter parallel nachgewiesen werden (Abb. 5.3).

5.2.2 Nachweis von gentechnisch veränderten Organismen (GVOs) mittels DualChip® GMO (V2.0)

Mit dem DualChip® GMO (www.eppendorf.com) können derzeit alle in der EU zugelassenen GVOs parallel detektiert werden. Es werden dabei spezifische Pflanzenspeziesmarker für Mais, Soja und Raps nachgewiesen sowie verschiedene Screening- und Kontrollelemente. Auch dieses Nachweisverfahren integriert interne PCR-Kontrollen sowie Hybridisierungskontrollen in die Biochipanalytik. In drei Multiplex-PCRs mit biotinylierten Primern werden die GVO-Nachweissysteme

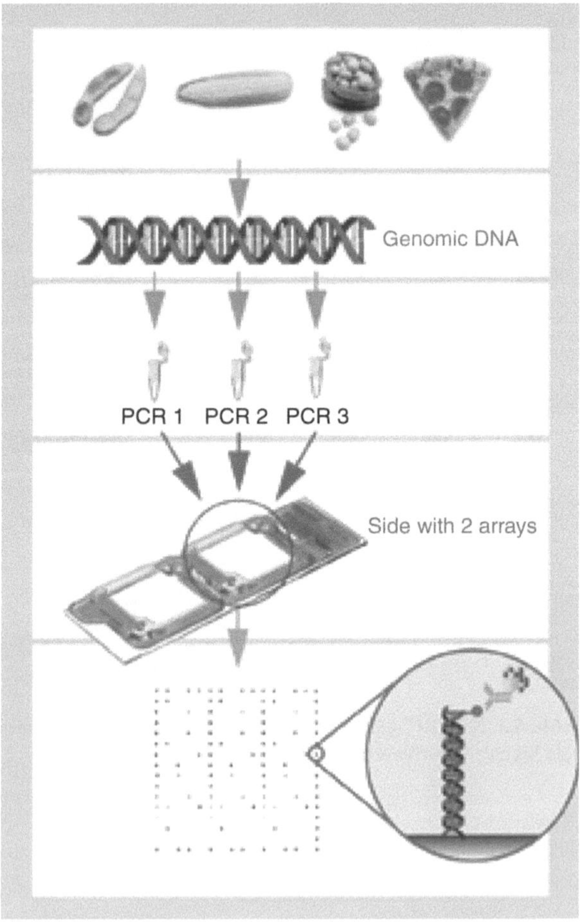

Abb. 5.4 Analyse von Lebensmittelproben mittels des DualChip® GMO Kit (V2.0). (www.eppendorf.com)

amplifiziert und gegen spezifische Fängersonden, die auf dem Microarray kovalent gebunden sind, hybridisiert. Jeder Testspot ist auf einem Microarray dreifach abgebildet. Pro Biochip können zwei unabhängige Proben (auf zwei Microarrays) parallel analysiert werden. Anti-Biotin-Gold-Konjugat bindet an die biotinylierten Amplifikate. Anschließend findet eine Silberfärbung (Reduktion von $AgNO_3$) statt. Das gefällte Silber umlagert das Gold-Konjugat. Eine schnelle und einfache Auswertung findet mit einer speziellen Software in einem speziellen Lesegerät statt. Am Ende der Analyse wird mit der Software ein DualChip-GMO-Report erstellt (Abb. 5.4).

Folgende zwölf Screeningelemente werden derzeit mit dem Analyseverfahren detektiert: p35S, tNOS, pat, cry1Ab (3 Genvarianten), cry3Bb1, EPSPS (3 Genvarianten), bar, pNOS-nptII. Des Weiteren werden folgende sieben Pflanzenspeziesmarker detektiert: Mais, Soja, Raps, Baumwolle, Reis, Kartoffel, Zuckerrübe. In der dritten Multiplex-PCR werden folgende eventspezifische Marker detektiert: Bt11, Bt176, GA21, GT73, MON531, MON810, MON863, MON1445, MON15985, RRS, T45. Des Weiteren werden die Kontrollelemente Blumenkohlmosaikvirus als Kontaminationskontrolle, eine Positivkontrolle für die PCR, eine positive sowie eine negative Hybridisierungskontrolle und eine positive sowie eine negative Detektionskontrolle auf dem Biochip überprüft.

Die simultane Detektion der 30 Elemente ermöglicht ein schnelles Screening von GVOs in Lebensmitteln, Futtermitteln sowie Saatgut. Die vom Hersteller angegebene Sensitivität der Methode von 0,1 % für alle transgenen Elemente und von 1 % für alle Pflanzenmarker wurde in einer europäischen Validierungsstudie bestätigt [11].

5.2.3 Nachweis von Tierarten

Die Verarbeitung nichterlaubter oder deklarierter Tierarten stellt eine Herausforderung für die Lebensmittelkontrolle dar. Als derzeitige Standards zur Überprüfung der Deklaration von Lebensmitteln gelten ELISA- sowie PCR-Tests. Diese ermöglichen einen gezielten Nachweis jeweils einer Tierart. Biochips ermöglichen dagegen auch in diesem Bereich der Lebensmittelanalytik die simultane Detektion verschiedener Tierarten in einem Ansatz. Sie eignen sich als Screeningverfahren in der Tierartenanalytik [22].

5.2.3.1 Tierartennachweis mittels CarnoCheck®-Testsystem

Das „CarnoCheck® Test Kit for the detection of animal species in food" (www.gbo.com/bioscience) basiert auf einer Consensus-PCR zur Amplifikation eines Abschnitts *des Cytochrom b* Gens mit anschließender spezifischer Hybridisierung und fluoreszenzbasierter Detektion. Mit diesem Testsystem können folgende acht verschiedene Tierarten parallel detektiert werden: Schwein, Rind, Schaf, Pute, Huhn, Pferd, Esel, und Ziege. Nach Homogenisierung der Proben und geeignetem DNA-Extraktionsverfahren werden in einer einzigen PCR (cyt-b-Genabschnitt) alle in

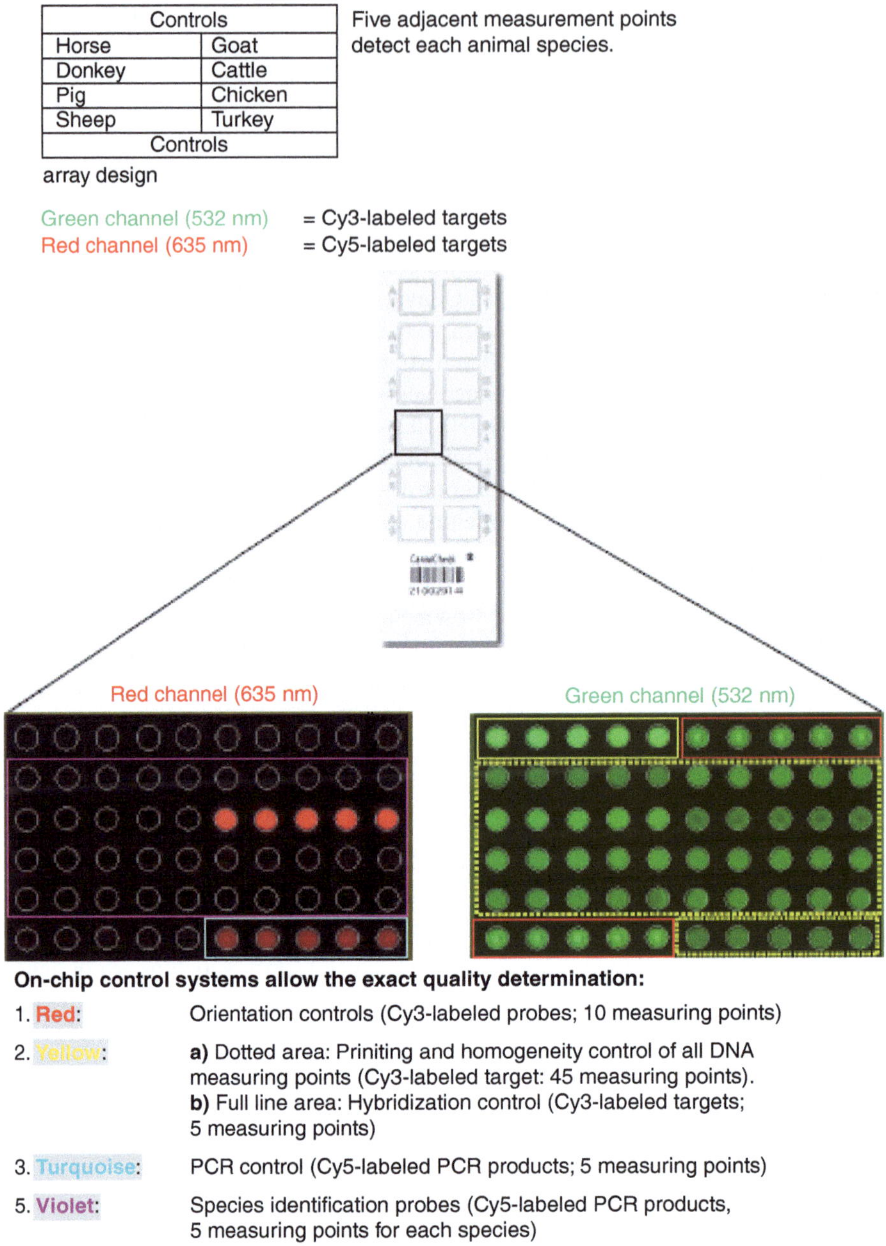

Abb. 5.5 CarnoCheck®-Testsystem zum parallelen Nachweis von acht Tierarten auf zwölf Microarrays pro Biochip. Die Detektion erfolgt in zwei Fluoreszenzkanälen – *rot:* fünf Testspots pro Nachweissystem (Cy5); *grün:* Printkontrolle aller Spots (Cy3). (www.gbo.com/bioscience)

der Probe enthaltenen Tierarten mithilfe fluoreszenzmarkierter universeller Primer amplifiziert. Die Fluoreszenzmarkierung (Cy5) ermöglicht die spätere Detektion der an den Chip gebundenen Oligonukleotidsonden. Das Nachweis-Kit verfügt über eine Hybridisierungskontrolle, eine PCR-Inhibitionskontrolle und eine Orientierungskontrolle für das Analyseraster auf dem Array (Abb. 5.5).

Es handelt sich um eine einfach durchzuführende Methode mit einer Nachweisgrenze von 0,05–0,35 %, abhängig von der jeweiligen Spezies (Angaben des Herstellers [5]). Auf einem Biochip können parallel bis zu zwölf Proben (zwölf einzelne Microarrays) analysiert werden. Eine schnelle Auswertung aller Ergebnisse ist durch die CarnoCheck®-Reportsoftware möglich.

5.2.3.2 Tierartennachweis mittels MEAT Species LCD Array

Das Test-Kit namens „DNA-based identification of meat and poultry species" (www.chipron.com) basiert auf dem Nachweis des 16S-rRNA-mitochondrialen Locus verschiedener Tierarten, die sich in einem Lebensmittel befinden. Es bietet die Möglichkeit, bis zu 14 Tierarten simultan nachzuweisen sowie zu identifizieren. Es handelt sich dabei um die Tierarten Rind, Büffel, Schwein, Schaf, Ziege,

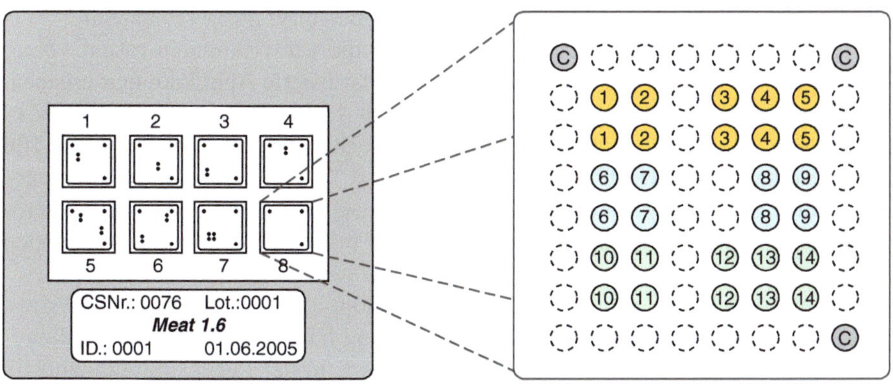

Capture Probes

N°	Probe	Specificity	N°	Probe	Specificity
01	Beef	*Bos taurus*	08	Rabbit	*Oryctolagus cuniculus*
02	Buffalo	*Bubalus bubalis*	09	Hare	*Lepus europaeus*
03	Pork	*Sus scrofa*	10	Chicken	*Gallus gallus*
04	Sheep	*Ovis aries*	11	Turkey	*Meleagris gallopavo*
05	Goat	*Capra hircus*	12	Goose	*Ansa albifrons*
06	Horse	*Equus caballus* 1)	13	Mall. Duck	*Anas platyrhyncos* 2)
07	Donkey	*Equus asinus* 1)	14	Musc. Duck	*Cairina moschata*
			C	Hyb-Contr.	Functional controls (Hybridisation + Stain)

Abb. 5.6 LCD Array Meat Species 1.6 Testsystem zum parallelen Nachweis von 14 Tierarten auf acht Microarrays pro Biochip. (www.chipron.com)

Pferd, Esel, Hase, Kaninchen, Huhn, Pute, Gans sowie zwei verschiedene Entenarten. Nach einer geeigneten Extraktion von Gesamt-DNA aus Lebensmittelproben wird mit biotinmarkierten universellen Primern ein geeigneter Genabschnitt des 16S-rRNA-mitochondrialen Locus amplifiziert und die Tierarten werden bei der anschließenden reversen Hybridisierung des PCR-Produktes mit spezifischen Sonden, die kovalent an die Oberfläche des Biochips gebunden sind, differenziert. Die Färbung erfolgt mit Streptavidin/alkalischer Phosphatase. Das Enzym katalysiert einen blauen Farbumschlag. Die gefärbten Microarrays können mit einer speziellen Software in einem Diascanner ausgewertet werden. Pro Tierart werden dabei auf jedem Microarray zwei Testspots hybridisiert. Insgesamt können acht Proben auf einem Biochip (acht Microarrays) parallel untersucht werden (Abb. 5.6). Die Nachweisgrenze der Methode wird mit <0,5 % angegeben [4].

5.3 Ausblick

Damit sich die Biochips im Bereich der Lebensmitteldiagnostik zukünftig behaupten können, müssen die technischen Entwicklungen weiter standardisiert werden und eine hohe Reproduzierbarkeit gewährleisten. Ein großer Vorteil wäre es, wenn die einzelnen Hybridisierungs- und Waschschritte automatisiert werden könnten. Die Weiterentwicklung von On-chip-PCR-Methoden birgt großes Potenzial.

Auf dem Gebiet der Proteinarrays schreiten die Entwicklungen rasant voran. Für bestimmte Proteinfamilien sollten sich standardisierte Applikationen ergeben, die reproduzierbare und valide Ergebnisse liefern. Für die Allergenanalytik gibt es einen als In-vitro-Diagnostikum zugelassenen Biochip auf dem Markt, der über 100 Allergene nachweist (ISAC – Immuno Solid-phase Allergen Chip, www.vbc-genomics.com). Ein Hauptproblem, das den diagnostischen Einsatz der Protein-Microarrays noch hemmt, sind die hohen Kosten, die mit deren Produktion verbunden sind.

Sowohl Genotypisierungs- als auch Expressions- sowie Protein-Array-Assays haben sich bisher neben der Grundlagenforschung hauptsächlich in der medizinischen Forschung sowie in der Diagnostik etabliert. In der Lebensmitteldiagnostik wird die Biochiptechnologie nur vereinzelte Nischen besetzen können.

Literatur

[1] Bilitewski, U. (2009) DNA microarrays: an introduction to the technology. Methods Mol. Biol. 509:1–14.

[2] Busch, U., Knoll-Sauer, B., Mühlbauer, B., Zucker, R., Beck, H., Huber, I. (2003) Verwendung von Biochips in der Lebensmittelanalytik zum Nachweis von pathogenen Mikroorganismen. 83:111–114.

[3] Call, D.R., Chandler, D.P., Brockmann, F. (2001) Fabrication of DNA microarrays using unmodified oligonucleotide probes. Biotechniques 30(2):368–372, 374, 376.

[4] Chipron (2005): Introduction to LCD-Arrays. Introduction V.II-05.

[5] Greiner Bio-One (2005) CarnoCheck Test kit for the detection of animal species in food. Manual, Version BQ-005-03.
[6] Hamels, S., Leimanis, S., Mazzara, M., Bellocchi, G., Foti, N., Moens, W., Remacle, J., Van Den Eede, G. (2007) Microarray method fort he screening of EU approved GMOs by Identification of their genetic elements. Report of validation coordinated by the Community Reference Laboratory for GM Food and Feed of the Joint Research Centre, Institute for Health and Consumer Protection, Biotechnology and GMO unit, Ispra, Italy.
[7] Heller, M.J. (2002) DNA microarray technology: devices, systems and applications. Annu. Rev. Biomed. Eng. 4:129–153.
[8] Hühn, S., Malorny, B. (2009) DNA microarray for melecular epidemiology of Salmonella. Methods Mol. Biol. 551:249–285.
[9] Kleine, H. (2004) Ladungstransport durch DNA. Dissertation, Universität Bielefeld.
[10] Knecht, B.G., Strasser, A., Dietrich, R., Märtlbauer, E., Niessner, R., Weller, M.G. (2004) Automated microarray system for the simultaneous detection of antibiotics in milk. Anal. Chem. 76(3):646–654.
[11] Leimanis, S., Hamels, S., Nazé, F., Mbongolo Mbella, G., Sneyers, M., Hochegger, R., Broll, H., Roth, L., Dallmann, K., Micsinai, A., La Paz, J.L., Pla, M., Brünen-Nieweler, C., Papazowa, N., Taverniers, I., Hess, N., Kirschneit, B., Bertheau, Y., Audeon, C., Laval, V., Busch, U., Pecoraro, S., Neumann, K., Rösel, S., van Dijk, J., Kok, E., Bellocchi, G., Foti, N., Mazzara, M., Moens, W., Remacle, J., Van Den Eede, G. (2008) Validation of the performance of a GMO multiplex screening assay based on microarray detection. Eur. Food Res. Technol. 227:1621–1631.
[12] Malorny, B., Guerra, B., Zeltz, P., Rissler, K., Helmuth, R. (2003) Typing of Salmonella by DNA-microarrays. Berl. Münch. Tierärztl. Wochenschau 116(11–12):482–486.
[13] Marshall, A., Hodgson, J. (1998) DNA chips: an array of possibilities. Nat. Biotechnol. 16:27–31.
[14] Müffling, T.v., Huber, I., Seybold, C., Nowak, B., Gissel, C. (2003) Simultaner Nachweis von Salmonella spp., Campylobacter jejuni und Listeria monocytogenes in Lebensmitteln: Untersuchungen mittels Microarray-Technologie (NUTRI®Chip) 83:99–100.
[15] Müller, H.J., Roeder, T. (2004) Der Experimentator: Microarrays. Spektrum Verlag, Heidelberg, Germany, ISBN: 3827414385, 212 pages.
[16] Müller, H.J., Roeder, T. (2005) Microarrays. Academic Press, ISBN: 0120885433, 232 pages.
[17] Pöhlmann, C., Wang, Y., Humenik, M., Heidenreich, B., Gareis, M., Sprinzl, M. (2009) Rapid, specific and sensitive electrochemical detection of foodborne bacteria. Biosens. Bioelectron. 15;24(9):2766–2777.
[18] Shena, M., Shalon, D., Davis, R.W., Brown, P.O. (1995) Quantitative monitoring of gene expression pattern with a complementary DNA microarray. Science 270:467–470.
[19] Shena, M. (2003) Microarray Analysis. Verlegt von John Wiley & Sons, Inc. Hoboken, New Jersey, USA.
[20] Seong, S.-Y., Choi, C.-Y. (2003) Current status of protein chip development in terms of fabrication and application. Proteomics 3:2176–2189.
[21] Steffens H.-P. (2004) Integrierte Lösung für die Erstellung und Auswertung von Protein-Microarrays. BioSpektrum 1:105–107.
[22] Stüber, E., Sperner, B., Frederiksson-Ahomaa, M., Stolle, M. (2008) Comparison of three commercial test kits for species identification in scalding sausages. Arch. Lebensmittelhyg. 59:84–91.
[23] Wang, M., Cao, Q., Sun, Y., Liu, P., Feng, L., Wang, L. (2009) Detection of Enterobacter sakazakii and other pathogens associated with powdered infant formula using DNA microarray. J. Clin. Microbiol. 47 (10): 3178–3184.
[24] Wöhrl, S. (2008). The potential of allergen biochips. Recent Pat. Inflamm. Allergy Drug Discov. 2(3):186–190.
[25] Yoo, S.M., Lee, S.Y. (2008) Diagnosis of pathogens using DNA microarray. Recent Pat. Biotechnol. 2:124–129.

Kapitel 6
Alternative Nachweisverfahren – nicht PCR-basierende Schnellmethoden

Barbara Schalch und Martin Wagner

Inhalt

6.1 Einleitung

Die Erfolge moderner mikrobiologischer Schnellmethoden stellen Sensitivität und Spezifität vieler konventioneller mikrobiologischer Kultivierungsmethoden in Frage. Konventionell ermittelte Keimzahlen und -gruppen pro Untersuchungseinheit scheinen mehr oder weniger unter den realen Gegebenheiten zu liegen. Andererseits schreibt beispielsweise die EU-weit geltende Verordnung (EG) Nr. 2073/2005 über mikrobiologische Kriterien für Lebensmittel den Einsatz einiger dieser Nachweismethoden verbindlich vor.

Folgende Ursachen begründen eine möglicherweise eingeschränkte Aussagekraft kultureller Nachweismethoden: subletale Schädigung der Zielmikroorganismen durch lebensmitteltechnologische Bearbeitungsverfahren, suboptimale Kulturmedien sowie andere physiologische Eigenschaften der Zielbakterien, die deren Anzucht erschweren (Hildebrandt et al. 1995, Kell et al. 1998, Barer und Harwood

B. Schalch (✉)
Bayerisches Landesamt für Gesundheit und Lebensmittelsicherheit, Veterinärstraße 2, 85764 Oberschleißheim, Deutschland
Tel.: +08931560867
e-mail: barbara.schalch@lgl.bayern.de

U. Busch (Hrsg.), *Molekularbiologische Methoden in der Lebensmittelanalytik*,
DOI 10.1007/978-3-642-10716-0_6, © Springer-Verlag Berlin Heidelberg 2010

1999, Corry et al. 2007). Hinzu kommt die Problematik, dass die Keimzahl relevanter Pathogener in Lebensmitteln nur einige wenige Krankheitserreger je Probenahme-Einheit betragen kann (z. B. 10 g, 25 g Lebensmittel). Die Begleitmikroflora dominiert dabei um ein Vielfaches, beispielsweise in Hackfleisch, Schnittsalat, verpacktem Wurstaufschnitt zum Ende des Mindesthaltbarkeitsdatums oder auf Weichkäserinde. Aus diesen Gründen sind in der Lebensmittelhygiene immer noch zeit-, arbeits- und damit auch kostenintensive kulturelle Voranreicherungs- und Selektivanreicherungsschritte unvermeidbar. Grundvoraussetzung vieler Detektionsmethoden ist es, zuerst das Zielbakterium auf nachweisbare Keimzahlen pro Untersuchungseinheit zu vermehren, dann folgen Isolierung und Bestätigung. Die Einführung antikörper- und nukleinsäurebasierender Nachweismethoden hat zu umfangreicher Entwicklungsarbeit und erheblichen methodischen Verbesserungen geführt sowie eine Automatisierung ermöglicht.

Die Arbeitsschritte der alternativen Methoden zeichnen sich durch erhebliche Zeiteinsparungen aus, jedoch verbleiben auch Einschränkungen, da in der Regel nicht nur das Vorhandensein und die Menge, sondern auch der Nachweis der Vermehrungsfähigkeit des Zielbakteriums entscheidet. Ansonsten ist die Risikobewertung eines mit dem Zielkeim behafteten Lebensmittels und damit auch die Beurteilung seiner Verkehrsfähigkeit unmöglich.

Auch bei vielen indirekten Nachweisverfahren gewährleistet erst die mit einem Anreicherungsschritt verbundene hohe Keimzahl die nötige Detektionssicherheit.

Aus diesen Gründen wird bisher der kulturelle Nachweis eines Krankheitserregers als unverzichtbar bei der Beurteilung einer möglichen Gesundheitsgefährdung durch ein Lebensmittel betrachtet.

Zahlreiche Autoren widmeten sich seit Jahrzehnten der Verbesserung bzw. der Ergänzung konventioneller Methoden (Bülte und Stolle 1989, van der Zee und Huis in't Veld 1997, De Boer und Beumer 1999, Becker und Märtlbauer 2002, Augustin und Carlier 2006). Beispielhaft genannt seien modifizierte Trennungs-, Anreicherungs- und Reinigungsverfahren. Zahlreiche physikalische Techniken wurden hierfür herangezogen, wie die Filtration (Fernandez-Astorga et al. 1996, Chen et al. 2005), die wässrige Zwei-Phasen-Trennung mittels Polymer-Kombinationen (Pedersen et al. 1998), immobilisierte Lectine (Payne et al. 1992) sowie die immunomagnetische Separation (Muramatsu et al. 1997, Safarik und Safarikova 1999). Die Immobilisation von Bakterien mit Metallhydroxiden berichteten erstmals Kennedy et al. (1976). Anwendung fand dieses Verfahren, vor allem in Kombination mit anderen Methoden, bei klinischem Material sowie Lebensmittel- und Umweltproben (Berry und Siragusa 1997, Lucore et al. 2000). Schnellnachweismethoden für verschiedene Pathogene aus Lebensmitteln fokussierten Becker und Märtlbauer (2002).

Jedoch erwies sich bisher keines dieser Verfahren als ideal für die Aufkonzentration und Detektion aller lebensmittelhygienisch relevanten Bakterien. Viele Schnellmethoden eignen sich gut bei angepasster Vorgehensweise und Kalibrierung für bestimmte Lebensmittelgruppen bzw. für eine oder mehrere gesuchte Bakterienspecies, die Erfolge sind jedoch nicht übertragbar auf die hinsichtlich Untersuchungsgut und Zielkeimen stark variierenden Anforderungen der Routineuntersuchung im Produktionsbetrieb oder für die Lebensmittelüberwachung. Trotzdem werden zahlreiche Schnellmethoden mit Erfolg für lebensmittelhygienische Fragestellungen eingesetzt. Im Folgenden sind einige Schnellmethoden exemplarisch dargestellt.

6.2 Zytometrieverfahren

Mittels unterschiedlicher Zytometrieverfahren (Durchflusszytometrie, Festphasenzytometrie, Direkte-Epifluoreszenz-Filtertechnik) können Bakterien direkt mikroskopisch detektiert und quantifiziert werden (Johnson et al. 2001, Malacrino et al. 2001). Breite Anwendung findet diese Methode beispielsweise in der Umwelt- und Lebensmittelmikrobiologie, Önologie und Biotechnologie (D'Haese und Nelis 2002, Gunasekera et al. 2003, Holm und Jespersen 2003, Yamaguchi et al. 2003, Holm et al. 2004, Chaney et al. 2006, Assuncao et al. 2007). Zytometrieverfahren ermöglichen die Beurteilung der biochemischen und physiologischen Charakteristika der Zielkeime (Smelt et al. 2002) und können mit anderen Nachweisverfahren kombiniert werden, beispielsweise mit der Gensonden-Hybridisierung, mit verschiedenen Färbeverfahren sowie der immunomagnetischen Separation (Kusunoki et al. 2000, Gunasekera et al. 2003, Brunser et al. 2006).

Eine gängige Variante ist die *Direkte-Epifluoreszenz-Filtertechnik* (DEFT, Pettipher et al. 1989) in verschiedenen Automatisierungsstufen. Genutzt wird die DEFT vor allem bei der Untersuchung von Milch, Fleisch, Getränken, Wasser und Abwasser (Deibl et al. 1998, Pyle et al. 1999, Baro et al. 2005, Ercolini et al. 2006a). Die Nachweisgrenze für die Gesamtkeimzahl liegt verfahrensabhängig bei 10^4 Bakterien pro Gramm Probenmaterial. Die Lebensmittelhomogenisate werden zunächst enzymatisch vorbehandelt und über Polycarbonat gefiltert. Die im Filter verbleibenden Mikroorganismen werden mit einem Fluoreszenzfarbstoff, z. B. Acridinorange, angefärbt, wobei stoffwechselaktive Bakterien unter UV-Licht eine orange-farbene, inaktivierte grün fluoreszierende Reflexion zeigen. Die Zählung erfolgt mit Epifluoreszenzmikroskop (Deibl et al. 1998, Zschaler 2004).

Durchflusszytometrie-Verfahren erlauben bei Einsatz verschiedener Färbungsvarianten die Differenzierung lebensfähiger Zellen (Bunthof et al. 1999, Haidinger et al. 2003). Bonaparte et al. (2007) prüften das Verfahren bei probiotischen Milcherzeugnissen. Die untere Nachweisgrenze betrug 10^4 KbE/ml.

6.3 Varianten der kulturellen Anzucht

Die quantitative mikrobiologische Untersuchung erfordert das zeitaufwendige Anlegen der dekadischen Verdünnungsreihen mit folgendem Guss-, Spatel- oder Tropfplattenverfahren. Das Spiralplattenverfahren erlaubt den direkten Einsatz einer flüssigen Originalprobe oder – bei festem Probenmaterial – der Erstverdünnung (Gurtler und Beuchat 2005, King et al. 2006). Die Übereinstimmung der Methode mit anderen Keimzählverfahren ist nachgewiesen.

Bei den Anreicherungsverfahren wurden Substanzen geprüft, die die Effizienz der Resuszitation steigern und damit die Anreicherungszeiten verkürzen. Kombiniert wurde das mit anderen Nachweistechniken. Beispielhaft genannt seien Siderophore für den Einsatz als selektiver Wachstumsfaktor für den Salmonellen-Nachweis (Reissbrodt 2002, Becker und Märtlbauer 2002, Fukuda et al. 2005, Noordman et al. 2006).

Präzision und Richtigkeit quantitativer mikrobiologischer Untersuchungsergebnisse in Abhängigkeit von der Methode sind Anlass zahlreicher Untersuchungen (Dahms und Hildebrandt 1998, Whiting et al. 2006). Um Keimzahlen von unter 100 Kolonie bildenden Einheiten pro Untersuchungseinheit genau zu erfassen, kommt das „Most-Probable-Number"-Verfahren (MPN) zum Einsatz. Niedrige *Escherichia-coli*-Zahlen in Speiseeis, Flüssigkeiten bzw. Wasser werden so ermittelt. Methodische Varianten ermöglichen einen weniger arbeitsaufwendigen Nachweis: Petrifilm- und Membranfiltrationsverfahren (Power et al. 1998, De Sousa et al. 2005, Grant et al. 2006). Diese Methoden divergieren hinsichtlich Spezifität und Sensitivität je nach Einsatzmodalität und müssen entsprechend ausgewählt und angepasst werden. Die Getränke- und Trinkwasseranalytik nutzt diese Verfahren erfolgreich (Ramazotti-Ferrati et al. 2005, Schraft und Watterworth 2005, Horman und Hanninen 2006, Wohlsen et al. 2006). Das kommerziell erhältliche System „SimPlate" beispielsweise beruht auf einem Medium mit einem Redoxfarbstoff. Das Verfahren lehnt sich an die MPN-Technik an, ausgeführt in Form einer runden Platte mit definierten Vertiefungen, die in einem Arbeitsgang mit der jeweiligen Mischung aus Medium und Erstverdünnung beschickt werden. Taniwaki et al. (2001) beurteilten die Methode kritisch, andere Autoren erzielten gute Korrelationskoeffizienten von 0,94 bis 0,98 im direkten Vergleich zu konventionellen Methoden (Smith und Townsend 1999, Feldsine et al. 2005).

Alternativ zu mikrobiologischen Kulturmedien wird das *Petrifilm-Verfahren* eingesetzt, mit trockenen, flexiblen Selektiv- bzw. Nährmedien (Dawkins et al. 2005, Schraft und Watterworth 2005). Manche Bakterien führten jedoch nicht zum gewünschten Farbumschlag oder verflüssigen das Medium, was die Auswertung erschwerte. Vergleichend zum konventionellen MPN-Verfahren nutzten Grant et al. (2006) die Membranfiltrationstechnik und erhielten hohe Sensitivitäts- und Spezifitätsraten sowie eine Übereinstimmung mit den MPN-Ergebnissen von 98 %.

Das *Tempo-System* (BioMérieux), eine automatisierte und MPN-basierende Methode, detektiert die Vermehrung des Zielkeims mittels Fluoreszenz. Dabei wird bei Vorhandensein bestimmter Bakterien das Substrat, eine 4-Methylumbelliferyl-Zuckerkomponente, enzymatisch gespalten und fluoreszierendes 4-Methylumbelliferon freigesetzt. Die Fluoreszenz wird nach der Inkubation gemessen und das Ergebnis in Anlehnung an die bekannten MPN-Tabellen berechnet. Gemäß Mahler und Stolle (2006) sowie Mahler (2007) lagen die Keimzahlen, die in diesem Verfahren ermittelt wurden, etwas höher als die des Referenzverfahrens bei insgesamt guter Korrelation.

6.4 Nucleinsäurebasierende Verfahren

Gensonden ermöglichen es, gesuchte Zielkeime aus Lebensmitteln zu identifizieren und dabei auf eine Kultivierung zu verzichten (Schmid et al. 2005, Amann et al. 1996, Ercolini et al. 2006b, Nordstrom et al. 2006, Bottari et al. 2006). Charakteristische Genomabschnitte reichen aus, um mit entsprechenden Oligonucleotidsequenzen brauchbare Gensonden herzustellen. Der Einsatz von Gensonden ist besonders bei langsam wachsenden und schwer zu kultivierenden Bakterien erfolgversprechend.

Ein gebräuchliches Verfahren ist die Fluoreszenz-in-situ-Hybridisierung (Moter und Gobel 2000). Dabei wird die bakterielle DNA der Zielorganismen *in situ* (d. h. in der Bakterienzelle) mit Fluoreszenzfarbstoff-markierten Sonden hybridisiert und direkt im Mikroskop identifiziert (Abb. 6.1). Je nach gewähltem Design lassen sich mehrere Sonden gleichzeitig einsetzen. Dabei können nicht nur spezifische bakterielle Genera und Spezies dargestellt, sondern diese auch in ihrer Lage zueinander oder in Bezug auf die umgebende Lebensmittelmatrix identifiziert werden (Amann et al. 1995). Die Vorteile der Technik sind die einfache Handhabung, die direkt-optische mikroskopische Kontrolle und die Möglichkeit, Sonden so einzusetzen, dass nur lebende d. h. vermehrungsfähige Keime dargestellt werden (Poulsen et al. 1993). Beispielsweise werden zusätzlich RNA-Fragmente detektiert, deren Vorliegen auf die Lebensfähigkeit der Isolate hinweist. Die Gensonden sind methodenspezifisch mit einer geeigneten Markierung versehen. Dann setzt man fluoreszenzmarkierte Gensonden ein, die mit ribosomalen Nukleotidsequenzen des Zielbakteriums hybridisieren (Becker und Märtlbauer 2002). Nachteile der FISH-Methodik sind die notwendige Beherrschung mikroskopischer Arbeitstechniken, die erschwerte Quantifizierbarkeit und die schlechte Automatisierbarkeit. Außerdem sind Störungen der Hybridisierung nicht ausgeschlossen, vermutlich ausgelöst durch Lebensmittelbestandteile.

Ortsungebundene Hybridisierungssysteme zum Nachweis von pathogenen Mikroorganismen wurden von verschiedenen akademischen und industriellen Arbeits-

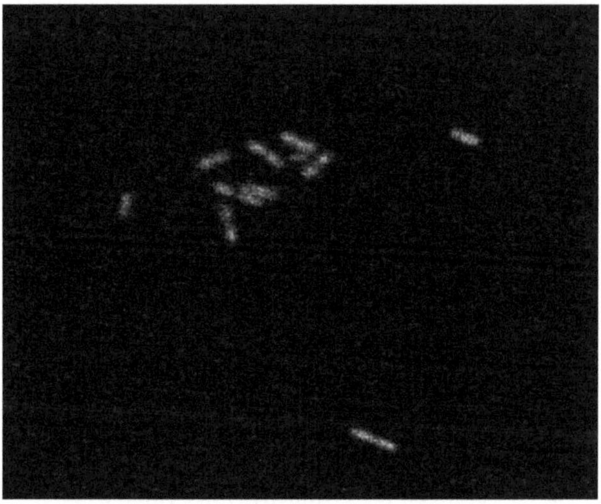

Abb. 6.1 Nachweis von *Salmonella* spp. mit der Sonde Salm-63. (Kutter et al. 2006; Aufnahme: M. Schmid, GSF München und M. Wagner, Veterinärmedizinische Universität Wien)

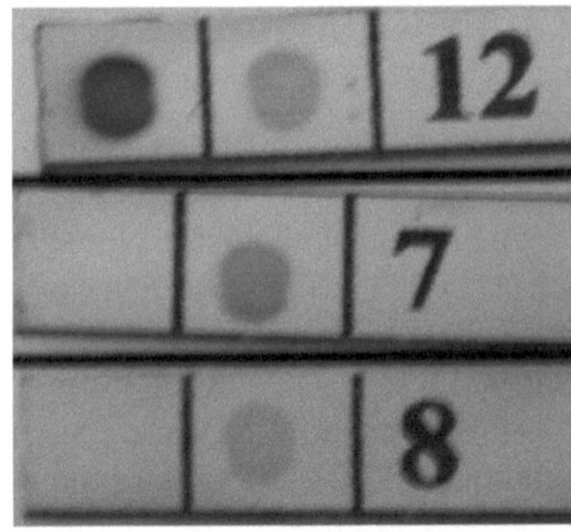

Abb. 6.2 Hybridisierungs-Assay zum Nachweis von *Salmonella* spp. in einem Streifchenformat. *(Spur A* = Salmonella-spezifische Sequenz, *Spur B* = Reaktionskontrolle, Streifchen12 = Positives Ergebnis; RNAssay® Salmonella Detection Kit, Sylab, Neupurkersdorf/Austria. Aufnahme: B. Stessl und M. Wagner, Veterinärmedizinische Universität, Wien)

gruppen erarbeitet, evaluiert und auch validiert, wobei bei den meisten dieser Tests die Bakterienzellen vor der Detektion der spezifischen Sequenz lysiert werden müssen. Die Sonde hybridisiert in der Regel an die für die 16S oder 23S RNA kodierenden Gene, da diese in den bakteriellen Genomen hochkonserviert sind und Sonden deshalb eine gute Speziesspezifität aufweisen. Der kolorimetrische Nachweis des Sonden-Target-Komplexes kann dann entweder optisch (siehe Abb. 6.2) oder auf Fluoreszenzbasis in Mikrotiterplatten, auf Filterstreifen, auf Dipsticks oder in anderen Convenience-Formaten erfolgen.

Die sogenannte *Loop-mediated isothermal DNA amplification* (LAMP) ist eine neue Technologie, bei der die Ziel-DNA mittels drei Primerpaaren amplifiziert wird. Diese Technologie findet zunehmend in den Lebensmittelwissenschaften Verbreitung (Hara-Kudo et al. 2008). Als wichtigstes Kriterium ist zu nennen, dass es sich dabei um eine isothermale Amplifikation handelt, somit kein Cycler im herkömmlichen Sinn verwendet werden muss. Dadurch beschleunigt sich die Analysenzeit und es werden, ausgehend von einem Genom, mehr als 10^9 Kopien in weniger als einer Stunde produziert (Notomi et al. 2000). Aus lebensmittelanalytischer Sicht ist die Robustheit der Technik von Bedeutung, da das komplexe Abstimmen von Amplifikationsbedingungen von Primern und Sonden wie bei der real-time PCR entfällt.

Ähnliches gilt für die Nucleic Acid Sequence Based Amplification (NASBA)-Technology. Sie ist eine alternative enzymatische RNA-Amplifizierungsmethode, die im Gegensatz zur PCR bei einer einzigen Temperatur durchgeführt werden kann, aber im Unterschied zur LAMP mit mehreren Enzymsystemen arbeitet (Kievits et al. 1991). Während die LAMP-Amplification eine aktuelle Methode darstellt, wurde die NASBA schon anfangs der Neunzigerjahre für die klinische RNA- Diagnostik entwickelt und im Laufe der Zeit zum Nachweis von Lebensmittelpathogenen eingesetzt (Uyttendaele et al. 1995, Cook et al. 2003), ohne die Aufmerksamkeit von PCR und real-time PCR zu erlangen.

Detektionsverfahren für Hybridisierungsprodukte sind vielfältig. Zum Nachweis von *L. monocytogenes* wurde ein Gensonden-Schnelltest vergleichend mit konventionellen ISO-Verfahren herangezogen. Stephan et al. (2002, 2003), Becker et al. (2002), Krumbholz et al. (2003) sowie Schalch et al. (2005) berichteten übereinstimmend hohe Sensitivitäts- und Spezifitätsraten des VIT-Listeria-Tests (VIT-Listeria; vermicon AG, München) bei einer Untersuchungsdauer von insgesamt 2

Tagen. Nach der Hybridisierung stellen sich bei Betrachtung im Epifluoreszenzmikroskop *Listeria* spp. grün und *L. monocytogenes* – nach Filterwechsel – zusätzlich rot dar. Alle Reagenzien zur Durchführung der Untersuchung werden im Testkit bereitgestellt. Die Arbeitsabläufe sind einfach und ohne molekularbiologische Vorkenntnisse durchzuführen. Durch den VIT-Test werden nur lebende Bakterien detektiert. Der Einsatz von Biochips erlaubt die gleichzeitige Detektion einer Reihe von Zielbakterien aus Lebensmitteln auf der Basis charakteristischer DNA-Sequenzen (Gabig-Ciminska et al. 2004, Huber 2007, Huhtamella et al. 2007).

6.5 Immunologische Verfahren

Die Identifikation des Zielkeimes wird bei immunologischen Verfahren in der Regel durch Antikörper gewährleistet, die antigene Epitope in oder auf der Wand der Zielzelle erkennen und spezifisch daran binden. Allen immunologischen Verfahren ist gemeinsam, dass sie sich gut zum Nachweis von pathogenen Mikroorganismen, jedoch nicht zu deren Quantifizierung eignen. Ihr Vorteil liegt in der Geschwindigkeit des Nachweises, in der einfachen Handhabung und der, vom Antikörper abhängigen, hohen Spezifität des Testverfahrens. Bei immunologischen Verfahren wird keine Zellaufreinigung oder Zelllyse benötigt. Immunologische Assays können leicht in Hochdurchsatzformaten produziert werden. Nachteilig ist die fehlende Sensitivität, da die immunologischen Nachweissysteme erst bei der Präsenz von $>10^5$ KbE/g oder ml Untersuchungsmaterial eindeutige Ergebnisse liefern (Wagner und Bubert 1999). Immunologische Verfahren müssen daher in der Regel mit Voranreicherungen kombiniert werden. Anwendungen, die direkt am zu beprobenden Substrat ansetzen, funktionieren nur dann, wenn das Zielbakterium in ausreichender Menge und Konzentration vorhanden ist. Solche Verfahren wurden für das Campylobacterscreening von Geflügelfäces eingesetzt, da der Zielkeim zumindest bei hoch ausscheidenden Herden in Mengen von $>10^6$ KbE/g vorliegt (Wadl et al. 2007) (Abb. 6.3).

Wird die Spezifität der Antikörper nicht ausreichend geprüft, können manche Systeme kreuzreaktiv mit anderen Kommensalen sein. Weiter ist die Herstellung und qualitative Verfügbarkeit von Antikörpern anspruchsvoll. Die verwendeten Formate sind variabel und reichen von Sticks bis zu Lateral Flow und ELISA-Verfahren.

Das Ablesen des Ergebnisses ist in der Regel durch enzymatisch katalysierte kolorimetrische Reaktionen gewährleistet. Häufig benutzte Enzymsysteme sind die Peroxidase oder die Alkalische Phosphatase. Verfahren zum Nachweis pathogener Mikroorganismen stehen in der Regel für die am häufigsten nachgefragten Systeme wie zum Nachweis von *Salmonella* spp., *Listeria monocytogenes, Campylobacter jejuni* und VTEC zur Verfügung.

Teilweise werden diese Verfahren kombiniert mit den klassischen kulturellen Methoden eingesetzt, was deren Sensitivität erhöht. Nachweismethoden auf der Basis von Enzymimmunoassays können den Nachweis beschleunigen und vereinfachen (Notermans und Wernars 1991, Daley et al. 1999, Sewell et al. 2003, Fukuda

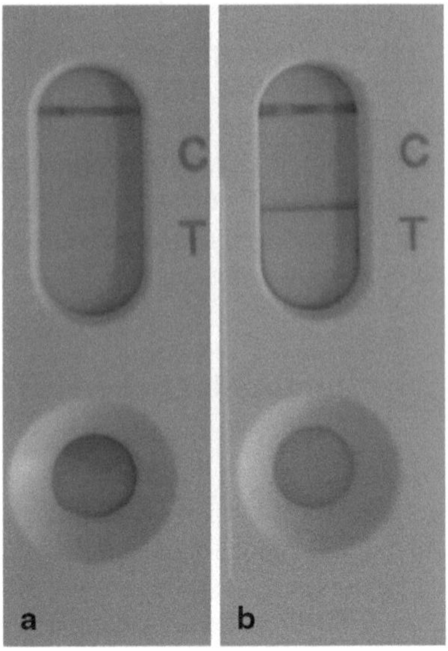

Abb. 6.3 Lateral Flow Technologie zum direkten Nachweis von thermophilen Campylobacter aus Geflügelkotproben. (A = Negatives Ergebnis; B = Positives Ergebnis; C = Kontrollfeld, T = Testfeld, Auftreten eines Farbpräzipitats zeigt ein positives Ergebnis an, Aufnahme: M. Wadl und M. Wagner, Veterinärmedizinische Universität Wien)

et al. 2005). Automatisierte, teils tragbare Biosensor-Systeme stehen zur Verfügung (Ligler et al. 2007). In der Regel ist dabei eine Anreicherung des Zielkeims notwendig. Anschließend wird die Detektion mit einem hitzedenaturierten Probenaliquot weitergeführt.

Ein isoliert oder kombiniert einzusetzendes Verfahren stellt die Immunokonzentration dar. Dabei werden magnetisierbare Partikel an Pathogen-spezifische Antikörper gekoppelt, um unter Einsatz eines Magneten die zuverlässigere Nachweisbarkeit der Zielkeime zu erreichen (Aminul et al. 2006) oder einen zweiten Anreicherungsschritt zu ersetzen. Nach der immunomagnetischen Separierung können weitere kulturelle, immunologische oder DNA-basierende Differenzierungsverfahren folgen. Diese „Immunocapture"-Verfahren mit Teststreifen, teils in Kombinationen mit Nanotechnologie, sind weit verbreitet (Becker und Märtlbauer 2002, Benoit und Donahue 2003, Schemberg et al. 2007). Dabei kommen Trägersubstanzen mit spezifischen Antikörpern zum Einsatz. Das VIDAS-System (bioMérieux), das EiaFoss-Gerät (Foss Electric, Dänemark) und andere sind weitgehend automatisierte immunologische Nachweisverfahren und werden für viele Bakterien mit lebensmittelhygienischer Relevanz angeboten. Beim Nachweis subletal geschädigter Salmonellen wurden jedoch auch Schwächen dieser Verfahren deutlich (Richter et al. 2000).

6.6 Nachweis bestimmter Stoffwechselleistung von Mikroorganismen

Bei fertig verpackten Luzernesprossen kamen die *elektronische Nase* sowie die *Gaschromatografie* erfolgreich zum Einsatz, um spezifische Gaskomponenten zu detektieren und damit auf das Vorliegen pathogener Bakterien zu schließen

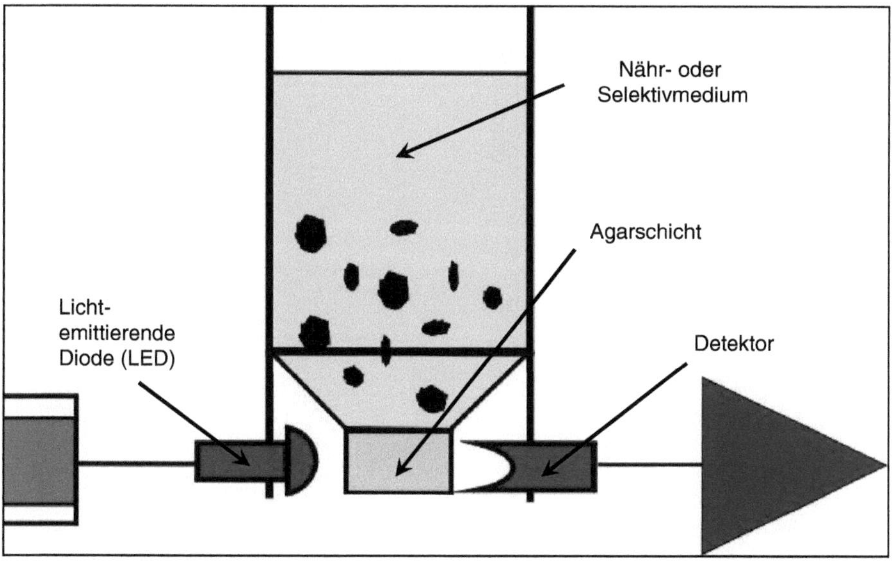

Abb. 6.4 Darstellung der Messzelle

(Siripatrawan et al. 2006, Siripatrawan und Harte 2007). Auch die quantitative Bestimmung war dadurch möglich.

Aus der *Säuerungsleistung* von Bakterien kann die Keimzahl errechnet werden: Das Gerät MicroFoss (Foss, Dänemark) erlaubt bei weitgehender Automatisierung die Quantifizierung innerhalb weniger Stunden. Das Prinzip beruht auf der Messung der Farbveränderung eines Nähr- bzw. Selektivmediums. Zu Beginn der Untersuchung wird die homogenisierte oder flüssige Lebensmittelprobe in ein mit sterilem Kulturmedium befülltes Messröhrchen überführt, dessen Bodenbereich wie eine Küvette ausgeführt ist (Abb. 6.4). Diese Bodenkavität ist mit halbfestem Medium befüllt. Darüber befindet sich das flüssige Kultur- bzw. Selektivmedium. Die Farbänderung, verursacht durch die bakterielle Säuerungsleistung und angezeigt durch den pH-Wert-Indikator, wird während des gesamten Bebrütungszeitraums photometrisch gemessen und in Form einer Kurve aufgezeichnet (Abb. 6.5). Die Bebrütung der Messzelle erfolgt in einem Inkubator, dessen Temperatur der jeweils nachzuweisenden Keimgruppe angepasst wird. Anhand der sogenannten Detektionszeit wird unter Zugrundelegung einer Eichgeraden der Keimgehalt des Probenmaterials errechnet (Firstenberg-Eden und Shelef 2000, Russel 2000, Schalch 2001, Odumeru und Belvedere 2002).

Die *Impedanzmessung* beruht ebenso auf der Metabolisierung vorhandener Substrate eines Nähr- oder Selektivmediums durch die Zielbakterien. Dabei wird die Änderung der Leitfähigkeit dieses Mediums kontinuierlich aufgezeichnet. Spezielle Inkubatoren sowie mit Elektroden ausgestattete Messzellen und eine Auswerteeinheit mit entsprechender Software stellen die technische Grundausstattung der Impedanzmessung dar. Gebräuchliche Gerätetypen verglichen Wawerla et al. (1999). Die Automatisierung ist weit fortgeschritten, ein

Abb. 6.5 Messkurve und Detektionszeit

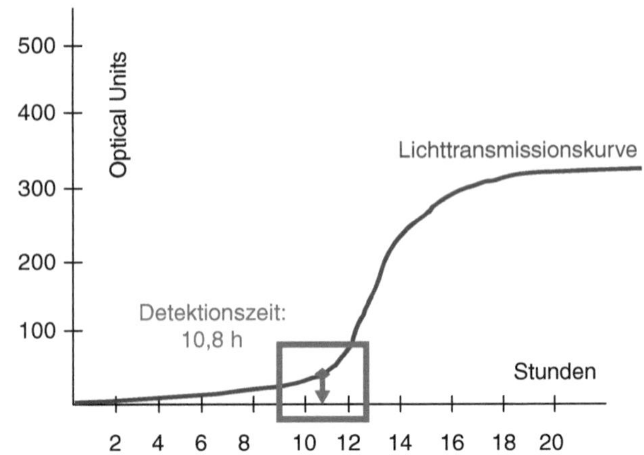

Monitoring via Internet möglich (Chang et al. 2006). Je zahlreicher die gesuchten Zielbakterien in der Probe vorhanden sind, desto schneller wird eine relevante Widerstandsänderung im Kulturmedium messbar und dementsprechend kürzer ist die Detektionszeit. Sobald die Keimzahlen im Messröhrchen 10^6 bis 10^7 KbE/ml betragen, wird ein Schwellenwert überschritten und die Impedanzänderung nachweisbar. Allen Impedanzmesssystemen liegt folgendes Prinzip zugrunde: in regelmäßigen zeitlichen Abständen wird die Leitfähigkeit des Kulturmediums erfasst und aufgezeichnet. Das Erreichen des Schwellenwertes sowie die Interpretation des Verlaufs der Leitfähigkeitskurve dienen nach matrix- und bakterienspezifischer Kalibrierung des Gerätes der direkten Erfassung der Keimgruppe sowie deren Anzahl (Silley und Forsythe 1996, DIN 1998). Je nach Vorgehensweise unterscheidet man die direkte sowie die indirekte Impedanzmessung. Bei *der direkten Impedanzmessung* reichen die Elektroden in das flüssige Medium hinein und messen dort die Leitfähigkeit. Durch den Stoffwechsel der über das Probenmaterial in das Kulturmedium eingebrachten Mikroorganismen werden hochmolekulare Substanzen des Kulturmediums zu einer Vielzahl niedermolekularer Partikel mit in der Summe stärkerer Partialladung abgebaut. Durch diese Änderungen in der Zusammensetzung des Mediums erhöht sich dessen elektrische Leitfähigkeit (Jaksch 1991, Noble et al. 1991, Url 1991, Over 1994). Problematisch ist jedoch, dass zahlreiche bewährte mikrobiologische Selektivmedien eine hohe Grundleitungsfähigkeit aufweisen, was den Einsatz im Impedanzmessverfahren ausschließt (Moore und Madden 2002). Die *Impedanz-Splitting-Methode*, eine Variante der direkten Impedanzmessung, unterscheidet sich durch die separate Erfassung der Impedanzänderung zum einen im Medium und zum anderen in der elektrodennahen Schicht (Pless und Reisinger 1995). Sie ermöglicht dadurch auch den Einsatz von Selektivmedien mit hoher Grundleitungsfähigkeit. Weitere Vorteile sind die kürzere Detektionszeit und eine erhöhte Sensitivität. Auch die Variante der *indirekten Impedanz-*

messung macht den Einsatz von Medien mit hoher Leitfähigkeit möglich: Dabei besteht die Messzelle aus zwei voneinander getrennten Kompartimenten (Donaghy und Madden 1993, Sherry et al. 2006). Der Gasaustausch zwischen beiden Abteilen ist möglich. Ein Abteil enthält Medium und Probe, das andere – in welchem die Leitfähigkeitsmessung erfolgt – eine alkalische Lösung, deren Leitfähigkeit je nach Gasproduktion und folglich proportional zur bakteriellen Stoffwechsel- und Vermehrungsaktivität abnimmt.

Schulenburg und Bergann (1996) wiesen darauf hin, dass die oft sehr heterogenene Keimflora in Lebensmitteln stark divergierende Impedanzwirkung besitzen kann. Die Autoren empfehlen daher die Impedanzmessung vor allem für Massenuntersuchungen an einheitlichem Probenmaterial.

Das *ATP-Biolumineszenzverfahren* beruht auf dem Nachweis von Adenosintriphosphat (ATP), welches in jeder lebenden Zelle den universellen Träger chemischer Energie darstellt (Griffiths 1996). Der durchschnittliche ATP-Gehalt von Bakterien beträgt 1 fg/Zelle, somatische Zellen enthalten das etwa 30-, Hefen bis zu 100fache. Pseudomonaden weisen einen höheren ATP-Gehalt auf als Enterobakteriazeen, Kokken einen niedrigeren als Stäbchenbakterien. Sporen enthalten kein ATP (Moje und Hechelmann 1995, Griffiths 1996). Bei Bakterienkulturen ist der ATP-Gehalt während der Lag- und Log-Phase höher als in der stationären Phase und sinkt mit deren Alter (Poggemann und Baumgart 1996). Abgesehen von diesen wissenschaftlich relevanten Unterschieden ist aus praktischer Sicht die ATP-Konzentration der Bakterienspezies nahezu als konstant zu betrachten (Baumgart und Meierjohann 1994, Baumgart 1996, Werlein 1997). Das ATP-Biolumineszenzverfahren wird deshalb auch zur Überprüfung des Hygienestatus von Oberflächen eingesetzt (Miettinen et al. 2001, Zschaler 2004, Ukuku et al. 2005), wobei zu beachten ist, dass nicht nur Bakterien, sondern auch organische Produktreste ATP aufweisen. Dies erklärt die teilweise schlechte Übereinstimmung des Verfahrens mit konventionellen Keimzahlmethoden in stark mit organischen Materialien behafteten Bereichen, sodass entsprechende Modifikationen geprüft wurden (Corbitt et al. 2000). Ellerbroek und Lox (2004) berichteten gute Übereinstimmung bei der vergleichenden Überprüfung der Gesamtkeimzahl von Schlachtgeflügel-Halshaut mittels konventioneller sowie ATP-Verfahren. Festzuhalten ist, dass die Eignung des ATP-Lumineszenz-Verfahrens stark von den Einsatzmodalitäten abhängt (Moore und Griffith 2002).

In zahlreichen Betrieben sind Eigenkontrollen zur Überwachung des Reinigungs- und Desinfektionserfolges notwendig (Heiligenthal 1995, Poggemann und Baumgart 1996). Prüfkits für die betriebsinterne Kontrolle, beispielsweise der Proteinnachweis, erscheinen oft kompliziert in der Handhabung und aufwendig in der Auswertung. Zudem wird die Aussagekraft kontrovers beurteilt (Becker et al. 2001, Weber et al. 1997). Der Schnelltest HY-RiSE Colour Hygiene Test Strip der Firma Merck (Darmstadt) basiert auf dem *Nachweis von NAD, NADH, NADP und NADPH*. Diese Coenzyme werden mittels Teststreifen von der Prüfoberfläche aufgenommen und durch eine Farbreaktion visuell auswertbar. Mit dieser Methode können Produktionsrückstände, aber auch Mikroorganismen nachgewiesen werden. Schalch et al. (2003) stellten die Ergebnisse denen des RODAC-Abklatschverfahrens sowie des Protein-Nachweises Swab`N`Check gegenüber. Während die Auswertung der RODAC-Platten erst nach zwei Tagen möglich ist, bieten die beiden Schnelltests klare zeitliche Vorteile durch die Auswertung binnen Minuten. Die HY-RiSE-Ergebnisse zeigten in der Tendenz eine befriedigende Übereinstimmung mit den RODAC-Platten. Klar herauszustellen ist die außerordentlich unkomplizierte und praxisfreundliche Handhabung des Testkits, das innerhalb von fünf Minuten eine klare Aussage darüber erlaubte, ob die Reinigung ordnungsgemäß erfolgte oder eine Nachreinigung erforderlich war. Die farbliche Darstellung des Ergebnisses bietet eine Dokumentationsmöglichkeit gegenüber Dritten, wie zum Beispiel dem Reinigungspersonal. Sowohl Mikroorganismen als auch Lebensmittelrückstände werden nachgewiesen, da in beiden NAD enthalten ist. Der Swab-`N-`Check-Test zeigte sich im Vergleich zeitaufwendiger, arbeitsintensiver und weniger sensitiv. Beide Methoden können jedoch mikrobiologische Untersuchungen nur ergänzen, nicht ersetzen, da diese vor allem in Grenzbereichen sensitiver sind und pathogene Keime differenziert werden können.

Die *Infrarotspektroskopie* (Surewicz et al. 1993) erlaubt Aussagen über Aminosäurekettenstrukturen bei Bakterien und macht dynamische Vorgänge zugänglich, wie zum Beispiel die Änderung von Bindungslängen und -geometrien im Verlauf einer Protonierung. Die qualitative Infrarotspektroskopie (Fourier transformierte Infrarotspektroskopie, FTIR) ist für mikrobiologische Untersuchungen einsetzbar (Burgula et al. 2006). Es handelt sich um eine phänotypische Identifikationsmethode, einfach durchzuführen und automatisierbar. Die Identifizierung unbekannter Pathogener mit dieser Methodik basiert auf dem Vergleich ihrer Signaturen mit Spektral-Datenbanken. Die untere Nachweisgrenze liegt bei einigen hundert Bakterien. Die Einsatzfähigkeit auf Genus- und Speciesebene wurde im klinischen Bereich nachgewiesen (Orsini et al. 2000, Choo-Smith et al. 2001, Maquelin et al. 2003, Essendoubi et al. 2005, Kirkwood et al. 2006, Sandt et al. 2006).

Für Mycobakterien, die mit klassischen mikrobiologischen Methoden schwer und bei erheblichem Zeitbedarf kultivierbar sind, wurde die *HPLC* (high performance liquid chromatografy) zur Detektion typischer Zellwandlipide eingesetzt (Kellogg et al. 2001). Auch andere chemisch-physikalische Methoden werden zur Bakteriendifferenzierung herangezogen, unter anderem Varianten der *Massenspektrometrie* (Claydon et al. 1996, Arnold et al. 1999). Die Untersuchung intakter Zellproteine mittels der sogenannten „matrix-assisted laser desorption-time of flight mass spectrometry“ (MALDI-TOF MS) wurde als vielversprechendes Detektionsverfahren pathogener Bakterien klinischer und lebensmittelhygienischer Relevanz beschrieben (Krishnamurthy et al. 1996, Easterling et al. 1998, Holland et al. 1999, Hain et al. 2007). Typische, sogenannte massenspektrometrische „Fingerprints“ thermotoleranter *Campylobacter* spp. ließen sich beispielsweise auf diesem Wege ermitteln (Mandrell et al. 2005), wobei nicht alle Species anhand ihrer Spektren klar voneinander zu trennen waren.

6.7 Biosensoren und Nanotechnologie

Biosensoren werden als die analytischen Instrumente der Zukunft bezeichnet. Sie können alle Arten biologischen Materials, aber auch Mikroorganismen und deren Toxine detektieren. Sie können zur Kontrolle von Verderbserscheinungen, aber auch zum Nachweis pathogener Mikroorganismen eingesetzt werden. Die im Folgenden dargestellten Prinzipien konzentrieren sich auf das Potenzial, pathogene Mikroorganismen nachzuweisen.

Bei zellbasierten Biosensoren werden durch die Bindung des Pathogenen an Phagozyten biochemische Stoffwechselwege derart moduliert, dass sich die Zellphysiologie ändert. Ein Prototyp ist das CANARY-System. Auf den Oberflächen biotechnologisch veränderter Rezeptorzellen werden membrangebundene, pathogen-spezifische Antikörper expremiert. Diese Antikörper erkennen das Pathogen und durch die Bindung werden Ca^{2+}-Influxkanäle geöffnet, die zu einem Einströmen von Kalziumionen in das Zelllumen führen. Dieser Vorgang verändert eine Reaktionskaskade, an deren Ende die Aktivierung eines Ca^{2+}-Ionen abhängigen Reportermoleküls stehen, dessen Lichtemission mit einem Luminometer gemessen wird (Rider et al. 2003).

Nanomechanische Oszillatoren können zum Nachweis biologischer Matrizes eingesetzt werden. Auf der Oberfläche sogenannter Cantilevers werden mittels Silanisierung funktionale Schichten aufgebracht, die bei der Analytik von mikrobiellem Wachstum Agarschichten mit einer Schichtdicke von etwa 200–300 nm darstellen. Durch das mikrobielle Wachstum an der Oberfäche des Cantilevers werden die Masseverhältnisse so verändert, dass die Schwingungseigenschaften beeinträchtigt werden (Resonanz). Die messbaren Änderungen in der Resonanzfrequenz sind so fein, dass einzelne Bakterienzellen und virale Partikel bei Auftreffen auf den Biosensor erfasst werden können (Gfeller et al. 2005). Weiters konnte gezeigt werden, dass die Schwingungsänderung linear zum Wachstum von Bakterienzellen ist. Um Cantilever spezifisch für den Nachweis von pathogenen Mikroorganismen zu machen, müssen sie mit Antikörpern gekoppelt werden. Nach einer Capturephase kann entweder das Vorhandensein der Zellen auf den Biosensor oder das Wachstumsverhalten beobachtet werden. Die letztere Anwendung kann zusätzliche Information z. B. bezüglich der Resistenzeigenschaften des Pathogens ergeben. Der Vorteil der Cantilever ist ihre im Prinzip einfache Handhabung, da keine aufwendigen Manipulationsschritte wie z. B. zur Zelllyse benötigt werden.

Neue Technologien versuchen das diagnostische Potential von Aptameren zu nützen. Aptamere sind RNA-Moleküle, die spezifisch an Zielmoleküle binden und somit Antikörper-ähnliche Funktionen ausüben. Die Bindungsstellen der Zielzellen werden in Analogie zu Epitopen als Apatope bezeichnet. Binden die Aptamere an ihre Liganden, so ändern sie die dreidimensionale Struktur des Bindungspartners (z. B. Proteine). Diese Änderungen können entweder über kolorimetrische Reaktionen oder FRET (Fluoreszenz Resonanz Energie Transfer)-Reaktionen gemessen werden (Bunka und Stockley 2006).

Literatur

Amann R, Snaidr J, Wagner M, Ludwig W, Schleifer KH (1996) In situ visualization of high genetic diversity in a natural microbial community. J Bacteriol. 178: 3496–3500.

Aminul Islam M, Heuvelink AE, Talukder KA, de Boer E (2006) Immunoconcentration of Shiga toxin-producing *Escherichia coli* O157 from animal faeces and raw meats by using Dynabeads anti-E. coli O157 and the VIDAS system. Int J Food Microbiol. 109: 151–156.

Amman R, Ludwig W, Schleifer KH (1995) Phylogenetic identification and in situ detection of individual microbial cells without cultivation. Microbiol Rev. 59: 143–169.

Arnold RJ, Karty JA, Ellington AD, Reilly JP (1999) Monitoring the growth of a bacteria culture by MALDI-MS of whole cells. Anal Chem. 71: 1990–1996.

Assuncao P, Rosales RS, Antunes NT, de la Fe C, Poveda JB (2007) Applications of flow cytometry to mycoplasmology. Front Biosci. 12: 664–672.

Augustin JC, Carlier V (2006) Lessons from the organization of a proficiency testing program in food microbiology by interlaboratory comparison: analytical methods in use, impact of methods on bacterial counts and measurement uncertainty of bacterial counts. Food Microbiol. 23: 1–38.

Barer MR, Harwood CR (1999) Bacterial viability and culturability. Adv Microb Physiol. 41: 93–137.

Baro JA, Roldan P, Carleos CE, Grillo GJ, Perez MA (2005) Video microscopy as an alternative method for somatic cell count in milk. J Dairy Res. 72: 93–100.

Baumgart J (1996) Schnellmethoden und Automatisierung in der Lebensmittelmikrobiologie. Fleischwirtsch. 76: 124–130.

Baumgart J, Meierjohann K (1994) Oberflächenkeimgehalt von Frischfleisch, Schnellnachweis durch ATP-Bestimmung mit einem neuen Test-Kit. Fleischwirtsch. 74: 1324.

Becker B, Fechler J, Holzapfel WH (2001) Schnellnachweis zum Hygiene-Monitoring durch das Messen von Proteinrückständen auf Oberflächen. Symposium „Schnellmethoden und Automatisierung in der Lebensmittel-Mikrobiologie“, Lemgo, Fachhochschule Lippe 04.–06.07.2001, 84.

Becker B, Sabrowski A, Lohneis M, Murphy J (2002) Einsatz der VIT Gensondentechnologie zum schnellen Nachweis von *Listeria monocytogenes* in vakuumverpacktem Räucherlachs. DVG 43. Arbeitstagung des Arbeitsgebietes Lebensmittelhygiene, Garmisch-Partenkirchen, 621–625.

Becker H, Märtlbauer E (2002) Conventional and commercially-available alternative methods in food microbiology for the detection of selected pathogens and toxins. Biotest Bulletin. 6: 265–320.

Benoit PW, Donahue DW (2003) Methods for rapid separation and concentration of bacteria in food that bypass time-consuming cultural enrichment. J Food Prot. 66: 1935–1948.

Berry ED, Siragusa GR (1997) Hydroxyapatite adherence as a means to concentrate bacteria. Appl Environ Microbiol. 63: 4069–4074.

Bonaparte C, Ahlfeld B, Klein G (2007) Quantitative Bestimmung von Bakterien in probiotischen Milcherzeugnissen mittels Durchflusszytometrie. Symposium Schnellmethoden und Automatisierung in der Lebensmittel-Mikrobiologie, Lemgo 27.–29.06.2007.

Bottari B, Ercolini D, Gatti M, Neviani E (2006) Application of FISH technology for microbiological analysis: current state and prospects. Appl Microbiol Biotechnol. 73: 485–494.

Brunser O, Gotteland M, Cruchet S, Figueroa G, Garrido D, Steenhout P (2006) Effect of a milk formula with prebiotics on the intestinal microbiota of infants after an antibiotic treatment. Pediatr Res. 59: 451–456.

Bunka DHJ, Stockley PG (2006) Aptamer coming of age – at last. Nature Rev. 4: 588–596.

Bunthof CJ, Van Den Braak S, Breeuwer P, Rombouts FM, Abee T (1999) Rapid Fluorescence Assessment of the viability of stressed *Lactococcus lactis*. Appl Environm Microbiol. 65: 3681–3689.

Burgula Y, Khali D, Kim S, Krishnan SS, Cousin MA, Gore JP, Reuhs BL, Mauer LJ (2006) Detection of *Escherichia coli* O157: H7 and *Salmonella* Typhimurium using filtration followed by Fourier-transform infrared spectroscopy. J Food Prot. 69: 1777–1778.

Chaney D, Rodriguez S, Fugelsang K, Thornton R (2006) Managing high-density commercial scale wine fermentations. J Appl Microbiol. 100: 689–698.

Chang KS, Jang HD, Lee CF, Lee YG, Yuan CJ, Lee SH (2006) Series quartz crystal sensor for remote bacteria population monitoring in raw milk via the Internet. Biosens Bioelectron. 21: 1581–1590.

Chen WT, Hendrickson RL, Huang CP, Sherman D, Geng T, Bhunia AK, Ladisch MR (2005) Mechanistic study of membrane concentration and recovery of *Listeria monocytogenes*. Biotechnol Bioeng. 89: 263–273.

Choo-Smith LP, Maquelin K, van Vreeswijk T, Bruining HA, Puppels GJ, Ngo Thi NA, Kirschner C, Naumann D (2001) Investigating microbial (micro)colony heterogeneity by vibrational spectroscopy. Appl Environ Microbiol. 67: 1461–1469.

Claydon MA, Davey SN, Edwards-Jones V, Gordon DB (1996) The rapid identification of intact microorganisms using mass spectrometry. Nat Biotechnol. 14: 1584–1586.

Cook N (2003) The use of NASBA for the detection of microbial pathogens in food and environmental samples. J Microbiol Meth. 53: 165–174.

Corbitt AJ, Bennion N, Forsythe SJ (2000) Adenylate kinase amplification of ATP bioluminescence for hygiene monitoring in the food and beverage industry. Lett Appl Microbiol. 30: 443–447.

Corry JE, Jarvis B, Passmore S, Hedges A (2007) A critical review of measurement uncertainty in the enumeration of food micro-organisms. Food Microbiol. 24: 230–253.

Dahms S, Hildebrandt G (1998) Some remarks on the design of three-class sampling plans. J Food Prot. 61: 757–761.

Daley EF, Bootsveld D, Warburton DW, Farber JM (1999) A comparison of the Health Protection Branch and the enzyme linked fluorescent assay methods for the isolation and identification of *Listeria* spp. and *Listeria monocytogenes* from foods. J Rapid Meth Autom Microbiol. 7: 183–192.

Dawkins GS, Hollingsworth JB, Hamilton MA (2005) Incidences of problematic organisms on petrifilm aerobic count plates used to enumerate selected meat and dairy products. J Food Prot. 68: 1506–1511.

De Boer E, Beumer RR (1999) Methodology for detection and typing of foodborne microorganisms. Int J Food Microbiol. 50: 119–130.

De Sousa GB, Tamagnini LM, Gonzalez RD, Budde CE (2005) Evaluation of Petrifilm method for enumerating aerobic bacteria in Crottin goat cheese. Rev Argent Microbiol. 37: 214–216.

Deibl J, Paulsen P, Baur F (1998) Die direkte Epifluoreszenz Filtertechnik als Methode der raschen Ermittlung der Gesamtkeimzahl in Fleisch und Fleischwaren. Wiener Tierärztl Monatsschr. 85: 327–333.

D'Haese E, Nelis HJ (2002) Rapid detection of single cell bacteria as a novel approach in food microbiology. J AOAC Int. 85: 979–983.

DIN-Norm Entwurf 10115 (1998) Grundlagen des Nachweises und der Bestimmung von Mikroorganismen mittels Impedanzverfahren. Deutsches Institut für Normung, Beuth Verlag, Berlin.

Easterling ML, Colangelo CM, Scott RA, Amster IJ (1998) Monitoring protein expression in whole bacterial cells with MALDI time-of-flight mass spectrometry. Anal Chem. 70: 2704–2709.

Ellerbroek L, Lox C (2004) The use of neck skin for microbial process control of fresh poultry meat using the bioluminescence method. Dtsch Tierarztl Wochenschr. 111: 181–184.

Ercolini D, Storia A, Villani F, Mauriello G (2006a) Effect of a bacteriocin-activated polythene film on *Listeria monocytogenes* as evaluated by viable staining and epifluorescence microscopy. J Appl Microbiol. 100: 765–772.

Ercolini D, Villani F, Aponte M, Mauriello G (2006b) Fluorescence in situ hybridisation detection of *Lactobacillus plantarum* group on olives to be used in natural fermentations. Int J Food Microbiol. 112: 291–296.

Essendoubi M, Toubas D, Bouzaggou M, Pinon JM, Manfait M, Sockalingum GD (2005) Rapid identification of Candida species by FT-IR microspectroscopy. Biochem Biophys Acta. 1724: 239–247.

Feldsine PT, Lienau AH, Roa NH, Green ST (2005) Enumeration of total coliforms and *E. coli* in foods by the SimPlate coliform and *E. coli* color indicator method and conventional culture methods: collaborative study. J AOAC Int. 88: 1318–1333.

Fernandez-Astorga A, Hijarrubia MJ, Lazaro B, Barcina I (1996) Effect of the pre-treatments for milk samples filtration on direct viable cell counts. J Appl Bacteriol. 80: 511–516.

Firstenberg-Eden R, Shelef LA (2000) A new rapid automated method for the detection of Listeria from environmental swabs and sponges. Int J Food Micro. 56: 231–237.

Fukuda S, Tatsumi H, Igimi S, Yamamoto S (2005) Improved bioluminescent enzyme immunoassay for the rapid detection of *Salmonella* in chicken meat samples. Lett in Appl Microbiol. 41: 379–384.

Gabig-Ciminska M, Andresen H, Albers J, Hintsche R, Enfors SO (2004) Identification of pathogenic microbial cells and spores by electrochemical detection on a biochip. Microb Cell Fact. 3: 2.

Gfeller KY, Nugaeva N, Hegner M (2005) Rapid biosensor for detection of antibiotic-selctive growth of *Escherichia coli*. Appl Environ Microbiol. 71: 2626–2631.

Grant MA, Wernberg JS, Van KT, Albert AM (2006) Two rapid methods for detection of *Escherichia coli* exceeding 10(4)/g action levels: precollaborative study. J AOAC Int. 89: 1317–1326.

Griffiths MW (1996) The role of ATP bioluminescence in the food industry: new light on old problems. J Food Technol. 31: 62–72.

Gunasekera TS, Veal DA, Attfield PV (2003) Potential for broad applications of flow cytometry and fluorescence techniques in microbiological and somatic cell analyses of milk. Int J Food Microbiol. 85: 269–279.

Gurtler JB, Beuchat LR (2005) Performance of media for recovering stressed cells of *Enterobacter sakazakii* as determined using spiral plating and ecometric techniques. Appl Environ Microbiol. 71: 7661–7669.

Haidinger W, Szostak MP, Jechlinger W, Lubitz W (2003) Online monitoring of *Escherichia coli* ghost production. Appl Environ Microbiol. 69: 468–474.

Hain T, Barbudde S, Maier T, Schwarz G, Kostrzewa M, Chakraborty T (2007) Rapid identification of *Listeria* species using the MALDI Bio Typer. Symposium Schnellmethoden und Automatisierung in der Lebensmittel-Mikrobiologie, Lemgo 27.–29.06.2007.

Hara-Kudo Y, Konishi N, Ohtsuka K, Hiramatsu R, Tanaka H, Konuma H, Takatori K (2008) Detection of verotoxigenic Escherichia coli O157 and O26 in food by plating methods and LAMP method: A collaborative study. Int. J. Food Microbiol. Feb 29;122(1-2):156-61.

Heiligenthal A (1995) Überprüfung der Effizienz von Reinigung und Desinfektion in einem Fleischgewinnungsbetrieb. Diss med vet. FU Berlin.

Holland RD, Duffy CR, Rafii F, Sutherland JB, Heinze TM, Holder CL, Voorhees KJ, Lay JO Jr (1999) Identification of bacterial proteins observed in MALDI TOF mass spectra from whole cells. Anal Chem. 71: 3226–3230.

Holm C, Jespersen L (2003) A flow-cytometric gram-staining technique for milk-associated bacteria. Appl Environ Microbiol. 69: 2857–2863.

Holm C, Mathiasen T, Jespersen L (2004) A flow cytometric technique for quantification and differentiation of bacteria in bulk tank milk. J Appl Microbiol. 97: 935–941.

Horman A, Hanninen ML (2006) Evaluation of the lactose Tergitol-7, m-Endo LES, Colilert 18, Readycult Coliforms 100, Water-Check-100, 3 M Petrifilm EC and DryCult Coliform test methods for detection of total coliforms and *Escherichia coli* in water samples. Water Res. 40: 3249–3256.

Huber I (2007) Einsatz der Biochip-Technologie in der Lebensmittelkontrolle. Symposium Schnellmethoden und Automatisierung in der Lebensmittel-Mikrobiologie, Lemgo 27.–29.06.2007.

Huhtamella S, Leinonen M, Nieminen T, Fahnert B, Myllykoski L, Breitenstein A, Neubauer P (2007) RNA-based sandwich hybridisation method for detection of lactic acid bacteria in brewery samples. J Microbiol Meth. 68: 543–553.

Jaksch P (1991) Grundlagen der Impedanztechnik und Erfahrungen bei der Untersuchung roher und pasteurisierter Milch. dmz Lebensmitttelind Milchwirtsch. 112: 950–960.

Johnson PE, Lund ML, Shorthill RW, Swanson JE, Kellogg JL (2001) Real time biodetection of individual pathogenic microorganisms in food and water. Biomed Sci Instrum. 37: 191–196.

Kell DB, Kaprelyants AS, Weichart DH, Harwood CR, Barer MR (1998) Viability and activity in readily culturable bacteria: a review and discussion of the practical issues. Antonie Leeuwenhoek J Microbiol Serol. 73: 169–187.

Kellogg JA, Bankert DA, Withers GS, Sweimler W, Kiehn TE, Pfyffer GE (2001) Application of the Sherlock Mycobacteria Identification System using high-performance liquid chromatography in a clinical laboratory. J Clin Microbiol. 39: 964–970.

Kennedy JF, Barker SA, Humphreys JD (1976) Microbial cells living immobilized on metal hydroxides. Nature. 261: 242–244.

Kievits T, van Gemen B, van Strijp D, Schukkink R, Dircks M, Adriaanse H, Malek L, Sooknanan R, Lens P (1991) NASBA isothermal enzymatic in vitro nucleic acid amplification optimized for the diagnosis of HIV-1 infection. J Virol Meth. 35(3): 273–286.

King GW, Kath GS, Siciliano S, Simpson N, Masurekar P, Sigmund J, Polishook J, Skwish S, Bills G, Genilloud O, Pelaez F, Martin J, Dufresne C (2006) Automated agar plate streaker: a linear plater on Society for Biomolecular Sciences standard plates. J Biomol Screen. 11: 704–711.

Kirkwood J, Ghetler A, Sedman J, Leclair D, Pagotto F, Austin JW, Ismail AA (2006) Differentiation of group I and group II strains of Clostridium botulinum by focal plane array Fourier transform infrared spectroscopy. J Food Prot. 69: 2377–2383.

Krishnamurthy T, Ross PL, Rajamani U (1996) Detection of pathogenic and non-pathogenic bacteria by matrix-assisted laser desorption/ionization time-of-flight mass spectrometry. Rapid Commun Mass Spectrom. 10: 883–888.

Krumbholz L, Pichner R, Albert T, Weber H, Gareis M (2003) Nachweis von *Listeria* spp. mitttels fluoreszenzmarkierter Gensonden. Mitteilungsblatt BAFF. 42(161): 191–195.

Kusunoki H, Bari ML, Kita T, Sugii S, Uemura T (2000) Flow cytometry for the detection of enterohaemorrhagic *Escherichia coli* O157: H7 with latex beads sensitized with specific antibody. J Vet Med B Infect Dis Vet Public Health. 47: 551–559.

Kutter S, Hartmann A, Schmid M (2006) Colonization of barley (Hordeum vulgare) with Salmonella enterica and Listeria spp. FEMS Microbiol Ecol. 56: 262–271.

Ligler FS, Sapsford KE, Golden JP, Shriver-Lake LC, Taitt CR, Dyer MA, Barone S, Myatt CJ (2007) The array biosensor: portable, automated systems. Anal Sci. 23: 5–10.

Lucore LA, Cullison MA, Jaykus LA (2000) Immobilization with metal hydroxides as a means to concentrate food-borne bacteria for detection by cultural and molecular methods. Appl Environ Microbiol. 66: 1769–1776.

Mahler C (2007) Vorstellung einer automatisierten Keimzahlbestimmung in Lebensmitteln tierischen Ursprungs basierend auf dem MPN-Verfahren. Symposium Schnellmethoden und Automatisierung in der Lebensmittel-Mikrobiologie, Lemgo 27.–29.06.2007.

Mahler C, Stolle A (2006) Automatisierte Keimzahlbestimmung. Fleischwirtsch. 86(6): 98–100.

Malacrino P, Zapparoli G, Torriani S, Dellaglio F (2001) Rapid detection of viable yeasts and bacteria in wine by flow cytometry. J Microbiol Meth. 45: 127–134.

Mandrell RE, Harden LA, Bates A, Miller WG, Haddon WF, Fagerquist CK (2005) Speciation of *Campylobacter coli, C. jejuni, C. helveticus, C. lari, C. sputorum,* and *C. upsaliensis* by

Matrix-Assisted Laser Desorption Ionization-Time of Flight Mass Spectrometry. Appl Environ Microbiol. 71: 6292–6307.

Maquelin K, Kirschner C, Choo-Smith LP, Ngo-Thi NA, van Vreeswijk T, Stammler M, Endtz HP, Bruining HA (2003) Prospective study of the performance of vibrational spectroscopies for rapid identification of bacterial and fungal pathogens recovered from blood cultures. J Clin Microbiol. 41: 324–329.

Miettinen H, Aarnisalo K, Salo S, Sjoberg AM (2001) Evaluation of surface contamination and the presence of Listeria monocytogenes in fish processing factories. J Food Prot. 64: 635–639.

Moje M, Hechelmann H (1995) Biolumineszenz-Schnellmethode: eine Möglichkeit zur Überprüfung von Reinigungs- und Desinfektionsmaßnahmen? Mitteilungsblätter der Bundesanstalt für Fleischforschung, Kulmbach. 34: 193–198.

Moore G, Griffith C (2002) A comparison of traditional and recently developed methods for monitoring surface hygiene within the food industry: an industry trial. Int J Environ Health Res. 12: 317–329.

Moore JE, Madden RH (2002) Impediometric detection of Campylobacter coli. J Food Prot. 65: 1660–1662.

Moter A, Gobel UB (2000) Fluorescence in situ hybridization (FISH) for direct visualization of microorganisms. J Microbiol Meth. 41: 85–112.

Muramatsu YT, Yanase T, Okabayashi H, Morita C (1997) Detection of Coxiella burnetti in cow's milk by PCR-enzyme-linked immunosorbent assay combined with a novel sample preparation method. Appl Environ Microbiol. 63: 2142–2146.

Noble PA, Ashton E, Davidson CA, Albritton WL (1991) Heterotrophic plate counts of surface water samples by usning impedance methods. App Environ Microbiol. 57: 3287–3291.

Noordman WH, Reissbrodt R, Bongers RS, Rademaker JLW, Bockelmann W, Smit G (2006) Growth stimulation of Brevibacterium sp. by siderophores. J Appl Microbiol. 101: 637–646.

Nordstrom JL, Rangdale R, Vickery MC, Phillips AM, Murray SL, Wagley S, DePaola A (2006) Evaluation of an alkaline phosphatase-labeled oligonucleotide probe for the detection and enumeration of the thermostable-related hemolysin (trh) gene of Vibrio parahaemolyticus. J Food Prot. 69: 2770–2772.

Notermans S, Wernars K (1991) Immunological methods for detection of foodborne pathogens and their toxins. Int J Food Microbiol. 12: 91–102.

Notomi T, Okayama H, Masubuchi H, Yonekawa T, Watanabe K, Amino N, Hase T (2000) Loop-mediated isothermal amplification of DNA. Nucl Acids Res. 28(12): E63.

Odumeru JA, Belvedere J (2002) Evaluation of the MicroFoss system for enumeration of total viable count, *Escherichia coli* and coliforms in ground beef. J Microbiol Meth. 50: 33–38.

Orsini F, Ami D, Villa AM, Sala G, Bellotti MG, Doglia SM (2000) FT-IR microspectroscopy for microbiological studies. J Microbiol Meth. 42: 17–27.

Payne MJ, Campbell S, Patchett RA, Kroll RG (1992) The use of immobilized lectins in the separation of Staphylococcus aureus, *Escherichia coli*, Listeria and Salmonella spp. from pure cultures and foods. J Appl Bacteriol. 73: 41–52.

Pedersen LH, Skouboe P, Rossen L, Rasmussen OF (1998) Separation of Listeria monocytogenes and Salmonella berta from a complex food matrix by aqueous polymer two-phase partitioning. Lett Appl Microbiol. 26: 47–50.

Pettipher GL, Kroll RG, Farr LJ, Beetz RP (1989) DEFT: Recent developments for foods and beverages. In: Rapid microbiological methods for foods, beverages and pharmaceuticals. Hrsg. Stannard CJ, Petite SB, Skinner Fa, Blackwell Sci Publ., Oxford, 33–45.

Poggemann HM, Baumgart J (1996) Hygienemonitoring durch ATP-Bestimmung mit dem System HY-LiTE. Fleischwirtsch. 76: 132–133.

Poulsen LK, Ballard G, Stahl DA (1993) Use of rRNA fluorescence in situ hybridization for measuring the activity of single cells in young and established biofilms. Appl Environ Microbiol. 59: 1354–1360.

Power CA, McEwen SA, Johnson RP, Shoukri MM, Rahn K, Griffiths MW, De Grandis SA (1998) Repeatability of the Petrifilm HEC test and agreement with a hydrophobic grid membrane filtration method for the enumeration of *Escherichia coli* O157: H7 on beef carcasses. J Food Prot. 61: 402–408.

Pyle BH, Broadaway SC, McFeters GA (1999) Sensitive Detection of *Escherichia coli* O157: H7 in Food and Water by Immunomagnetic Separation and Solid-Phase Laser Cytometry. Appl Environ Microbiol. 65: 1966–1972.

Ramazotti-Ferrati A, Tavolaro P, Destro MT, Landgraf M, Franco BD (2005) A comparison of ready-to-use systems for evaluating the microbiological quality of acidic fruit juices using non-pasteurized orange juice as an experimental model. Int Microbiol. 8: 48–53.

Reissbrodt R (2002) Improving the detection of pathogenic Gram-negative bacteria by culture of stressed and of „viable but non-culturable“ cells. Biotest Bulletin. 6: 243–251.

Richter J, Becker H, Märtlbauer E (2000) Untersuchungen zur Optimierung des Salmonellennachweises in Milch und Milcherzeugnissen. Arch Lebensmittelhyg. 51: 53–56.

Rider TH, Petrovick MS, Nargi FE, Harper JD, Schoebel ED, Mathews RH, Blanchard DJ, Bortolin LT, Young AM, Chen J, Hollis MA (2003) A B cell-based sensor for rapid identification of pathogens. Science. 301: 213–215.

Russel SM (2000) Comparison of the traditional three-tube most probable number method with the Petrifilm, Simplate, BioSys optical, and Bactometer conductance methods for enumerating *Escherichia coli* from chicken carcasses and ground beef. J Food Prot. 63: 1179–1183.

Safarik I, Safarikova M (1999) Use of magnetic techniques for the isolation of cells. J Chromatogr B. 722: 33–53.

Sandt C, Madoulet C, Kohler A, Allouch P, De Champs C, Manfait M, Sockalingum GD (2006) FT-IR microspectroscopy for early identification of some J Appl Microbiol. 101: 785–797.

Schalch B (2001) Optische Keimzahlbestimmung bei rohem Fleisch mit dem MicroFoss System. Fleischwirtsch. 81: 123–125.

Schalch B, Alawi R, Albert T, Becker B, Busch U, Krumbholz L, Lohneis M, Sabrowski A, Stephan R, Schoen R, Zychowska MA (2005) Nachweis von Listeria monocytogenes mit dem schnellen VIT-Gensondentest. Fleischwirtsch. 85: 113–116.

Schalch B, Trautsch M, Watkins I, Kau P, Stolle A (2003) Einsatz eines neuen Schnelltests zur Untersuchung der Oberflächenreinheit. Arch Lebensmittelhyg. 54: 58–60.

Schemberg J, Grodrian A, Weber P, Steingroewer J, Gastrock G, Bley Th, Lemke K (2007) Schnellnachweis von Keimen mit Biomagnetischer Separation und Nanotechnologie. Symposium Schnellmethoden und Automatisierung in der Lebensmittel-Mikrobiologie, Lemgo. 27.–29.06.2007.

Schmid MW, Lehner A, Stephan R, Schleifer KH, Meier H (2005) Development and application of oligonucleotide probes for in situ detection of thermotolerant Campylobacter in chicken faecal and liver samples. Int J Food Microbiol. 105: 245–255.

Schraft H, Watterworth LA (2005) Enumeration of heterotrophs, fecal coliforms and *Escherichia coli* in water: comparison of 3 M Petrifilm plates with standard plating procedures. J Microbiol Meth. 60: 335–342.

Schulenburg J, Bergann T (1998) Model investigations of the impedance effectiveness conerning bacterial relevant to food hygiene. Zentralbl Veterinärmed B. 45: 551–559.

Sewell AM, Warburton DW, Boville A, Daley EF, Mullen K (2003) The development of an efficient and rapid enzyme linked fluorescent assay method for the detection of Listeria spp. from foods. Int J Food Microbiol. 81: 123–129.

Sherry AE, Patterson MF, Kilpatrick D, Madden RH (2006) Evaluation of the use of conductimetry for the rapid and precise measurement of Salmonella spp. growth rates. J Microbiol Meth. 67: 86–92.

Silley P, Forsythe S (1996) Impedance microbiology – a rapid change for microbiologists. J Appl Bacteriol. 80: 233–243.

Siripatrawan U, Harte BR (2007) Solid phase microextraction/gas chromatography/mass spectrometry integrated with chemometrics for detection of Salmonella Typhimurium contamination in a packaged fresh vegetable. Anal Chim Acta. 581: 63–70.

Siripatrawan U, Linz JE, Harte BR (2006) Detection of Escherichia coli in packaged alfalfa sprouts with an electronic nose and an artificial neural network. J Food Prot. 69: 1844–1850.

Smelt JP, Otten GD, Bos AP (2002) Modelling the effect of sublethal injury on the distribution of the lag times of individual cells of Lactobacillus plantarum. Int J Food Microbiol. 73: 207–212.

Smith CF, Townsend DE (1999) A new medium for determining the total plate count in food. J Food Prot. 62: 1404–1410.

Stephan R, Schumacher S, Spahr U (2002) Evaluierung des VIT Systems als spezifischer Schnellnachweis von Listeria monocytogenes in Lebensmitteln und Umgebungsproben mittels fluoreszenzmarkierter Gensonden. DVG 43. Arbeitstagung des Arbeitgebietes Lebensmittelhygiene, Garmisch-Partenkirchen, 309–313.

Stephan R, Schumacher S, Zychowska MA (2003) The VIT technology for rapid detection of Listeria monocytogenes and other Listeria spp. Int J Food Microbiol. 89: 287–290.

Surewicz WK, Mantsch HH, Chapman D (1993) Determination of protein secondary structure by Fourier transform infrared spectroscopy: a critical assessment. Biochem. 32: 389–394.

Taniwaki MH, Silva N, Banhe AA, Iamanaka BT (2001) Comparison of culture media, simplate, and petrifilm for enumeration of yeasts and molds in food. J Food Prot. 64: 1592–1596.

Ukuku DO, Sapers GM, Fett WF (2005) ATP bioluminescence assay for estimation of microbial populations of fresh-cut melon. J Food Prot. 68: 2427–2432.

Uyttendaele M, Schukkink R, Van Gemen B, Debevere J (1995) Detection of Campylobacter jejuni added to foods by using a combined selective enrichment and nucleic acid sequence-based amplification (NASBA). Appl Environ Microbiol. 61: 1341–1347.

Van Der Zee H, Huis in't Veld JH (1997) Rapid and alternative screening methods for microbiological analysis. J AOAC Int. 80: 934–940.

Wadl M, Flekna G, Thompson L, Slaghuis J, Köfer J, Hein I, Wagner M (2007) Development and evaluation of a rapiod test for the direct detection of Campylobacter in chicken faeces. CHRO 2007 Rotterdam.

Wagner M, Bubert A (1999) Detection of Listeria monocytogenes by commercial enzyme immunoassays. In: Encyclopedia of Food Microbiology. Hrsg. Batt CA, Patel PD. 1207–1214.

Wagner M, Wolffs P, Kuhn M, Schoder D, Hoorfar J, Radström P (2003) Zur Reproduzierbarkeit von PCR-Ergebnissen. Proc. 44th Jahrestagung der Deutschen Veterinärmedizinischen Gesellschaft für Lebensmittelhygiene, Garmisch-Partenkirchen, 139–147.

Wawerla M, Stolle A, Schalch B, Eisgruber H (1999) Impedance microbiology: applications in food hygiene. J Food Prot. 62: 1488–1496.

Weber R, Zens W, Bülte M (1997) Kontrolle der Reinigungs- und Desinfektionsmaßnahmen im Fleischverarbeitungsbereich mit unterschiedlichen Verfahren unter besonderer Berücksichtigung des Swab`N`Check-Tests. DVG 38. Arbeitstagung des Arbeitsgebietes Lebensmittelhygiene, Garmisch-Partenkirchen, 574–578.

Werlein HD (1997) Schnellnachweis der mikrobiellen Belastung von Fleisch und Schlachttierkörperoberflächen mittels der Biolumineszenztechnologie. Rdsch Fleischhyg Lebensmittelüberw. 49: 123–127.

Whiting RC, Rainosek A, Buchanan RL, Miliotis M, Labarre D, Long W, Ruple A, Schaub S (2006) Determining the microbiological criteria for lot rejection from the performance objective or food safety objective. Int J Food Microbiol. 110: 263–267.

Wohlsen T, Bates J, Vesey G, Robinson WA, Katouli M (2006) Evaluation of the methods for enumerating coliform bacteria from water samples using precise reference standards. Lett Appl Microbiol. 42: 350–356.

Yamaguchi N, Sasada M, Yamanaka M, Nasu M (2003) Rapid detection of respiring *Escherichia coli* O157: H7 in apple juice, milk, and ground beef by flow cytometry. Cytometry A. 54: 27–35.

Zschaler R (2004) Mikrobiologische Schnellmethoden. In: Schnellmethoden zur Beurteilung von Lebensmitteln und ihren Rohstoffen. Hrsg. Baltes W, Kroh LW, Behr's Verlag, Hamburg, 3. Auflage, 305.

Kapitel 7
Pathogene Mikroorganismen

Martin Wagner

Inhalt

7.1 Die Bedeutung von pathogenen Mikroorganismen

Infektionen, die vom Tier auf den Menschen übertragen werden, werden als Zoonosen bezeichnet. Pathogene Mikroorganismen können entweder durch Mensch-Mensch, Mensch-Tier-Kontakt oder durch Kontakt mit kontaminierten Vektoren übertragen

M. Wagner (✉)
Institut für Milchhygiene, Milchtechnologie und Lebensmittelwissenschaft, Veterinärmedizinische Universität Wien, Veterinärplatz 1, 1210 Wien, Österreich
Tel.: ++43 1 25077 3500
Fax: ++43 1 25077 3590
e-mail: Martin.Wagner@vu-wien.ac.at

U. Busch (Hrsg.), *Molekularbiologische Methoden in der Lebensmittelanalytik*, DOI 10.1007/978-3-642-10716-0_7, © Springer-Verlag Berlin Heidelberg 2010

werden [39]. Vektoren können einerseits belebt (z. B. blutsaugende Insekten), andererseits unbelebt sein. Kontaminierte Lebensmittel und Wasser gehören zu den wichtigsten unbelebten Vektoren. Neben Lebensmitteln können aber auch kontaminierte Gegenstände oder der Kontakt mit Kontaminationsquellen in der Umwelt Auslöser von Krankheitsfällen sein. Weltweit sind mehr als 1400 krankheitsverursachende biologische Agentien bekannt, von denen über 60 % ein zoonotisches Potenzial aufweisen. Als Ergebnis von Expertengesprächen wurde kürzlich berichtet, dass etwa 3 bis 4, meist virale, neu auftretende Infektionskrankheiten („emerging diseases") pro Jahr erwartet werden können [15]. Es handelt sich bei diesen Vorgängen aber nicht nur um das Auftauchen vollkommen neuer oder unbeschriebener Spezies, sondern auch um evolutionsbedingte Anpassungen von mikrobiellen Populationen an neue Bedingungen in ihrem Ökosystem [7]. Molekulare Analysen an Umweltchlamydien erbrachten Hinweise, dass die Evolution erste genetische Pathogenitätsmerkmale in dieser Spezies schon vor 700 Mio. Jahren entstehen ließ [14]. Viele Faktoren befeuern den Prozess der Anpassung, unter anderem auch alle Strategien, mit denen der Mensch seit Jahrtausenden versucht, Lebensmittel sicher und haltbar zu machen. Als die treibenden Kräfte des Auftretens neuer Krankheitserreger werden in der Gegenwart vor allem das sich ändernde Weltklima, die globalen Warenströme und die sich verändernden Konsumgewohnheiten genannt. Es steht auch außer Zweifel, dass viele dieser Erreger Tiere als ihr natürliches Reservoir haben werden, d. h. Zoonosen im klassischen Sinne sind [15].

7.1.1 Pathogene Mikroorganismen und das öffentliche Gesundheitswesen

Aus soziokulturellen, ökonomischen und gesundheitspolitischen Überlegungen muss die Gewährleistung der Sicherheit von Lebensmitteln ein zentrales Anliegen der Politik sein. Die lebensmittelerzeugende Industrie stellt eine der größten Branchen in der EU dar, und ihre Unternehmer beschäftigen mehr als 2,6 Mio. Arbeitnehmer. Verletzungen der Lebensmittelsicherheit werden von Verbrauchern als nichttolerierbares Risiko aufgefasst und führen in der Regel zu einem massiven Vertrauensschwund. Das Vertrauen in die Sicherheit der Lebensmittelproduktion stellt aber den wichtigsten Faktor für eine nachhaltige und gedeihliche Entwicklung des Agrosektors und somit der Lebensmittelerzeugung in den einzelnen Volkswirtschaften dar. Der öffentliche Sektor ist bezüglich lebensmittelassoziierter Krankheitsgeschehen vor allem mit den Folgen wie Krisenmanagementkosten, Produktivitätsausfällen und, in schlimmsten Fällen, mit Belastungen des medizinischen Versorgungssystems konfrontiert. Die Sensibilität des Konsumenten bezogen auf das Thema „sichere Lebensmittel" ist auch ein Ergebnis der enormen soziokulturellen Bedeutung, die die Lebensmittelproduktion in vielen Ländern Europas und der Welt besitzt. Lebensmittelkonsum ist in den vergangenen Jahren ein Element des individuellen Lifestyles geworden, der Kaufentscheidungen für immer außergewöhnlichere Produkte und Hinwendung zu wenig tradierten Zubereitungsweisen umfasst. Der globalisierte Handel mit Lebensmitteln, das enorme, offensichtlich saisonunabhängige Lebensmittelangebot, der Bedarf nach immer exotischeren Lebensmitteln und der Konsumentenwunsch nach wenig bis unprozessierten („frischen") Lebensmitteln ergeben kumulative Effekte, die die Sicherheit von Lebensmittelproduktionsketten eher gefährden als gewährleisten.

Seit dem Inkrafttreten des EU-weit gültigen Lebensmittelrechts werden die Meldeziffern der Mitgliedsländer kompiliert und in jährlichen Berichten zur Lebensmittelsicherheit der Öffentlichkeit vorgestellt. Aus diesem Zahlenwerk ist für das Jahr 2007 ersichtlich, dass in der EU-27 etwa 150.000 Fälle von humanen Salmonellosen und etwa 200.000 Fälle von Campylobacteriosen gemeldet wurden [10]. Ein auffallend wenig erforschtes Feld stellt die humane Yersiniose dar, von der etwa 8700 Krankheitsfälle pro Jahr erfasst werden. Ein wichtiger lebensmittelassoziierter Erreger ist *Listeria monocytogenes,* da, obwohl in niedriger Prävalenz vorkommend, die Infektionen in etwa 20 bis 30 % der Fälle tödlich enden. Bedeutend ist die Zunahme von gemeldeten Fällen an Listeriose um 56 % in den vergangenen Jahren, vor allem auch deshalb, da hauptsächlich ein wachsendes Segment der Bevölkerung betroffen ist (Personen >65 Jahre). Aufgrund des bedrohlichen Krankheitsbildes ist auch nur mit einer sehr geringen Dunkelziffer zu rechnen, und Effekte unterschiedlicher Meldesysteme sind vernachlässigbar. Verotoxin-bildende *E. coli* (kurz VTEC genannt) wurden in etwa 2900 Fällen als Gründe für Infektionen ermittelt, wobei aufgrund der Möglichkeit des Ausbildens des hämorrhagisch-urämischen Syndroms (HUS-Syndroms) bei Kleinkindern eine lebensbedrohliche Komplikation des Infektionsgeschehens im Vordergrund steht. Hohe Dunkelziffern charakterisieren alle lebensmittelassoziierten Infektionen und Intoxikationen, sofern gastroenteritische Verlaufsformen im Vordergrund stehen. Erfahrungen aus dem FoodNet USA gehen von Dunkelzifferfaktoren von 20 bis 30 für die häufigsten enteralen Infektionskrankheiten Salmonellose und Campylobacteriose aus, das heißt, dass es aufgrund des selbstlimitierenden Charakters der Infektion nur in etwa 3–5 % der Fälle zu einer Erfassung der Erkrankung durch das Gesundheitssystem kommt [23].

7.1.2 Pathogene Mikroorganismen in der Lebensmittelkette

Der notwendige Paradigmenwechsel in der Bewertung von ernährungsbezogenen Sicherheitsrisiken für die europäische Bevölkerung wurde im Weißbuch zur Lebensmittelsicherheit 2000 manifestiert. Durch das Bekenntnis zum „From-the-Stable-to-the-Table"-Konzept, welches die Integration aller sicherheitsbezogenen Erkenntnisse und Konzepte von Beginn der Futtermittelproduktion bis zur Exposition der Konsumenten fordert, wurde verdeutlicht, dass das Versagen einzelner Elemente die Sicherheit der ganzen Kette gefährdet. Da viele der Lebensmittelinfektions- und Intoxikationserreger schon im Lebendtierbereich in die Lebensmittelkette eingeschleust werden, müssen sie die Möglichkeit vorfinden, entlang der Kette zu überleben oder sich sogar vermehren zu können. Diese Überlegungen haben Auswirkungen auf die verwendeten analytischen Verfahren, da bei integrierter Sicht der Lebensmittelsicherheit die Probenmatrizes von Fäkalproben (im Lebendtierbereich) über Tupferproben (Schlachtkörper) bis zur Palette handelsüblicher Lebensmittel reichen. Zukunftsorientierte Analytik sollte daher das Potenzial besitzen, die verschiedenen Probenmaterialien prozessieren zu können.

Ausbruchswarnungen werden mit Inkrafttreten des General Feed and Food Laws (Regulation [EC] No. 178/2002) mittels eines Schnellwarnsystems erfasst (Rapid Alert Systems for Food and Feed [RASFF], http://ec.europa.eu/food/food/rapidalert/index_en.htm). Die in diesem System aufgezeichneten Warnungen lassen ein allgemeines Bild der Häufigkeit von Kontaminationen der Futter- und Lebensmittelkette entstehen. Im Jahr 2008 wurden mehr als 3000 Original- bzw. Erstmeldungen im RASFF veröffentlicht. Mehr als 900 Schnellwarnungen wurden dabei aufgrund des Nachweises von unzulässigen Kontaminationen mit Mykotoxinen, weitere 450 Warnungen aufgrund von Kontaminationen mit potenziell pathogenen Mikroorganismen getätigt. Beide Kategorien nehmen im Vergleich zu anderen Gründen die führenden Plätze ein [9].

Schätzungen gehen davon aus, dass für etwa 95 % aller lebensmittelbezogenen Gefährdungen der Konsumentengesundheit mikrobielle Kontaminationen die Grundlage sind.

7.2 Molekularbiologische Analytik von pathogenen Mikroorganismen

Der Nachweis und die Quantifizierung von pathogenen Mikroorganismen ist eine Kernaufgabe in der mikrobiellen Lebensmittelanalytik. Heute in der Lebensmittelindustrie gebräuchliche Gefahrenbeherrschungsstrategien wie das Hazard-Analysis-of-Critical-Control-Points-Konzept (HACCP) beziehen sich ausschließlich auf die Vermeidung von Kontaminationen mit mikrobiellen oder chemisch-mechanischen Noxen. Die zur Beherrschung der mikrobiellen Gefahren notwendigen Monitoringkonzepte basieren in der Regel eher auf physikalischen Verfahren (Temperatur-/Zeitkinetiken, pH-Wert Messungen etc.) als auf keimbezogenen Methoden. Dass aber indirekte Verfahren nur unzureichende Schlüsse auf die Beherrschung des Vorkommens eines Pathogens zulassen, wurde unter anderem in einer Studie gezeigt, in der nach Labormaßstäben letale Temperatur-/Zeitprofile (Blanchieren von Gemüse bei 95 °C für 4 min) zu keiner Elimination von *Listeria monocytogenes* aus einer Broccoliverarbeitungskette führten [30]. Der Einsatz von direkten keimnachweisenden (Schnell-)Methoden wären zur Beherrschung eines Hazards in der Lebensmittelkette grundsätzlich von Vorteil, ist aber aufgrund der komplexen Analytik und der damit verbundenen Kosten vor allem bei Klein- und Mittelbetrieben wenig etabliert.

Da dem Lebensmittelunternehmer in seiner Verantwortung entsprechend dem General Feed and Food Law (Regulation [EC] No. 178/2002) die Aufgabe zukommt, sichere Lebensmittel herzustellen und nur solche in den Verkehr zu bringen, müssen die methodisch orientierten Wissenschaftszweige die Grundlagen zur Bewältigung dieser Aufgabe einbringen. Die Wissenschaft ist gefordert, in Ergänzung zu den bestehenden kulturellen Methoden, neue schnelle und effiziente Analytik zu entwickeln. Diese Analytik soll die Eigenschaft haben, on- oder at-line der Prozesskette einsetzbar zu sein. Das erfordert robuste und validierte Technologien, die mit einem möglichst geringen manipulativen Aufwand durchführbar sind.

Eine weitere Überlegung bezieht sich auf die größer werdende Datenfülle bezüglich der (genetischen) Eigenschaften pathogener Mikroorganismen. War die Sequenzierung eines bakteriellen Genoms vor einigen Jahren noch ein Mehrjahresprojekt, kann dieselbe Aufgabe heute in wenigen Tagen bewältigt werden. Die Wissensakkumulation führt dazu, dass das Pathogenitätspotenzial von Zoonoseerregern immer genauer eingeschätzt werden kann. Somit werden lebensmittelrechtliche Vorschriften, deren Entwicklung den wissenschaftlichen Erkenntnissen in der Regel um mehrere Jahre hinterherhinkt, durchaus differenzierter. Das Vorsorgeprinzip („precautionary principle"), dass eine Nulltoleranz bezüglich des Vorkommens von Erregern vorsah, deren Gefährdungspotential wissenschaftlich nicht ausreichend beschreibbar war, wird somit an Bedeutung verlieren. Dieser Paradigmenwechsel impliziert aber die schrittweise Ersetzung von qualitativen (nachweisorientierten) durch quantifizierende Methoden. Es ist durchaus denkbar, dass mit Fortschreiten der lebensmittelrechtlichen Entwicklungen in der Zukunft, je nach abgestuftem Potenzial, unterschiedliche Lebensmittelsicherheitskriterien für verschiedene Varianten derselben pathogenen Spezies gültig sind.

7.3 Kleine Entwicklungsgeschichte in der Analytik pathogener Mikroorganismen

Die wissenschaftliche Erfassung der Bedeutung der Kontamination von Lebensmitteln mit Zoonoseerregern ist eng mit dem verfügbaren Instrumentarium verbunden (Abb. 7.1). Da die in der Frühzeit der mikrobiellen Analytik gebräuchlichen mikroskopischen Techniken unsensitive Methoden darstellen, war eine aussagekräftige Analytik stark von der Zahl des Vorkommens des Zielkeims in den klinischen Substraten oder mitunter von der Produktivität von Anreicherungen abhängig. Die Entwicklung und Herstellung selektiver, aber ausreichend produktiver Anreicherungen, die vor allem in der Lebensmittelmikrobiologie die zentrale analytische Herausforderung bildet, stellt bis heute hohe technische Ansprüche an das verfügbare Know-how der involvierten Wissenschafter und an das damit betraute Laborpersonal. So ist nicht verwunderlich, dass zwar die meisten lebensmittelassoziierten pathogenen Mikroorganismen schon vor Ausbruch des 2. Weltkriegs morphologisch beschrieben wurden, ihre Bedeutung als Lebensmittelzoonose häufig aber erst in den vergangenen Jahrzehnten aufgeklärt wurde. So sind Anzuchtmedien zum Nachweis des 1906 beschriebenen Keims *Campylobacter* spp. in den 1970er-Jahren entwickelt worden, und obwohl eine Fülle von Studien aus den 1960er- und 1970er-Jahren zur Prävalenz von *L. monocytogenes* (Erstbeschreibung 1926) verfügbar sind, konnte die lebensmittelhygienische Relevanz dieses Keims erst 1983 nach epidemiologisch ausreichend abgeklärten Listeriose-Ausbrüchen in Kanada erfasst werden [34, 37]. Während die Keimisolierungsmedien mit der Entwicklung von chromogenen Nährböden in den vergangenen Jahren einen bemerkenswerten Schritt Richtung Vereinfachung und Aussagesicherheit machten, ist die Anreicherungsproblematik für viele Mikroorganismen noch immer unzureichend gelöst. Das ursächliche Problem liegt in der leicht nachvollziehbaren Überlegung, dass sowohl Pathogene als auch Kommensalen, wollen sie sich in einem von bestimmten Faktoren gekennzeichneten Ökosystem wie einem Lebensmittel behaupten, ähnliche physiologische Eigenschaften aufweisen. Ähnliche Physiologie bedingt aber schwere Unterscheidbarkeit von pathogenen und nichtpathogenen Begleitkeimen bei Anwendung von biochemischen Analysesystemen. Die Selektivität einer Anreicherung zum Nachweis eines Pathogens ist mitunter ein sprichwörtlicher „Ritt auf des Mediums Schneide" und auch von entscheidender Relevanz, sollte die Detektion des Keims mittels molekularbiologischer Methoden avisiert werden.

Die molekularbiologische Analytik von pathogenen Mikroorganismen wird als die Summe all jener Untersuchungsverfahren verstanden, bei denen subzelluläre biologische Analyten detektiert oder quantifiziert werden. Sie befunden nicht das Wachstum der Zielzelle und die Änderungen biochemischer Eigenheiten, sondern verwenden zur Analyse entweder Zellepitope, Nukleinsäuren oder andere Zellbestandteile.

Die für die Lebensmittelanalytik entwickelten molekularbiologischen Untersuchungsverfahren zum Nachweis von pathogenen Mikroorganismen können in

- immunologische Verfahren,
- nukleinsäurebasierte Nachweisverfahren und
- Biosensoren und Nanotechnologien

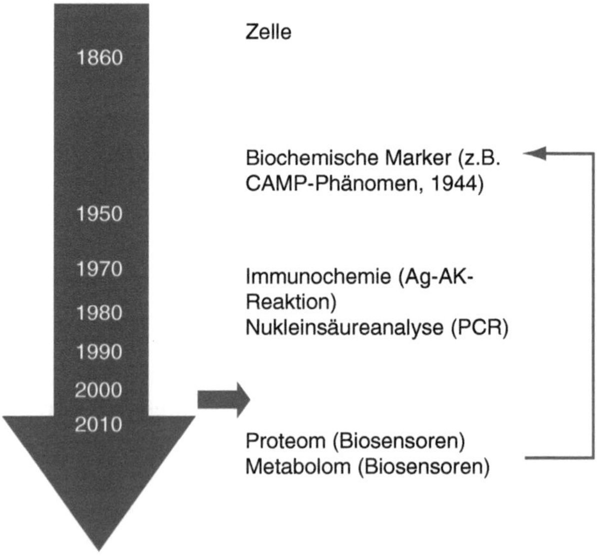

Abb. 7.1 Die Entwicklung der mikrobiellen Lebensmittelanalytik über eine Zeitachse von 150 Jahren

eingeteilt werden. Den Verfahren ist weitestgehend eigen, dass sie nur nach Voranreicherung eingesetzt werden können, daher mit den kulturellen Verfahren die ersten analytischen Schritte der Anreicherung teilen. Grund dafür ist die Nachweisgrenze (Limit of Detection – LOD), die bei den meisten molekularbiologischen Verfahren im Bereich >10^5 KBE/ml oder g Anreicherung liegt. Um die Analysedauer kurz zu halten, müssen die Anreicherungen entweder besonders produktiv gestaltet („short time enrichment"), oder das LOD der Nachweismethode gesenkt werden. Es muss aber auch bedacht werden, dass die meisten molekularbiologischen Verfahren biochemische Grundlagen haben, daher mit inhibitorischen Bestandteilen einer Anreicherung interferieren können. Das Problem kann durch die Verwendung ausreichender Kontrollen gelöst werden [13] (siehe Abschn. 7.5.4).

Von größter Wichtigkeit ist daher die Integrität der analytischen Kette (Abb. 7.2). Jedes Element der Kette muss auf vorhergehende oder nachfolgende Elemente abgestimmt sein und darf unter keinen Umständen die „Durchgängigkeit" der Analyse unterbrechen. In der molekularbiologischen Analytik von pathogenen Mikroorganismen ist eine analytische Kette folgendermaßen aufgebaut:

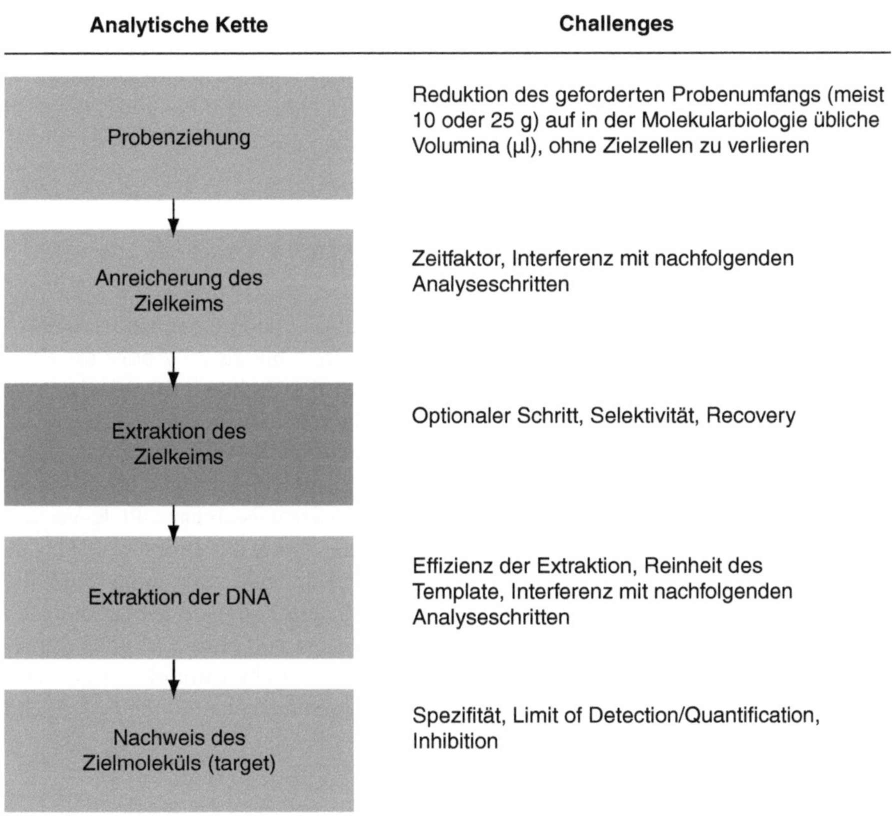

Abb. 7.2 Kette in der molekularbiologischen Analytik unter Berücksichtigung der zu bedenkenden Herausforderungen („Challenges")

7.4 Probenvorbereitung

7.4.1 Probleme des Samplings

Kulturelle Nachweisverfahren haben den Anspruch, als horizontale Methoden alle Lebensmittelmatrizes mit vergleichbarer Nachweiswahrscheinlichkeit bearbeiten zu können. Grundsätzlich ist die Analytik aus flüssigen Lebensmitteln (z. B. Milch) oder flüssigen Probenmatrizes (z. B. Spülproben, Fleischsäften) leichter zu bewerkstelligen, da die Mikroorganismen in flüssigen Medien eine homogenere Verteilung aufweisen und die chemische Natur von flüssigen Proben in der Regel weniger komplex ist. Feste Nahrungsmittel müssen erst in eine flüssigkeitsähnliche Form übergeführt werden, was in der Regel durch Walken (Stomachern) oder mit destruktiven mechanischen Hilfen geschieht. Durch diese Verfahren kommt es zu einer Vergrößerung des Probenvolumens, da die Lebensmittel meist in einem 1:10 Verhältnis mit den Anreicherungsmedien (selektiv oder nicht selektiv) versetzt und dann bearbeitet werden. Wird eine geeignete Anreicherung vor die weiteren analytischen Schritte gesetzt, wird der Verdünnungseffekt durch die Vermehrung des Zielkeims während der Anreicherungsschritte kompensiert. Soll die Probe ohne Anreicherung molekularbiologisch analysiert werden, müssen in der Regel Bearbeitungstechniken verwendet werden, die in der Lage sind, die Zielzellen aus dem (homogenisierten) Lebensmittel aufzukonzentrieren.

7.4.2 Probengröße und molekularbiologische Analytik

Ein Grundproblem der molekularbiologischen Analytik von Pathogenen ist die Probengröße, der je nach gesetzlicher Anforderung von 1 bis zu 25 g oder ml eines Lebensmittels betragen kann. In der Regel werden die Proben 1:10 mit der Voranreicherung verdünnt, was bei einer Probengröße von 25 g in einem Ansatz von 250 ml resultiert. Sollte aus der Voranreicherung eine PCR-Analytik durchgeführt werden, dann wird in der Regel mit Volumina von <1 ml Anreicherung für die nachfolgende DNA-Extraktion gearbeitet. Neue miniaturisierte Real-Time-PCR-Verfahren arbeiten mit Nanolitervolumina und potenzieren somit das Problem [24]. Die Folge ist, dass die Anreicherung den Keim auf eine Keimzahl vermehren muss, die ausreicht, um in einem Milliliter Voranreicherung genug Zellen zu haben, die nach weiterer DNA-Extraktion in einem finalen PCR-Ansatz von etwa 5 µl noch immer Zielmoleküle in nachweisbarer Anzahl enthält. Je nach Lebensmittel kann es aber vorkommen, dass die Vermehrung von einem pathogenen Zielkeim nicht genügend produktiv ist.

7.5 Molekularbiologische Nachweis- und Quantifizierungssysteme für pathogene Mikroorganismen

7.5.1 Polymerase-Kettenreaktion: Eine neue Ära in der mikrobiellen Lebensmittelanalytik?

Die Polymerase-Kettenreaktion (PCR) ist eine Methode zum spezifischen Nachweis von DNA- oder (nach Umschreibung in DNA) RNA-Abschnitten. Diese Technik ist sehr sensitiv, da dabei in einer zyklischen, enzymatischen Reaktion DNA-Abschnitte exponentiell vermehrt (= amplifiziert) werden. Nach ihrer Erstbeschreibung Mitte der 1980er-Jahre wurde sie rasch auch zur Detektion von Lebensmittelpathogenen eingesetzt. Diese Technik wird als Alternative zu diversen phänotypischen Keimidentifizierungsverfahren hauptsächlich zur Bestätigung von verdächtigen Kolonien auf Agarplatten oder zur Untersuchung von Anreicherungen eingesetzt und verkürzt und/oder ergänzt somit den traditionellen mikrobiologischen Nachweis. Um die Vielzahl an Methoden zu sichten und optimierte PCR-Methoden für einige der wichtigsten Lebensmittelpathogene zu erstellen, wurde 1999 ein umfassendes Forschungsprojekt von der Europäischen Union gefördert [21].

Die real-time PCR ist eine Weiterentwicklung der konventionellen PCR. Bei dieser Methode wird das Vorhandensein des spezifischen DNA-Abschnittes in der Probe durch einen Fluoreszenzanstieg sichtbar gemacht. Es werden dabei entweder mit fluoreszierenden Farbstoffen markierte Sonden oder interkalierende Fluoreszenzfarbstoffe verwendet [2]. Da der Zeitpunkt des Fluoreszenzanstieges während der Analyse von der Startmenge des spezifischen DNA-Abschnittes abhängt, ist mit dieser Methode auch eine Quantifizierung möglich. Darüber hinaus ist keine weitere Analyse der Probe nach der PCR erforderlich, um die amplifizierte DNA nachzuweisen, was anwenderfreundlich ist und die Wahrscheinlichkeit des Auftretens von falsch-positiven Proben durch Carry-Over von amplifiziertem Material verringert. Die real-time PCR hat in den vergangenen Jahren die konventionelle PCR im Lebensmittelbereich in deren Bedeutung überholt und bestimmt den Großteil der kommerziell angebotenen PCR-Kits zum Nachweis von Lebensmittelpathogenen. Zukünftige Forschungsprojekte werden sich mit dem Einsatz der Technik zur direkten Quantifizierung von Bakterien in Lebensmitteln ohne vorhergehende Anreicherung beschäftigen. Die meisten Probleme werden bei der Probenvorbereitung zu lösen sein, da die Detektionsseite betreffend die real-time PCR alle Anforderungen an eine zeitgemäße Analytik erfüllt.

7.5.2 Nachweis pathogener Mikroorganismen mittel RT-PCR

Eine geradezu häretische Frage ist, ob die neuen molekularbiologischen Techniken die klassisch-kulturellen Techniken jemals ablösen können. Es ist festzustellen, dass zumindest der Erwartung, dass neue Techniken *rasch* die klassischen Techniken ablösen werden, nicht entsprochen wurde. Wahrscheinlich ist diese Entwicklung der Erkenntnis geschuldet, dass kaum eine neuere Methode auf die enormen Zellamplifikatonskapazitäten einer kulturellen Anreicherung im Sinne einer gesteigerten Sensitivität verzichten kann. Ob zur Speziesidentifizierung dann eine chromogene Platte oder ein nichtkulturelles Verfahren angeschlossen wird, ist meistens wenig relevant. Bis heute gilt in den meisten europäischen Staaten und in den USA das Dogma, dass ein positiver PCR-Nachweis allein nicht ausreichend ist, um eine gesetzliche Handhabe gegen den Hersteller zu haben. In der Regel wird gefordert, das kulturmorphologische Korrelat zu isolieren, das heißt im Falle eines positiven PCR-Befundes, das zugehörige Isolat zu finden. Es ist davon auszugehen, dass sich verschiedenste Techniken nebeneinander etablieren, die je nach Fragestellung abhängig von den Untersuchungsgebieten eingesetzt werden (siehe Tab. 7.1).

Tabelle 7.2 gibt Beispiele für gängige Nachweismethoden und die Targets, die dabei nachgewiesen werden. Es ist aufgrund der Produktvielfalt kein Bezug zu Firmenprodukten möglich. Grundsätzlich ist es so, dass die meisten Firmen Assays zum Nachweis der „Big Four" anbieten: *Salmonella* spp., *Campylobacter* spp., EHEC O157:H7 und *Listeria* spp./*Listeria monocytogenes.* Für große Kit-Hersteller gilt auch, dass sie in der Regel Testformate, die auf verschiedenen Prinzipien basieren, im Programm führen (z. B. immunologische Techniken und nukleinsäurebasierte Techniken). *All diese Techniken sind vor allem bei Eigenkontrolluntersuchungen lebensmittelerzeugender Betriebe eingesetzt, da im behördlichen Bereich noch immer überwiegend kulturelle Methoden angewendet werden.* Der Grund dafür ist die Problematik des Nachweises lebender Organismen und die meist weitergehende Erfahrung der Untersucher mit klassischen Methoden. Ausnahmen sind im Bereich des Nachweises jener Organismen gegeben, wo entweder der Keim nicht oder schlecht kultivierbar ist (z. B. Viren) oder wo Pathogenitätsfaktoren nachgewiesen werden müssen (z. B. *stx*-Gene bei EHEC O157 oder das Virulenzplasmid bei *Yersinia enterocolitica*). Für die Vorkommen von pathogenen Mikroorganismen, die gesetzlich nicht geregelt sind, gibt es eine kleinere Anzahl validierter Nachweissysteme am Markt, da diese Targets auch viel weniger untersucht werden. Ein Potenzial zur Quantifizierung der Keime kann zum gegenwärtigen Zeitpunkt unter Praxisbedingungen nur der real-time PCR zugesprochen werden.

Tab. 7.1 Übersicht über die Häufigkeit des Einsatzes von molekularbiologischen Methoden auf verschiedenen Untersuchungsgebieten

	Verkehrsfähigkeit	Eigenkontrolle US	Risikowertung (Forschung)
Kultur (klassisch)	+++	+++	+++
Immunologische Verfahren	+	+++	+++ (Typisierung)
Nukleinsäurebasierte Methoden (ohne PCR)	–	+ (hauptsächlich USA und Australien)	–
PCR	+	++	+++
Microarrays	–	–	+++

Tab. 7.2 Übersicht über verschiedene molekularbiologische Detektionsformate von pathogenen Mikroorganismen und welche Moleküle sie häufig nachweisen

Organismus	Immunologische Verfahren	In-situ-Hybridisierung (FISH)	RNA Hybridisierungsassay	PCR (häufig genutzte Targets)	Microarrays (vor allem Risikobewertung)
Salmonella spp.	Antikörper gegen verschiedene Epitope	16S rRNA, 23S rRNA	Meist 16S rRNA	Invasion associated gene (*inv* A); Tetrathionat- Reduktasegen (*ttr*A) und andere	Markergene für Antibiotikaresistenz, Virulenzfaktoren, Serovar
Yersinia enterocolitica	(–)	–	–	Attachment and invasion locus (*ail*); *Yst*, *vir*F; *yop* Gene	–
Enterobacter sakazakii	+	+	–	16S rRNA und andere	–
EHEC 0157:H7	+		– (Meist nur E. coli)	*Rfb* gene cluster (*Rfb*E); Hämolysin (*Hly*); Attaching and effacing factor (*eae*); Shigatoxin Gene (stx_1; stx_2)	+
EHEC andere Serovare	+		–	*Hly*; *eae*; stx_1 und Varianten; stx_2 und Varianten	+
Campylobacter	+	+	(+)	Flagellarprotein (*fla*) und andere	+
Listeria monocytogenes	+		–	*Protein regulating factor* (*prfA*); Hämolysin (*hly*); Invasion associated protein (*iap*) *und andere*	+
Listeria spp.	+	+	+	*16S rRNA; iap und andere*	+
Staphylococcus aureus	+	+	–	Thermonuklease (*nuc*); Koagulase (*coa*); Enterotoxingene (*sea-sed und andere*)	–
Bacillus cereus	+	–	–	Flagellar motor protein (motB)	–
Clostridium botulinum	–	–	–	Botulinum neutotoxin (*Bon*T/A-F) Gene	

7.5.3 Die Lebend/Tot-Problematik beim molekularbiologischen Nachweis von pathogenen Mikroorganismen

DNA-basierte Nachweis- und Zählungsmethoden von Bakterien waren bis vor Kurzem nicht in der Lage, zwischen der DNA von toten und lebenden Bakterien zu unterscheiden. Bakterielle Erreger von Lebensmittelinfektionen müssen jedoch in einem vermehrungsfähigen Zustand in den Lebensmitteln vorliegen, um eine Gefährdung des Menschen durch den Konsum des kontaminierten Lebensmittels darzustellen.

Dieses Problem wird umso wichtiger, je mehr das Bestreben in Richtung molekularbiologischer Zählung von Lebensmittelinfektionserregern direkt aus den Lebensmitteln geht und RT-PCR dies ermöglicht [42]. PCR-Methoden wurden bis jetzt vorwiegend nach einer Anreicherung oder zur Bestätigung von verdächtigen Kolonien auf Platten herangezogen. Bei diesen Anwendungen steht das Problem der Lebend/tot-Unterscheidung von Bakterien nicht im Vordergrund, da eine Keimvermehrung vor der PCR-Untersuchung stattfindet und tote Bakterien in der Probe über die Anreicherung verdünnt werden. Dennoch wurden auch nach Anreicherung falsch-positive PCR-Ergebnisse aufgrund des Nachweises von DNA aus toten Bakterien beobachtet [29]. Weiters wurde gezeigt, dass gestresste Bakterien ebenfalls zu einer Verfälschung quantitativer Ergebnisse beitragen können [36].

RNA ist nach dem Zelltod weniger stabil als DNA und wurde daher als Alternative zu DNA in PCRs zum Lebendnachweis von Lebensmittelinfektionserregern eingesetzt [8, 17]. Auch wurde eine isothermische RNA-Technologie zum Nachweis von pathogenen Mikroorganismen angewandt [18, 39]. Je nach RNA-Typ liegen die Halbwertszeiten zwischen mehreren Stunden (rRNA) und einigen Minuten (mRNA), wobei Unterschiede zwischen Transkripten von verschiedenen Genen auftreten können [18]. Auch kann die Position der Primer auf dem Transkript die Eignung des Assays zum Lebendnachweis beeinflussen, was im Transkript des *hlyA*-Gens von *L. monocytogenes* gezeigt wurde [28]. Da die Zahl der mRNA-Transkipte eines Genes in Abhängigkeit des physiologischen Zustands der Zelle schwanken kann, ist eine Quantifizierung von Bakterien mittels RNA nicht durchführbar [25]. Aus diesen Gründen ist eine RNA-basierte Methode zum Direktnachweis und vor allem zur direkten Zählung von Lebensmittelinfektionserregern in Lebensmitteln problematisch.

Kürzlich wurde der fluoreszierende Farbstoff Ethidiumbromid Monoazid (EMA) zur Real-Time-PCR-basierten Lebend/tot-Unterscheidung von Bakterien vorgeschlagen [32]. Dieser Farbstoff dringt selektiv in Zellen mit geschädigter Zellmembran ein und interkaliert in die DNA. Durch sichtbares Licht kann der Farbstoff kovalent an die DNA gebunden werden und geht dadurch bei einer nachfolgenden DNA-Isolierung nicht verloren. Farbstoffgebundene DNA kann von der DNA-Polymerase nicht amplifiziert werden. Allerdings gibt es zu dieser Anwendung widersprüchliche Daten in der Literatur. So wurde beispielsweise eine Signalreduktion von hitzebehandelten und mit verschiedenen Desinfektionsmitteln versetzten *Listeria monocytogenes, Salmonella, Campylobacter, E. coli* und *Vibrio vulnificus* gezeigt, jedoch bei *L. monocytogenes, Campylobacter* spp., *E. coli, Streptococcus sobrinus*, *Micrococcus luteus*, *Staphylococcus aureus*, *Pseudomonas syringae*, *Mycobacterium avium* und *Anoxybacillus flavithermus* ein Einfluss von EMA auf lebende Zellen festgestellt, der bei *Serratia marcescens* und bei *Salmonella typhimurium* sowie bei einer Vielzahl der oben genannten Bakterienspezies bei der Anwendung von Propidiumiodid (PMA) als Alternative zu EMA nicht nachgewiesen werden konnte [11, 25–27, 32, 33, 41, 42].

Andere Strategien zur Lebend/tot-Unterscheidung von Bakterien zielen darauf ab, nur lebende Zellen aus der Probe der PCR-Untersuchung zuzuführen. Zu diesen Methoden gehören beispielsweise verschiedenste Varianten der Dichtegradientenzentrifugation, wobei lebende von toten Bakterien entsprechend ihrer Dichteunterschiede getrennt werden sowie der Einsatz von Antikörpern, die selektiv nur lebende Bakterien immobilisieren, was am Beispiel *L. monocytogenes* gezeigt wurde [12, 20].

7.5.4 Kontrollen in der molekularbiologischen Analytik

Diagnostische Systeme bestehen im Regelfall aus einer Kette von aufeinanderfolgenden Arbeitsschritten von der Probenziehung bis zur Ergebnisbefundung (analytische Kette). Die Verwendung molekularbiologischer Methoden in der Lebensmittelüberwachung führt zur Notwendigkeit besonderer Kontrollen, da die chemische Natur von Lebensmitteln und verwendeten Nährmedien das Vorliegen komplexer mikrobieller Kommunitäten wie auch die Vielzahl der Arbeitsschritte Fehlermöglichkeiten bergen. So besteht eine Real-Time-PCR-Analytik aus zumindest fünf großen Arbeitsschritten (siehe Abb. 7.2). Für jeden dieser Schritte wäre theoretisch eine positive und eine negative Kontrolle notwendig. In der Praxis ist ein derart aufwendiges Kontrollsystem nicht durchführbar. Je präziser eine fakultative Fehlerquelle ausgeschlossen werden soll, umso mehr Kontrollen werden jedoch benötigt.

Da bei den meisten molekularbiologischen Analysen Arbeitsschritte kombiniert werden, die sowohl Bakterienzellen (Anreicherungen, Lyse) wie auch subzelluläre Moleküle (Nukleinsäuren) bearbeiten, wären zelluläre interne Kontrollen (ZIK), die während des gesamten analytischen Prozesses mitgeführt werden (sogenannte Prozesskontrollen), vor allem für quantifizierende molekularbiologische Methoden von großem Vorteil. Die am Institut für Milchhygiene der Veterinärmedizinischen Universität Wien entwickelte neue Probenvorbereitungsmethode (Matrixlysis) ermöglicht eine Direktquantifizierung der Zielkeime mittels real-time PCR [22, 31]. Prozesskontrollen werden bei diesem System an verschiedenen Stellen benötigt. Die Trennung der Zielkeime von der Lebensmittelmatrix, der Bakterienaufschluss, die DNA-Aufreinigung und der Enzymassay real-time PCR sollen in ihrer Effizienz beurteilt werden. Negativkontrollen zur Gewährung einer kontaminationsfreien Manipulation müssen durch das Mitführen von Leerkontrollen ohne Sample oder Standard eingeführt werden. Der abschließende Schritt der real-time PCR lässt sich mit einem zusätzlichen internen Target („internal positive control", IPC), welches häufig eine designte Sequenz darstellt, auf dem die gleichen Primer, jedoch nicht dieselbe Sonde, binden, überwachen [13].

Das Mitführen einer ZIK wäre für jede einzelne Lebensmittelprobe wünschenswert und wird durch die Klonierung eines Target-negativen, aber mit einer künstlichen Positivkontrolle versehenen Zielkeims ermöglicht. Ein für die Detektion von *Listeria monocytogenes* verwendeter real-time PCR Assay, welcher einen Abschnitt des *prfA*-Gens amplifiziert, diente als Grundlage für eine ZIK für das Listerien-Quantifizierungssystem. Als Grundlage zur Herstellung einer ZIK diente ein Δ-*prfA*-Stamm, in welchen mit einem *site-specific Phage integration Vector* (pPL 2 [19]) ein künstliches 100 bp Target kloniert wurde. Der fertige Vektor wurde zur Amplifikation in *Escherichia coli* transformiert und anschließend durch Elektroporationsprotokoll in den Zielkeim transformiert und mittels einfache Insertion ins bakterielle Genom integriert.

Dieser Δ-*prfA;+IPC L. monocytogenes*-ZIK wird zu jeder Probe entweder am Anfang oder vor den einzelnen Arbeitsschritten gegeben und erlaubt eine durchgängige Validierung der analytischen Kette. Dieser Ansatz ermöglicht je nach Aufwand eine Prozesskontrolle für das gesamte System oder eine Überwachung jedes einzelnen Arbeitsschrittes mit gleichzeitiger Bestimmung der Effizienz und somit der Gewährleistung einer exakten Quantifizierung.

7.5.5 Qualitätssicherung in der molekularbiologischen Analytik von pathogenen Mikroorganismen

Molekularbiologische Lebensmittelanalytik unterscheidet sich grundsätzlich von kulturellen Techniken im Hinblick auf die Komplexität der Methodendurchführung und der Interpretation des Ergebnisses. Während kulturelle Verfahren in der Regel einfach in ihrer Durchführung sind und bei Vorliegen der nötigen Erfahrung der Keim einer morphologisch oder biochemisch basierten Analyse direkt zugänglich wird, werden bei Verwendung molekularbiologischer Methoden komplexe Analyten erfasst, aus deren Vorhandensein auf die Präsenz des Zielkeimes geschlossen wird. Aus diesen Überlegungen ergibt sich, dass diese Verfahren in der Regel als Screeningmethoden bezeichnet werden und bei positivem Ergebnis eine Bestätigung mittels einer meist kulturellen Referenzmethode erfolgt. Durch die Manipulation kleiner Volumina und die komplexe Natur der Assays muss in der Regel geschultes Personal eingesetzt werden. So wurde bei zwei Ringversuchen, an denen 19 europäische Laboratorien teilnahmen, gezeigt, dass zwar alle in der Lage waren, zehn verschiedene Proben (fünf *Yersinia-enterocolitica*-Isolate und fünf Negativkontrollen) qualitativ richtig zu bestimmen, aber bei Vorliegen eines semi-quantitativen Templates (Konzentrationen eines Plasmids von 15.000, 1500, 1500 und 15 Kopien) die Anzahl der richtigen Ergebnisse mit der verwendeten Konzentration an Template abnahm (Abb. 7.3). Dies wurde hauptsächlich auf die fehlende Arbeitsroutine zurückgeführt, da offensichtlich kleine Abweichungen in den analytischen Fertigkeiten des Laborpersonals zu unterschiedlichen Amplifikationsergebnissen vor allem bei Vorliegen von geringen Konzentrationen am Template führten.

In einer detaillierten Studie wurde weiters gezeigt, dass die RT-PCR biochemisch ein robustes System ist, da künstliche Mutationen in Primer- und Sondensequenzen

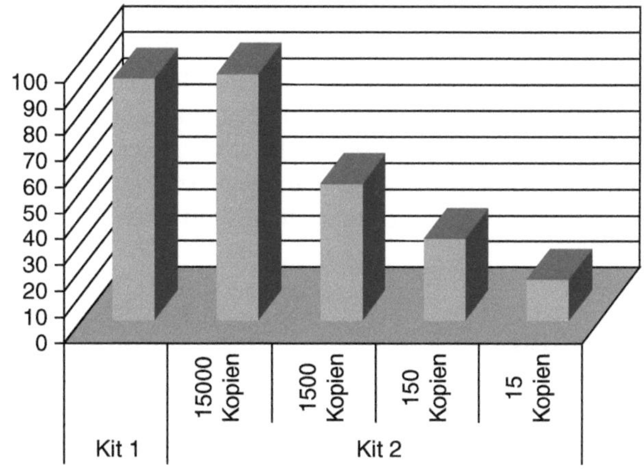

Abb. 7.3 Ergebnisse zweier Ringversuche (Kit 1: Qualitativer Nachweis von *Yersinia enterocolitica*; Kit 2: Semi-quantitativer Nachweis von vier unterschiedlichen Konzentrationen eines Plasmids, welches ein *L. monocytogenes*-spezifischer Target insertiert hatte, Angaben in Prozent der erwartbaren richtigen Ergebnisse; aus [40])

weder am 3′- noch am 5′-Ende analytische Folgen haben [37]. Auch dieser Befund macht bei Ringversuchsabweichungen den Faktor Mensch als entscheidende Einflussgröße wahrscheinlich. Um den molekularbiologischen Methoden auch als Bestätigungsmethoden zum Durchbruch zu verhelfen, ist daher eine einfache Handhabung von weitestgehend standardisierten Testverfahren notwendig. Dies gilt vor allem dann, wenn die Laborausstattungen und die Trainingskapazitäten des Laborpersonals eingeschränkt gegeben sind [16]. Bestätigungsmethoden sind molekularbiologische Verfahren schon heute, wenn kulturelle Referenzverfahren fehlen (z. B. in der Diagnostik lebensmittelassoziierten Viren). Einer mustergültigen Validierung und Standardisierung molekularbiologischer Verfahren bei voller Transparenz der eingesetzten Chemie und verwendeter Primersequenzen („public domain assays“) stehen aber die durchgehende Patentierung und Kommerzialisierung dieser Verfahren entgegen. Wollen Anwender nicht auf Fertig-Kits zurückgreifen, müssen sie wiederum in geschultes Personal investieren, um ein molekularbiologisches Labor zu führen, oder sie geben die entsprechende Analytik außer Haus.

Um die Bedeutung der Standardisierung in der molekularbiologischen PCR-Analytik herauszustellen, wurden mehrere ISO-Standards zu den Grundlagen verabschiedet, in denen der Qualitätssicherung im Allgemeinen breiter Raum zukommt (Tab. 7.3).

Tab. 7.3 Übersicht über die relevanten internationalen Normen im Hinblick auf die molekularbiologische Analytik pathogener Mikroorganismen mittels Polymerase-Kettenreaktion (PCR)

Nummer der Norm	Kurztitel der Norm	Referenz
ISO/TS 20836	Performance testing for thermal cyclers	[1]
ISO 20837	Requirements for sample preparation for qualitative detection	[3]
ISO 20838	Requirements for amplification and detection for qualitative methods	[4]
ISO 22118	Performance characteristics of molecular detection methods	[5]
ISO 22119	General requirements and definitions	[6]

Es ist aber zu betonen, das nationale Standardisierungsvereinigungen wie die Deutsche Industrie Norm (DIN) in den Bestrebungen, molekularbiologische Untersuchungsverfahren zu standardisieren, fortgeschrittener als internationale Vereinigungen sind und für die wichtigsten pathogenen Mikroorganismen entsprechende Normen vorliegen. Diese werden in Deutschland in regelmäßigen Abständen im § 64 des Lebensmittel-, Bedarfsgegenstände- und Futtermittelgesetzbuchs (Amtliche Sammlung von Untersuchungsverfahren) veröffentlicht.

Literatur

[1] Anonymus (2005) Microbiology of food and animal feeding stuffs-Polymerase Chain Reaction for the detection of foodborne pathogens-Performance testing for thermal cyclers (ISO/TS 20836). Internationale Standardisierungsorganisation (ISO), Genf, Schweiz.

[2] Anonymus (2006a) real-time PCR. Dorak, T. (Ed.), Taylor & Francis Group, New York, USA.

[3] Anonymus (2006b) Microbiology of food and animal feeding stuffs-Polymerase Chain Reaction for the detection of foodborne pathogens-Requirements for sample preparation for qualitative detection (ISO/TS 20837). Internationale Standardisierungsorganisation (ISO), Genf, Schweiz.

[4] Anonymus (2006c) Microbiology of food and animal feeding stuffs-Polymerase Chain Reaction for the detection of foodborne pathogens-Requirements for amplification and detection for qualitative methods (ISO/TS 20838). Internationale Standardisierungsorganisation (ISO), Genf, Schweiz.

[5] Anonymus (2007a) Microbiology of food and animal feeding stuffs-Polymerase Chain Reaction for the detection of foodborne pathogens-Performance characteristics of molecular detection methods (ISO/TS 22118). Internationale Standardisierungsorganisation (ISO), Genf, Schweiz.

[6] Anonymus (2007b) Microbiology of food and animal feeding stuffs-Polymerase Chain Reaction for the detection of foodborne pathogens- General requirements and definitions (ISO/TS 22119). Internationale Standardisierungsorganisation (ISO), Genf, Schweiz.

[7] Cleaveland, S., Haydon, D.T., Taylor, L. (2007) Overviews of pathogen emergence: which pathogens emerge, when and why? Curr. Top. Microbiol. Immunol. 315, 85–111.

[8] Cook, N. (2003) The use of NASBA for the detection of microbial pathogens in food and environmental samples. J. Microbiol. Meth. 53, 165–174.

[9] European Communities (EC) (2009) The rapid alert system for Food and Feed (RASFF). Annual Report 2008. RASFF Luxembourg (http://www.efet.gr/docs/rasff/report2008_en.pdf).

[10] European Food Safety Authority (EFSA) (2009) Trend and sources of zoonoses and zoonotic agents in the European Union in 2007. EFSA J. 223.

[11] Flekna, G., Stefanic, P., Smulders, F.J.M., Smole, S., Wagner, M., Hein, I. (2007) Studying the effect of EMA on live and dead *Campylobacter jejuni* and *Listeria monocytogenes* cells to augment the scientific basis for the application of EMA/real-time PCR. Res. Microbiol. 158, 405–412.

[12] Fukushima, H., Katsube, K., Hata, Y., Kishi, R., Fujiwara, S. (2007) Rapid separation and concentration of food-borne pathogens in food samples prior to quantification by viable-cell counting and real-time PCR. Appl. Environ. Microbiol. 73, 92–100.

[13] Hoorfar, J., Malorny, B., Abdulmawjood, A., Cook, N., Wagner, M., Fach, P. (2004) Practical considerations in design of internal amplification control for diagnostic PCR. J. Clin. Microbiol. 42, 1863–1868.

[14] Horn, M., Collingro, A., Schmitz-Esser, S., Beier, C.L., Purkhold, U., Fartmann, B., Brandt, P., Nyakatura, G.J., Droege, M., Frishman, D., Rattei, T., Mewes, H.W., Wagner, M. (2004) Illuminating the evolutionary history of *chlamydiae*. Science 304, 728–730.
[15] Hueston, W. (2007) The landscape for Veterinary Public Health until 2013. Presentation at the General Meeting of the European College of Veterinary Public Health, Helsinki, 17.-9.-19.9.2007.
[16] Huggett, J., Green, C., Zumla, A. (2009) Nucleic acid detection and quantification in the developing world. Biochem. Soc. Trans. 37, 419–423.
[17] Klein, P.G., Juneja, V.K. (1997) Sensitive detection of viable *Listeria monocytogenes* by reverse transcription-PCR. Appl. Environ. Microbiol. 63, 4441–4448.
[18] Lau, L.T., Fung, Y.W., Yu, A.C. (2006) Detection of animal viruses using nucleic acid sequence-based amplification. Dev. Biol. 126, 7–15.
[19] Lauer, P., Chow, M.Y., Loessner, M.J., Portnoy, D.A., Calendar, R. (2002) Construction, characterization, and use of two *Listeria monocytogenes* site-specific phage integration vectors. J. Bacteriol. 184, 4177–4186.
[20] Lindqvist, R., Norling, B., Lambertz, S.T. (1997) A rapid preparation method for PCR detection of food pathogens based on buoyant density centrifugation. Lett. Appl. Microbiol. 24, 306–310.
[21] Malorny, B., Tassios, P.T., Radström, P., Cook, N., Wagner, M., Hoorfar, J. (2002) Standardization of diagnostic PCR for the detection of foodborne pathogens. International J. Food Microbiol. 83, 39–48.
[22] Mayrl, E., Roeder, B., Mester, P., Wagner, M., Rossmanith, P. (2009) Broad range evaluation of the matrix solubilization (matrix lysis) strategy for direct enumeration of food-borne pathogens by nucleic acids technologies. J. Food Prot. 72 (6), 1225–1233.
[23] Mead, P.S., Slutsker, L., Dietz, V., McCaig, L.F., Bresee, J.S., Shapiro, C., Griffin, P.M., Tauxe, R.V. (1999) Food-related illness and death in the United States. Emerg. Infect. Dis. 5, 607–625.
[24] Morrison, T., Hurley, J., Garcia, J., Yoder, K., Katz, A., Roberts, D., Cho, J., Kanigan, T., Ilyin, S.E., Horowith, D., Dixon, J.M., Brenan, C.J. (2006) Nanoliter high throughput quantitative PCR. Nucl. Acids Res. 34 (18), e123.
[25] Nocker, A., Camper, A.K. (2006) Selective removal of DNA from dead cells of mixed bacterial communities by use of ethidium monoazide. Appl. Environ. Microbiol. 72, 1997–2004.
[26] Nocker, A., Ceung, C.-Y., Camper, A.K. (2006) Comparison of propidium monoazide with ethidium monoazide for differentiation of live vs. dead bacteria by selective removal of DNA from dead cells. J. Microbiol. Meth. 67, 310–320.
[27] Nogva, H.K., Drømtorp, S.M., Nissen, H., Rudi, K. (2003) Ethidium monoazide for DNA-based differentiation of viable and dead bacteria by 5′-nuclease PCR. BioTechniques 34, 804–813.
[28] Norton, D.-M., Batt, C.A. (1999) Detection of viable *Listeria monocytogenes* with a 5′nuclease PCR assay. Appl. Environ. Microbiol. 65, 2122–2127.
[29] Oravcová, K., Kuchta, T., Kacliková, E. (2007) A novel real-time PCR based method for the detection of *Listeria monocytogenes* in food. Lett. Appl. Microbiol. 45, 568–573.
[30] Pappelbaum, K., Grif, K., Würzner, R., Hein, I., Ellerbroek, L., Wagner, M. (2008) Contamination chains of *Listeria monocytogenes* in a produce processing plant. J. Food Prot. 71, 735–741.
[31] Rossmanith, P., Süß, B., Wagner, M., Hein, I. (2007) Development of a novel method based on matrix lysis for concentration of bacteria from food and blood and application for the real-time PCR based quantification of *L. monocytogenes* in milk. J. Microbiol. Meth. 69, 504–511.
[32] Rudi, K., Moen, B., Drømtorp, S.M., Holck, A.L. (2005) Use of ethidium monoazide and PCR in combination for quantification of viable and dead cells in complex samples. Appl. Environ. Microbiol. 71, 1018–1024.

[33] Rueckert, A., Ronimus, R.S., Morgan, H.W. (2005) Rapid differentiation and enumeration of the total, viable vegetative cell and spore content of thermophilic bacilli in milk powders with reference to *Anoxybacillus flavithermus*. J. Appl. Microbiol. 99, 1246–1255.

[34] Schlech, W.F., Lavigne, P.M., Bortolussi, R.A., Allen, A.C., Haldane, E.V., Wort, A.J., Hightower, A.W., Jonson, S.E., King, S.H., Nicholls, E.S., Broome, C.V. (1983) Epidemic listeriosis -- evidence for transmission by food. New Engl. J. Med. 308, 203–206.

[35] Schwillinsky-Reichert, F., Pin, C., Dzieciol, M., Rieck, P., Wagner, M., Hein, I. (2009) Stress and growth rate related differences between plate count and real-time PCR data during growth of *Listeria monocytogenes.* Appl. Environ. Microbiol. 75(7), 2132–2138.

[36] Süss, B., Flekna, G., Wagner, M., Hein, I. (2009) Studying the effect of single mismatches in primer and probe binding regions on amplification curves and quantification in real-time PCR. J. Microbiol. Meth. 76, 316–319.

[37] Skirrow, M.B. (2006) John McFadyean and the centenary of the first isolation of *Campylobacter* species. Clin. Infect. Dis.43 (9), 1213–1217.

[38] Stirling, J., Griffith, M., Dooley, J.S., Goldsmith, C.E., Loughrey, A., Lowery, C.J., McClurg, R., McCorry, K., McDowell, D., McMahon, A., Millar, B.C., Rao, J., Rooney, P.J., Snelling, W.J., Matsuda, M., Moore, J.E. (2008) Zoonoses associated with petting farms and open zoos. Vector Borne Zoon. Dis. 8, 85–92.

[39] Uyttendaele, M., Schukkink, R., Van Gemen, B., Debevere, J. (1995) Detection of *Campylobacter jejuni* added to foods by using a combined selective enrichment and nucleic acid sequence-based amplification (NASBA). Appl. Environ. Microbiol. 61, 1341–1347.

[40] Wagner, M., Wolffs, P., Kuhn, M., Schoder, D., Hoorfar, J., Radström, P. (2003) Zur Reproduzierbarkeit von PCR-Ergebnissen. Proc. 44th Jahrestagung der Deutschen Veterinärmedizinischen Gesellschaft für Lebensmittelhygiene, Garmisch-Partenkirchen, 139–147.

[41] Wang, S., Levin, R.E. (2006) Discrimination of viable *Vibrio vulnificus* cells from dead cells in real-time PCR. J. Microbiol. Meth. 64, 1–8.

[42] Wolffs, P., Knutsson, R., Norling, B., Rådström, P. (2004) Rapid quantification of *Yersinia enterocolitica* in pork samples by a novel sample preparation method, flotation, prior to real-time PCR. J. Clin. Microbiol. 42, 1042–1047.

Kapitel 8
Molekularbiologische Methoden zum Nachweis lebensmittelübertragbarer Viren

Barbara Becker

Inhalt

8.1 Humanpathogene Viren, die durch Lebensmittel übertragen werden

Viren verfügen über RNA oder DNA. Eine wirtsunabhängige Vermehrung ist somit nicht möglich. Zur Vermehrung benötigen Viren physiologisch intakte Wirtszellen, da sie im Rahmen ihrer Vermehrung auf deren Proteinsynthesemechanismen und die energieliefernden Stoffwechselprozesse zugreifen. Nach Infektion der Wirtszelle modifizieren sie die zellulären Prozesse in Hinblick auf einen optimalen Ablauf ihrer Replikation. Viren sind *intrazelluläre Parasiten.* Eine Virusvermehrung im

B. Becker (✉)
Life Science Technologies, Hochschule Ostwestfalen-Lippe, Liebigstraße 87,
32657 Lemgo, Deutschland
Tel.: +49-(0)5261-702 324
e-mail: barbara.becker@hs-owl.de

U. Busch (Hrsg.), *Molekularbiologische Methoden in der Lebensmittelanalytik,*
DOI 10.1007/978-3-642-10716-0_8,

Lebensmittel ist nicht möglich. Einige Viren können jedoch in Lebensmitteln überdauern und durch Lebensmittel übertragen werden. Zahlreiche Berichte belegen, dass viruskontaminierte Lebensmittel zu Krankheitsausbrüchen führten. Daraus ergeben sich Anforderungen an die Lebensmitteltechnologie, Lebensmittelhygiene und -untersuchung.

8.1.1 Charakterisierung der durch Lebensmittel- und Trinkwasser übertragbaren Viren

Zu den durch Lebensmittel übertragbaren Viren zählen: Norovirus (NV), Sapovirus, Hepatitis A-Virus (HAV), Hepatitis E-Virus (HEV), Astrovirus, Enterovirus, Rotavirus, Adenovirus, Parvovirus und Frühsommer-Meningoenzephalitis-Virus (FSME).

Allen o. g. durch Lebensmittel übertragbaren Viren ist gemeinsam, dass sie eine ikosaedrische, d. h. eine aus 20 gleichseitigen Dreiecken bestehende Form aufweisen und das Viruscapsid nicht von einer Hülle aus einer Lipiddoppelschicht, die sich vom Membransystem der Wirtszelle ableitet, umgeben ist. Ist eine Virushülle vorhanden, so sind die Viren für eine Inaktivierung durch physikochemische Faktoren empfindlich. Unbehüllte Viren sind gegenüber Umwelteinflüssen stabiler als

Tab. 8.1 Charakterisierung von Viren, die durch Lebensmittel und Umgebungsproben übertragen werden können [1]

Virus Spezies	Familie	Genom	Hülle	Größe (nm)	Zellkultur	Erkrankung
Norovirus	Caliciviridae	+ ssRNA	–	28–35	–	Gastroenteritis
Sapovirus	Caliciviridae	+ ssRNA	–	28–35	–	Gastroenteritis
Hepatitis A-Virus	Picornaviridae	+ ssRNA	–	27–32	+[a]	Hepatitis
Hepatitis E-Virus	Hepeviridae	+ ssRNA	–	32–34	–	Hepatitis
Rotavirus	Reoviridae	dsRNA	–	60–80	+	Gastroenteritis
Astrovirus	Astroviridae	+ ssRNA	–	28–30	+[a]	Gastroenteritis
Enterovirus	Picornaviridae	+ ssRNA	–	28–30	+[a]	Poliomyelitis, Meningitis
Adenovirus	Adenoviridae	dsDNA	–	70–90	+[a]	Infektion des Respirationstrakts und der Augen; Gastroenteritis
Parvovirus	Parvoviridae	ssDNA	–	20–30	–	Gastroenteritis
Frühsommer-meningo-enzephalitis	Flaviviridae	+ ssRNA	–	45–60		Enzephalitis

[a] nicht alle Isolate sind kultivierbar; Wildstämme sind oftmals schwer zu kultivieren

behüllte. Für die Zuordnung einzelner Viren in Familien ist neben Virusform und Hülle die Art des Genoms ausschlaggebend, das als RNA oder DNA, als Einzel- oder Doppelstrang, in Positiv- (+) oder Negativ- (–) Strang-Orientierung, segmentiert oder unsegmentiert vorliegen kann. Eine weitere Differenzierung kann anhand serologischer Kriterien und Nukleinsäuresequenzen erfolgen.

8.1.2 Lebensmittel als Virusüberträger

Die horizontale Virusübertragung kann direkt z. B. durch virushaltige Aerosole oder Tröpfchen, durch Niesen, Husten oder Erbrechen erkrankter Personen oder indirekt über Hände, Türklinken oder Gegenstände erfolgen. Fäkal-orale- oder Schmier-Infektionen spielen vor allem eine Rolle bei der Übertragung von Viren, die gastrointestinale Erkrankungen hervorrufen. Fehler im Hygienemanagement, vor allem in der Händehygiene, führen zur sekundären Kontamination von Lebensmitteln. Infizierte Personen können bei Nichteinhalten der Hygienemaßnahmen über Erbrochenes oder Stuhl Viren in Lebensmittel einbringen oder Oberflächen von Geräten und Maschinen kontaminieren. Im Rahmen einer epidemiologischen Aufarbeitung von Norovirus-Erkrankungen wurde eine Vielzahl von kontaminierten Lebensmitteln, z. B. Muscheln, Eis, grüner Salat, Obstsalat, Kartoffelsalat, Himbeeren, gekochter Schinken, Frühlingszwiebeln, Sandwiches, Melonen und Gebäck, als Infektionsquelle identifiziert [2].

Krankheitsausbrüche durch Norovirus in Gemeinschaftsverpflegungseinrichtungen wurden in Zusammenhang gebracht mit prä-symptomatischem, symptomatischem und bereits genesenem Personal [3–5]. Im Rahmen von Hygieneschulungen muss das Personal lebensmittelproduzierender und -verarbeitender Unternehmen sowie Gemeinschaftsverpflegungseinrichtungen hinsichtlich der Ausscheidung viraler infektiöser Erreger durch den Stuhl, auch nach Abklingen von Krankheitssymptomen, besonders informiert werden.

Durch die Virusfracht in Abwässern, die ungeklärt in Flüsse und Meere eingeleitet werden, sowie durch die Pflanzendüngung mit menschlichen Fäkalien kann es zur primären Kontamination von Lebensmitteln kommen. Zahlreiche Berichte über primär kontaminierte Meeresfrüchte wie Muscheln und Austern oder Gemüse (Salat, Zwiebeln) und Früchte (Himbeeren, Erdbeeren) mit z. B. Norovirus, Hepatitis A-Virus oder Enterovirus liegen vor. Durch virämische Tiere kann das Frühsommer-Meningoenzephalitis-Virus (FSME) in Rohmilch gelangen und übertragen werden (Tab. 8.2).

Eine epidemiologische Studie des Centers of Disease Control and Prevention (CDC) belegt, dass in den USA 47 % der Norovirus-Ausbrüche lebensmittelassoziiert sind [19]. Schätzungen in den USA gehen davon aus, dass in 21–40 % aller Norovirus-Erkrankungen die Übertragung durch Lebensmittel erfolgte [20, 21]. In Europa sind nach Schätzungen 12–16 % der Norovirus-Ausbrüche lebensmittelassoziiert.

Tab. 8.2 Ausgewählte Krankheitsausbrüche verursacht durch lebensmittelassoziierte Viren

Virus	Lebensmittel	Übertragung	Literatur
HAV	Blaubeeren	Infiziertes Personal bzw. fäkalkontaminiertes Wasser	[6]
HAV	Frühlingszwiebeln	Kontamination vor Anlieferung im Restaurant	[7]
HAV	Gebäck	Infiziertes Personal	[8]
HAV	Gebäck	Infiziertes Personal	[9]
Norovirus	Himbeeren	Kontaminiertes Wasser	[10]
Norovirus	Salat	Infiziertes Personal	[11]
Norovirus	Sandwiches	Infiziertes Personal	[12]
Norovirus	Himbeerkuchen	Artifiziell kontaminiert	[13]
Norovirus	Sandwiches	Personal/krankes Kind	[14]
Norovirus	Delikatessschinken	Personal	[15]
HEV	Schweineleber	Schwein	[16]
HAV	Muscheln	Primär kontaminiert	[17]
FSME	Ziegenmilch	Ziege	[18]

8.2 Medizinische Virusdiagnostik

Entscheidend bei der Auswahl einer geeigneten Untersuchungsmethode ist in erster Linie deren Sensitivität und Spezifität. Daneben spielen der Untersuchungsaufwand (Zeit, Personal, Laborgeräte) und damit einhergehend die anfallenden Kosten eine wichtige Rolle. Der direkte Virusnachweis in Stuhlproben kann mittels Elektronenmikroskopie, über die Anzucht der Viren in Zellkulturen, den Nachweis viraler Antigene sowie Nukleinsäure erfolgen. In Stuhlproben ist davon auszugehen, dass $>10^6$ Viruspartikel pro g vorliegen. Somit sind in der medizinischen Diagnostik unter dem Aspekt der Sensitivität alle o. g. Methoden anwendbar (Tab. 8.3).

Im Kontext der Norovirusprimärdiagnostik in Stuhlproben bei akuter Gastroenteritis werden gegenwärtig überwiegend Enzymimmunoassays oder RT-PCR eingesetzt. Nach Koch et al. ist der molekulare Nachweis der viralen RNA durch RT-PCR der Goldstandard [23]. Die Methode kann als klassische nested PCR oder als Real Time RT-PCR durchgeführt werden [24, 25].

Tab. 8.3 Testsysteme zum Nachweis von Viren und deren Grenzen [22]

Testprinzip	Methode	Nachweisgrenze (Viruspartikel/g)
Visualisierung der Viruspartikel	Elektronenmikroskopie	10^5–10^6
Nachweis viraler Proteine	ELISA, Latex-Tests	10^5
Nachweis des Genoms	Sondenhybridisierung	10^4
Nachweis des Genoms	RT-PCR	10^1–10^3
Einfluss auf lebende Zellen	Zellkultur	10^0–10^1
Nachweis der Virusexposition über Antikörperbildung	Antikörpernachweis	Abhängig vom Antikörper!

8.3 Nachweis von Viren, die durch Lebensmittel übertragen werden

Die in der medizinischen Diagnostik etablierten Methoden sind nicht ohne Weiteres auf die Lebensmitteluntersuchung übertragbar. Es ist davon auszugehen, dass die Viruszahl im Lebensmittel sehr gering ist (10–100 Virionen). Damit werden hohe Anforderungen an die Sensitivität der Untersuchungsmethode gestellt. Elektronenmikroskopie und immunologische Methoden erfüllen die Sensitivitätsanforderungen nicht (siehe Tab. 8.3). Zellkulturen, die den Sensitivitäts- und Spezifitätsansprüchen genügen, stehen nicht für alle lebensmittelübertragbaren Viren zur Verfügung. Zum Beispiel wurde eine Noroviruszellkultur für die Routinediagnostik bisher nicht beschrieben [26]. Die Anforderung, geringe Viruszahlen mit hoher Spezifität in Lebensmitteln nachzuweisen, werden von molekularbiologischen Verfahren auf Basis der PCR (RT-PCR oder Real Time RT-PCR) erfüllt.

Durch den alleinigen Einsatz von PCR-Verfahren ist jedoch eine Unterscheidung von infektiösen und nichtinfektiösen Viren nicht möglich. Insgesamt ist der Nachweis von Viren in Lebensmitteln unter Anwendung von PCR-basierten Verfahren vor dem Hintergrund komplexer Probenmatrizes und dem möglichen Vorkommen von Amplifikationsinhibitoren zu validieren.

Die Probennahme und -aufarbeitung spielt eine entscheidende Rolle beim Virusnachweis in Lebensmitteln. Bei der Untersuchung von Muscheln werden Verfahren beschrieben, in denen das gesamte Muschelfleisch oder bei größeren Muscheln der Hepatopankreas aufgearbeitet werden [17, 28, 29]. Unterschiedliche Verfahren der Probenaufarbeitung und Konzentrierung werden auch für Früchte und Gemüse beschrieben [30–32].

8.3.1 RT-PCR (Reverse Transkriptase Polymerase-Kettenreaktion)

Die überwiegende Zahl der durch Lebensmittel übertragbaren Viren verfügen über ein RNA-Genom. Nach Koch et al. ist der molekulare Nachweis der viralen RNA durch RT-PCR der Goldstandard [23]. RT-PCR ist die Kombination aus zwei

Tab. 8.4 Schritte des Virusnachweises in Lebensmitteln [27]

Probenaufbereitung	Virusgewinnung aus dem Lebensmittel oder von der Lebensmitteloberfläche
	Viruskonzentrierung
	Nukleinsäureextraktion
Enzymatische Reaktionen	Amplifikationskontrolle der extrahierten Nukleinsäure
	Reverse Transkription
	Polymerase Kettenreaktion
Bestätigungsreaktion	Verifizierung der PCR-Produkte

Methoden der Molekularbiologie: Reverse Transkription und PCR. RNA wird in einem ersten Schritt in cDNA durch die Reverse Transkriptase umgeschrieben. Anschließend erfolgt in einem zweiten Schritt die Amplifikation der cDNA mittels Gen-spezifischer Primer. Dabei kann die Reaktion entweder getrennt als Zwei-Schritt-RT-PCR durchgeführt werden, bei der zunächst die RNA in cDNA umgeschrieben wird und diese anschließend in einem getrennten Reaktionsansatz als Template in einer PCR mit sequenzspezifischen Primern eingesetzt wird (Nachteil: mögliche Kontamination der Probe mit RNasen oder Fremd-Nukleinsäuren/Vorteil: im Allgemeinen sensitiver, cDNA-Ausbeute ausreichend für mehrere PCRs) oder als Ein-Schritt-RT-PCR ablaufen, bei der die spezifischen Primer in dem gleichen Ansatz mit der RT genutzt werden und beide Reaktionen (reverse Transkription und die Amplifikation) hintereinander im selben Gefäß ausgeführt werden.

Der Nachweis von Norovirus in Lebensmitteln mittels RT-PCR wird z. B. von Phan et al. in Austern [33] und von Le Guyader et al. in Himbeeren beschrieben [13]. Chancellor et al. beschrieben den Nachweis von HAV in Frühlingszwiebeln [34].

8.3.2 mRT-PCR (multiplex RT-PCR)

Bei der Multiplex-PCR finden mehrere Primerpaare mit Spezifität für unterschiedliche DNA-Regionen im selben Ansatz Verwendung. Es werden dabei Amplikons unterschiedlicher Größe und von unterschiedlichen DNA-Regionen oder Genomen gleichzeitig generiert, deren Einzelnachweis ein Vielfaches an Reagenzien und Zeit erfordert. Beuret entwickelte eine Multiplex-RT-PCR mit hoher Sensitivität zum Nachweis von Norovirus GI und GII, Astrovirus und Enterovirus [35]. Phan et al. wiesen mit dieser Technik Enteroviren, HAV, HEV und Influenza A in Stuhlproben nach und Wolf et al. detektierten ein Spektrum unterschiedlicher Norovirus-Genogruppen in verschiedenen Matrizes (Stuhlproben, behandeltes und unbehandeltes Abwasser, Quellwasser und Trinkwasser) [36, 37]. Formiga-Cruz et al. entwickelten vor dem Hintergrund, dass Umfeldproben und Muscheln geringe Konzentrationen verschiedener Viren enthalten können, eine nested Multiplex-RT-PCR zum Nachweis von Adenovirus, Enterovirus und HAV [38]. Die Multiplex-RT-PCR wurde dahingehend optimiert, die drei genannten Viren simultan nachzuweisen, auch wenn jeweils weniger als 1000 Kopien vorlagen.

8.3.3 Nested RT-PCR

In der nested (=geschachtelten) PCR werden zwei PCR-Reaktionen nacheinander durchgeführt. Dazu werden zwei verschiedene Primerpaare genutzt. In einer ersten Reaktion werden mit dem ersten Primerpaar DNA-Produkte generiert, die neben dem gewünschten Amplikon ebenso aus unspezifisch amplifizierten DNA-Fragmenten bestehen können. Unter Verwendung dieser DNA-Produkte wird in einer weiteren Reaktion mit einem weiteren Primerpaar, das an Sequenzbereiche innerhalb dieser Matrize bindet (nested Primer), ein kürzeres DNA-Fragment amplifiziert. Da für das nested PCR-Produkt lediglich das Produkt der ersten Amplifikation als Matrize dient, ist hierbei der Vorteil gegenüber der konventionellen PCR die höhere Spezifität (verringerter Background, verursacht durch nichtspezifischee Amplifikation) und Sensitivität. Ist das zu amplifizierende Target Ribonukleinsäure (z. B. beim Nachweis von RNA-Viren), wird vor der nested-PCR ein zusätzlicher Schritt durchgeführt, bei dem die RNA von einer Reversen Transkriptase zunächst in cDNA umgeschrieben wird.

Schultz et al. wiesen Norovirus GII im Hepatopankreas von artifiziell kontaminierten Austern (*Crassostrea gigas* und *Ostrea edulis*) nach [39]. Unter Verwendung unterschiedlicher Aufarbeitungsprotokolle, RT-single PCR [40, 41] und seminested RT-PCR [42, 43] konnte gezeigt werden, dass eine in einer Zellmühle homogenisierte Probe nach RNA-Extraktion in Verbindung mit der seminested RT-PCR die beste Wiederfindung ergab.

Jothikumar et al. wiesen Norovirus im Hepatopankreas in natürlich kontaminierten Muscheln mittels nested „two step" RT-PCR nach [44]. Von der nested RT-PCR sind Variationen als Multiplex-Ansatz zum Nachweis von Adenoviren, Enteroviren und HAV in verschiedenen Umweltproben, z. B. in Abwasser und Schalentieren sowie zur Diagnose von viralen Gastroenteritiden beschrieben [38, 45].

8.3.4 ICC-PCR (Integrated Cell Culture-PCR)

Die Integrated Cell Culture-PCR (ICC-PCR) kombiniert die schnelle Durchführbarkeit und Sensitivität der RT-PCR mit der Zellkultur-Technik und ermöglicht eine sensitive und zeitsparende Identifizierung infektiöser Viruspartikel. Die ICC-PCR umfasst zunächst die Inokulation und Inkubation eines Zellkultur-Monolayers mit konzentriertem Probenmaterial. Anschließend wird das Zelllysat mittels RT-PCR analysiert. Detektiert werden Viren mit und ohne Ausbildung eines cytopathischen Effektes.

Von den lebensmittelübertragbaren Viren können Poliovirus, Adenovirus, Enterovirus, Hepatitis A-Virus und Rotavirus mittels Zellkultur nachgewiesen werden. Reynolds et al. setzten die Methode zum Nachweis von Enterovirus und HAV ein [46]. Die Studie zeigt, dass die RT-PCR oder die konventionelle Zellkultur alleine fehlerhafte Ergebnisse bei der Untersuchung von Umweltproben wie Trinkwasser, Meerwasser und Meeresfrüchten liefert. Während elf Proben mittels ICC-PCR Enterovirus positiv getestet wurden, sind mittels RT-PCR nur in drei Proben Enteroviren nachgewiesen worden. Greening et al. setzten die Methode zur Detektion von Enteroviren in Umgebungsproben ein [47]. Croci et al. benutzen die Technik zum Nachweis von HAV in Muscheln (*Mytilus galloprovincialis*) [17]. Von 180 mittels nested RT-PCR untersuchten Proben wurden 15,6 % HAV positiv getestet. Zur Bestätigung der Infektiösität wurde von den positiven Proben eine ICC-PCR durchgeführt.

8.3.5 AC/IM RT-PCR (Antigen-Capture/Immunomagnetic beads RT-PCR)

Effiziente Methoden zum Nachweis von Viren sind die Antigen-Capture PCR (AC RT-PCR) und die „immunomagnetic beads“ RT-PCR (IM RT-PCR). Diese beruhen auf einer Separation von Viren mittels monoklonaler Antikörper, die an Oberflächen von Reaktionsgefäßen (AC RT-PCR) oder paramagnetischen Teilchen „magnetic beads“ gekoppelt werden. Vorteil dieser Methode ist neben der Aufkonzentrierung die Entfernung/Reduzierung inhibitorischer Substanzen, die die PCR stören.

Deng et al. beschreiben die AC RT-PCR zum Nachweis von HAV u. a. in Austern und Muscheln [28]. Dazu wurden sterile Polypropylen-Reaktionsgefäße mit anti-HAV IgG beschichtet. HAV-haltige Muschel/Austern-Proben werden über Nacht bei 4 °C inkubiert und die an AK-gebundenen Viruspartikel mittels RT-PCR detektiert.

Die IM RT-PCR wurde zum Nachweis von unterschiedlichen lebensmittelassoziierten Viren aus diversen Matrizes erfolgreich eingesetzt, z. B. HAV auf Frühlingszwiebeln und Erdbeeren [48]; HAV aus Wasser/Abwasser [49]; Norovirus aus Lebensmitteln [50]; Enteroviren, HAV und Rotavirus aus Abwasser [51]; Norovirus GGI in artifiziell kontaminierten Wasserproben [52]; Enterovirus, HAV und Norovirus in Muscheln [53].

Shan et al. setzten im Rahmen der Virusisolierung von Frühlingszwiebeln und Erdbeeren mit Streptavidin gecoatete beads ein, an die biotinylierte, monoklonale Antikörper gegen HAV gekoppelt wurden [48]. In Vergleichsuntersuchungen konnte gezeigt werden, dass im Waschwasser von Frühlingszwiebeln und Erdbeeren beim Einsatz „immunomagnetischer beads“ die Sensitivität um das 10fache gegenüber einer Bearbeitung ohne immunomagnetische beads gesteigert werden konnte.

Bidawid et al. beschreiben die F-IM-PCR, eine Kombination aus IM-PCR und Filtration mit positiv geladenen Filtern (F), zur Isolierung, Aufkonzentrierung und schnellen Detektion von Hepatitis A-Viren aus artifiziell kontaminierten Proben wie Salat und Erdbeeren [54]. Bei diesem Verfahren werden zunächst die Hepatitis A-Viren an einem positiv geladenen Virosorb-Filter adsorbiert. Die anschließend vom Filter eluierten HAV werden unter Zugabe von immunomagnetischen beads isoliert und mittels RT-PCR nachgewiesen. An immunomagnetic beads gekoppelte Viren können zum Nachweis direkt in einer RT-PCR oder nested PCR eingesetzt werden. Im Vergleich zur IM-PCR erlaubt die F-IM-PCR die spezifische Aufkonzentrierung von Viren und eignet sich demnach gut zum Nachweis von geringen Viruszahlen in größeren Volumina.

8.3.6 Real-time PCR/real-time RT-PCR

Die real-time PCR beruht auf dem Prinzip der konventionellen PCR (Polymerase Kettenreaktion), bei der eine DNA-Sequenz spezifisch mit einem Primerpaar amplifiziert wird, mit der zusätzlichen Option der Quantifizierung [55]. Die Quantifizierung erfolgt mittels Fluoreszenz-Messung durch Detektion und Quantifizierung eines fluoreszierenden Reporters (DNA-Farbstoffe oder sequenzspezifische Sondensysteme) während der PCR-Amplifikation in Echtzeit (*real-time*). Für jede Probe laufen die Prozesse von Amplifikation, Detektion und Quantifizierung des Reaktionsproduktes in jedem Zyklus automatisiert ab. In einer real-time PCR kann entweder als Template DNA oder RNA (real-time RT-PCR) eingesetzt werden. Bei Einsatz von RNA muss diese in einem ersten Schritt durch eine Reverse Transkriptase in cDNA umgeschrieben werden.

Eine Methode zur Detektion und Quantifizierung von PCR-Produkten in real-time PCR-Reaktionen ist die Verwendung von interkalierenden DNA-Farbstoffen. SYBR Green ist ein Fluoreszenzfarbstoff, der in Lösung relativ wenig Fluoreszenz zeigt. Dieser interkaliert in doppelsträngige DNA-Moleküle und emittiert in dieser Form ein starkes Fluoreszenzsignal. Wenn im Verlauf der Reaktion das PCR-Produkt akkumuliert, steigt die Zunahme der Fluoreszenz proportional an. Die Vorteile dieses Farbstoffs sind neben der Kosteneffizienz die einfache Handhabbarkeit und Sensitivität. Die Nachteile liegen in der kaum vorhandenen Spezifität (es bindet jede dsDNA inklusive Primer-Dimere und unspezifische Amplifikate) und der fehlenden Möglichkeit für Multiplex-PCR.

Die spezifische Detektion von PCR-Produkten wird durch den Einsatz sequenzspezifischer Fluoreszenzsonden ermöglicht, die nach dem Prinzip des „fluorescence resonance energy transfer" (FRET) funktionieren und ebenfalls Fluoreszenzsignale generieren [56, 57]. Ein Donor-Fluorophor (Reporter), das durch eine Energiequelle (Licht) angeregt wird, gibt einen Teil seiner Energie an ein in ausreichender Distanz befindliches Akzeptor-Fluorophor (bzw. einen Quencher) ab. Vergrößert sich die Distanz zwischen Donor und Akzeptor, so nimmt der FRET und somit die Intensität des Akzeptor-Fluoreszenzsignals ab, während die des Donors zunimmt. Neben einfachen FRET-Hybridisierungssonden finden u. a. Hydrolyse-Sonden TaqMan, Molecular Beacons und Scorpion-Sondensysteme in der real-time RT-PCR Anwendung. Die LNA-Sonden sind Varianten von Hydrolyse-Sonden, die modifizierte Nukleotide, sog. LNAs (Locked-Nucleid-Acids) enthalten [58]. Die LNA-Sonden binden komplementäre Sequenzen fester, sodass kürzere Sondensequenzen ausreichend sind, was beim Sondendesign für problematische Sequenzbereiche vorteilhaft ist. Ebenso erhöht das Einfügen von LNA-Nukleotiden die Hybridisierungsaffinität und verringert die Schmelztemperatur, was eine bessere Sequenzspezifität und eine Verringerung des Fluoreszenz-Backgrounds bewirken kann [59].

Nachfolgend wird exemplarisch das auf nationaler Ebene in der Amtlichen Sammlung nach § 64 LFGB unter der Nummer L 00.00-112:2007-12 veröffentlichte Verfahren „Qualitativer Nachweis von Norovirus der Genogruppe I und II auf glatten, festen Oberflächen von Lebensmitteln durch real-time RT-PCR" vorgestellt.

Das Verfahren beschreibt den qualitativen Nachweis von Norovirus in durch Abtupfern von glatten, festen Lebensmitteloberflächen gewonnenen Tupferproben mittels RT-PCR. Die Probennahme erfolgt mit angefeuchteten Tupfern, indem die zu untersuchende Oberfläche intensiv beprobt wird. Die Tupfer werden in Lysepuffer mindestens 3 min ausgewaschen und sorgfältig ausgepresst. Dies ist der wesentliche Schritt der Methode. Der Vorteil der Probennahme mittels Tupfer liegt darin begründet, dass der Eintrag inhibierender Komponenten der Lebensmittelmatrix minimiert wird. Zur RNA-Extraktion können kommerzielle Kits eingesetzt werden. Nach der Viruslyse wird die RNA an eine Silika-Matrix gebunden und anschließend eluiert. Der Nachweis der Norovirus-spezifischen Nukleinsäuresequenzen erfolgt nach reverser Transkription mittels „one-step real-time RT-PCR".

Aufgrund der Heterogenität und Variabilität der Noroviren ist es erforderlich, Primer und/oder Sondensequenzen an die Population zirkulierender Virusstämme anzupassen. Exemplarisch werden in der Methode der Amtlichen Sammlung folgende Primer-Sondensysteme aufgeführt: Höhne und Schreier [25]; Kageyama et al. [60]; Pusch et al. [61]; Dreier et al. [62]; Höhne und Schreier [63].

Dreier et al. beschreiben, dass durch den Einsatz von LNA-Sonden zum Nachweis von Norovirus GGII in Stuhlproben und Lebensmitteln die Sensitivität der Nachweis-Reaktion im Vergleich zu konventionellen Hydrolyse-Sonden entscheidend verbessert werden konnte [62]. Als Prozesskontrolle wird der Phage MS2 verwendet [64]. Durch die Mitführung einer Prozesskontrolle wird ggf. eine Inhibition erkannt sowie die Effizienz der RNA-Extraktion überprüft. Das Verfahren wurde an Paprikaschoten, Bockwurst und Muscheln validiert.

Butot et al. beschreiben eine sensitive Methode zum Nachweis von HAV, Norovirus und Rotavirus in frischen und gefrorenen Früchten (Brombeeren, Himbeeren, Erdbeeren), frischem Gemüse (Frühlingszwiebeln, Salat) sowie Basilikum, Minze und Petersilie, bei der die Viren von der Produktoberfläche schonend abgewaschen, mittels Ultrafiltration konzentriert und real-time RT-PCR nachgewiesen wurden [32]. Zur Inaktivierung von PCR Inhibitoren bei der Bearbeitung von Beerenfrüchten wurde eine Pektinase eingesetzt.

8.3.7 NASBA (Nucleic Acid Sequence-Based Amplification)

Die NASBA-Methode basiert auf dem Prinzip der Amplifizierung von einzelsträngigen RNA-Transkripten mittels einer T7-RNA-Polymerase mit anschießender Detektierung des Produkts durch eine spezifische Oligonukleotid-Sonde. Eine NASBA-Standardreaktion beinhaltet außerdem RNase H, Reverse Transkriptase (RT), Nukleotide, Desoxynukleotide und ein spezifisches Primerpaar mit einer angehängten Sequenz des T7-RNA-Polymerase-Promotors. In einer typischen NASBA-Reaktion bindet Primer 1 an die komplementäre Region der Ziel-RNA, wobei das 5′-Ende mit der Sequenz des T7-RNA-Polymerase-Promotors nicht bindet und von der RNA absteht. Anschließend erfolgt die cDNA-Synthese durch die Reverse Transkriptase. Die RNase H degradiert die RNA-Matrize, Primer 2 bindet an die verbliebene einzelsträngige cDNA und die RT verlängert den Primer in die Gegenrichtung. Die T7-Polymerase bindet an den T7-Promotor und generiert zahlreiche RNA-Transkripte, welche wieder in den fortgesetzten Zyklus aus cDNA-Synthese, RNase H-Verdau, Zweitstrang-Synthese und RNA-Transkript-Synthese einfließen.

Die Anwendung von NASBA zum Nachweis lebensmittelübertragbarer Viren ist weit weniger verbreitet als die RT-PCR. NASBA-Assays wurden für den Nachweis von HAV und Rotavirus in Lebensmitteln [65, 66], Norovirus in Stuhlproben [67], Norovirus in Umgebungsproben [68] und Astrovirus in Stuhlproben beschrieben [69, 70].

Literatur

[1] Greening, E. G. 2006. Human and animal viruses in food (including taxonomy of enteric viruses). In: Goyal, S. M.: Viruses in Food. Springer Science+Business Media, LLC, New York, S. 5–42.

[2] Künkel, U., Schreier, E. 2002. Caliciviren: Virale Auslöser akuter Gastroenteritiden. Bundesgesundheitsbl – Gesundheitsforsch – Gesundheitsschutz. 45:534–542.

[3] Iversen, A. M., Gill, M., Bartlett, C. L., Cubitt, W. D., McSwiggan, D. A. 1987. Two outbreaks of foodborne gastroenteritis caused by a small round structured virus: evidence of prolonged infectivity in a food handler. Lancet. 5:556–558.

[4] Patterson, T., Hutchings, P., Palmer, S. 1993. Outbreak of SRSV gastroenteritis in an international conference traced to food handled by a post-symptomatic caterer. Epidemiol. Infect. 111:157–162.

[5] Lo, S. V., Connolly, A. M., Palmer, S. R., Wright, D., Thomas, P. D., Joynson, D. 1994. The role of the pre-symptomatic food handler in a common source outbreak of foodborne SRSV gastroenteritis in a group of hospitals. Epidemiol. Infect. 113:513–521.

[6] Calder, L., Simmons, G., Thornley, C., Taylor, P., Pritchard, K., Greening, G., Bishop, J. 2003. An outbreak of hepatitis A associated with consumtion of raw blueberries. Epidemiol. Infect. 131:745–751.

[7] Wheeler, C., Vogt, T. M., Armstrong, G. L., Vaughan, G., Weltman, A., Nainan, O. V., Dato, V., Xia, G., Waller, K., Amon, J., Lee, T. M., Highbaugh-Battle, A., Hembree, C., Evenson, S., Ruta, M. A., Williams, I. T., Fiore, A. E., Bell, B. P. 2005. An outbreak of hepatitis A associated with green onions. N. Engl. J. Med. 353:890–897.

[8] Becker, B., Prömse, B., Krämer, J., Exner, M. 1996. Übertragung humanpathogener Viren durch Lebensmittel: Hepatitis A-Epidemie ausgelöst durch Backwaren im Kreis Euskirchen (NRW). Gesundheitswesen. 58:339–340.

[9] Schenkel, K., Bremer, V., Grabe, C., Van Treeck, U., Schreier, E., Höhne, M., Ammon, A., Alpers, K. 2006. Outbreak of hepatitis A in two federal states of Germany: bakery products as vehicle of infection. Epidemiol. Infect. 134:1292–1298.

[10] Ponka, A., Maunula, L., von Bonsdorff, C.-H., Lyytikäinen, O. 1999. An outbreak of calicivirus associated with consumption of frozen raspberries. Epidemiol. Infect. 123:469–474.

[11] Anderson, A. D., Garret, V. D., Sobel, J. 2001. Multistate outbreak of Norwalk-like virus gastroenteritis associated with a common caterer. Am. J. Epidemiol. 154:1013–1019.

[12] Godoy, P., Izcara, J., Bartolome, R., Bach, P., Escobar, A., Pal, M., Codina, G., Torres, J., Dominguez, A. 2005. Outbreak of food-borne Norovirus associated with the consumption of sandwiches. Med. Clin. 124:161–164.

[13] Le Guyader, F. S., Mittelholzer, C., Haugarreau, L., Hedlund, K.-O., Alsterlund, R., Pommepuy, M., Svensson, L. 2004. Detection of norovirus in raspberries associated with a gastroenteritis outbreak. Int. J. Food Microbiol. 97:179–186.

[14] Parashar, U. D., Dow, L., Fankhauser, R. L., Humphrey, C. D., Miller, I. J., Ando, T., Williams, K. S., Eddy, C. R., Noel, J. S., Ingram, T., Bresee, J. S., Monroe, S. S., Glass, R. I. 1998. An outbreak of viral gastroenteritis associated with consumption of sandwiches: implications for the control of transmission by food handlers. Epidemiol. Infect. 121:615–621.

[15] Schwab, K. J., Neill, F. H., Fankhausen, R. L., Daniels, N. A., Monroe, D. A., Bergmire-Sweat, M. K., Estes, M. K., Atmar, R. L. 2000. Development of methods to detect „norwalk like viruses“ (NLVs) and hepatitis A virus in delicatessen foods: application to a food-borne NLV outbreak. Appl. Environ. Microbiol. 66:213–218.
[16] Feagins, A. R., Opriessnig, T., Guenette, D. K., Halbur, P. G., Meng, X. J. 2007. Detection and characterization of infectious hepatitis E virus from commercial pig livers sold in local grocery stores in the USA. J. Gen. Virol. 88:912–917.
[17] Croci, L., De Medici, D., Ciccozzi, M., Di Pasquale, S., Suffredini, E., Toti, L. 2003. Contamination of mussels by hepatitis A virus: a public-health problem in southern Italy. Food Control 14:559–563.
[18] Kerbo N., Donchenko, I., Kutsar, K., Vassilenk, V. 2005. Tickborne encephalitis outbreak in Estonia linked to raw goat milk. Eurosurveillance weekly release 10.
[19] Koopmans, M., von Bonsdorff, C.-H., Vinjé, J., de Medici, D., Monroe, S. 2002. Foodborne Viruses. FEMS Microbiol. Rev. 26:87–205.
[20] Mead, P. S., Slutsker, L., Dietz, V., McCraig, L. F., Shapiro, C., Griffin, P. M., Tauxe, R. V. 1999. Food-related illness and death in the United States. Emerg. Infect. Dis. 5:607–625.
[21] Glass, R. I., Noel, J., Ando, T., Fankhauser, R. L., Belliot, G., Mounts, A., Parashar, U. D., Bresee, J. S., Monroe, S. S. 2000. The epidemiology of enteric caliciviruses from humans: a reassessment using new diagnostics. J. Infect. Dis. 181:254–261.
[22] Koopmans, M., Duizer, E. 2004. Foodborne viruses: an emerging problem. Inter. J. Food Microbiol. 90:23–41.
[23] Koch, J., Schneider, T., Stark, K., Schreier, E. 2006. Norovirusinfektionen in Deutschland. Bundesgesundheitsbl – Gesundheitsforsch – Gesundheitsschutz. 49:296–309.
[24] Oh, D., Gaedicke, G., Schreier, E. 2003. Viral agents of acute gastroenteritis in German children: prevalence and molecular diversity. J. Med. Virol. 71:82–91.
[25] Höhne, M., Schreier, E. 2004. Detection and characterization of norovirus outbreaks in Germany: application of a one-tube RT-PCR using a fluorogenic real-time detection system. J. Med. Virol. 72:312–319.
[26] Duizer, E., Schwab, K. J., Neill, F. H., Atman, R. L., Koopmans, M. P. G., Estes, M. K. 2004. Laboratory efforts to cultivate noroviruses. J. Gen. Virol. 85:79–87.
[27] Mäde, D. 2005. Viren in Lebensmitteln. Fleischwirtschaft. 6:96–100.
[28] Deng, M. Y., Day, S. P., Cliver, D. O. 1994. Detection of hepatitis A virus in environmental samples by antigen-capture PCR. Appl. Environ. Microbiol. 60:1927–1933.
[29] De Husman, A. M., Lodder-Verschoor, F., van den Berg, H. H., Le Guyader, F. S., van Pelt, H., van der Poel, W. H., Rutjes, S. A. 2007. Rapid virus detection procedure for molecular tracing of shellfish associated with disease outbreaks. J. Food Prot. 70:967–974.
[30] Dubois, E., Agier, C., Traore, O., Hennechart, C., Merle, G., Cruciere, C., Laveran, H. 2002. Modified concentration method for the detection of enteric viruses on fruits and vegetables by reverse transcriptase-polymerase chain reaction or cell culture. J. Food Prot. 65:1962–1969.
[31] Guévremont, E., Brassard, J., Houde, A., Simard, C., Trottier, Y.-L. 2006. Development of an extraction and concentration procedure and comparison of RT-PCR primer systems for the detection of hepatitis A virus and norovirus GII in green onions. J. Virol. Methods. 134:130–135.
[32] Butot, S., Putallaz, T., Sánchez, G. 2007. Procedure for rapid concentration and detection of enteric viruses from berries and vegetables. Appl. Environ. Microbiol. 73:186–192.
[33] Phan, T. G., Khamrin, P., Akiyama, M., Yagyu, F., Okitsu, S., Maneekarn, N., Nishio, O., Ushijima, H. 2007. Detection and genetic characterization of norovirus in oysters from China and Japan. Clin. Lab. 53:405–412.
[34] Chancellor, D. D., Tyagi, S., Bazaco, M. C., Bacvinskas, S., Chancellor, M. B., Dato, V. M., De Miguel, F. 2006. Green onions: potential mechanism for hepatitis A concentration. J. Food Prot. 69:1468–1472.
[35] Beuret, C. 2004. Simultaneous detection of enteric viruses by multiplex real-time RT-PCR. J. Virol. Methods. 115:1–8.

[36] Phan, T. G., Nguyen, T. A., Yan, H., Okitsu, S., Ushijima, H. 2005. A novel RT-multiplex PCR for enteroviruses, hepatitis A and E viruses and influenza A virus among infants and children with diarrhea in Vietnam. Arch. Virol. 150:1175–1185.
[37] Wolf, S., Williamson, W. M., Hewitt, J., Rivera-Aban, M., Lin, S., Ball, A., Scholes, P., Greening, G. E. 2007. Sensitive multiplex real-time reverse transcription-PCR assay for the detection of human and animal noroviruses in clinical and environmental samples. Appl. Environ. Microbiol. 73:5464–5470.
[38] Formiga-Cruz, M., Hundesa, A., Clemente-Casares, P., Albiñana-Gimenez, N., Allard, A., Girones, R. 2005. Nested multiplex PCR assay for detection of human enteric viruses in shellfish and sewage. J. Virol. Methods. 125:111–118.
[39] Schultz, A. C., Saadye, P., Hoofar, J., Nørrung, B. 2007. Comparison of methods for detection of norovirus in oysters. Int. J. Food Microbiol. 114:352–356.
[40] Vinjé, J., Koopmans, M. P. 1996. Molecular detection and epidemiology of small round structured viruses in outbreaks of gastroenteritis in the Netherlands. J. Infect. Dis. 174:610–615.
[41] Vennema, H., de Bruin, E., Koopmans, M. 2002. Rational optimization of generic primers used for Norwalk-like virus detection by reverse transcriptase polymerase chain reaction. J. Clin. Virol. 25:233–235.
[42] Kojima, S., Kageyama, T., Fukushi, S., Hoshino, F., Katayama, K. 2002. Genogroup-specific PCR primers for the detection of Norwalk-like viruses. J. Virol. Methods. 100:107–114.
[43] Nishida, T., Kimura, H., Saitoh, M., Shinohara, M., Kato, M., Fukuda, S., Munemura, T., Mikami, T., Kawamoto, A., Akijama, M., Kato, Y., Nishi, K., Kozawa, K., Nishio, O. 2003. Detection, quantification and phylogenetic analysis of noroviruses in Japanese oysters. Appl. Environ. Microbiol. 69:5782–5786.
[44] Jothikumar, N., Lowther, J., Henshilwood, K., Lees, D. N., Hill, V. R., Vinjé, J. 2005. Rapid and sensitiv detection of noroviruses by using TaqMan-based one-step reverse transcription-PCR assays and application to naturally contaminated shellfish samples. Appl. Environ. Microbiol. 71:1870–1875.
[45] O'Neill, H. J, McCaughey, C., Coyle, P. V., Wyatt, D. E., Mitchell, F. 2002. Clinical utility of nested multiplex RT-PCR for group F adenovirus, rotavirus and norwalk-like viruses in acute viral gastroenteritis in children and adults. J. Clin. Virol. 25:335–343.
[46] Reynolds, K. A., Gerba, C. P., Abbaszadegan, M., Pepper, L. L. 2001. ICC/PCR detection of enteroviruses and hepatitis A virus in environmental samples. Can. J. Microbiol. 47:153–157.
[47] Greening, G. E., Hewitt, J., Lewis, G. D. 2002. Evaluation of integrated cell culture-PCR (C-PCR) for virological analysis of environmental samples. J. Appl. Microbiol. 93:745–750.
[48] Shan, X. C., Wolffs, P., Griffiths, M. W. 2005. Rapid and quantitative detection of hepatitis A virus from green onion and strawberry rinses by use of real-time reverse transcription-PCR. Appl. Environ. Microbiol. 71:5624–5626.
[49] Jothikumar, N., Cliver, D. O., Mariam, T. W. 1998. Immunomagnetic capture PCR for rapid concentration and detection of hepatitis A virus from environmental samples. Appl. Environ. Microbiol. 64:504–508.
[50] Kobayashi, S., Natori, K., Takeda, N., Sakae, K. 2004. Immunomagnetic capture RT-PCR for detection of norovirus from foods implicated in a foodborne outbreak. Microbiol. Immunol. 48:201–204.
[51] Casas, N., Suñén, E. 2002. Detection of enteroviruses, hepatitis A virus and rotaviruses in sewage by means of an immunomagnetic capture reverse transcription-PCR assay. Microbiol. Res. 157:169–175.
[52] Myrmel, M., Rimstad, E., Wasteson, Y. 2000. Immunomagnetic separation of a Norwalk-like virus (genogroup I) in artificially contaminated environmental water samples. Int. J. Food Microbiol. 62:17–26.
[53] Suñén, E., Sobsey, M. D. 1999. Recovery and detection of enterovirus, hepatitis A virus and Norwalk virus in hardshell clams (Mercenaria mercenaria) by RT-PCR methods. J. Virol. Methods. 77:179–187.

[54] Bidawid, S., Farber, J. M., Sattar, S. A. 2000. Rapid concentration and detection of hepatitis A virus from lettuce and strawberries. J. Virol. Methods. 88:175–185.

[55] Pfaffl, M. W. 2004. Real-time RT-PCR: neue Ansätze zur exakten mRNA Quantifizierung, Biospektrum. 1:92–95.

[56] Förster, V. Th. 1948. Zwischenmolekulare Energiewanderung und Fluoreszenz. Ann. Phys. (Leipzig). 2:55–75.

[57] Lakowicz, J. R. 1983. Energy transfer. In Principles of fluorescent spectroscopy. Plenum Press, New York, S. 303–339.

[58] Petersen, M., Wengel, J. 2003. LNA – a versatile tool for therapeutics and genomics. Trends Biotechnol. 21:74–81.

[59] Hummelshoj, L., Ryder, L. P., Madsen, H. O., Poulsen, L. K. 2005. Locked nucleic acid inhibits amplification of contaminating DNA in real-time PCR. BioTechniques. 38:605–610.

[60] Kageyama, T., Kojima, S., Shinohara, M., Uchida, K., Fukushi, S., Hoshino, F. B., Takeda, N., Katayama, K. 2003. Broadly reactive and highly sensitive assay for Norwalk-like Viruses based on real-time quantitative reverse transcription-PCR. J. Clin. Microbiol. 41:1548–1557.

[61] Pusch, D., Ihls, S., Lebuhn, M., Graeber, I., López-Pila, J. M. 2005. Quantitativ detection of enteroviruses in activated sludge by cell culture and real-time RT-PCR using paramagnetic capturing. J. Water Health. 3:313–324.

[62] Dreier, J., Störmer, M., Mäde, D., Burkhardt, S., Kleesiek, K. 2006. Enhanced reverse transcription-PCR assay for detection of Norovirus genogroup. Int. J. Clin. Microbiol. 44:2714–2720.

[63] Höhne, M., Schreier, E. 2006. Detection of Norovirus genogroup I and II by multiplex real-time RT-PCR using a 3′-minor groove binder-DNA probe. BMC Infect. Dis. 6:69.

[64] Dreier, J., Störmer, M., Kleesiek, K. 2005. Use of bacteriophage MS2 as an internal control in viral reverse transcription-PCR assays. J. Clin. Microbiol. 43:4551–4557.

[65] Jean, J., Blais, B., Darveau, A., Fliss, I. 2001. Detection of hepatitis A virus by the nucleic acid sequence-based amplification technique and comparison with reverse transcription-PCR. Appl. Environ. Microbiol. 67:5593–5600.

[66] Jean, J., Blais, B., Darveau, A., Fliss, I. 2002a. Simultaneous detection and identification of hepatitis A virus and rotavirus by multiplex nucleic acid sequence-based amplification (NASBA) and microtiter plate hybridization system. J. Virol. Methods. 105:123–132.

[67] Moore, C., Clark, E. M., Gallimore, C. I., Corden, S. A., Gray, J. J., Westmoreland, D. 2004. Evaluation of a broadly reactive nucleic acid sequence based amplification assay for the detection of noroviruses in faecal material. J. Clin. Virol. 29:290–296.

[68] Patterson, S. S., Smith, M. W., Casper, E. T., Huffman, D., Stark, L., Fries, D., Paul, J. H. 2006. A nucleic acid sequence-based amplification assay for real-time detection of norovirus genogroup II. J. Appl. Microbiol. 101:956–963.

[69] Jean, J., Blais, B., Darveau, A., Fliss, I. 2002b. Rapid detection of human rotavirus using colorimetric nucleic acid sequence-based amplification (NASBA)-enzyme-linked immunosorbent assay in sewage treatment effluent. FEMS Microbiol. Lett. 210:143–147.

[70] Tai, J. H., Ewert, M. S., Belliot, G., Glass, R. I., Monroe, S. S. 2003. Development of a rapid method using nucleic acid sequence-based amplification for the detection of astrovirus. J. Virol. Methods. 110:119–127.

Kapitel 9
Molekularbiologische Speziesdifferenzierung

Dietrich Mäde

Inhalt

Abkürzungen

PCR	Polymerase-Kettenreaktion
RT	Reverse Transkription
Bp	Basenpaar

9.1 Einleitung

Der Speziesnachweis in Lebensmitteln dient der Analyse, aus welchen Tier- und Pflanzenarten die Erzeugnisse hergestellt wurden. Die Information darüber ist sowohl für den Gesundheitsschutz als auch für den Schutz vor Täuschungspraktiken und zur Information des Verbrauchers wichtig.

D. Mäde (✉)
Landesamt für Verbraucherschutz Sachsen-Anhalt, Dienstsitz Halle,
Freiimfelder Straße 66–68, 06112 Halle, Deutschland
Tel.: +49 345 5643 313
Fax: +49 345 5643 439
e-mail: dietrich.maede@lav.ms.sachsen-anhalt.de

U. Busch (Hrsg.), *Molekularbiologische Methoden in der Lebensmittelanalytik*,
DOI 10.1007/978-3-642-10716-0_9, © Springer-Verlag Berlin Heidelberg 2010

In Bezug auf den Gesundheitsschutz ist die Überempfindlichkeit von Personen gegenüber bestimmten Stoffen von sehr großer Relevanz. So leiden etwa 0,5 % der Europäer an Zöliakie, der Überempfindlichkeit gegenüber Proteinen von Weizen, Roggen, Gerste und verwandten Getreidearten. Zahlreiche weitere Personen weisen Allergien gegenüber Erdnussprotein, Haselnussprotein, Krebstieren, Sojaeiweiß, Milcheiweiß, Hühnereieiweiß oder weiterer, hier nicht weiter aufzuzählender Proteine auf. Nur durch nachvollziehbare und überprüfbare Angaben im Zutatenverzeichnis können die betroffenen Personen ihre Lebensmittel entsprechend auswählen. Hersteller und Behörden benötigen analytische Verfahren, um dies im Rahmen des Qualitätsmanagements und der amtlichen Überwachung regelmäßig zu prüfen.

Der zweite Aspekt des Tierartnachweises ist der Schutz vor Täuschung. Durch verminderte Verwendung hochwertiger Zutaten oder Zusatz von minderwertigen oder billigeren Zutaten für Lebensmittel versuchen einige Hersteller, wirtschaftliche Vorteile zu erzielen. Aufgrund des vergleichsweise hohen Preises von Fleisch birgt die Herstellung von Fleischerzeugnissen das größte Potenzial zu betrügerischen Praktiken. Diese bestehen entweder in der Verwendung eines mehr oder weniger großen Anteils von Fleisch von Tierarten mit geringerem Preis (exemplarisch wären die Verwendung von billigem Schweine- oder Putenfleisch anstelle Rind- oder Schaffleisch in Döner Kebab zu nennen) oder durch Weglassen wertbestimmender Anteile hochwertigen Fleisches, wie Wildfleisch in Wildspezialitäten. Darüber hinaus werden fleischfremde Zutaten, wie Milcheiweiß, Hühnereiprotein oder pflanzliche Proteine, nicht immer ausreichend kenntlich gemacht.

Das Recht des Verbrauchers auf angemessene Information über die Zusammensetzung des Erzeugnisses ist die dritte Säule, aus der sich die Notwendigkeit eines Nachweises von Tier- und Pflanzenarten ergeben kann. Hier sind die religiösen oder ethischen Vorbehalte von Bevölkerungsgruppen gegenüber bestimmten Spezies zu nennen.

Schließlich dient der Tierartnachweis auch bei der Durchsetzung von bestimmten rechtlichen Regelungen zum Feststellen der Identität einer Partie. Dies erstreckt sich von einer zollamtlichen Identitätsfeststellung von Lebensmitteln bei der Einfuhr bis zu der korrekten Kennzeichnung für den Endverbraucher.

Durch Speziesbestimmung in Lebensmitteln soll die qualitative und gegebenenfalls quantitative Zusammensetzung der Erzeugnisse ermittelt werden. Neben den molekularbiologischen Verfahren steht hierzu eine Reihe weiterer Methoden zur Verfügung.

Erste immunologische Verfahren zur Speziesdifferenzierung basieren auf der doppelten Geldiffusion nach Ouchterlony, die in der forensischen Medizin entwickelt wurden, um humane Blutspuren von animalen Blutspuren zu unterscheiden [27]. Diese Methode, die an die Verfügbarkeit von Antiseren gebunden ist, wurde und wird noch zum Tierartnachweis angewendet. Sie ist ebenfalls zum Nachweis von Fremdproteinen, d. h. Proteinen in Fleischerzeugnissen, die nicht aus Muskelfleisch von Haustieren stammen, wie Milcheiweiß, Hühnereiproteine oder pflanzlicher Eiweiße, geeignet. Der Vorteil besteht in der einfachen und apparativ-technisch wenig aufwendigen Durchführung der Methode. Als Nachteil sind mögliche Kreuzreaktionen sowie eine sehr stark von der Proteinart abhängige Nachweisgrenze zu nennen, da die Antigenität der Proteine durch Denaturierung bei der Verarbeitung verloren geht. Die praktisch nicht bestimmbare Sensitivität des Verfahrens kann zu falsch-positiven Ergebnissen führen, indem bereits technologisch unvermeidbare Spuren von rohem Muskelfleisch zu Präzipitatbanden führen; andererseits sind falsch-negative Ergebnisse bei verarbeiteten Fleischerzeugnissen infolge der mit einer verminderten Antigenität der denaturierter Proteine einhergehenden stark verminderten Sensitivität nicht auszuschließen. Heute steht der praktischen Anwendung der doppelten Geldiffusion nach Ouchterlony die fehlende kommerzielle Verfügbarkeit von Antiseren entgegen.

Für den Nachweis von Pflanzenarten wurden immunologische Reaktionen wie die Immunelektrophorese nach Grabar und Williams [15] und die Gegenstromelektrophorese nach Gocke und Howe [14] eingesetzt.

Mit der Verfügbarkeit monoklonaler Antikörper konnten die Sensitivität und die Spezifität der immunologischen Verfahren zur Speziesbestimmung erheblich verbessert werden. Die kommerziell verfügbaren ELISA-Testsysteme können sowohl bei rohen als auch bei erhitzten Fleischerzeugnissen angewandt werden. Aufgrund der mit der Temperaturhöhe korrelierenden Denaturierung von Proteinen können die Testsysteme für die Überprüfung der Erhitzungstemperatur von Tiermehl eingesetzt werden [9]. Die kommerziellen Testsysteme zum Tierartnachweis sind für Proteine, die in der Muskulatur vorkommen, spezifisch. Die Sensitivität kann so eingestellt werden, dass erst bei einem Gehalt über einem definierten Schwellenwert eine positive Reaktion erzielt wird. Weiterhin stehen Testsysteme für den Nachweis von Milcheiweißen, Hühnereiproteinen sowie pflanzlichen Eiweißen zur Verfügung. Die Limitierung der ELISA-Systeme liegt in der Verfügbarkeit der monoklonalen Antikörper.

Elektrophoretische Methoden können ebenfalls zur Speziesbestimmung eingesetzt werden. Die Auswertung basiert bei diesen Methoden auf dem Vergleich der Elektropherogramme der Proben mit denen von im gleichen Gel mitgeführtem Referenzmaterial. In der Lebensmitteluntersuchung werden die native Polyacrylamidelektrophorese, die SDS-Elektrophorese und die isoelektrische Fokussierung angewandt. Durch die native Polyacrylamidelektrophorese werden die aus dem Untersuchungsmaterial extrahierten löslichen Proteine nach Ladung und Molekülmasse aufgetrennt. Mithilfe verschiedener Färbemethoden, etabliert sind die Coomassieblaufärbung sowie Silberfärbung, werden die Elektropherogramme sichtbar gemacht.

In der SDS-Elektrophorese werden die Eiweiße nach der Molekülmasse aufgetrennt, nachdem sie infolge der Anlagerung von Natriumdodecylsulfat (SDS) eine einheitliche Ladung erhalten haben. Die Sichtbarmachung der Elektropherogramme kann durch Färbung erfolgen. Gegenwärtig ist das hauptsächliche Anwendungsgebiet der SDS-Elektrophorese der spezifische immunologische Nachweis der aufgetrennten Proteine durch Western Blot. Dazu werden die Proteine aus dem Gel durch Kapillartransfer oder durch Elektrotransfer, dem Semidryblot, an eine Membran gebunden. Die gebundenen Proteine werden mit einem spezifischen Antikörper oder Antikörper-Konjugat detektiert und in einer anschließenden Farbreaktion sichtbar gemacht. Dieses Verfahren kann sehr sensitiv und spezifisch gestaltet werden und wird zum Nachweis von Zentralnervengewebe in Fleischerzeugnissen eingesetzt. Etabliert wurde diese Methode zum Nachweis des sauren Gliafaserproteins (GFAP) sowie der neuronenspezifischen Enolase [21, 22]. Mittlerweile stehen zum Nachweis dieser Analyten rascher durchzuführende ELISA-Systeme zur Verfügung.

Sehr gut etabliert ist die Tierartdifferenzierung in Fleisch und Fisch mittels isoelektrischer Fokussierung (IEF). Bei dieser Methode erfolgt eine Auftrennung der extrahierten Proteine nach dem isoelektrischen Punkt. Bei Fleisch und Fleischerzeugnissen erfolgt der Vergleich der Myoglobinbanden, bei der Analyse von Milch und Milchprodukten erfolgt die Speziesbestimmung auf der Basis der Kaseinfraktionen. Bei Milch und Milcherzeugnissen ist die IEF die Methode der Wahl, nach Coomassieblaufärbung können die tierartspezifischen Kaseinfraktionen quantitativ bestimmt werden [18]. Die Sensitivität der IEF ist generell begrenzt, sie beträgt etwa 1 % beim Nachweis von Kuhmilchkasein in Schafskäse und etwa 1 bis 5 % beim Nachweis von rohem Fleisch in Fleischerzeugnissen, abhängig vom Myoglobingehalt der verarbeiteten Muskulatur. Durch die begrenzte Sensitivität der IEF wird vermieden, dass bereits geringe, technologisch nicht vermeidbare Spuren, die während der Verarbeitung, zum Beispiel in kleineren handwerklich arbeitenden Betrieben, in ein Erzeugnis gelangen, zu einer ungerechtfertigten Beurteilung führen. In erhitzten Produkten allerdings sind Sensitivität und Spezifität der IEF stark vermindert. Der wesentliche Nachteil der Speziesanalyse durch Elektrophorese liegt in der Notwendigkeit, entsprechendes Referenzmaterial stets auf dem gleichen Gel gemeinsam mit den Proben zu analysieren. Bei exotischen Tierarten ist die Verfügbarkeit von entsprechendem Referenzmaterial begrenzt.

9.2 Molekularbiologische Speziesdifferenzierung

Die Beschränkungen und Gegebenheiten der immunologischen und chemisch-physikalischen Methoden ließen das Erfordernis nach molekularbiologischen Verfahren entstehen, mit denen ein sensitiver und sehr spezifischer qualitativer und bei bestimmten Fragestellungen quantitativer Nachweis von Tier- und Pflanzenarten in Lebensmitteln geführt werden kann.

Folgende molekularbiologische Verfahren zum Speziesnachweis werden derzeit angewandt:

- direkte DNA-Hybridisierung mit tierartspezifischen Sonden,
- PCR und real-time PCR und
- RT-PCR und real-time RT-PCR (hier nicht weiter betrachtet).

Molekularbiologische Verfahren können als spezifische Methoden ausgeführt werden, bei denen mit einem Primer-Paar lediglich eine Spezies bzw. eng verwandte Arten nachgewiesen werden. Durch diese können schon sehr geringe Spuren einer Tierart oder von Material bestimmter Pflanzen in verarbeiteten Erzeugnissen komplexer Zusammensetzung nachgewiesen werden, wenige DNA-Kopien der Zielsequenz können bereits zu positiven Ergebnissen führen. Im Vergleich dazu gibt es

Verfahren, die auf universellen Zielsequenzen basieren; mit den gleichen Oligonukleotiden werden mehrere Tier- und Pflanzenarten simultan nachgewiesen. Durch Kompetition der Oligonukleotide um die Hybridisierungsstellen der Zielsequenzen werden lediglich jene Arten ein positives Signal erzeugen, deren DNA-Anteil in der Probe einen bestimmten Schwellenwert überschreitet.

9.2.1 DNA-Extraktion

Eine effiziente DNA-Extraktion ist die Grundlage für die molekularbiologische Speziesdifferenzierung. Die Zahl der beschriebenen DNA-Extraktionsverfahren und kommerziellen Kit-Systeme ist hoch. Damit ist der Anwender einer gewissen Unsicherheit ausgesetzt, welches System bei den Routineanalysen anzuwenden ist. Je stärker verarbeitet ein Erzeugnis ist, je höhere Temperaturen oder Drücke während der Herstellung angewandt wurden, je niedriger der pH-Wert ist, umso geringer wird der Anteil amplifizierbarer DNA im Erzeugnis selbst sein. Dies stellt bei einigen hoch prozessierten Erzeugnissen hohe Anforderungen an die Effizienz der Verfahren zur DNA-Extraktion.

Im Rahmen der Probenvorbereitung ist zunächst eine sorgfältige Auswahl des Untersuchungsmaterials zu treffen. Gegebenenfalls werden Wursthüllen entfernt und die verschiedenen Bestandteile des Erzeugnisses präpariert, sofern eine differenzierte Untersuchung erforderlich scheint. Schieres Muskelfleisch kann direkt verwendet werden, es ist die entsprechende Probenmenge aus dem Inneren des zu analysierenden Stückes zu entnehmen. Bei der Mehrzahl der Proben ist eine Homogenisierung erforderlich, die Probenmenge zur Homogenisierung sollte 100 g nicht unterschreiten. Nicht homogenisiert werden sehr fein zerkleinerte und bereits homogen erscheinende Lebensmittel wie fein zerkleinerte Brühwürste oder bestimmte Backwaren. Bei solchen Erzeugnissen führt die Herstellungstechnologie bereits zu einer gründlichen Durchmischung.

Als universelles System der DNA-Extraktion aus Lebensmitteln tierischer Herkunft und aus pflanzlichen Lebensmitteln hat sich die CTAB-Extraktion bewährt, modifiziert durch Zusatz von Proteinase K zur Unterstützung der Lysis des Probenmaterials und Verlängerung der Zeit für die Lysis des Materials auf 12 bis 18 h. Entscheidend für die DNA-Ausbeute ist eine nahezu vollständige Lysis des Materials. Trübner [33] hat in Versuchen zur Optimierung festgestellt, dass die besten Ergebnisse bei einer Inkubationstemperatur von 65 °C unter Zusatz von 10 µl Proteinase K zu 200 mg fein zerkleinerten Probenmaterials erzielt werden. Weitere Reinigungsschritte sind bei den meisten Erzeugnissen nach der CTAB-Extraktion nicht erforderlich. Der Nachteil des beschriebenen Verfahrens liegt in der Verwendung von Chloroform als gesundheitsschädliches organisches Lösungsmittel einerseits sowie in dem hohen Arbeitsaufwand andererseits. Die Methode ist nicht automatisierbar, für einen hohen Probendurchsatz ist sie kaum geeignet.

Werden kommerzielle Kit-Systeme eingesetzt, so sollten diese eine Extraktionseffizienz aufweisen, die jener der CTAB-Extraktion vergleichbar ist. Damit kann die CTAB-Extraktion als Standard für die Effizienz und Qualität der DNA-Extraktion aus den meisten Lebensmitteln gelten.

9.2.2 Tierartnachweis durch direkte DNA-Hybridisierung mit spezifischen Sonden

Die direkte Hybridisierung wird zum Nachweis von Tierarten in Fleischerzeugnissen angewandt. Sie basiert auf der Bindung von tierartspezifischen Sonden an die Ziel-DNA. Die markierten Sonden hybridisieren an repetitiven DNA-Sequenzen, die mehrfach im Genom vorkommen. Dadurch sind diese Verfahren recht sensitiv und spezifisch.

Die aus dem Probenmaterial gewonnene DNA wird entweder elektrophoretisch aufgetrennt und an eine Membran gebunden oder direkt nach Slot-Blot auf eine entsprechende Membran transferiert. Die Hybridisierung erfolgt durch Southern-Blot. Nach Absättigung unspezifischer Bindungsstellen wird eine Lösung mit den spezifischen Sonden auf die Membran aufgebracht und bei einer vorab bestimmten Temperatur hybridisiert. Die Hybridisierungstemperatur ist von der DNA-Sequenz sowie der Länge der Sonde abhängig. Zur orientierenden Bestimmung der Hybridisierungstemperatur bei Oligonukleotid-Sonden (und PCR-Primern) ist die 2 + 4-Grad-Regel geeignet: Pro A oder T wird ein Temperaturwert von 2 °C festgelegt, pro C oder G ein Temperaturwert von 4 °C. Die Summe der Anzahl der Basen, multipliziert mit den Temperaturwerten, ergibt die Hybridisierungstemperatur. Besteht eine Sonde zum Beispiel aus 20 Basen, welche jeweils 5 A, T, C und G umfassen, ergibt dies eine Hybidisierungstemperatur von

$$T = 5(A) \times 2 + 5(T) \times 2 + 5(C) \times 4 + 5(G) \times 4 = 60\ °\mathrm{C}.$$

Ausgehend von dieser Überschlagsrechnung muss die optimale Hybridisierungstemperatur experimentell bestimmt werden. Zunächst wird DNA der entsprechenden Tierarten in reiner Form mit der zu prüfenden Sonde analysiert. Dabei wird der Temperaturbereich bestimmt, innerhalb dessen nur die Zielspezies ein Signal ergibt. Anschließend werden relevante Gemische aus Fleisch der Zielspezies in unterschiedlichen Äquivalenten analysiert.

Zur Sondenmarkierung können mehrere verschiedene Systeme angewandt werden. Zu Beginn der Anwendung des Southern Blot wurde häufig mit radioaktiv markierten Sonden gearbeitet. Durch die Erfordernisse der Routineanalytik hat sich die Markierung mit Dioxigenin weitgehend durchgesetzt. Das Glycosid Digoxigenin wirkt als Antigen und kann damit durch eine immunologische Nachweisreaktion detektiert werden. Als konjugierte Antikörper werden enzymmarkierte Systeme oder Chemilumineszenz-basierte Systeme eingesetzt. In dem Verfahren nach Rüggeberg et al. [29] kommen spezifische Sonden zum Einsatz, die an repetitive DNA-Elemente der jeweiligen Tierarten bei einer Nachweisgrenze von 1 % hybridisieren.

Das Verfahren ist relativ aufwendig: Die extrahierte DNA wird mittels Slot Blot an einen Membranfilter fixiert und anschließend mit der Sondenlösung hybridisiert. Die Sonden sind Digoxygenin-(DIG-)markiert, hybridisierte Sonden werden durch einen Anti-DIG-Alkalische-Phosphatase-(AP-)Konjugat nachgewiesen. Die Sichtbarmachung kann durch Farbreaktion oder durch die sensitivere, aber noch aufwendigere Chemilumineszenz-Detektion erfolgen. Der Vorteil der direkten Hybridisierung besteht darin, dass die Sensitivität des Verfahrens dahingehend eingestellt werden kann, falsch-positive Signale durch nichtrelevante Spuren zu vermeiden. Allerdings findet aufgrund des hohen Aufwandes heute eine Routineanwendung nicht statt.

9.2.3 Speziesnachweis durch Polymerase-Kettenreaktion

Die Polymerase-Kettenreaktion ist derzeit die Methode der Wahl zur Speziesbestimmung. Sie ist schnell, sensitiv und spezifisch. Nachstehend werden einige der am weitesten verbreiteten Verfahren vorgestellt.

9.2.3.1 Qualitätssicherung der PCR-basierten Speziesdiagnostik

Die hohe Empfindlichkeit der PCR verlangt nach einem vergleichsweise sehr hohen Aufwand qualitätssichernder Maßnahmen. Während in der in anderen molekularbiologischen Arbeitsbereichen, genannt sei vor allem die molekularbiologische Diagnostik pathogener Mikroorganismen, in der Regel davon auszugehen ist, dass der Zielorganismus nicht in der Umgebung und vergleichsweise selten im Untersuchungsmaterial vorkommt, sind bei der Speziesdiagnostik potenzielle Zielsequenzen nahezu immer präsent. Mit speziellen Maßnahmen der Qualitätssicherung in der PCR zum Speziesnachweis muss eine Kontamination des Probenmaterials, der Reagenzien und der Reaktionsansätze durch die nahezu omnipräsente humane DNA, aber auch DNA weiterer in der Umgebung vorkommender Organismen, vermieden werden; hat eine Kontamination stattgefunden, so muss diese sofort erkannt werden. Bereits bei der DNA-Extraktion muss jeglicher Kontakt des Untersuchers mit dem Probenmaterial vermieden werden. Die Instrumente zum Zerkleinern des Probenmaterials müssen steril und nahezu DNA-frei sein. Einweginstrumente sind zu bevorzugen, es können jedoch auch Edelstahlpinzetten, -scheren und -skalpelle verwendet werden, wenn diese nach den Arbeiten gründlich gereinigt und durch Behandeln mit Natriumhypochlorit-Lösung (z. B. Haushaltsreiniger Klorix®) DNA-frei gemacht werden. Da Reste der Natriumhypochlorit-Lösung die enzymatischen Reaktionen inhibieren, wird anschließend das Material gründlich gespült sowie heißluftsterilisiert. Die Herstellung von Puffern muss so erfolgen, dass kein DNA-Eintrag erfolgen kann, z. B. durch die Messelektrode des pH-Meters. Schließlich verhindert die personelle Trennung der Arbeitsbereiche vor und nach der Amplifikation ein Verschleppen von Reaktionsprodukten.

Kontrollreaktionen

In Anlehnung an europäische Normen [6, 7] werden folgende Kontrollen eingesetzt, um eventuelle Kontaminationen zu erkennen:

- Reagenzienkontrolle,
- Extraktionsnegativkontrolle,
- Positivkontrolle und
- Amplifikationskontrolle.

Eine Reagenzienkontrolle steht am Beginn jeder Serie. In dieser Kontrolle befindet sich nur der PCR-Master-Mix, diese Kontrolle wird unmittelbar nach dem Einfüllen des Master-Mixes verschlossen. Mit der Reagenzienkontrolle werden gegebenenfalls Kontaminationen von Primern, Enzymen, Nukleotiden und Puffern erkannt.

In regelmäßigen Abständen zwischen den Proben und am Ende jeder Extraktionsserie werden Extraktionsnegativkontrollen mitgeführt. Durch diese Kontrolle ist die korrekte Durchführung der DNA-Extraktion nachvollziehbar.

Mit einer Positivkontrolle wird nachgewiesen, dass der Reaktionsansatz korrekt zusammengefügt worden ist. Die Art der verwendeten Positivkontrolle richtet sich nach dem Ziel der Untersuchung:

- Dient die Untersuchung dazu, in einheitlichem Material, wie einem Stück Muskelfleisch oder einem ganzen Fisch, die Spezies zu bestimmen, so genügt es, die vermutete Zielspezies als Positivkontrolle einzusetzen.
- Ist bei Nachweis in solch einheitlichem Material die Zielspezies nicht verfügbar und wird die Speziesdifferenzierung durch DNA-Sequenzierung vorgenommen, so ist als Positivkontrolle eine Art der gleichen taxonomischen Klasse ausreichend.
- Bei Nachweis der Zielspezies in zusammengesetzten Lebensmitteln, zum Beispiel von Rind in einer lediglich aus Schweinefleisch hergestellten Wurst oder umgekehrt, so wird als Positivkontrolle die Zielspezies in einem Gehalt eingesetzt, der der nachzuweisenden Mindestkonzentration entspricht (etwa 1 % des verwendeten Ausgangsmaterials). Diese quantitative Positivkontrolle ermöglicht die Bewertung des konkreten Reaktionsansatzes hinsichtlich der Sensitivität, da die Sensitivität durch Qualitätsunterschiede von Reagenzien, den Einfluss der Lagerung auf Reagenzien oder durch unvermeidbare Pipettierungenauigkeiten durchaus schwanken kann.

Neben dem Ausschluss falsch positiver Ergebnisse durch mitgeführte Extraktionsnegativkontrollen und die Reagenzienkontrolle ist das Vermeiden falsch-negativer Ergebnisse ebenso wichtig, diese können durch Amplifikationskontrollen ausgeschlossen werden. Durch Amplifikationskontrollen kann die Amplifizierbarkeit der extrahierten DNA jeder Probe überprüft werden. Als Amplifikationskontrolle ist eine universelle PCR, bei der eine Vielzahl an Organismen erfasst wird, gut anzuwenden. Die PCR-Produkte einer Amplifikationskontrolle müssen gleichlang oder länger als jene der eigentlichen Nachweisreaktion sein, um den Grad der Fragmentierung der DNA in Lebensmitteln und dessen Einfluss auf das Untersuchungsergebnis zu überwachen.

9.2.3.2 Qualitative PCR

Universeller Nachweis im Cytochrom-b-Gen

Die DNA der Mitochondrien ist ringförmig angeordnet und umfasst bei Säugetieren 15.000 bis 17.000 Basenpaare. Die mitochondriale DNA weist ebenso wie bakterielle DNA keine Introns auf. Aufgrund ineffizienter molekularer Reparatursysteme hat die mitochondriale DNA eine deutlich höhere Mutationsrate als die nukleäre DNA, dies führt zu einem hohen Polymorphismus [16]. Diese Polymorphismen werden unter anderem auch in anthropologischen Studien genutzt [30].

Das mitochondriale Cytochrom-b-Gen wird in phylogenetischen Vergleichen verwendet, um den Verwandtschaftsgrad von Arten festzustellen. Somit sind mitochondriale Sequenzen der überwiegenden Zahl der Tierarten, und damit aller Nutztierarten, in öffentlichen Datenbanken verfügbar. Das mitochondriale Genom besitzt konservierte und variable Bereiche. Die konservierten Bereiche gestattet es, dort die Primer zur Amplifikation einer Vielzahl von Arten zu lokalisieren. Nach Primer-Bindung in den weitgehend konservierten Bereichen wird die DNA über die variablen Bereiche amplifiziert [26].

Die weitere Differenzierung erfolgt bei Bestimmung nur einer Tierart entweder durch Restriktionsendonukleasen (Restriktionslängenpolymorhismen – RFLP) (Abb. 9.1) oder durch DNA-Sequenzierung. Werden mehrere Arten im Fleischerzeugnis

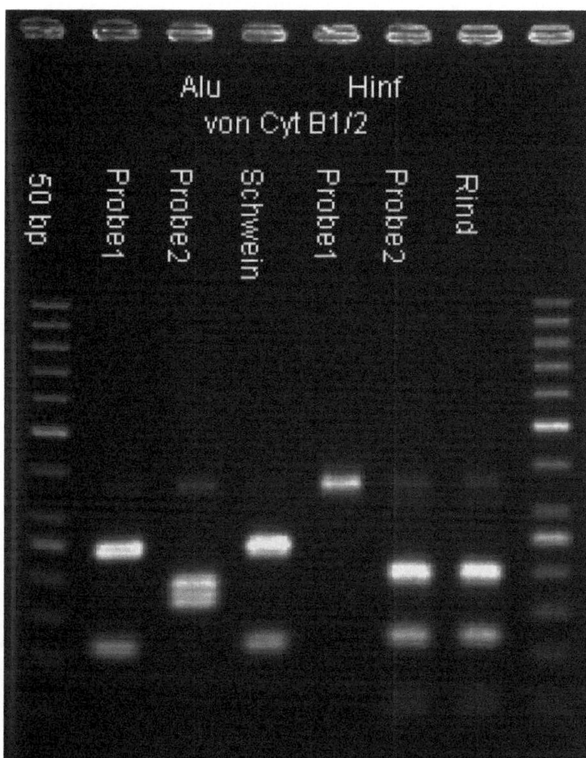

Abb. 9.1 Cytochrom-b-PCR, geschnitten mit den Restriktionsenzymen *Alu*I und *Hinf*I. Probe 1 – Erzeugnis aus Schweinefleisch, Probe 2 – Erzeugnis aus Rindfleisch

vermutet, so ist die Auswertung der Restriktionslängenpolymorphismen die Methode der Wahl.

Mit einem universellen Primer-System lassen sich prinzipiell alle Tierarten nachweisen. Die Reaktionsbedingungen der PCR werden dabei nicht auf maximale Spezifität optimiert. Einige Arten weisen Punktmutationen im Bereich der Primer-Bindungsstellen auf; die Reaktionsbedingungen der PCR müssen so gewählt werden, dass trotz solch suboptimaler Matchings der Primer eine PCR ablaufen kann. Liegen Gemische mit mehreren Arten vor, kommt es aufgrund der unterschiedlichen Hybridisierungseffizienz der Primer bei den verschiedenen Spezies zur bevorzugten Amplifikation einer Art im Vergleich zu den weiteren Arten. Diese unterschiedlichen PCR-Effizienzen können dazu führen, dass geringe, jedoch lebensmittelhygienisch relevante Anteile einer Spezies in einem aus Fleisch einer anderen Spezies nicht detektiert werden. So werden Anteile von weniger als 10 % Geflügelfleisch in Schweinefleisch bei Amplifikation mit den universellen Cytochrom-b-Primern nicht erkannt. Dies macht Adaption der Primer an die Zielspezies oder eine Gruppe von Arten erforderlich. Die adaptierten Primer sind nach wie vor universell, sie hybridisieren jedoch an DNA der Tierarten, an deren Sequenz sie adaptiert wurden, mit deutlich höherer Effizienz (Abb. 9.2).

Zur Differenzierung der PCR-Produkte mit Restriktionsendonukleasen ist es erforderlich, mindestens zwei Enzyme anzuwenden, da durch eine spontane Punktmutation eine Restriktionsschnittstelle verändert werden kann. Die Wahrscheinlichkeit, dass zwei Schnittstellen vom gegebenen Muster abweichen, ist hingegen sehr gering. Es ist bei der Auswertung zu beachten, dass einige Tierarten wie Schaf und Hund aufgrund von rassespezifischen Unterschieden auch bei einigen Enzymen abweichende Bandenmuster aufweisen.

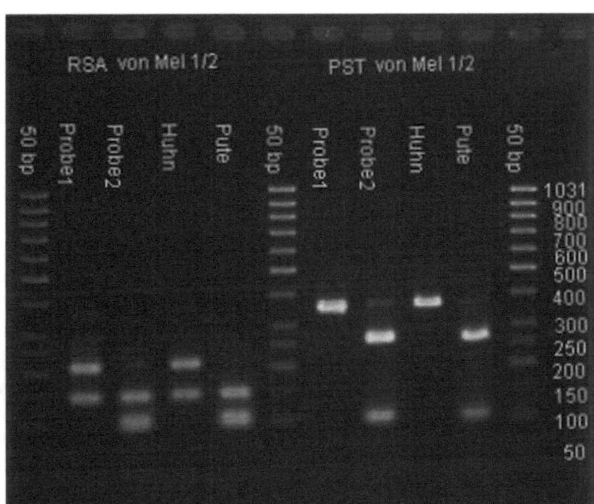

Abb. 9.2 Restriktionsanalyse der Geflügeladaptierten Mel1/2 PCR zum Nachweis von Huhn und Pute in Fleischerzeugnissen. *Rsa*I schneidet Huhn und Pute, *Pst*I schneidet lediglich Pute. Probe 1: Erzeugnis aus Hühnerfleisch; Probe 2: Erzeugnis aus Putenfleisch

Kontamination mit Fremd-DNA und deren Erkennen und die Vermeidung

Die Amplifikation im Cytochrom-b-Gen durch universelle Primer bringt eine sehr hohe Gefahr mit sich, dass Fremd-DNA, d. h. DNA, die nicht aus dem Probenmaterial stammt, nachgewiesen wird. Mehrfach musste festgestellt werden, dass durch Kontamination von Reagenzien mit humaner DNA diese ebenfalls nachgewiesen wird. Wir haben auch humane Kontaminationen in dNTP-Lösungen sowie in einigen Chargen Taq-Polymerase feststellen können.

Bei einigen Präparationen von hot-start Taq-Polymerasen wird die Enzymaktivität durch Antikörper blockiert. Diese Antikörper werden in Hybridoma-Zellen hergestellt, die DNA dieser Zellen war in den Enzympräparationen vorhanden und führte zu fehlerhaften Ergebnissen.

Speziesbestimmung durch Sequenzanalyse

Die universelle PCR im Cytochrom-b-Gen wird auch verwendet, um unbekannte Arten, von denen kein Kontrollmaterial und damit kein bekanntes Restriktionsmuster vorliegt, durch DNA-Sequenzierung nachzuweisen [11, 23].

Das gereinigte PCR-Produkt wird sequenziert und mit öffentlichen Datenbanken verglichen. Als Datenbanken werden Genbank (National Center for Biotechnology Information), EMBL (European Molecular Biology Laboratory) oder DDBJ (DNA Data Bank of Japan) verwendet. Die genannten Datenbanken werden täglich miteinander abgeglichen, sodass es unerheblich ist, welche zur Analyse verwendet wird. Komfortabel ist Genbank über nucleotide blast [4] zu verwenden (Abb. 9.3).

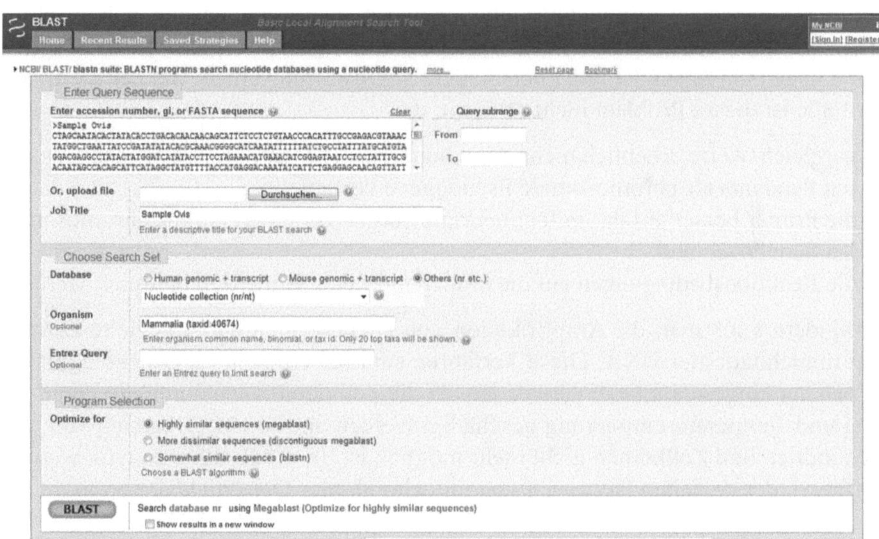

Abb. 9.3 Eingabemaske des GenBank BLAST-Systems zum Abgleich von DNA-Sequenzen mit den internationalen Nukleinsäuredatenbanken

Bei der Interpretation von Datenbankvergleichen ist stets zu beachten, dass es keine Sequenzkorrektur der öffentlichen Datenbanken gibt. Daraus ergibt sich, dass Fehler in den hinterlegten Sequenzen vorhanden sein können. Bei landwirtschaftlichen Nutztieren und im Cytochrom-b-Gen ist diese potenzielle Fehlermöglichkeit zu vernachlässigen, da mehrere Sequenzen hinterlegt sind. Anders hingegen sieht es bei exotischen Arten aus, von denen nur wenige Daten verfügbar sind. Hier muss die Ergebnissequenz kritisch hinterfragt werden, gegebenenfalls sind die an zweiter oder dritter Stelle rangierenden Sequenzen in die Auswertung einzubeziehen. Bei nicht übereinstimmenden Basenpaaren muss fallweise das Elektropherogramm, welches den Sequenzdaten zugrunde liegt, nochmals geprüft werden.

Sonderfälle der Speziesbestimmung durch Sequenzanalyse

In einigen Fällen kann man auch Fleischerzeugnisse aus zwei Tierarten durch RFLP und Sequenzierung analysieren, wenn eine Spezies bekannt ist [23]. Dazu wird die bekannte Spezies mit einem Restriktionsenzym verdaut, welches die unbekannte Spezies nicht schneidet. Nach Analyse in einem Agarosegel wird das nichtgeschnittene PCR-Produkt aus dem Gel extrahiert und sequenziert.

Bei der PCR im Cytochrom-b-Gen treten gelegentlich sehr schlecht auswertbare Elektropherogramme auf. Dies kann einerseits auf ungenügende Primer-Qualität, entweder durch Hydrolyse der Oligonukleotide, oder durch geringe Qualität der Synthese, zurückgeführt werden. Dieser Mangel kann bei jeder Sequenzanalyse auftreten. Andererseits ist eine Beeinflussung des Ergebnisses durch chromosomale Pseudogene möglich. Die Primer binden an die chromosomalen Pseudogene ebenso wie an die mitochondriale DNA, amplifizieren diese und bilden damit das Template für die DNA-Sequenzierung. Dies führt dazu, dass zwei verschiedene PCR-Produkte als Template der Sequenzierung vorliegen, die Elektropherogramme dieser Produkte liegen übereinander und können nicht ausgewertet werden. Bei der Mehrzahl der Fälle ist dieses Problem nicht relevant, da

- vergleichsweise erheblich mehr mitochondriale Cytochrom-b-Sequenzen als deren Pendants als chromosomale Pseudogene vorliegen,
- die Primer besser auf das mitochondriale Target passen als auf die chromosomalen Sequenzen und
- die Reaktionsbedingungen auf die mitochondrialen Sequenzen optimiert werden.

Verhindern kann man die Amplifikation von Pseudogenen durch gezielte Extraktion mitochondrialer DNA. Diese Verfahren sind bei erhitzen Fleischerzeugnissen jedoch nur eingeschränkt zu verwenden, da die Zellmembranen durch die Verarbeitung und Temperatureinwirkung geschädigt werden und so eine Trennung von Mitochondrien und Zellkernen nicht mehr möglich ist. In der Routineanalytik werden Verfahren der gezielten Isolierung von mitochondrialer DNA nicht angewandt.

Spezifische PCR zum Tierartnachweis

Die spezifische PCR ist ein Verfahren, um mit sehr hoher Sensitivität eine bestimmte Art oder mehrere verwandte Arten nachweisen zu können. Die Ergebnisse bedürfen einer sorgfältigen Interpretation, um nicht aufgrund zufälliger oder technisch unvermeidbarer Spuren zu falschen Ergebnissen zu kommen. Trotz der teilweise hohen Spezifität der Verfahren ist die molekularbiologische, sequenzspezifische Bestätigungsreaktion positiver PCR-Ergebnisse erforderlich. Negative Befunde müssen durch eine Amplifikationskontrolle abgesichert werden. Dafür werden universelle mitochondriale Systeme, zum Beispiel das Cytochrom-b-System oder Primer-Systeme, welche mit über die gesamte taxonomische Klasse oder gar im gesamten Tier- bzw. Pflanzenreich konservierten Sequenzen hybridisieren, angewandt.

Methoden auf Basis von mitochondrialen Sequenzen [8, 24] und Methoden, die chromosomale Gensequenzen amplifizieren [23, 25], werden als konventionelle PCR angewandt.

Das Verfahren nach Matsunaga et al. [24] basiert auf der Amplifikation des Cytochrom-b-Gens mit einem universellen Vorwärtsprimer und mehreren, für die Tierarten Rind, Schwein, Schaf, Ziege, Pferd und Huhn spezifischen, reversen Primern. Diese Methode wurde als Multiplex-PCR entwickelt und kann bei sehr guter Qualität der Oligonukleotide auch als Multiplex-PCR eingesetzt werden. Beachtet werden muss, dass die PCR-Produkte trotz der verschiedenen Größen noch verifiziert werden müssen; darin besteht gleichzeitig die Grenze der Methode: Eine valide Verifizierung der Multiplex-PCR durch RFLP ist nur sehr schwierig zu etablieren, wenn mehrere Spezies im Erzeugnis präsent sind. Die Restriktionsfragmente einer Spezies können durch ein nichtgeschnittenes, kürzeres PCR-Produkt einer weiteren Spezies maskiert werden. Ebenso schwierig ist die DNA-Sequenzierung bei Gemischen anzuwenden, denn die zu analysierenden Banden müssen aus dem Gel extrahiert werden.

In der amtlichen Sammlung wird ein Verfahren zum Nachweis von Pferd, basierend auf mitochondrialen Sequenzen, beschrieben. Dieses PCR-RFLP-Verfahren ist aufgrund der relativ kurzen Fragmentlänge von 146 bp breit einsetzbar und auch für Vollkonserven geeignet [8].

Die spezifische PCR in chromosomalen Genabschnitten bietet die Vorteile einer hohen Spezifität, verbunden mit einfachen Verifizierungsmöglichkeiten und der Verwendung kurzer Gensequenzen und somit kurzer PCR-Produkte. Kurze Sequenzen sind bei verarbeiteten Erzeugnissen zu bevorzugen, da die DNA aufgrund der Temperatureinwirkungen, verbunden meist mit einer Absenkung des pH-Wertes, zu relativ kurzen Fragmenten zwischen etwa 50 und 500 bp hydrolysiert wird. Mit dem spezifischen System für Rind und Schaf können Anteile von deutlich unter 1 % sicher nachgewiesen werden, die Größe des PCR-Produktes gestattet die Verifizierung durch RFLP (Abb. 9.4).

Speziesbestimmung bei Fischen

Die molekularbiologische Speziesbestimmung bei Fischen erfolgt mit ähnlichen Systemen wie in der Speziesbestimmung von Säugetieren und Vögeln, es werden ebenfalls mitochondriale Sequenzen amplifiziert und anschließend analysiert [5, 34].

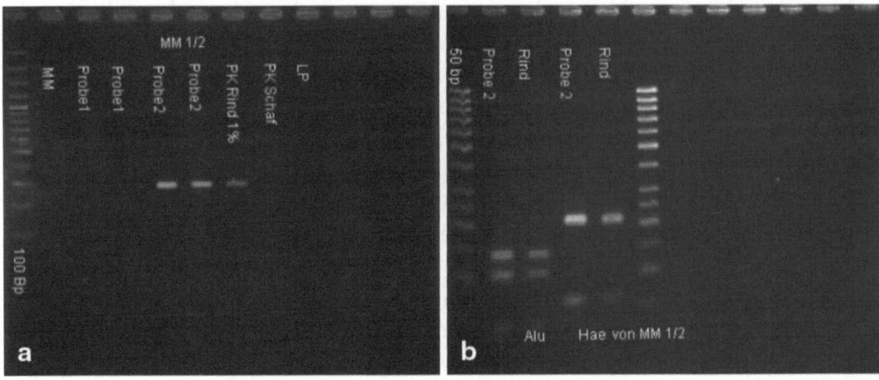

Abb. 9.4 Spezifische PCR für Rind (**a**) und die resultierenden Restriktionsfragmente (**b**) mit den Enzymen *Alu*I (*links*) und *Hae*III (*rechts*) zur Bestätigung. Probe 2 enthält Rind. MM – Reagenzienkontrolle, LP – Extraktionsnegativkontrolle, PK Rind 1 % – Positivkontrolle, bestehend aus 1 % Rindfleisch und 99 % Schweinefleisch (jeweils Gewichtsanteile), PK Schaf – mitgeführte Spezifitätskontrolle Schaf, die in dieser Reaktion negativ sein sollte

Zur Analyse stehen wiederum RFLP und DNA-Sequenzierung zur Verfügung. Als Enzyme für den RFLP werden *Hae*III, *Taq*1, *Sau*3A und *Nla*III angewandt. In der amtlichen Sammlung von Untersuchungsverfahren werden die Restriktionsfragmente von marktrelevanten Arten aufgelistet [5]. Nach dem in der amtlichen Sammlung festgelegten Verfahren werden die Restriktionsfragmente auf einem hochauflösenden 2,5 %igen Agarosegel oder einem Polyacrylamidgel aufgetrennt (Abb. 9.4). Die Größe der im Gel bestimmten Fragmente kann allerdings durch die unterschiedliche Mobilität im Gel um 10–20 % von den tatsächlichen Größen abweichen. Als Alternative bietet sich das Verfahren der Fluoreszenzmarkierung der PCR-Produkte während der Amplifikation, z. B. durch R110-dCTP, an. Die Fragmente lassen sich dann durch die Fluoreszenzmarkierung in einem Sequenzierautomaten mit Fragmentanalyse auftrennen.

Für die Analyse einzelner Proben jedoch bietet sich die direkte Sequenzierung der PCR-Produkte und Datenbankanalyse der Sequenzen an. Der Vorteil besteht vor allem darin, dass auch unbekannte, bislang nicht als Referenzmaterial vorliegende Arten bestimmt werden können. Die Sequenzierung erfolgt mit den gleichen Primern (Abb. 9.5).

Geschlechtsbestimmung von Säugetieren

Ein Sonderfall der Tierartanalyse ist die Geschlechtsbestimmung. Diese Methode kann zur Überprüfung der Identität von Fleisch verwendet werden, die Kennzeichnung der Handelsklasse bei Rindfleisch schließt die Geschlechtsangabe ein. Die Primer sind in konservierten Regionen des Zinc-finger-protein-(ZF-)X-(X-chromosomal)- und ZFY-(Y-chromosomal)-Genes lokalisiert [1]. Die Differen-

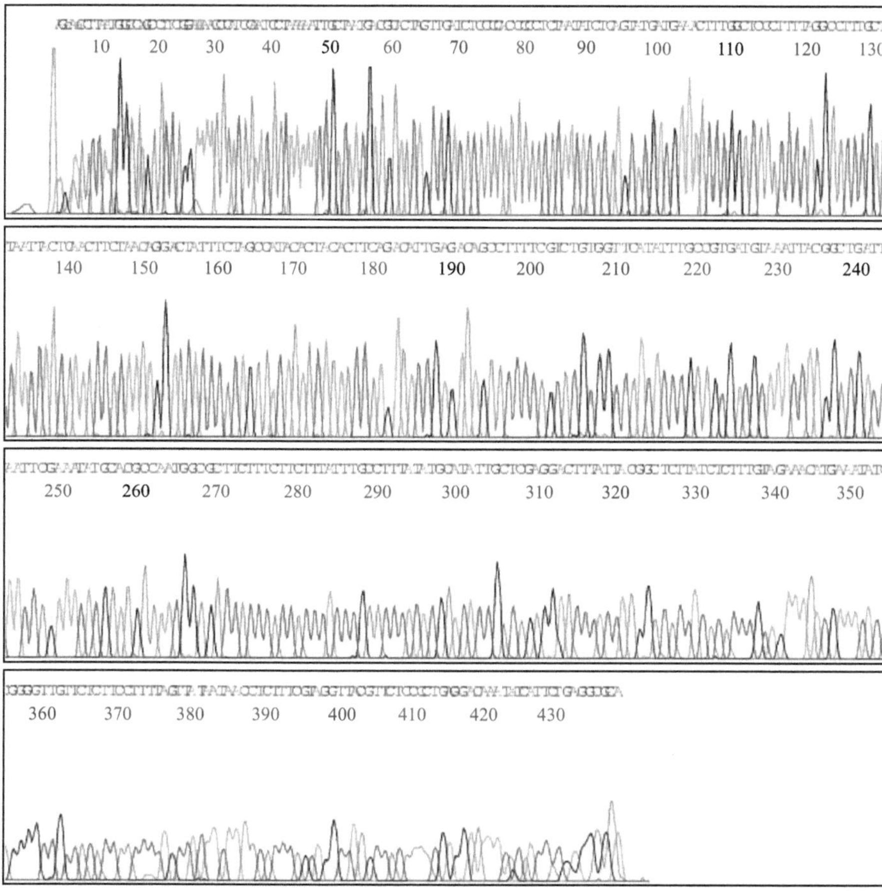

Abb. 9.5 Elektropherogramm der Sequenzierung mit dem Primer L14735 zur Speziesbestimmung bei Fischen

zierung erfolgt über Restriktionsendonukleasen. Männliche Tiere besitzen zwei Allele des Zielgens, wohingegen weibliche Tiere nur das X-chromosomale Allel aufweisen.

Die geschlechtsspezifischen Allele des ZFX/ZFY-Gens werden mit einem universell hybridisierenden Primer-Paar amplifiziert. Geschlechtsspezifische Unterschiede werden durch Restriktionsenzyme dargestellt. So weist das männliche Rind im ZFY-Gen eine *Pst*I-Schnittstelle auf, weibliche Rinder besitzen diese Schnittstelle nicht. Dies resultiert bei männlichen Rindern in zwei Fragmenten des ZFY-Allels, weiterhin ist auf dem Agarosegel das ungeschnittene X-chromosomale Allel sichtbar. Weibliche Rinder hingegen weisen nur letzteres auf.

Bei Schaf und Ziege wird das ZFY-Gen der Böcke durch das Enzym *Cac*I nicht geschnitten, wohingegen das ZFX-Gen in zwei Fragmente mit 272 und 173 geteilt wird.

Da für viele Arten die ZF-Gene gut charakterisiert sind, lassen sich diese Systeme auch zur Speziesbestimmung nutzen. Die Größe der entstehenden Restriktionsfragmente wird anhand der Sequenzdaten vorab bestimmt.

Nachweis von Arthropoden und Mollusken

Der Nachweis von Arthropoden kann aus drei Gründen erforderlich sein:

- Nachweis der Spezies Edelkrebs als Schutz vor Täuschung,
- Nachweis von Krebstieren als Allergen und
- Überprüfung der korrekten Verkehrsbezeichnung im Handel.

Die Speziesbestimmung von Mollusken, Gehäuseschnecken, Muscheln und Tintenfischen ist wichtig, um die korrekte Bezeichnung von Erzeugnissen im Handel zu überprüfen sowie um Täuschungspraktiken zu erkennen.

Gliedertiere und Schnecken lassen sich ebenso wie Wirbeltiere mit universellen PCR-Systemen und anschließender Sequenzierung oder mit spezifischen Primer-Sets nachweisen.

Mehrere spezifische Systeme wurden bislang zum Nachweis von Arthropoden, insbesondere zum Nachweis von Krebstieren, entwickelt [13, 28]. Diese Systeme basieren meist auf mitochondrialen Sequenzen, um die vergleichsweise hohe Zahl an DNA-Kopien pro Zelle wie auch die in großem Umfang verfügbaren Sequenzinformationen zu nutzen.

Aufgrund der Artenvielfalt ist die Sequenzierung die Methode der Wahl zur universellen Speziesdiagnostik. Zur Identifizierung der Spezies bei Mollusken sind die von Borgo et al. [10] verwendeten Primer-Systeme, amplifizierend im 12S- und 16S-rRNA-Gen, gut geeignet. Diese Auswertung kann entweder durch Sequenzierung erfolgen. Bei einer überschaubaren Artzahl von Schnecken ist auch der Vergleich von Restriktionsmustern möglich, sofern die entsprechenden Referenzproben zur Verfügung stehen. Letzteres ist insbesondere zur Differenzierung der seltenen und wertvollen Weinbergschnecke *Helix pomatia* von der gestreiften Weinbergschnecke *Helix lucorum* („Escargot turc“) sowie von der Achatschnecke *Achatina fulica* ein geeignetes Verfahren.

Nachweis von Pflanzenarten

Die Diagnostik von Pflanzenarten dient zum Schutz vor betrügerischen Praktiken (Fälschung oder Zusatz minderwertiger Zutaten) oder als Nachweis von Stoffen, die allergische oder andere Unverträglichkeitserscheinungen aufweisen.

Als Amplifikationskontrolle wird eine universelle PCR im Leucin-tRNA-Gen angewandt [31], das PCR-Produkt kann außerdem zur Speziesbestimmung nach Sequenzierung verwendet werden. Die PCR-Produkte sind bei den meisten Arten etwa 550 bp groß, allerdings können PCR-Produkte einiger Pflanzen eine abweichende Länge aufweisen.

Da viele Verarbeitungsschritte von Lebensmitteln die DNA fragmentieren, ist dieses System nur für wenig verarbeitete Matrizes geeignet. Als Amplifikationskontrolle bei der Anwendung kurzer Fragmente, wie sie in der real-time PCR mit TaqMan-Sonden nahezu ausschließlich verwendet werden [17], hat Zeltner [35] das TR-System von Allmann et al. [3] mit einer pflanzenspezifischen Sonde versehen. Dieses Primer-Sondensystem wird als Amplifikationskontrolle der real-time PCR zum Nachweis der Zöliakie-auslösenden Pflanzenarten Weizen, Roggen, Dinkel, Kamut, Gerste und Hafer angewandt. Ein System dient zum Nachweis von Weizen und Roggen sowie der verwandten Arten Dinkel und Kamut bei einer Nachweisgrenze von 5 mg Weizen pro Kilogramm Erzeugnis, je ein weiteres Primer-Sondensystem für Gerste und für Hafer weist eine Nachweisgrenze von 10 mg/kg auf.

9.2.3.3 Quantitative Speziesanalyse

Quantitative Tierartbestimmung

Für die quantitative Tierartbestimmung hat sich die real-time PCR durchgesetzt [12, 19, 20]. Voraussetzung dafür ist die Homogenisierung einer ausreichend großen Probenmenge, vollständige Lysis des Probenmaterials und eine effiziente DNA-Extraktion.

Die quantitative Tierartbestimmung erfolgt als relative Quantifizierung. Durch real-time PCR werden dabei die relative Kopienzahl einer Art durch ein spezifisches Primer-Sondensystem bestimmt. In einer zweiten, parallel ablaufenden Reaktion wird die Kopienzahl der taxonomischen Gruppe bestimmt, zu der die relevanten Arten gehören; es sind Systeme zum Nachweis von Säugetier-DNA oder zum gemeinsamen Nachweis von Säugetier- und Geflügel-DNA verfügbar [19, 20].

Das universelle Primer-System im Myostatin-Gen amplifiziert den gleichen Genabschnitt aller Säugetiere und Nutzgeflügelarten, dadurch wird der gesamte Anteil von aus Nutztieren stammender DNA bestimmt. In weiteren Reaktionen wird die DNA der zu quantifizierenden Spezies ermittelt.

In beiden Reaktionen kann die DNA der zu quantifizierenden Tierart als Standardreihe in absteigender Verdünnungsreihe, z. B. jeweils 1:5, 1:25, 1:125, 1:625, 1:3125 und 1:15.625 verwendet werden. Da beide Gene im gleichen Verhältnis vorliegen, wird jeder der Stufen die gleiche relative Kopienzahl zugeordnet, dies sind bei genannter Reihe entsprechend 31.250, 6250, 1250, 250, 50 und 10 Kopien. Wichtig ist, dass weder in der Standardreihe noch in der Proben-DNA Inhibitionen auftreten. Dies wird überprüft, indem die DNA in zwei Verdünnungsstufen eingesetzt wird, die Differenz der C_t-Werte zwischen den Stufen muss der theoretischen Differenz entsprechen. Bei einer Vierfachverdünnung beträgt die Differenz der C_t-Werte 2, bei der genannten Standardreihe mit Fünffachverdünnung etwa 2,24. Aus den C_t-Werten der Proben-DNA in beiden Systemen wird bei Gültigkeit der Voraussetzungen die relative Kopienzahl der Nutztier-DNA und der bovinen DNA berechnet, davon ausgehend wird der Anteil boviner DNA bestimmt.

Mit diesem Verfahren kann nach entsprechender Validierung unter Verwendung von Gemischen (1 %, 5 %, 10 % und 50 %) der prozentuale Anteil aller relevanten Tierarten ermittelt werden. Bei Validierungsuntersuchungen ist der Fett- und Bindegewebsgehalt der Gewebearten bei Herstellung der Vergleichsproben zu beachten, das Material ist so auszuwählen, dass es den tatsächlichen Gegebenheiten sowie den gesetzlichen Anforderungen entspricht.

Die quantitative Tierartbestimmung weist Limitierungen auf. Es bestehen Unterschiede in der Zelldichte bzw. in der Zahl der Zellkerne pro Masseeinheit. Die ermittelten Zahlen sind der Ausdruck des Verhältnisses der DNA und damit der Zellkerndichte in den verwendeten Geweben. Von diesen Zahlen kann nur mittelbar auf den Muskelfleischanteil der eingesetzten Arten geschlossen werden, da der Anteil der Zellkerne und damit der DNA-Gehalt der Gewebe unterschiedlich ist. Dies muss bei der Interpretation von komplex zusammengesetzten Erzeugnissen in Betracht gezogen werden. Ist die Rezeptur bekannt, wie es bei der quantitativen Angabe der Zutaten oft der Fall ist, oder folgt die Rezeptur des Erzeugnisses vorgeschriebenen Werten, kann unter Berücksichtigung des DNA-Gehaltes der eingesetzten Gewebe der Anteil der Spezies bestimmt werden. Der DNA-Gehalt von Muskulatur und Bindegewebe von Rind und Schwein beträgt gemäß Trübner [33] nach der standardmäßig angewandten CTAB-Extraktion 200 µg/ml, jener von Fettgewebe beträgt beim Schwein 90 µg/ml und beim Rind 35 µg/ml und ist damit erheblich geringer. Erheblich höher ist der DNA-Gehalt der Organe Milz, Leber und Niere mit 700–1500 µg/ml [33]. Die Relationen des DNA-Gehaltes sind somit zwischen verschiedenen Geweben der Arten Rind und Schwein ähnlich. Unter Berücksichtigung des durch Rechtsnormen definierten maximalen Anteils von Fett- und Bindegewebe von Fleisch verschiedener Tierarten kann ausgehend vom Verhältnis der DNA auf das Verhältnis des eingesetzten Muskelfleisches geschlossen werden.

Quantitative Bestimmung von Pflanzenarten

Fälschungsschutz wird bei dem Nachweis von Weichweizen in Produkten, die ausschließlich aus Hartweizen hergestellt werden, erforderlich [2, 32]. Die Methoden basieren analog zur quantitativen Tierartbestimmung auf der quantitativen real-time PCR. Mit einem Primer-Sondensystem, bindend im Lipid-Transfer-Protein-Gen wird Weizen-DNA (*Triticum aestivum* – Weichweizen und *Triticum durum* – Hartweizen) gleichermaßen amplifiziert. Ein zweites System ist spezifisch für *Triticum aesivum*, es amplifiziert einen Teil aus dem Puroindolin-Gen. Dieses Gen fehlt in Hartweizen. Zur Quantifizierung werden Standards aus Hartweizen mit Anteilen von 1 %, 3 %, 5 % und 10 % hergestellt. Anhand dieser Standards kann der Anteil an Weichweizen in Erzeugnissen aus Hartweizen bestimmt werden. Primer und Sonden sind in Tab. 9.1 aufgeführt.

Die quantitative Bestimmung erfolgt als relative Quantifizierung. Ein definiertes Gemisch aus 95 % Hartweizen und 5 % Weichweizen (jeweils Massenanteile) dient als Standardreihe. Den Verdünnungsstufen der Standards werden relative Kopienzahlen zugeordnet. Den höheren Konzentrationen werden davon ausgehend

Tab. 9.1 Primer zur Weichweizen- und Hartweizenbestimmung nach Alary et al. (2002)

Gen	Name	Sequenz (5′–3′)	EMBL Accession-Nummer
Weizen Puroindolin-b-Gen (weichweizenspezifisch)	pinbF	5′-AGC ACT TCT CCC GAA CCT CA-3′	X63669
	pinbR	5′-CAG TCA CCT GGC CCA CAA A-3′	
	pinb probe	5′-(FAM)-CTC ACA GCC GCC CTT CCA CCA-(TAMRA)-3′	
Weizen Lipid-Transfer Protein-Gen (weizenspezifisch)	lpt490F	5′-TGC GAC GGC GTC AAG AA-3′	X69912
	lpt490R	5′-AGC GCT TTG GCG ATC G-3′	
	pinb probe	5′-(FAM)-TCC ATA ACC AGG CGC GAT CCC A-(TAMRA)-3′	

die der Verdünnungsstufe entsprechenden relativen Kopienzahlen zugeordnet. Den C_t-Werten der Proben kann dann im jeweiligen System eine relative Kopienzahl zugeordnet werden. Anhand dieser Zahlen wird der Anteil an Weichweizen bestimmt. Ein Anteil von bis zu 3 % Weichweizen gilt derzeit als tolerierbar.

Literatur

[1] Aasen, E., Medrano, J. F. (1990): Amplification of the ZFX and ZFY genes for sex identification in humans, cattle sheep and goats. Biotechnology 8:1279–1281.

[2] Alary, R., Serin, A., Duviau, M. P., Joudrier, P., Gautier, M. F. (2002): Quantification of common wheat adulteration of durum wheat pasta using real-time quantitative polymerase chain reaction (PCR). Cereal Chem. 79:553–558.

[3] Allmann, M., Candrian U., Höfelein Ch., Lüthy J. (1993): Polymerase chain reaction (PCR): A possible alternative to immunochemical methods assuring safety and quality of food detection of wheat contamination in non-wheat food products. Z. Lebensm. Unters. Forsch. 196:248–251.

[4] Altschul, S. F., Madden, T. L., Schäffer, A. A., Zhang, J., Zhang, Z., Miller, W., Lipman, D. J. (1997): Gapped BLAST and PSI-BLAST: a new generation of protein database search programs. Nucleic Acids Res. 25:3389–3402.

[5] Anonymus (2002): Untersuchung von Lebensmitteln – Identifizierung der Fischart in rohen und erhitzten Erzeugnissen. Methode L 11.00-7. Amtliche Sammlung von Untersuchungsverfahren nach § 64 LFGB, 2002–2012.

[6] Anonymus (2005): DIN EN ISO 22174 Mikrobiologie von Lebensmitteln und Futtermitteln Polymerase-Kettenreaktion zum Nachweis von pathogenen Mikroorganismen in Lebensmitteln – Allgemeine Anforderungen und Begriffe (ISO 22174:2005); Deutsche Fassung EN ISO 22174:2005.

[7] Anonymus (2006): DIN EN ISO 24276 Lebensmittel – Verfahren zum Nachweis von gentechnisch modifizierten Organismen und ihren Produkten – Allgemeine Anforderungen Definitionen (ISO 24276:2006); Deutsche Fassung EN ISO 24276:2006.

[8] Anonymus (2007): Untersuchung von Lebensmitteln – Nachweis Pferd-spezifischer DNA-Sequenzen in Fleisch-Vollkonserven mit der PCR und Bestätigung durch Restiktrionsanalyse. Methode L 06.26/27 Amtliche Sammlung von Untersuchungsverfahren nach § 64 LFGB, 2007–2012.
[9] Berger, R. G., Mageau, R. P., Schab, B., Johnston, R. W. (1988): Detection of poultry and pork in cooked and canned meat foods by enzyme-linked immunosorbent assays. J. AOAC 71:406–409.
[10] Borgo, R., Souty-Grosset, C., Bouchon, D., Gomot, L. (1996): PCR-RFLP Analysis of Mitochindrial DNA for Identification of Snail Meat Species. J. Food Sci. 61:1–4.
[11] Brodmann P., Nicholas, G., Schaltenbrand, P., Ilg, E. C. (2001): Identifying unknown game species: experience with nucleotide sequencing of the mitochondrial cytochrome b gene and a subsequent basic local alignment search tool search, Euro. Food Res. Technol. 212:491–496.
[12] Brodmann, P., Moor, D. (2003): Sensitive and semi-quantitative TaqManTM real-time polymerase chain reaction systems for the detection of beef (Bos taurus) and the detection of the family Mammalia in food and feed. Meat Sci. 65:599–607.
[13] Brzezinski, J. L. (2005): Detection of crustacean DNA and species identification using a PCR–restriction fragment length polymorphism method. J. Food Prot. 68:1866–1873.
[14] Gocke, D. J, Howe, C. (1970): Rapid detection of Australia antigen by counterimmunoelectrophoresis. J. Immunol. 104:1031–1032.
[15] Grabar, P., Williams, C. (1953): Méthode permettent l´étude conjugée des propriétés électrophorétiques et immunochimiques d´un melange de protéines. Application au serum sanguin. Biochem. Biophys. Acta 10:193–194.
[16] Groth, J. (2008): Meine Moleküle Deine Moleküle. Von der molekularen Individualität. Rhombus Verlag Berlin 2004. Online verfügbar unter http://www.meine-molekuele.de
[17] Hernández, M., Esteve, T., Pla, M. (2005): Real-time polymerase chain reaction based assays for quantitative detection of barley, rice, sunflower, and wheat. J. Agric. Food Chem. 53:7003–7009.
[18] Krause, I., Belitz, H.-D., Kaiser, K.-P. (1982): Nachweis von Kuhmilch in Schaf- und Ziegenmilch bzw. – käse durch isoelektrische Fokussierung in harnstoffhaltigen Polyacrylamidgelen. Zeitschrift Lebensmitteluntersuchung und – Forschung A. 174:195–199.
[19] Laube, I., Zagon, J., Spiegelberg, A., Butschke, A., Kroh, L. W., Broll, H. (2007): Development and design of a ‚ready-to-use‘ reaction plate for a PCR-based simultaneous detection of animal species used in foods. Int. J. Food Sci. Technol. 42:9–17.
[20] Laube, I., Zagon, J., Broll, H. (2007): Quantitative determination of commercially relevant species in foods by real-time PCR. Int. J. Food Sci. Technol. 42:336–341.
[21] Lücker, E., Eigenbrodt, E., Wenisch, S., Failing, K., Leiser, R., Bülte, M. (1999): Development of an integrated procedure for the detection of central nervous tissue in meat products using cholesterol and neuron specific enolase as markers. J. Food Prot. 62:268–276.
[22] Lücker, E., Eigenbrodt, E., Wenisch, S., Leiser, R., Bülte, M. (2000): Identification of central nervous tissue in retail meat products. J. Food Prot. 63:258–263.
[23] Maede, D. (2006): A strategy for molecular species detection in meat and meat products by PCR-RFLP and DNA sequencing using mitochondrial and chromosomal genetic sequences. Eur. Food Res. Technol. 224:209–217.
[24] Matsunaga, T., Chikuni, K., Tanabe, R., Muroya, S., Shibata, K., Yamada, J., Shinmura, Y. (1999): A quick and simple method for the identification of meat species and meat products by PCR assay. Meat Sci. 51:143–148.
[25] Meyer, R., Candrian, U., Lüthy, J. (1994): Detection of pork in heated meat products by the polymerase chain reaction. J. AOAC Int. 77:617–622.
[26] Meyer, R., Höfelein, C., Lüthy, J., Candrian, U. (1995): Polymerase chain reaction-restriction fragment length polymorphism analysis: a simple method for species identification in food. J. AOAC Int. 78:1542–1551.
[27] Ouchterlony, Ö. (1958): Diffusion-in-gel methods for immunological analysis. Progr. Allergy 5:1–78.

[28] Rehbein, H. (2001): Identification of shrimp species by Protein- and DNA-based analytical methods. Annal. Soc. Sci. Faeroensis Suppl. XXVIII:195–205.

[29] Rüggeberg, H., Gaede, W., Tschirdewahn, B., Booke, A., Müller, M. (1997): Ein methodischer Vergleich der PCR-Technologie, der DNA-Sonden-Technik und der isoelektrischen Fokussierung. Fleischwirtschaft 77:732–734.

[30] Sykes, B. (2001): Die Sieben Töchter Evas. Bastei Lübbe. Bergisch-Gladbach 2003.

[31] Taberlet, P., Gielly, L., Pautou, G., Bouvet, J. (1991): Universal primers for amplification of three non-coding regions of chloroplast DNA. Plant Mol. Biol. 17:1105–1109.

[32] Terzi, V., Malnati, M., Barbanera M., Stanca, A. M., Faccioli, P. (2003): Development of analytical systems based on real-time PCR for Triticum species-specific detection and quantitation of bread wheat contamination in semolina and pasta. J. Cereal Sci. 38:87–94.

[33] Trübner, K. (2007): Bestimmung des DNA-Gehaltes in verschiedenen Geweben und Organen vom Rind und Schwein mittels spektroskopischen, fluorimetrischen und molekularbiologischen Messverfahren. Diplomarbeit. Hochschule Anhalt (FH), Fachbereich Angewandte Biowissenschaften und Prozesstechnik. Köthen 2007.

[34] Wolf, C., Burgener, M., Hübner, P., Lüthi, J. (2000): PCR-RFLP of mitochondrial DNA: differentiation of fish species. Lebensmittel-Wissenschaft & Technologie 33:144–150.

[35] Zeltner, D., Glomb, M. A., Maede, D. (2009): real-time PCR systems for the detection of the gluten-containing cereals wheat, spelt, kamut, rye, barley and oat. Euro. Food Res. Technol. 228:321–330.

Kapitel 10
Die Untersuchung auf gentechnische Veränderungen („GVO-Analytik")

Hans-Ulrich Waiblinger

Inhalt

10.1 Einführung

10.1.1 Gentechnisch veränderte Organismen

Bei einer gentechnischen Veränderung werden Gene, die für eine bestimmte Information verantwortlich sind, von einer Spezies, in der das Gen vorhanden ist, auf eine andere, in der das Gen natürlicherweise nicht vorkommt ist, übertragen. Häufig werden bakterielle Gene auf Pflanzen übertragen, um diese beispielsweise resistent gegen ein Herbizid zu machen. Organismen, denen mithilfe molekularbiologischer Mittel Gene auf eine Art übertragen wurden, die natürlicherweise nicht möglich ist, bezeichnet man als gentechnisch veränderte Organismen (GVO) oder transgene Organismen.

H.-U. Waiblinger (✉)
Chemisches und Veterinäruntersuchungsamt Freiburg, Bissierstraße 5,
79114 Freiburg, Deutschland
e-mail: hans-ulrich.waiblinger@cvuafr.bwl.de

U. Busch (Hrsg.), *Molekularbiologische Methoden in der Lebensmittelanalytik*,
DOI 10.1007/978-3-642-10716-0_10,

10.1.2 Einsatz der Gentechnik, aktuelle Situation

Weltweit sind mittlerweile über 100 gentechnisch veränderte Pflanzen (GVP), die überwiegend auch für Lebensmittelzwecke verwendet werden können, zugelassen [1–3]. Diese Zulassungen erstrecken sich teilweise auf nur wenige Länder bzw. begrenzte Anwendungsbereiche.

So ist die überwiegende Zahl der Zulassungen und offenen Anträge im Bereich der EU auf den Import und die Weiterverarbeitung beschränkt; Zulassungen für den Anbau waren bisher die Ausnahme [4].

Wenn auch die Gentechnik bei Lebensmitteln derzeit noch einen Bogen um Europa macht, ist sie weltweit weiter auf dem Vormarsch. Verschiedene gentechnisch veränderte Linien (Events) wichtiger Nutzpflanzen wie Mais, Soja und Raps werden besonders in Nord- und Südamerika kommerziell auf großen Flächen angebaut. So wurden GVP 2009 in den USA auf 91 % der Soja- sowie auf 85 % der Maisanbauflächen geerntet. Aber auch in Brasilien, dem weltweit wichtigsten Anbauland für konventionelle Soja, hat in den südlichen Regionen der Anbau von gentechnisch veränderter (gv) Soja stark zugenommen. GVP können über Importe aus Anbauländern oder durch verunreinigtes Saatgut auch in hier vermarktete Lebensmittel gelangen. Neben GVP werden besonders gentechnisch veränderte Mikroorganismen zur Produktion von Enzymen oder Zusatzstoffen in der Praxis eingesetzt. Allerdings handelt es sich bei den Enzymen fast ausschließlich um Verarbeitungshilfsstoffe. Die für ihre Produktion bzw. Gewinnung verwendeten GVO sind im Lebensmittel in der Regel nicht mehr enthalten. Als solche verzehrte gv Mikroorganismen (z. B. Starterkulturen für die Rohwurstherstellung, Brauereihefen) spielen derzeit in der Praxis noch keine nennenswerte Rolle. Die trifft auch für gv Tiere zu, außer bei Lachsen sind auf absehbare Zeit keine Zulassungen für den Lebensmittelbereich zu erwarten [3].

10.1.3 Rechtliche Grundlagen und Anforderungen an die Analytik

Die Verordnungen (EG) Nr. 1829/2003 und Nr. 1830/2003 regeln die Anforderungen an die Zulassung und Kennzeichnung von gentechnisch veränderten Lebensmitteln EU-weit einheitlich [5]. Danach dient die Untersuchung auf Bestandteile aus GVO einerseits zur Überprüfung der Kennzeichnungsregelungen, anderseits zum Nachweis nicht zugelassener GVO/-Bestandteile.

Bei der Überprüfung der Kennzeichnungsregelungen ist aufgrund des Schwellenwertes von 0,9 % für zufällige oder technisch nicht vermeidbare Anteile zugelassener gentechnisch veränderter Organismen eine quantitative Untersuchung erforderlich. Außerdem bezieht sich dieser Schwellenwert bei zusammengesetzten Lebensmitteln auf die jeweilige Zutat. Dies bedeutet, dass für aussagekräftige Resultate eine Beprobung der einzelnen Zutaten möglichst am Ort der Herstellung erfolgen sollte.

Die Kennzeichnung ist sehr weitreichend, da alle Lebensmittelzutaten erfasst sind, die „aus GVO" hergestellt worden sind, unabhängig von ihrem Verarbeitungsgrad (s. unten). Die Regelungen erfassen nur Zutaten; Verarbeitungshilfsstoffe wie Enzyme sind nicht erfasst.

Aufgrund der praktischen Relevanz und der rechtlichen Anforderungen (Kennzeichnungspflicht) ist die Untersuchung auf gentechnische Veränderungen im Lebensmittelbereich fast ausschließlich auf GVP beschränkt. Die Ausführungen in diesem Kapitel behandeln daher nur den Stand der Analytik von GVP.

10.2 Mögliche Nachweisstrategien

Prinzipiell kommen für den Nachweis zwei Strategien infrage:

- Nachweis des *Phänotyps*, d. h. Nachweis der durch die gentechnische Veränderung bewirkten neuen Eigenschaften bzw. neuen Inhaltsstoffe und
- Nachweis des *Genotyps*, d. h. Nachweis der neu eingefügten bzw. veränderten DNA-Sequenzen.

10.2.1 Nachweis des Phänotyps

10.2.1.1 Nachweis von neu gebildeten Proteinen

Durch die in das Genom neu eingefügte Erbsubstanz werden in der Regel neue Proteine gebildet (exprimiert), die bestimmte Eigenschaften vermitteln sollen. Eine Eigenschaft kann beispielsweise eine Herbizidresistenz, eine Farbe einer Blüte oder ein veränderter Fettsäurestoffwechsel sein.

Insbesondere immunologische Verfahren, bei denen spezifische Antikörper direkt gegen das neue Protein gerichtet sind, bieten sich für einen sensitiven Nachweis an.

Eine Reihe von Immunoassays (ELISA-Tests) bzw. Lateral-flow-Schnelltests wurden dafür entwickelt und werden auch kommerziell zum Nachweis angeboten [6, 7]. Immunologische Tests zum Nachweis der verschiedenen Kristallproteine (Cry) aus insektenresistenten Sorten und zum Nachweis der Enzyme Enol-Pyruvylshikimat-3-Phosphat-Synthase (EPSPS) bzw. Phosphinothricin-Acetyltransferase (PAT) in herbizidresistenten Sorten sind im Einsatz.

ELISA-Verfahren zum Nachweis des insektenresistenten Mais MON 810 (Cry1Ab-Protein) bzw. der herbizidresistenten Roundup-Ready-Sojabohne (EPSPS-Protein) wurden erfolgreich im Ringversuch validiert, bei Mehlen wurde eine Sensitivität von ca. 0,1 bis 0,3 % erreicht [7].

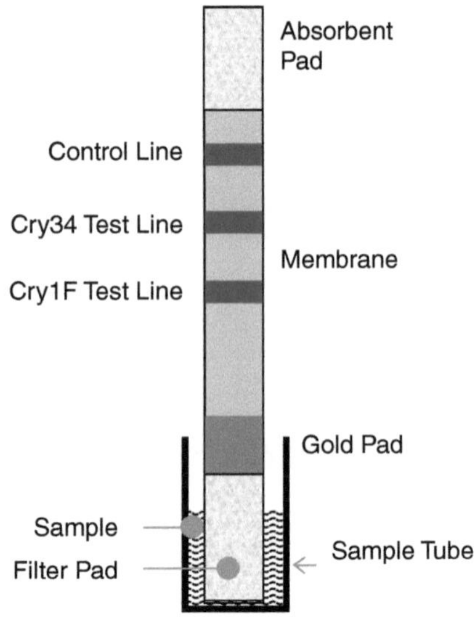

Abb. 10.1 Proteinbasierte Schnelltests, Beispiel eines kommerziellen lateral flow-tests zum gleichzeitigen Nachweis verschiedener Kristallproteine (Cry) sowie des EPSPS-Proteins der Roundup-Ready®-Sojabohne (RUR-Sojabohne)

Besonders bei der Ernte, d. h. unter Feldbedingungen, werden Streifenschnelltests („lateral-flow" bzw. „dip-stick") verwendet. In Abb. 10.1 ist exemplarisch ein solcher kommerziell angebotener Sandwich-Lateral-Flow-Streifentest dargestellt, der zum gleichzeitigen Nachweis folgender Proteine eingesetzt werden kann:

- CP4 EPSPS (z. B. NK 603 Mais, Roundup Ready Soja),
- CRY3Bb (z. B. MON 863 Mais) und
- CRY1Ab (z. B. Bt 11 oder MON 810-Mais).

Ein spezifischer monoklonaler Antikörper ist an kolloidales Gold gekoppelt („gold pad"). Während der Testdurchführung wird das kolloidale Antikörper-Gold-Konjugat durch den Probenextrakt gelöst und aufgrund der Kapillarwirkung des Trägermaterials über weitere Bereiche mit immobilisierten spezifischen Antikörpern in Richtung Absorber transportiert. Die Ausbildung von Sandwich-Antigen-Antikörper-Komplexen an den vorgesehenen Stellen des Teststreifens zeigt das Vorhandensein der jeweiligen Proteine an. Die Nachweisgrenzen der Tests werden mit 0,1 bis 1 % der jeweiligen GVP angegeben [7].

Allerdings sind der Verwendung solcher Tests Grenzen gesetzt:

- Die Menge der exprimierten Proteine kann z. B. sorten- und standortabhängig schwanken.
- Die Menge der exprimierten Proteine kann stark gewebeabhängig sein, so ist etwa das *Cry*-Protein vor allen in den Blättern und nicht in den Körnern vorhanden.
- In komplex zusammengesetzten Lebensmitteln können beim immunologischen Nachweis unspezifische Reaktionen und Matrixeffekte auftreten.
- Bei erhitzten Lebensmitteln können, bedingt durch die Denaturierung der Proteine, Antigen-Antikörper-Reaktionen beeinträchtigt sein.

Solche Schnelltests dienen daher in erster Linie zur schnellen und kostengünstigen Erstkontrolle von Rohmaterialien bei der Ernte.

10.2.1.2 Nachweis sonstiger phänotypischer Merkmale

Der Nachweis der am häufigsten übertragenen Merkmale, nämlich der Insekten- bzw. Herbizidresistenz (z. B. durch Besprühen mit Herbizid), kommt allenfalls bei der intakten Pflanze, nicht aber im Lebensmittel infrage.

Im Falle einer veränderten Zusammensetzung wichtiger Inhaltsstoffe, wie etwa des Fettsäurenspektrums bei Laurinsäure-reichem Raps, kommen chromatographische Verfahren wie GC oder LC/LC-MS infrage. Allerdings unterliegen Parameter wie das Triglycerid-Spektrum natürlichen Schwankungen, weshalb quantitative Aussagen bzw. sensitive Untersuchungen in der Regel nicht möglich sind.

10.2.2 Nachweis des Genotyps

Der Nachweis gentechnischer Veränderungen erfolgt heute überwiegend über den genotypischen Nachweis. Neu einfügte bzw. veränderte DNA-Sequenzen werden mittels molekularbiologischer Verfahren, in erster Linie basierend auf der Polymerase-Kettenreaktion (PCR) detektiert.

Bei der Auswahl der DNA-Sequenzen für den Nachweis von GVP in Pflanzen werden derzeit folgende Strategien unterschieden [6, 8]:

10.2.2.1 Screeningverfahren

Damit der Wirtsorganismus die neue Eigenschaft überhaupt ausprägt, wird häufig nicht nur das Gen für die eigentliche Eigenschaft (Strukturgen) übertragen, sondern zusätzlich auch Vektorsequenzen, Reporter- oder Selektionsgene (z. B. Antibiotikaresistenz, nptII-Gen) und Sequenzen von Promotoren (35S-Promotor aus dem Blumenkohlmosaikvirus, P35S) und Terminatoren (NOS-Terminator aus *Agrobacterium tumefaciens,* T-nos). Konstitutive Promotoren wie z. B. P35S werden häufig eingesetzt, um hohe Expressionsraten des neuen Gens zu gewährleisten. Marker- oder Reportergene werden häufig zusätzlich mit den Strukturgenen eingeschleust, damit die erfolgreich transformierten Pflanzenzellen leichter identifiziert werden können. In den meisten Fällen werden dafür Antibiotika- oder Herbizidresistenzgene eingesetzt. Da diese Sequenzen in den unterschiedlichen gv Pflanzen gemeinsam vorkommen, eignen sie sich besonders für Screeningverfahren (s. Abb. 10.2 und 10.3) [9].

Bei positiven Screeningergebnissen beim Nachweis der P35S- bzw. T-nos-Sequenz sind mögliche natürliche Kontaminationen durch das Blumenkohlmosaikvirus (CaMV) bzw. *Agrobacterium tumefaciens* zu berücksichtigen. So sind Brassicaceen wie Raps häufig von einer natürlichen Infektion durch CaMV betroffen. Durch einen Nachweis weiterer spezifischer DNA-Sequenzen der jeweiligen Organismen

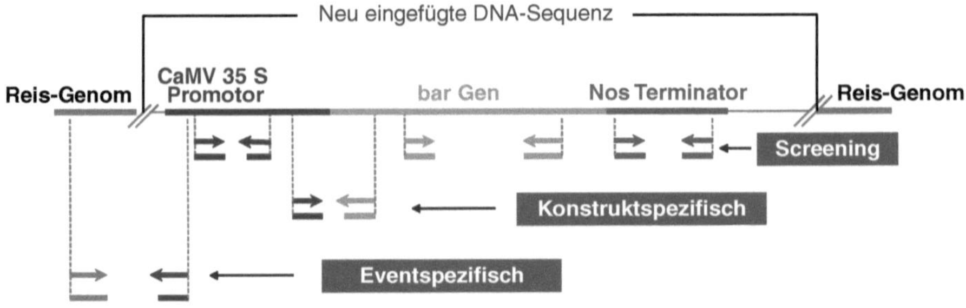

Abb. 10.2 Prinzip des molekularbiologischen Nachweises gentechnischer Veränderungen am Beispiel von gv Reis LL601. Mithilfe von Screeningverfahren lassen sich in der Gentechnik häufig verwendete genetische Elemente (z. B. CaMV 35S Promotor, bar-Gen oder nos-Terminator) nachweisen. Der konstruktspezifische Nachweis beinhaltet bei dem LL601-Reis die überlappende Sequenz vom CaMV 35S Promotor in das bar-Gen. Für den eventspezifischen Nachweis wird die Integrationsstelle der neu eingefügten DNA in das Reis-Genom verwendet

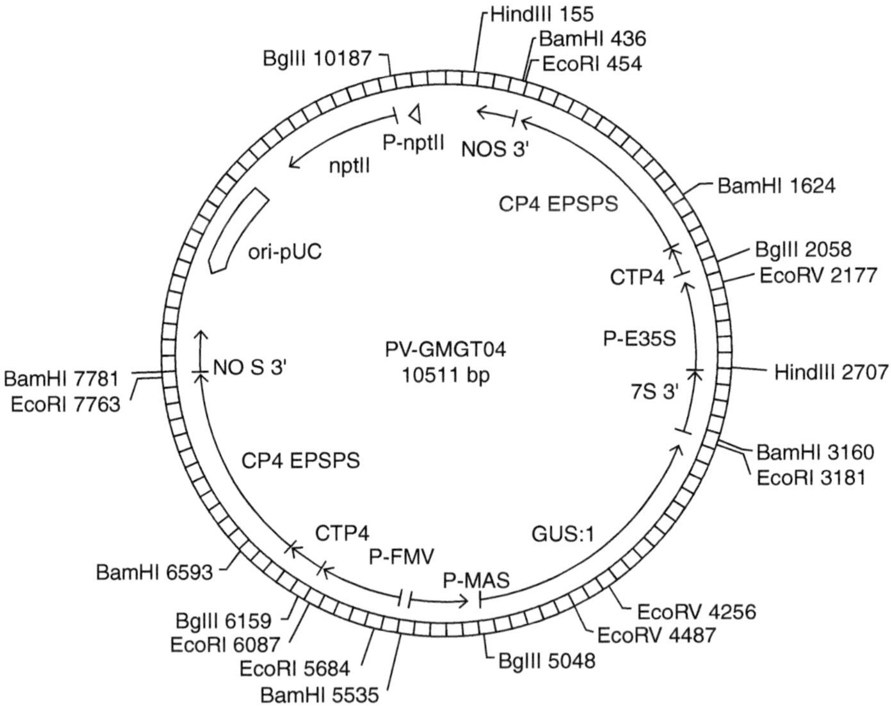

Abb. 10.3 Plasmid-Karte des Vektors PV-GMGT04, der zur Transformation der Roundup-Ready®-Sojabohne verwendet wurde. Erläuterungen zu wichtigen Sequenzabschnitten: P-e35S = 35S Promotor aus Blumenkohlmosaikvirus (P35S), NOS 3′ = Nopalinsynthase 3′ Transkriptionsterminator aus *Agrobacterium tumefaciens* (T-nos), CTP4 = Chloroplasten-Transitpeptid-Sequenz aus *Petunia hybrida*; CP4 EPSPS = Enol-Pyruvyl-Shikimat-Phosphat-Synthase-Gen aus *Agrobacterium sp. 4*

(z. B. aus CaMV [10]) kann beispielsweise auf eine solche Kontamination geprüft werden.

Erfahrungsgemäß kritisch zu hinterfragen sind positive Resultate, die im Screening auf Antibiotikaresistenzgene erhalten wurden, wie etwa *nptII* (vermittelt Resistenz gegen Neomycin/Kanamycin) oder *bla* (vermittelt Resistenz gegen Ampicillin). Derartige Resistenzgene sind mittlerweile in vielen ubiquitär vorhandenen Mikroorganismen nachweisbar. Außerdem können Klonierungsvektoren, etwa zur Herstellung von Polymerasen für den PCR-Nachweis, solche Sequenzen enthalten und diese auch in den Polymerase-Präparaten noch nachweisbar sein [11].

Dennoch sind Screeningverfahren oft die einzig mögliche analytische Strategie bei der Untersuchung auf (in der EU) nichtzugelassene GVP. Mangels detaillierter Sequenzinformationen und/oder geeigneter Kontrollproben stehen häufig keine weitergehenden Tests zur Verfügung.

10.2.2.2 Konstruktspezifische Verfahren

Zum eigentlichen Nachweis der gentechnischen Veränderung werden konstruktspezifische Verfahren eingesetzt. Hierbei werden überlappende Sequenzen aus DNA-Konstrukten (z. B. von Plasmid-Vektoren) nachgewiesen, die zur Veränderung von gentechnisch veränderten Pflanzen eingesetzt werden. Beispielsweise ist die Verknüpfung der P35S-Sequenz (Herkunft Blumenkohlmosaikvirus) zum Herbizidresistenzgen bar (aus dem Bodenbakterium *Streptomyces hygroscopicus*) (s. Abb. 10.2) so in der Natur nicht anzutreffen. In Abb. 10.3 ist die Karte des Plasmid-Vektors dargestellt, der zur Transformation der Sojabohne Roundup Ready® (Event GTS 40-3-2) verwendet wurde [12]. Ein konstruktspezifisches Verfahren zum Nachweis dieser gv Sojabohne beruht beispielsweise auf dem Nachweis des Übergangs der CP4-EPSPS-Sequenz aus *Agrobacterium sp. 4* zur Chloroplasten-Transit-Peptidsequenz aus Petunie (CP4 EPSPS – CTP4) [27].

10.2.2.3 Eventspezifische Verfahren

Die jeweilige GVP (Transformationsevent, z. B. LL601-Reis) wird schließlich durch den Nachweis von Sequenzen im Bereich der Integrationsstelle des Transformationsvektors in das Pflanzengenom identifiziert, etwa des Übergangs von der P35S-Sequenz auf dem Plasmid-Vektor in das Reisgenom (s. Abb. 10.2).

10.3 Probenahme

Die derzeit nachzuweisenden gentechnisch veränderten Produkte sind pflanzlicher Herkunft. Viele Argumente sprechen dafür, auf gentechnische Veränderungen zu einem möglichst frühen Zeitpunkt der Produktionskette, also beispielsweise nach der Ernte, zu untersuchen. So ist die für den molekularbiologischen Nachweis aus dem Lebensmittel zu isolierende DNA in der Regel in großen Mengen und von guter Qualität anzutreffen. Bei stark verarbeiteten, komplex zusammengesetzten Produkten ist ein sensitiver Nachweis aufgrund der deutlich schlechteren DNA-Qualität und den geringeren Mengen an DNA der interessierenden Spezies oft nur schwer oder nicht mehr möglich. Außerdem beziehen sich die Grenzwerte für die Kennzeichnung (s. oben) auf die jeweilige Zutat, im Zweifel sind also die Zutaten bzw. Rohstoffe eines Lebensmittels zu untersuchen.

Getreidekörner oder Hülsenfrüchte wie Soja werden auf dem Weg von der Ernte zur Verarbeitung oft zu großen Chargen zusammengefasst. Bei „erntenahen" Handels- bzw. Produktionsstufen können größere Inhomogenitäten bezüglich enthaltener gv Körner bestehen. Daher kommt der Probenahme bei der Untersuchung auf gentechnische Veränderungen eine sehr große Bedeutung zu.

Einerseits ist die Zahl der Entnahmepunkte und der entnommenen Einzelproben der Chargengröße anzupassen. Anderseits sollte die Zahl der Partikel, die in der Laborprobe enthalten sind, ausreichend hoch sein. In einer technischen Spezifikation wird als Zielgröße für den Nachweis von GVP 10.000 Partikel angegeben [13]. Bei heterogen verteilten gv Körnern bzw. Partikeln mit einem erwarteten Anteil von 1 % ist dann von einem Probenahmefehler von etwa 20 % auszugehen (95 % Wahrscheinlichkeit) [13]. Ausgehend von dieser Partikelzahl können in homogenen Chargen Anteile von 0,03 % an gv Partikeln mit einer Wahrscheinlichkeit von 95 % detektiert werden [7]. Aufgrund des unterschiedlichen Tausendkorngewichts betragen die erforderlichen Laborprobengrößen für Maiskörner etwa 3 kg, für Raps dagegen nur 40 g [14].

Für nichtzugelassene GVP gilt die Nulltoleranz, d. h. selbst geringste Spuren sind nicht erlaubt. Liegen besondere Verdachtsmomente auf Kontamination durch nichtzugelassene GVO im sehr geringen Spurenbereich vor, ist ggf. die Größe der Laborprobe weiter zu erhöhen. So hat die EU-Kommission aufgrund des Verdachts auf Verunreinigungen durch nichtzugelassenen gv Reis empfohlen, aus einer Probe von 2,5 kg vier Teilproben à 240 g (entsprechend je ca. 10.000 Körnern) zu entnehmen, diese separat zu untersuchen und die Probe bereits dann als positiv anzusehen, wenn eine der Teilproben ein positives Resultat liefert [15]. Durch dieses „sub-sampling" können somit auch Verunreinigungen an gv Reis von deutlich unter 0,01 % mit hoher Wahrscheinlichkeit erfasst werden.

Die weitere Probenvorbereitung (d. h. die Homogenisation) bis hin zur Einwaage muss diesen Anforderungen ebenfalls angepasst sein. Gerade beim molekularbiologischen Nachweis wird häufig mit geringen Probenmengen unter 1 g gearbeitet. Dies ist dann sinnvoll, wenn die Partikelgröße des homogenisierten Probenmaterials so gering und damit die Partikelzahl so hoch ist, dass die ursprüngliche Probe (10.000 oder mehr Körner oder Partikel) auch in einer geringen Einwaage repräsentiert ist, andernfalls ist die Probeneinwaage entsprechend zu erhöhen.

10.4 Molekularbiologische Nachweisverfahren

Molekularbiologische, DNA-basierte Methoden detektieren direkt die neu eingefügte DNA. DNA ist gegenüber Einflüssen wie Hitzebehandlung oder hohem Druck sehr stabil, zudem ist sie in jeder Gewebeart vorhanden. Deshalb kann ein weites Spektrum an Erzeugnissen, von den Rohstoffen bis hin zu verarbeiteten Lebensmitteln, mittels DNA-Analyse untersucht werden. Allerdings kann bei erhitzten Produkten (z. B. Maischips), niedrigem pH-Wert (z. B. Tomatenpüree) oder sonstiger mechanischer Verarbeitung die DNA in degradierter (d. h. zum Beispiel in hydrolysierter oder depurinierter) Form vorliegen. Die Fragmentlänge der nachgewiesenen Sequenzen sollte daher insbesondere für den PCR-Nachweis so kurz gewählt werden, dass auch bei überwiegend kurzen DNA-Fragmenten (z. B. <300 bp) noch eine Amplifikation möglich ist [16].

10.4.1 DNA-Extraktion

Eine große Zahl von DNA-Extraktionsverfahren wurde inzwischen auch für den anschließenden Nachweis gentechnischer Veränderungen beschrieben, Vor- und Nachteile der einzelnen Verfahren bzw. einzelner Schritte der Extraktion miteinander verglichen [17]. Häufig werden zur Extraktion aus pflanzlichen Lebensmitteln CTAB-basierte Protokolle eingesetzt. Auch Verfahren der amtlichen Sammlung von Untersuchungsverfahren nach § 64 LFGB beschreiben entsprechende Methoden zur Extraktion aus Sojabohnen, Tomatenpüree oder Kartoffeln. Bestandteil des Schweizerischen Lebensmittelbuchs ist ein universell einzusetzendes Extraktionsverfahren, basierend auf DNA-Aufreinigung über Silica-Adsorptionsmatrizes. Amtliche Untersuchungsverfahren beschreiben zudem DNA-Extraktionsverfahren für Starterkulturen in Rohwürsten und Joghurt. All diese sowie noch weitere häufig zum Nachweis v. a. von GVP eingesetzten Methoden sind in der Norm EN 21571 zusammengestellt [18].

Speziell adaptierte Protokolle sind beispielsweise zur Extraktion von DNA aus Lecithinen oder rohen Rapsölen [19] bzw. aus Pollen in Honigen [20] beschrieben.

Die Qualität der extrahierten DNA für weitere quantitative Untersuchungen kann durch das Verhältnis OD_{260}/OD_{280} bestimmt werden; Richtwerte sind 1,8 für reine DNA und 2,0 für RNA. Die eigentliche Eignung der DNA für weitere Untersuchungen kann jedoch nur über nachfolgende molekularbiologische Analysen erfolgen [21]. Eine Möglichkeit der Überprüfung auf das Vorhandensein von Inhibitoren sind homologe oder heterologe Zusätze (Spiken) von Nukleinsäuren. Bei homologen Zusätzen werden Nukleinsäuren zugesetzt, welche in der Probe erwartet werden. Bei heterologen Zusätzen werden Nukleinsäuren zugesetzt, welche in der Probenlösung nicht vorhanden sind. Für letzteren Zweck eignen sich z. B. spezielle Plasmide.

Besonders für nachfolgende quantitative Untersuchungen wird die Eignung der DNA über die Amplifikation speziesspezifischer DNA-Sequenzen mittels real-time PCR überprüft.

In Abb. 10.4 ist die grafische Auswertung eines Tests auf Inhibitoren mittels DNA-Verdünnungsreihe am Beispiel von Sojalecithin dargestellt [22]. Größere Abweichungen von z. B. >0,5 des extrapolierten C_t-Wertes vom gemessenen C_t-Wert der unverdünnten DNA deuten auf Inhibition hin.

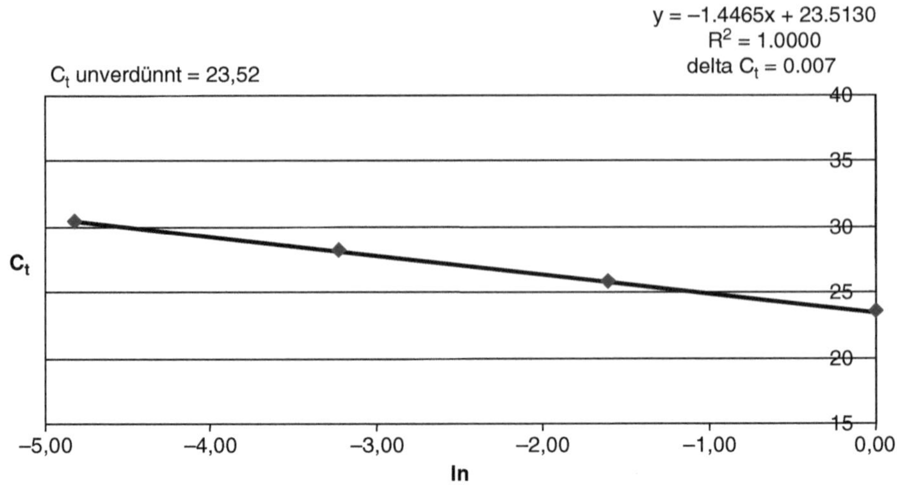

Abb. 10.4 Überprüfung der DNA-Extraktion auf Inhibition mittels Verdünnungsreihe [21]. Verdünnungsreihe eines DNA-Extraktes aus Sojalecithin (1 + 4, 1 + 24 und 1 + 124). C_t-Werte aus der Amplifikation einer Soja-Lectin-Gen-Sequenz mittels real-time PCR (*y*-Achse) sind gegen den natürlichen Logarithmus (ln) des jeweiligen Verdünnungsfaktors ausgetragen (0,2, 0,04 bzw. 0,008). Der über Extrapolation der Geraden zur *y*-Achse erhaltene C_t-Wert wird mit dem Messwert der unverdünnten DNA verglichen (delta C_t)

Die mengenmäßige Abschätzung amplifizierbarer Spezies-DNA mittels real-time PCR gibt Aufschluss, ob die DNA tatsächlich für einen ausreichend sensitiven Nachweis bzw. eine Quantifizierung gentechnischer Veränderungen geeignet ist [22] (praktische Nachweisgrenze, s. unten).

10.4.2 Nachweis mittels Polymerase-Kettenreaktion (PCR)

Methoden auf Basis der PCR werden bei der Untersuchung auf gentechnische Veränderungen weitaus am häufigsten eingesetzt. Auch sind Verfahren auf Basis der Endpunkt-PCR und der real-time PCR in vielen Ringversuchen und Laborvergleichsuntersuchungen erprobt worden. Entsprechende Methoden sind in europäischen (EN) und internationalen (ISO) Normen beschrieben [8, 23, 24].

10.4.2.1 Endpunkt-PCR (Qualitative PCR)

Bereits 1995 wurde ein erstes Nachweisverfahren für gentechnisch veränderte Tomaten (sogenannte Flavr-Savr-Tomate) mittels PCR veröffentlicht [25]. Erste Verfahren zum Screening auf die P35S-, die T-nos- und die *nptII*-Sequenz [9] sowie zum konstruktspezifischen Nachweis, etwa von gentechnisch verändertem Mais Bt176 oder der Roundup-Ready®-Sojabohne (RRS) wurden beschrieben [26, 27] (s. auch Abschn. „Genotypischer Nachweis“) und validiert [23]. Die Verfahren beruhen auf der qualitativen PCR (= Endpunkt-PCR), die Detektion erfolgt in der Regel mittels Ethidiumbromid nach elektrophoretischer Auftrennung im Agarosegel.

Um auch einen Nachweis in erhitzten oder anderweitig prozessierten Lebensmitteln zu ermöglichen, wird die Fragmentgröße der Zielsequenzen für den Nachweis möglichst gering gewählt, in der Regel deutlich unter 200 bp, im Idealfall zwischen 60 und 150 bp [23].

In Abb. 10.5 ist beispielhaft der Nachweis von RRS in Sojalecithin dargestellt [19]. Es ist erkennbar, dass auch aus Sojalecithinen noch für Soja (links, Bahnen 2 bis 4) und auch für gentechnisch veränderte Soja (rechts, Bahnen 3 und 4) charakteristische Fragmente amplifiziert werden können.

Bei negativen Befunden (rechts, Bahnen 2 und 5) ist allerdings keine Aussage möglich, ob das Erzeugnis nicht kennzeichnungspflichtig im Sinne der EU-Verordnungen 1829/2003 bzw. 1830/2003 ist. Danach können nur Anteile unter 0,9 % von einer Kennzeichnung befreit werden. Auch ist im Falle eines Nachweises von Soja-DNA (links, Bahnen 2–4) in den Lecithinen nicht gewährleistet, dass ein sensitiver Nachweis von RRS-Anteilen unter 0,9 % überhaupt möglich ist. Dies kann allein anhand von quantitativen Methoden erfolgen, bei denen auch die Menge an amplifizierbarer Spezies-DNA bestimmt wird (s. unten).

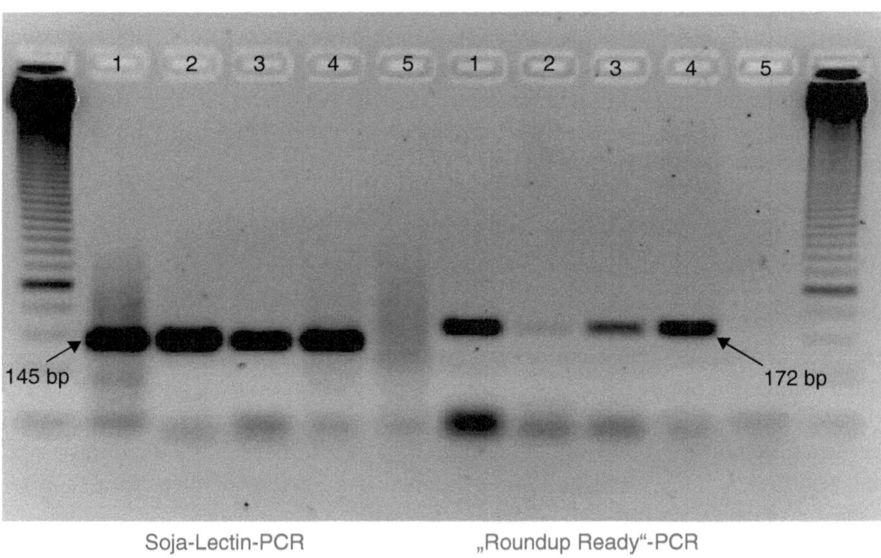

Abb. 10.5 Qualitative (= Endpunkt-PCR) zum Nachweis gentechnisch veränderter Soja in Sojalecithin [19]. Agarosegel-Elektrophorese nach Amplifikation eines 145 bp-Abschnitts des Soja-Lectin-Gens (Amplifikationskontrolle der extrahierten DNA) (*links*) bzw. einer für das Roundup-Ready®-Soja (RRS)-Konstrukt spezifischen Sequenz (172 bp) (*rechts*). Links und rechts außen: 50-bp-Leiter; 1 = Positivkontrolle (1 % RRS, Matrix Sojamehl), 2–5 = Rohlecithinproben

10.4.2.2 Qualitätssicherung

Allgemein

Die Anforderungen an die Durchführung und Auswertung von PCR-Untersuchungen zum Nachweis gentechnischer Veränderungen sind in internationalen Normen beschrieben [8, 23]. Dazu zählen allgemeine Anforderungen an die Labororganisation (Einbahnstraßenprinzip), Untersuchungsschritte in mindestens drei separaten Arbeitsbereichen: Extraktion/PCR-Setup/post-PCR und instrumentelle und personelle Anforderungen (z. B. Laborkleidung). Ergebnisse beruhen auf der Untersuchung zweier separater Analysenproben, beginnend bei der Einwaage [8].

Kontrollen

Weiterhin sind in jeder PCR Kontrollen mitzuführen: Positivkontrollen (z. B. genomische oder Plasmid-DNA mit der nachzuweisenden Sequenz) werden zur Sicherstellung der Sensitivität des Nachweises in möglichst niedrigen Konzentrationen eingesetzt. Amplifikationskontrollen der Proben-DNA, in der Regel über einen separaten PCR-Nachweis spezies-spezifischer Sequenzen (s. auch Abb. 10.5, links), dienen der Überprüfung der Eignung der extrahierten DNA für die weitere Analytik. Für eine Inhibitionskontrolle wird die Proben-DNA in unterschiedlichen (mindestens zwei) Konzentrationen auf mögliche Inhibitionen überprüft. Alternativ oder zusätzlich kann sie mit DNA der nachzuweisenden Sequenz oder einer internen Positivkontrolle „gespickt" werden. Unerlässliche Negativkontrollen sind Extraktionskontrollen (Extraktionsleerwert anstelle von Proben-DNA) und die PCR-Reagenzienkontrolle (Wasser anstelle von Proben-DNA) [8].

Auswertung

Entsprechend den Vorgaben [23] sind erhaltene Amplifikate, zusätzlich zum Vergleich ihrer Fragmentlänge mit der Positivkontrolle im Agarosegel, zu verifizieren. Dazu kann einen Sondenhybridisierung, eine Restriktionsanalyse oder eine Sequenzierung herangezogen werden. Diese teilweise recht aufwendige Bestätigung ist bei Verwendung von Real-Time-PCR-Verfahren nicht erforderlich, da die dort zusätzlich benötigten fluoreszenzmarkierten Sonden den entsprechenden Spezifitätsgewinn des Nachweises mit sich bringen.

10.4.2.3 Semiquantitative Analytik mittels kompetitiver PCR

Besonders vor der Verbreitung der real-time PCR wurde als Endpunkt-PCR-Verfahren die kompetitive PCR zur semiquantitativen Abschätzung des Anteils gentechnischer Veränderungen eingesetzt [28]. Als Kompetitor wird in der Regel Plasmid-

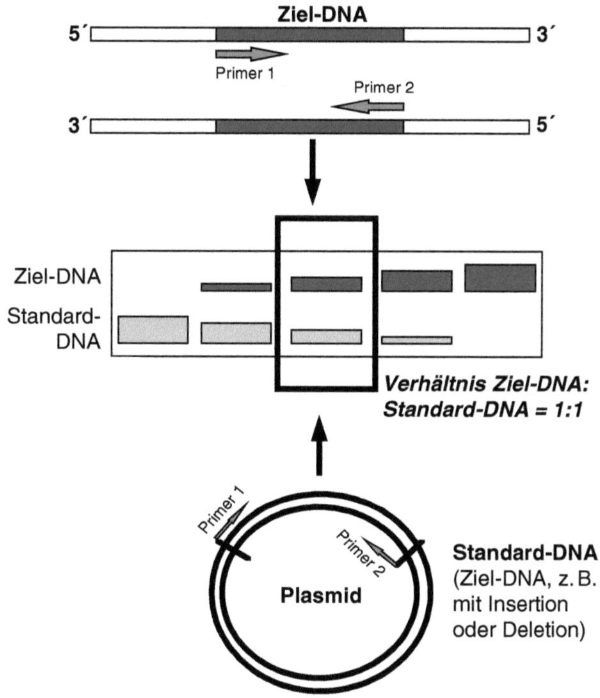

Abb. 10.6 Prinzip der kompetitiven PCR. Die Ziel-DNA aus der Probe wird in unterschiedlichen Verdünnungsstufen mit dem in bekannten Konzentrationen zugegebenen Kompetitor (Plasmid = Standard-DNA) koamplifiziert. Nach gelelektrophoretischer Auftrennung ermittelt man die Verdünnungsstufe der Proben-DNA, bei der annähernd gleiche Intensität der Banden vorliegt

DNA eingesetzt, welche dieselben Primer-Bindungsstellen wie das Zielfragment aufweist, sich von diesem aber in der Größe unterscheidet. Die Ziel-DNA aus der Probe wird in unterschiedlichen Verdünnungsstufen mit dem in bekannten Konzentrationen zugegebenen Kompetitor koamplifiziert. Nach gelelektrophoretischer Auftrennung ermittelt man die Verdünnungsstufe der Proben-DNA, bei der annähernd gleiche Intensität der Banden vorliegen (s. Abb. 10.6). Für eine semiquantitative Bestimmung des Anteils gentechnischer Veränderungen sind doppelt kompetitive PCR-Untersuchungen für die speziesspezifische und die GVO-spezifische Sequenz erforderlich. Nicht zuletzt aufgrund ihres deutlich erhöhten Arbeitsaufwandes und ihres eher semiquantitativen Charakters wird die Methode seit Einführung der real-time PCR in der Praxis der GVO-Analytik kaum mehr angewendet.

10.4.2.4 Nachweis und Quantifizierung mittels Real-time PCR

Die heute meist angewendete Methode in der GVO-Analytik ist die real-time PCR. Vorteile gegenüber der Endpunkt-PCR sind die Möglichkeit der Quantifizierung, der Vermeidung von Kontaminationen durch simultane Amplifikation und Detektion – ohne Notwendigkeit der Öffnung des Reaktionsgefäßes – sowie die in der Reaktion beinhaltete Verifizierung mittels fluoreszenzmarkierten Sonden (s. auch entsprechendes Kapitel).

Prinzip der Quantifizierung

In Abb. 10.7 ist das Prinzip der Quantifizierung gentechnischer Veränderungen mittels real-time PCR am Beispiel der Roundup-Ready®-Soja (RRS) dargestellt und erläutert.

Das erhaltene Ergebnis wird immer aus dem Verhältnis der Ergebnisse der Quantifizierung einer speziesspezifischen und einer Transgen-spezifischen Sequenz berechnet.

Qualitätssicherung

Die obigen Ausführungen zu qualitätssichernden Maßnahmen bei der Endpunkt-PCR gelten auch für die real-time PCR [8], zusätzlich werden weitere Kontrollen mitgeführt: Als Positivkontrolle dient eine Standardreihe aus genomischer oder Plasmid-DNA, ggf. können auch Hybrid-Amplikons verwendet werden [16]. Qualitätskontrollproben mit bekanntem GVO-Gehalt können, zumindest in der PCR oder auch in der kompletten Analyse, mitgeführt werden.

Messgröße haploide Genomkopien

Als Messgröße für die Quantifizierung in den einzelnen Reaktionen werden zweckmäßigerweise zumeist Genomkopien verwendet, die man im Falle genomischer DNA durch Umrechnung aus den Literaturwerten für die haploiden Genomgewichte [30] erhält.

Allerdings stützt sich eine solche Umrechnung auf Kopienzahlen auf verschiedene Annahmen. So wurde Referenzmaterial teilweise aus Material hergestellt, das heterozygot bezüglich des Transgens ist [31]. Weiterhin kann die Integrationshäufigkeit der transgenen Sequenz pro Genom je nach Transformationsevent unterschiedlich sein. Überdies können Gewebetypen von Körnern bzw. Samen unterschiedlich genetisch zusammengesetzt sein [32]. So bestehen Maiskörner beispielsweise aus 80–90 % Endosperm, welches triploid ist (zwei mütterliche, ein väterliches Genom), die übrigen Gewebe, nämlich Embryo (je ein mütterliches und väterliches Genom) und Samenschale (zwei mütterliche Genome) sind dagegen diploid. Körner von hetero- und homozygotem Mais, die für sich betrachtet jeweils als „100 % GVO" anzusehen sind, können im Endosperm ein Verhältnis ihrer haploiden transgenen Genome zu den gesamten haploiden Genomen von 1/3 (Pollen transgen, nichttransgene Mutterpflanze) über 2/3 (Pollen nichttransgen, Mutterpflanze transgen) bis 3/3 (Pollen und Mutterpflanze transgen) aufweisen [31]. Auch wurde bei Mais gezeigt, dass der DNA-Anteil der einzelnen Gewebetypen je nach Varietät schwanken kann [32].

Zusammenfassend sind Bestimmungen der *absoluten* haploiden Genom-Kopienzahlen aus Mehlreferenzmaterialien (Gewichtsprozent) als Schätzungen anzusehen.

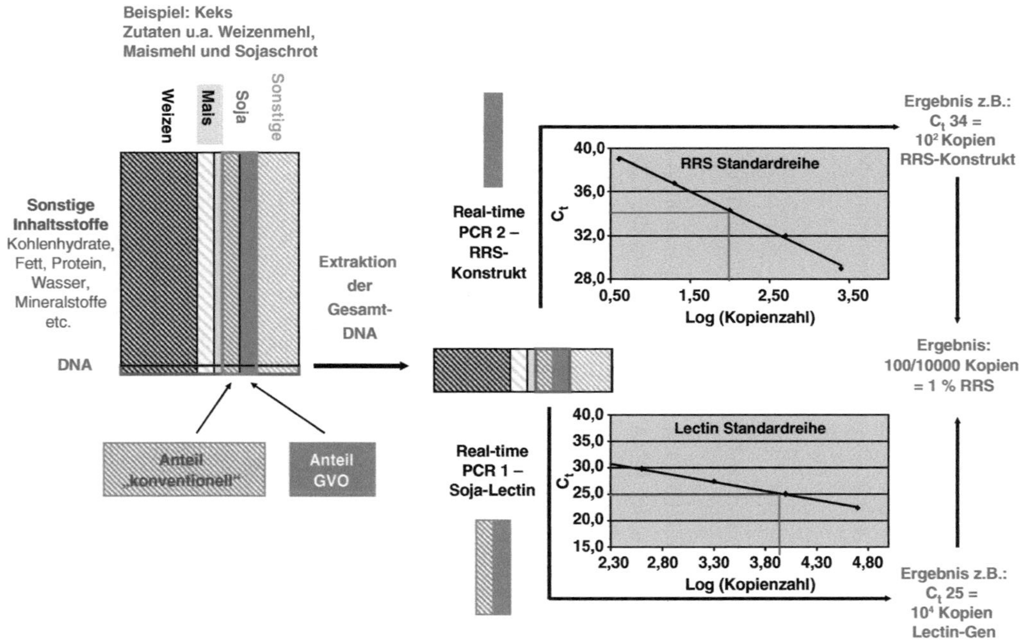

Abb. 10.7 Prinzip der Quantifizierung gentechnischer Veränderungen mittels real-time PCR am Beispiel von Roundup-Ready®-Soja (RRS). Nach Extraktion der DNA des Lebensmittels wird diese in zwei parallelen Real-Time-PCR-Reaktionen untersucht. In real-time PCR 1 wird als Referenz die Menge (als Genomäquivalente = Kopien) der speziesspezifischen Soja-Lectin-Gensequenz, in real-time PCR 2 die Menge einer Sequenz aus dem für RRS spezifischen Konstrukts bestimmt. Für die Quantifizierung der Lectin- bzw. RRS-Kopienzahl wird davon ausgegangen, dass in einem 100 % RRS-Standard die Lectin- und die RRS-spezifische Sequenz im Verhältnis 1: 1 und jeweils als „Single-copy“-Sequenzen einmal in jedem Genom vorkommen. Die Quantifizierung kann dann mittels DNA aus Referenzstandards (z. B. Mehlen) erfolgen, die einen definierten Anteil an RRS aufweisen (z. B. 5 % RRS w/w). Die Referenz-DNA wird in verschiedenen Verdünnungsstufen, entsprechend einer Standardreihe für die Lectin- und die RRS-Sequenz, untersucht. Die für die Proben-DNA jeweils erhaltenen C_t-Werte oder „crossing points“ werden über die jeweiligen Regressionsgerade (C_t gegen $\log_{\text{Kopienzahl}}$) Kopienzahlen zugeordnet. Die Kopienzahlen für die RRS- und die Lectin-Sequenz werden zueinander ins Verhältnis gesetzt [11, 29].

Zur Quantifizierung gentechnischer Veränderungen in Lebensmitteln über das DNA-Verhältnis gibt es dennoch in Lebensmitteln keine sinnvolle Alternative, auch beruhen alle im Ringversuch bisher validierten Verfahren darauf.

Mit einem zertifizierten Referenzmaterial als Bezugsgröße werden laborübergreifend reproduzierbare Ergebnisse mit guter Präzision erhalten.

Besonders bei ganzen Körnern und Samen können mittels Quantifizierung über haploide Genomkopien Über- oder Unterschätzungen des „wahren Wertes" in Gewichtsprozent bzw. in Prozent transgener Samen resultieren, etwa wenn heterozygotes Saatgut vorliegt und nur eine von drei Genomkopien die transgene Sequenz enthält.

Um den Anteil transgener Samen in Saatgut abzuschätzen, werden daher auch qualitative Verfahren mit statistischer Auswertung (Subsampling-Methoden) eingesetzt [33].

Quantifizierung bei verarbeiteten Lebensmitteln/Referenzgene/Hybridsorten

Fehler bei der Quantifizierung gentechnischer Veränderungen mittels real-time PCR können insbesondere bei degradierter DNA entstehen, wenn die Länge der Zielsequenz von speziesspezifischer und transgener Sequenz zu stark differiert [16]. Weiterhin sollte die Eignung der zur Quantifizierung des Referenzgens (Spezies) verwendeten Zielsequenz sorgfältig bewertet werden. So wurden in einem Vergleich von vier Real-Time-PCR-Verfahren zur Quantifizierung von maisspezifischer DNA unterschiedlich starke, maisvarietätenabhängige Streuungen der C_t-Werte beobachtet [34].

In letzter Zeit werden zunehmend jGVP angebaut und auch in der EU zugelassen, die hybride zweier oder mehrerer Transformationsevents sind. Zum Beispiel weist die Maishybride NK603XMON810 sowohl Insekten- als auch Herbizidresistenz auf.

Eine analytische Differenzierung dieser sogenannten „stacked events" von den zugrundeliegenden Einzelevents ist nur auf Basis einer Untersuchung einzelner Körner bzw. Samen möglich. Im Rahmen des Zulassungsverfahrens werden daher zur Validierung die bestehenden eventspezifischen Verfahren der Einzelevents herangezogen und an den jeweiligen „stacked events" erprobt [35].

Zulassungsverfahren und eventspezifische Verfahren

Nach den EU-Regelungen für gentechnisch veränderte Lebens- und Futtermittel [5] müssen Antragsteller im Rahmen des Zulassungsverfahrens sowohl Kontrollproben als auch eventspezifische Methoden zum Nachweis und zur Bestimmung der jeweiligen GVP zur Verfügung stellen. Die Methoden werden im Rahmen des europäischen Netzwerkes für GMO-Laboratorien (ENGL) auf ihre Eignung überprüft und validiert. Nach erfolgter Zulassung werden die Methoden über das „Molecular Register" öffentlich zugänglich gemacht [35]. Referenzmaterialien sind über das

Institute of Reference Materials and Measurement der EU-Kommission verfügbar [36].

Validierungsstudien und Anforderungen

Real-Time-PCR-Verfahren zur Quantifizierung von GVP sind bereits in erheblicher Anzahl validiert worden. Eventspezifische Verfahren für zuzulassende GVP werden im Rahmen des ENGL validiert [35], daneben sind im Ringversuch validierte konstruktspezifische in der Norm EN ISO 21570 [24] beschrieben. Die Validierung von Real-Time-PCR-Verfahren zur Quantifizierung erfolgt möglichst anhand zertifizierter Referenzmaterialien sowie von Probenmaterialien mit definierten GVP-Anteilen.

Ansätze zur laborinternen Validierung wurden beschrieben [37]. Für eventspezifische Verfahren, welche die Antragsteller im Rahmen von Zulassungsverfahren vorlegen müssen, hat das ENGL Annahmekriterien für Validierungsdaten definiert [38] (s. Tab. 10.1).

Anhand von DNA-Verdünnungsreihen, welche auf verschiedenen Konzentrationsniveaus in Replika untersucht werden, können der Arbeitsbereich und die Regressionsdaten (und damit auch die PCR-Effizienz) der beiden für die relative Quantifizierung benötigten Real-Time-PCR-Systeme berechnet werden. Die hierbei erhaltenen Präzisionsdaten können auch für die Ermittlung der Sensitivität

Tab. 10.1 ENGL-Annahmekriterien [37] für Validierungsdaten eventspezifischer Methoden; Daten aus Inhousevalidierungen bzw. aus Ringversuchen (sofern explizit in Tabelle erwähnt)

Spezifität	Testen mit: • Transgenen Events (insbesondere eng verwandte) • Nicht transgenem Material (selbe Spezies bei eventspezifischer PCR)
Arbeitsbereich (inhouse- und Ringversuch)	1/10 bis 5 faches der Zielkonzentration (=häufig 500 Kopien; d. h. 50 bis 2500 Kopien)
Richtigkeit (Inhouse- und Ringversuch)	max. ± 25 % des Referenzwertes (über den gesamten Arbeitsbereich)
Steigung/PCR-Effizienz	−3,1 ≥ Steigung Kalibrierreihe ≥ −3,6 (Effizienz ca. 90–110 %)
R^2(Bestimmtheitsmaß der Regression)	>0,98
Wiederholungsstandardabweichung RSD_r	< ± 25 % über den gesamten Arbeitsbereich (mindestens 15 Replika)
Reproduzierbarkeitsstandardabweichung RSD_R (Ringversuch)	< ± 35 % über den gesamten Arbeitsbereich < ± 50 % bei Anteilen gentechnischer Veränderungen unter 0,2 %
Bestimmungsgrenze	Kriterium: RSD_r < ± 25 %: <1/10 der Zielkonzentration z. B. < 50 Kopien
Nachweisgrenze	Kriterium: 95 % positive; ≤5 % falsch-positive: <1/20 der Zielkonzentration, z. B. <25 Kopien (Anm: Kriterium EN 24276 [8] für quantitative Verfahren [Ringversuche]: RSD_R ≤ 33 %)
Robustheit	Inter-Assay-Abweichung < ±30 %

(Nachweis- und Bestimmungsgrenze) des Transgen-spezifischen PCR-Systems (als Kopienzahl) verwendet werden [29].

Die wiederholte Untersuchung von DNA-Lösungen mit definierten GVP-Anteilen in Form einer relativen Quantifizierung von transgen zu speziesspezifischer Sequenz dient zur Bestimmung von Richtigkeit, Präzision (RSD_r und RSD_R) und Sensitivität der gesamten Methode. Die Anforderungen des ENGL beziehen sich auf die Untersuchung von DNA-Lösungen; die aus der DNA-Extraktion herrührende zusätzliche Streuung der Daten ist nicht zu berücksichtigen.

Besonderheit der GVO-Analytik: praktische Nachweis- und Bestimmungsgrenze

Die Quantifizierung gentechnischer Veränderungen erfolgt immer in Relation auf ein speziesspezifisches Referenzgen; Ergebnisse werden in Prozent angegeben. Nachweis- und Bestimmungsgrenzen können einerseits für das Transgen-spezifische PCR-System ermittelt werden (als Kopienzahl), anhand geeigneter Matrizes mit entsprechend niedrigen GVP-Anteilen ist dies als relativer Wert möglich. Zumeist handelt es sich hierbei jedoch um Matrizes, welche die Spezies-DNA in großen Mengen enthalten.

Viele in der Praxis untersuchte Proben enthalten jedoch nur wenig DNA der jeweiligen Spezies. Dementsprechend ist hier eine sensitive Untersuchung wie bei DNA-reichen Matrizes nicht möglich.

Daher wurde per Norm festgelegt [8], dass bei Untersuchungen mit negativem Resultat auch eine probenbezogene, sogenannte praktische Nachweisgrenze anzugeben ist. Diese kann laborintern – ausgehend von dem Gehalt an Spezies-DNA – probenspezifisch abgeschätzt werden [29, 38]. Dazu wird zunächst in der Proben-DNA die Menge an artenspezifischer, mittels real-time PCR amplifizierbarer DNA ermittelt. Die Menge an gv DNA, welche in dieser Lösung noch (theoretisch) nachweisbar bzw. quantifizierbar ist, wird dazu ins Verhältnis gesetzt. Bestimmt werden kann diese DNA-Menge im Rahmen der Methodenvalidierung des PCR-Systems zum Nachweis der Transgen-spezifischen Sequenz, etwa über die Präzisionsdaten aus Wiederholbestimmungen (s. oben). Der in [29] beschriebene Ansatz verwendet als Kriterium für die Quantifizierungsgrenze eine maximale Streuung des Vertrauensbereichs von ±30 %, für die Nachweisgrenze von ±100 %. Langjährige Erfahrungswerte zeigen, dass bei effizienten Real-Time-PCR-Systemen diese Kriterien bei 5 bis 10 Kopien bzw. Genomäquivalenten (Nachweisgrenze) bzw. 40 bis 100 Kopien (Bestimmungsgrenze) erreicht werden [38].

In Tab. 10.2 ist die Bandbreite der relativen (= praktischen) Nachweisgrenzen, basierend auf Erfahrungswerten, dargestellt [38].

Davon ausgehend werden bei verarbeiteten Lebensmitteln und „DNA-armen" Zutaten oft nur praktische Nachweis-/Bestimmungsgrenzen von 0,9 % oder darüber erreicht. In solchen Erzeugnissen ist eine analytische Überprüfung im Hinblick auf den Grenzwert von 0,9 % somit nicht möglich und es muss auf die entsprechenden Rohstoffe zurückgegriffen werden.

Tab. 10.2 Relative Nachweisgrenzen bei wichtigen Lebensmittelrohstoffen [38]

Zutat/Rohstoff	Zu erwartende Ausbeute an speziesspezifischer DNA (pro PCR-Ansatz)	Ungefähre relative Nachweisgrenzen (Anteil GVP-DNA an Gesamtspezies-DNA)
Sojalecithin	0–ca. 10.000 Kopien	100–0,05 %
Maisstärke, nativ	0–ca. 7000 Kopien	100–0,1 %
Maisstärke, modifiziert	0–500 Kopien	100–1 %
Glucosesirup, Maltodextrine	<20 Kopien	>25 %

10.4.2.5 Der Nachweis nichtzugelassener GVP

Der eindeutige Nachweis nichtzugelassener GVP ist auch nach Inkrafttreten der neuen EU-Verordnungen sehr schwierig bzw. unmöglich. Da in der Regel weder detaillierte Sequenzinformationen über die neu eingefügte DNA noch geeignete Referenzproben zur Verfügung stehen, müssen spezielle Untersuchungsstrategien herangezogen werden.

Screening

Hinweise auf nichtzugelassene GVP können mit screening- und konstruktspezifischen Methoden erhalten werden, welche Sequenzen aus dem eingefügten genetischen Konstrukt nachweisen können. Informationen zur Erarbeitung solcher Nachweismethoden können insbesondere aus entsprechenden Datenbanken [1, 2] abgeleitet werden. Mit derartigen Methoden und anhand von Positivkontrollen, die über diverse Quellen (z. B. auch weltweite Laborvergleichsuntersuchungen) erhältlich sind, können Methoden erarbeitet werden, die zumindest eine qualitative Aussage erlauben. Eine exakte Quantifizierung sowie eine abschließende Identifizierung des Transformationsevents wird dagegen nicht möglich sein, wenn (was die Regel ist) das Referenzmaterial fehlt.

Um eine weitest mögliche Spezifizierung des Befundes zu erreichen, können die Nachweise verschiedener für das Screening geeigneter Sequenzen kombiniert werden.

Validierte Methoden zum Nachweis von Sequenzen, die häufig in gentechnisch veränderten Pflanzen vorkommen, sind in den europäischen Normen [23, 24], der amtlichen Sammlung nach § 64 LFGB [39, 40] sowie der Methodensammlung der Bund/Länderarbeitsgemeinschaft Gentechnik (LAG) [41] beschrieben.

Eine Strategie zum Screening auf gentechnische Veränderungen mittels fünf verschiedener Zielsequenzen wird in [42–44, 46] vorgestellt. Ausgewählt wurde die Kombination von Real-Time-PCR-Verfahren zum Nachweis der P35S-Sequenz, der T-nos-Sequenz, der Übergangssequenz CTP2-CP4 EPSPS, der bar-Sequenz aus *Streptomyces hygroscopicus* sowie dem synthetischen Phosphinothricin-Acetyl-transferase-Gen (pat). Es bietet sich an, den Nachweis solcher Sequenzen in Form von Duplex- oder Multiplex-Real-Time-PCR-Systemen zu kombinieren. In Tab. 10.3 sind beispielhaft (zugelassene und nichtzugelassene) gv Maisevents zusammengestellt, über die derzeit Sequenzinformationen aus Datenbanken verfügbar sind. Es wurde gezeigt, dass die fünf genannten Sequenzen – oder jeweils zumindest eine von ihnen – in den derzeit bekannten genetischen Konstrukten von Transformationsevents auch anderer Pflanzenarten als Mais enthalten sind. Sofern Referenzmaterialien verfügbar sind, können die theoretischen Sequenzinformationen auch in der Praxis bestätigt werden (s. Tab. 10.3, kursiv).

Für den Nachweis nichtzugelassener GVP gilt die Nulltoleranz. Kriterien, wann Befunde als positiv zu bewerten sind, sind in EN 24276 in allgemeiner Form be-

Tab. 10.3 Genetische Elemente für ein Screening auf gentechnisch veränderte Pflanzen, am Beispiel von Mais [42–44] sowie http://www.gdch.de/strukturen/fg/lm/ag/bioanal/screening.htm

Name des gv Maisevents	Enthaltene DNA-Sequenzen				
	P35S	T-nos	CTP2-CP4EPSPS	bar	pat
3272	–	+	–	–	–
676, 678, 680	+	–	–	–	+
59122	+	–	–	–	+
Bt11	+	+	–	–	+
B16 (DLL25)	+	–	–	+	–
Bt176 (176; Maximizer)	+	–	–	+	–
CBH-351 (StarLink)	+	+	–	+	–
DAS-06275-8	–	–	–	+	–
DBT418 (Bt-Xtra)	+	–	–	+	–
GA 21 (Roundup Ready)	–	+	–	+ (schwach)	+ (schwach)
LY038	–	–	–	–	–
MIR604	–	+	–	–	–
MON 80100	+	+	+	–	–
MON 802	+	+	+	–	–
MON 809	+	+	+	–	–
MON 810	+	–	–	–	–
MON 832	+	+	+	–	–
MON 863 (YieldGard)	+	+	–	–	–
MON 88017	+	+	+	–	–
MON89034	+	+	–	–	–
MS3 (SeedLink)	+	+	–	+	–
MS6 (SeedLink)	+	+	–	+	–
NK 603 (Roundup Ready)	+	+	+	+ (schwach)	–
T14	+	–	–	–	+
T25	+	–	–	–	+
TC1507 (Herculex)	+	–	–	–	+

Kursiv = anhand von Referenzmaterial bestätigt. + (schwach) = C_t-Wert 35 und höher; Signale können auch durch Kontaminationen durch andere GVP im verwendeten Referenzmaterial bedingt sein, da für diese Materialien (in der Regel Mehle) nur ein bestimmter Gehalt (in der Regel >99 %) des jeweiligen Events zertifiziert wird

schrieben [8]. Zusätzliche Empfehlungen sind in einem Positionspapier der Lebensmittelchemischen Gesellschaft [38] genannt. Auf die Empfehlung der EU-Kommission zur Untersuchung auf nichtzugelassenen gv Reis LL601 [15] wurde bereits im Abschn. Probenahme hingewiesen.

„Genomic walking"

Ein positives Resultat im Screening ist zwar ein gewichtiges Indiz für eine gentechnische Veränderung. Eindeutig identifiziert werden GVP allerdings über eventspezifische Verfahren. Strategien, um auch die spezifische Integrationsstelle von gentechnisch veränderter DNA in das Pflanzengenom zu ermitteln, werden in Lit. [42] beschrieben. Sofern Positivkontrollen vorhanden sind, kann beispielsweise mittels TAIL-PCR, der SiteFinding-PCR oder der Ligation-mediated (LM)-PCR eine Ermittlung von Sequenzen erfolgen, die bekannten Sequenzen auf dem genetischen Konstrukt benachbart sind. Allerdings ist in der Regel nicht vorhersehbar, wie viele Schritte des „genomic walking" erforderlich werden, um auch integrationsortspezifische Sequenzen zu erreichen. Diese Verfahren sind insgesamt aufwendig und daher nur bedingt routinegeeignet.

10.4.2.6 Molekularbiologische Methoden zum simultanen Nachweis gentechnischer Veränderungen

Angesichts der immer größer werdenden Zahl weltweit angebauter GVP, auf die zu prüfen ist, sind Multimethoden gefragt. In der Praxis am häufigsten eingesetzt werden Multiplex-Real-Time-PCR-Verfahren, daneben sind Microarrays und LPA-Methoden zu nennen.

Multiplex-Real-Time-PCR

In den vergangenen Jahren wurde über die Anwendung von Multiplexverfahren zum Nachweis von GVP, basierend auf der real-time PCR, berichtet [45]. Entsprechende Verfahren basieren auf der Kombination verschiedener Primer-Paare in einem Reaktionsansatz; die simultane Detektion kann z. B. durch die Anwendung jeweils spezifischer Hybridisierungssonden erfolgen, die mit Fluoreszenzfarbstoffen unterschiedlicher Emissionsmaxima gekoppelt sind. Eine gleichzeitige Detektion der unterschiedlichen PCR-Amplfikate bzw. der Fluoreszenz daran hybridisierender Sonden ist mit geeigneten Real-Time-PCR-Geräten möglich.

Hauptschwierigkeit bei der Verwendung von Duplex- oder Multiplexsystemen ist die u. U. erhöhte Störanfälligkeit und geringere Sensitivität solcher Verfahren. Insbesondere die Etablierung solcher Verfahren erfordert einen erhöhten Aufwand und große Sorgfalt.

Für ein simultanes Screening mittels real-time PCR wurden die Systeme zum Nachweis der pat- und der bar-Sequenz bzw. der P35S- und der T-nos-Sequenz jeweils zu Duplexverfahren, letztere zusätzlich mit einem maisspezifischen hmg-System zu einem Triplex-Real-Time-PCR-Verfahren kombiniert [42]. In einem Ringversuch wurde für das P35S-/T-nos-Duplexverfahren gezeigt, dass die Methode sich zum semiquantitativen Screening auf GVP eignet [45].

Microarrays

Auf DNA-Chips oder Microarrays als miniaturisierte Träger sind DNA-Moleküle bekannter Sequenz als biomolekulare Sonden in einem geordneten Raster immobilisiert oder synthetisiert. Die oberflächengebundenen DNA-Moleküle werden mit komplementären, markierten Nukleinsäuren hybridisiert. Durch eine hohe Parallelität des Verfahrens kann prinzipiell ein großer Datendurchsatz in relativ kurzer Zeit erzielt werden.

Um eine ausreichend hohe Sensitivität in der GVO-Analytik zu erreichen, werden die interessierenden Abschnitte zumeist noch in einer oder mehreren vorgeschalteten (Multiplex-)PCR-Reaktionen amplifiziert.

Die bisher vorgestellten Microarrays detektieren simultan 5 bis 10 Screeningelemente wie P35S, T-nos oder pat, dazu noch speziesspezifische DNA-Sequenzen zur Amplifikationskontrolle. Die bisherigen Erfahrungen zeigen, dass solche Systeme durchaus Potenzial für die Routine haben können. Allerdings sind die bisherigen Systeme nur qualitativer Natur; eine Bewertung der jeweiligen praktischen Nachweisgrenze in einem komplex zusammengesetzten Produkt ist daher beispielsweise auch nicht möglich. Weiterhin liegen noch keine Erfahrungen aus Ringversuchen vor.

Ligationsabhängige Amplifizierung (LPA)

Die LPA-Technik bedient sich sequenzspezifischer Sondenpaare, die an die Zielsequenz hybridisieren. Nach Ligation der Sonden werden die Ligationsprodukte amplifiziert. Durch Verwendung jeweils identischer Primer-Bindungsstellen, die an den 5′- bzw. 3′-Enden der Sonden vorhanden sind, können gleichzeitig mehrere solcher Sondenpaare verwendet und die Ligationsprodukte mit einem identischen Primer-Paar simultan amplifiziert werden. Die Detektion der unterschiedlich großen Ligationsprodukte erfolgt über fluoreszenzmarkierte Primer in einer Kapillarelektrophorese. Prinzipiell soll diese Methode auch zur Quantifizierung von GVP geeignet sein [16].

Literatur

[1] BATS, Zentrum für Biosicherheit und Nachhaltigkeit, Basel (CH): GMO-Watch Report: Genetically Modified Crops: molecular and regulatory details, BATS report, version 2 (06/2003). http://www.bats.ch/gmo-watch/GVO-report140703.pdf. Stand 07.06.2010.

[2] Center for Environmental Risk Assessment (CERA)/International Life Sciences Institute Research Foundation (ILSI RF), Washington (USA). GM crop database. http://cera-gmc.org/index.php?action=gm_crop_database. Stand 07.06.2010

[3] i-bio Information Biowissenschaften, Aachen. Datenbank "Transgen": http://www.transgen.de. Stand 07.06.2010

[4] European Commission: DG Health & Consumer Protection. Community Register of GM Food and Feed. http://ec.europa.eu/food/dyna/gm_register/index_en.cfm. Stand 07.06.2010

[5] Verordnung (EG) Nr. 1829/2003 des Europäischen Parlaments und des Rates vom 22.09.2003 über genetisch veränderte Lebensmittel und Futtermittel (ABl. Nr. L 268/1 vom 18.10.2003), sowie Verordnung (EG) Nr. 1830/2003 des Europäischen Parlaments und des Rates vom 22.09.2003 über die Rückverfolgbarkeit und Kennzeichnung von genetisch veränderten Organismen und über die Rückverfolgbarkeit von aus genetisch veränderten Organismen hergestellten Lebensmitteln und Futtermitteln (ABl. Nr. L 268/24 vom 18.10.2003).

[6] Anklam, E., Gadani, F., Heinze, P., Pijnenburg, H., Van den Eede, G. (2002). Analytical methods for detection and determination of genetically modified organisms in agricultural crops and plant-derived food products. Eur. Food Res. Technol. 214:3–26.

[7] Stave, J. W. (2002). Protein immunoassay methods for detection of biotech crops: Applications, limitations, and practical considerations. J. AOAC Int. 85: 780–786.

[8] DIN EN ISO 24276 (2006). Lebensmittel – Verfahren zum Nachweis von gentechnisch modifizierten Organismen und ihren Produkten – Allgemeine Anforderungen und Definitionen. Beuth, Berlin.

[9] Pietsch, K., Waiblinger, H. U., Brodmann, P., Wurz, A. (1997). Screeningverfahren zur Identifizierung „gentechnisch veränderter" pflanzlicher Lebensmittel. Deutsche Lebensmittelrundschau 93 (2): 35–38.

[10] Cankar, K., Ravnikar, M., Zel, J. (2005). real-time PCR detection of cauliflower mosaic virus to complement the 35S screening assay for genetically modified organisms. J. AOAC Intern. 88 (3): 814–822.

[11] Holst-Jensen, A., Ronning, S. B., Lovseth, A., Berdal, K. G. (2003). PCR technology for screening and quantification of genetically modified organisms. Anal. Bioanal. Chem. 375: 985–993.

[12] Padgette, S. R., Kolacz, K. H., Delannay, X., Re, D. B., LaValee, B. J., Tinius, C. N., Rhodes, W. K., Otero, Y. I., Barry, G. F., Eichholtz, D. A., Peschke, V. M., Nida, D. L., Taylor, N. B., Kishore, G. M. (1995). Development, identification, and characterization of a glyphosate-tolerant Soybean line. Crop. Science. 35: 1451–1461.

[13] Deutsches Institut für Normung (Berlin): EN/TS 15568 (2006) Lebensmittel - Verfahren zum Nachweis von gentechnisch modifizierten Organismen und ihren Produkten – Probenahmestrategien. Beuth, Berlin.

[14] Hübner, P., Waiblinger, H. U., Pietsch, K., Brodmann, P. (2001). Validation of PCR methods for the quantification of genetically modified plants in food. J. AOAC Intern. 84 (6): 1855–1864.

[15] Entscheidung der Kommission Nr. 2006/754/EG vom 06.11.2006 zur Änderung der Entscheidung 2006/601/EG über Dringlichkeitsmaßnahmen hinsichtlich des nicht zugelassenen gentechnisch veränderten Organismus „LL REIS 601" in Reiserzeugnissen. Amtsblatt der Europäischen Union L 306/17 vom 07.11.2006.

[16] Engel, K. H., Moreano, F., Ehlert, A., Busch, U. (2006). Quantification of DNA from genetically modified organisms in composite and processed foods. Trends Food Sci. Technol. 17: 490–497.

[17] Terry, C., Harris, N., Parkes, H. (2002). Detection of gm crops and their derivatives: Critical steps in sample preparation and extraction. J. AOAC Intern. 85 (3): 768–774.

[18] DIN EN ISO 21571 (2005). Lebensmittel – Verfahren zum Nachweis von gentechnisch modifizierten Organismen und ihren Produkten – Nukleinsäureextraktion. Beuth, Berlin.

[19] Wurz, A., Rüggeberg, H., Brodmann, P., Waiblinger, H. U., Pietsch, K. (1998). DNA-Extraktionsmethode für den Nachweis gentechnisch veränderter Soja in Sojalecithin. Dtsch. Lebensm. Rundsch. 94: 159–161.

[20] Waiblinger, H. U., Ohmenhäuser, M., Pietsch, K, Ritter, W., Steegmüller, J., Krech, A., Horn, P., Schröder, A. (2005). Die Untersuchung von transgenem Rapspollen in Honigen mittels real-time PCR. Dtsch. Lebensm. Rundsch. 101 (12): 543–549.

[21] Waiblinger, H.-U., Ernst, B., Graf, N. und Pietsch, K. (2007) Ring trial validation of a method for the extraction of DNA from soy lecithins. J. Verbr. Lebensm. 2, 113–115.
[22] Bundesamt für Gesundheit, Bern, Schweiz: Schweizerisches Lebensmittelbuch (2004). Kapitel 52 B.
[23] DIN EN ISO 21569 (2005). Lebensmittel – Verfahren zum Nachweis von gentechnisch modifizierten Organismen und ihren Produkten – Qualitative auf Nukleinsäuren basierende Verfahren. Beuth, Berlin.
[24] DIN EN ISO 21570 (2006). Lebensmittel – Verfahren zum Nachweis von gentechnisch modifizierten Organismen und ihren Produkten – Quantitative auf Nukleinsäuren basierende Verfahren. Beuth, Berlin.
[25] Meyer, R. (1995). Nachweis gentechnologisch veränderter Pflanzen mittels PCR am Beispiel der FLAVR SAVR Tomate. Z. Lebensm. Unters. Forsch. 201: 583–586.
[26] Hupfer, C., Hotzel, H., Sachse, K., Engel, K. H. (1998). Detection of the genetic modification in heat treated products of Bt maize by polymerase chain reaction. Z. Lebensm. Unters. Forsch. 206: 203–207.
[27] Wurz, A., Willmund, R. (1997). Identification of transgenic glyphosphate-resistant soybeans. BgVV-Hefte 01/1997: 115–117.
[28] Pietsch, K., Bluth, A., Wurz, A., Waiblinger, H. U. (1999). Kompetitive PCR zur Quantifizierung konventioneller und transgener Lebensmittelbestandteile. Dtsch. Lebensm. Rundsch. 95: 57–59.
[29] Waiblinger, H. U., Gutmann, M., Hädrich, J., Pietsch, K. (2001). Validierung der real-time PCR zur Quantifizierung von gentechnisch veränderter Soja. Dtsch. Lebensm. Rundsch. 97: 121–125.
[30] Kew, Royal Botanic Gardens. Plant DNA C-values Database. http://www.rbgkew.org.uk/cval/
[31] European Commission. Institute for reference materials and measurements (2006). ERM Application note 4. http://www.erm-crm.org/html/ERM_products/application_notes/application_note_4/index.htm
[32] Trifa, Y., Zhang, D. (2004). DNA content in embryo and endosperm maize kernel (Zea mays L.): Impact on GMO quantification. J. Agric. Food Chem. 52: 1044–1048.
[33] Unterausschuss Methodenentwicklung der Bund-/Länder-Arbeitsgemeinschaft Gentechnik (2006) Konzept zur Untersuchung von Saatgut auf Anteile gentechnisch veränderter Pflanzen. http://www.lag-gentechnik.de/dokumente/saatgutkonzept.pdf
[34] Hernandez, M. et al. (2004). Development and comparison of four real-time PCR systems for specific detection and quantification of Zea mays. L. J. Agric. Food Chem. 52: 4632–4637.
[35] Europäische Kommission. Community Reference Laboratory for GMO analysis http://gmo-crl.jrc.it/statusofdoss.htm
[36] Europäische Kommission. Institute for Reference Materials and Measurements. European Reference Materials (ERM). http://www.erm-crm.org/html/homepage.htm
[37] European Network of GMO Laboratories (ENGL) (2005). Definition of minimum performance requirements for analytical methods of GMO testing. Version 25.01.2005. http://gmo-crl.jrc.it/doc/Method%20requirements.pdf
[38] Deutsche Lebensmittelchemische Gesellschaft (2005). Aktuelle Fragen in der GVO-Analytik, Positionspapier der Lebensmittelchemischen Gesellschaft. Lebensmittelchemie 59: 105–107. http://www.gdch.de/strukturen/fg/lm/ag/bioanal/posi_gvo.htm
[39] Bundesamt für Verbraucherschutz und Lebensmittelsicherheit (Hrsg.) (2008).: Amtliche Sammlung von Untersuchungsverfahren nach § 64 LFGB, § 35 Vorläufiges Tabakgesetz, § 28 a GenTG, Beuth-Verlag. Methoden L00.00–124 und -125.
[40] Lebensmittelsicherheit (Hrsg.): Amtliche Sammlung von Untersuchungsverfahren nach § 64 LFGB, § 35 Vorläufiges Tabakgesetz, § 28 a GenTG, Beuth-Verlag. Methode L 00.00-122 (2008).
[41] Methodensammlung der Bund/Länderarbeitsgemeinschaft Gentechnik (LAG). http://www.lag-gentechnik.de/

[42] Forschungsprogramm „Ernährung/Nahrungsmittelsicherheit" der Landesstiftung Baden-Württemberg gGmbH (2007). Abschlussbericht zum Projekt: „Molekularbiologische Verfahren zum Nachweis von nicht zugelassenen gentechnisch veränderten Pflanzen". www.cvua-freiburg.de

[43] Waiblinger, H. U., Boernsen, B., Pietsch, K. (2008). Praktische Anwendung für die Routineanalytik – Screening-Tabelle für den Nachweis zugelassener und nicht zugelassener gentechnisch veränderter Pflanzen. Deut. Lebensm. Rundschau 104: 261–264.

[44] Waiblinger, H. U., Grohmann, L., Mankertz, J., Engelbert, D., Pietsch, K. (2010). A practical approach to screen for authorised and unauthorised genetically modified plants. Analytical and Bioanalytical Chemistry. Anal Bioanal Chem 396: 2065–2072.

[45] Waiblinger, H. U., Ernst, B., Anderson, A., Pietsch, K. (2007). Validation and collaborative study of a P35S and T-nos screening duplex real-time PCR screening method to detect genetically modified organisms in food products. Eur. J. Food Res. Technol. 226: 1221–1228.

[46] Grohmann, L., Brünen-Nieweler, C., Nemeth, A., Waiblinger, H. U. (2009). Collaborative trial validation studies of real-time PCR based screening emthods for detection of the bar gene and the ctp2–cp4epsps construct. J. Agric. Food Chem. DOI:10.1021/jf901598.

[47] Höhne, M., Santisi, C. R., Meyer, R. (2002). real-time PCR: An accurate method for the detection and quantification of 35S-CaMV promoter in genetically modified maize-containing food. Eur. Food Res. Technol. 215: 59–64.

Kapitel 11
Analytik von Lebensmittelallergenen

Anja Demmel und Alexandra Hahn

Inhalt

A. Demmel (✉)
Bayerisches Landesamt für Gesundheit und Lebensmittelsicherheit,
Veterinärstraße 2, 85764 Oberschleißheim, Deutschland
e-mail: anja.demmel@lgl.bayern.de

Dr. A. Hahn
GALAB Laboratories GmbH,
Max-Planck-Strasse 1, 21502 Geesthacht, Deutschland
e-mail: alexandra.hahn@galab.de

U. Busch (Hrsg.), *Molekularbiologische Methoden in der Lebensmittelanalytik,*
DOI 10.1007/978-3-642-10716-0_11,

Abkürzungen

Bp	Base pairs
DBPCFC	Double-blind placebo-controlled food challenge
DNA	Deoxyribonucleic Acid
ELISA	Enzyme Linked Immunosorbent Assay
IgE	Immunglobulin E
LMKV	Lebensmittelkennzeichnungsverordnung
LTP – Proteine	Lipid Transfer Proteine
LPA	ligation-dependent Probe Amplification
PCR	Polymerase Chain Reaction
PNA	Peptide Nucleic Acid
RAST	Radioallergosorbent Assay
RFLP	Restriction Fragment Length Polymorphism
RIA	Radioimmunoassay
RIE	Rocket Immunoelectrophorese

11.1 Lebensmittelallergien

Ansonsten harmlose Lebensmittel oder deren Bestandteile können bei von Lebensmittelallergien betroffenen Personen Überempfindlichkeitsreaktionen auslösen. Hierbei kann es sich um immunvermittelte Lebensmittelallergien oder um Intoleranzen gegenüber bestimmten Lebensmittelbestandteilen handeln. Ein Beispiel für Letzteres ist die Laktoseintoleranz, welche durch einen Enzymdefekt hervorgerufen wird [1]. Im Gegensatz hierzu handelt es sich bei Lebensmittelallergien um Sofortreaktionen, die durch IgE-Antikörper gegen Antigene aus den Lebensmitteln hervorgerufen werden und zu verschiedenen körperlichen Beschwerden führen können. Bei den Antigenen, welche von den von Allergikern produzierten IgE-Antikörpern erkannt werden, handelt es sich vor allem um Proteine [2]. Symptome IgE-vermittelter Reaktionen können zum Beispiel Hautausschlag, eine Schwellung der Schleimhäute oder das sogenannte orale Allergiesyndrom mit allergischen Reaktionen an der Mundschleimhaut und im Magen-Darm-Trakt sein [3]. Die hierbei auftretenden Beschwerden reichen von einem Brennen im Mund und einer Schwellung der Lippen und der Zunge bis zu Atemnot verursachenden Schwellungen im Kehlkopfbereich. In besonders schlimmen Fällen können allergische Reaktionen zu einem anaphylaktischen Schock und zum Tod durch Kreislaufversagen führen [4]. Während klassische Nahrungsallergene häufig komplexe Reaktionen zur Folge haben, ist bei Pollen-assoziierten Nahrungsmittelallergien das orale Allergiesyndrom vorherrschend.

Echte, immunvermittelte Lebensmittelallergien treten bei 1–3 % der Erwachsenen und 4–6 % der Kinder auf [5]. Bereits geringe Dosen des jeweiligen Allergens können bei diesen Personen unter Umständen gesundheitsgefährdende Reaktionen hervorrufen. In einer doppelblinden, plazebokontrollierten Studie (DBPCFC, double-blind placebo-controlled food challenge) wurde die allergieauslösende Dosis für Erdnussprotein als 2 mg bestimmt [6]. Subjektive Reaktionen wurden schon nach einer

Aufnahme von 0,1 mg beobachtet. Das Auftreten allergischer Reaktionen kann nur durch die Vermeidung der Aufnahme des Allergens verhindert werden. Daher stellen insbesondere „versteckte“ Allergene, also durch unabsichtlichen Eintrag ins Lebensmittel gelangte Allergene, ein besonderes Problem für empfindliche Personen dar, da ihr Vorhandensein im Lebensmittel nicht aus der Kennzeichnung ersichtlich ist.

11.2 Rechtlicher Hintergrund

Die zentralen Anliegen der Richtlinie 2000/13/EG sind Information und Schutz des Verbrauchers [7]. Im Zuge einer Empfehlung der Codex Alimentarius Kommission wurde die Richtlinie 2000/13/EG („Etikettierungsrichtlinie“) von der Europäischen Kommission durch die Richtlinie 2003/89/EG ergänzt [8]. Hiermit wurde die verpflichtende Kennzeichnung bestimmter allergener Zutaten auf dem Etikett eingeführt, um so dem Recht des Verbrauchers auf Information nachzukommen sowie um Gesundheitsschutz zu erhöhen. Richtlinie 2003/89/EG bildet somit die Grundlage der sogenannten „Allergenkennzeichnung“. Anhang IIIa der Richtlinie enthält eine Auflistung jener Zutaten, die besonders häufig Allergien oder Unverträglichkeitsreaktionen auslösen und welche unabhängig davon gekennzeichnet werden müssen, in welchen Mengen sie im Lebensmittel enthalten sind. Der Anhang wurde durch Richtlinie 2006/142/EG [9] um zwei weitere Zutaten ergänzt und soll im Zuge neuer Erkenntnisse laufend aktualisiert werden. In Deutschland erfolgte die Umsetzung in nationales Recht durch eine Änderung der Lebensmittelkennzeichnungsverordnung (LMKV). Diese enthält nun in Anlage 3 die Zutaten aus Anhang IIIa. Eine Auflistung der kennzeichnungspflichtigen Zutaten findet sich in Tab. 11.1.

Tab. 11.1 Zutaten, die allergische oder andere Unverträglichkeitsreaktionen auslösen können

Glutenhaltiges Getreide (Weizen, Gerste, Roggen, Hafer, Dinkel, Kamut) sowie daraus hergestellte Erzeugnisse
Krebstiere und Krebstiererzeugnisse
Eier und Eierzeugnisse
Fisch und Fischerzeugnisse
Erdnüsse und Erdnusserzeugnisse
Soja und Sojaerzeugnisse
Milch und Milcherzeugnisse (einschließlich Laktose)
Schalenfrüchte, d. h. Mandel (Amygdalus communis L.), Haselnuss (Corylus avellana), Walnuss (Juglans regia), Kaschunuss (Anacardium occidentale), Pecannuss (Carya illinoiesis (Wangenh.) K. Koch), Paranuss (Bertholletia excelsa), Pistazie (Pistacia vera), Macadamianuss und Queenslandnuss (Macadamia ternifolia) sowie daraus hergestellte Erzeugnisse
Sellerie und Sellerieerzeugnisse
Senf und Senferzeugnisse
Sesamsamen und Sesamsamenerzeugnisse
Schwefeldioxid und Sulfite in einer Konzentration von mehr als 10 mg/kg oder 10 mg/l, als SO_2 angegeben
Lupinen und Lupinenerzeugnisse
Weichtiere und Weichtiererzeugnisse

Die Kennzeichnungspflicht bezieht sich jedoch nur auf Lebensmittel in Fertigpackungen. Um eine bessere Information der Verbraucher zu erreichen, wurden verschiedene Kennzeichnungserleichterungen abgeschafft, darunter die als „25 %-Regel" bekannte Einschränkung der Kennzeichnung. So müssen nun auch die Bestandteile einer zusammengesetzten Zutat, deren Mengenanteil im Endprodukt unter 25 % liegt, einzeln genannt werden. Außerdem sind die in Anlage 3 genannten Zutaten auch dann anzugeben, wenn für das Produkt keine Zutatenliste vorgeschrieben ist. Dies gilt beispielsweise für alkoholische Getränke mit mehr als 1,2 vol% Alkohol. Wein mit mehr als 10 mg/l Sulfit bedarf daher der Kennzeichnung „enthält Sulfit".

Es existieren jedoch nach wie vor Ausnahmen von der Kennzeichnungspflicht. Zum Beispiel werden in Anhang IIIa bestimmte hochverarbeitete Produkte wie Glukosesirupe auf Getreidebasis oder aus Sojaquellen gewonnene Phytosterole ausgenommen. Des Weiteren besteht keine Verpflichtung zur Kennzeichnung allergener Zutaten bei unverpackten Lebensmitteln. Auch unbeabsichtigte und technisch unvermeidbare Kreuzkontaminationen werden von den Kennzeichnungsvorschriften nicht erfasst, unterliegen jedoch der Produkthaftungs- und Sorgfaltspflicht des Herstellers. In diesem Rahmen sind freiwillige Hinweise wie „kann Spuren von … enthalten" möglich. Die häufige Anwendung derartiger Warnhinweise ohne tatsächliches Vorliegen eines Kontaminationsrisikos führt jedoch zu einer unnötigen Einschränkung allergischer Verbraucher. Vor diesem Hintergrund ist die Einführung eines Schwellenwertes für die Kennzeichnung aus Sicht aller Beteiligten wünschenswert. Da zum jetzigen Zeitpunkt jedoch nur wenige belastbare Daten aus DBPCFC-Studien über die geringsten allergieauslösenden Dosen einzelner Allergene vorliegen, an welchen sich ein solcher Schwellenwert orientieren müsste, war dessen Festlegung bisher nicht möglich.

Zum Schutz allergischer Verbraucher vor einer möglichen Gesundheitsgefährdung durch „versteckte" Allergene sowie zur Überwachung der Einhaltung der Kennzeichnungsvorschriften bedarf es analytischer Methoden zum Nachweis von allergenen Zutaten in Lebensmitteln.

11.3 Nachweismethoden für Allergene in Lebensmitteln

Methoden zum Nachweis von Allergenen in Lebensmitteln müssen eine Reihe von Anforderungen erfüllen. Hierzu gehört unter anderem eine hohe Spezifität für die nachzuweisende Zutat, da in manchen Fällen zwischen phylogenetisch nah verwandten allergenen Spezies unterschieden werden muss. Ein Beispiel hierfür ist die Differenzierung zwischen Walnuss und Pekannuss. Ebenso wichtig ist die Möglichkeit zur Unterscheidung einer kennzeichnungspflichtigen, allergenen Zutat von einer verwandten, nicht kennzeichnungspflichtigen Zutat, beispielsweise die Differenzierung von Senf und Raps.

Von großer Bedeutung ist im Bereich der Allergenanalytik auch die Sensitivität der analytischen Verfahren. Idealerweise sollte die Nachweisgrenze im niedrigen mg/kg-Bereich liegen [6], um für allergische Verbraucher relevante Kontaminationen detektieren zu können.

Weitere wichtige Kriterien sind die Anwendbarkeit der Methoden auf verschiedene Lebensmittelmatrizes sowie deren Eignung für die Routineanalytik.

Im Bereich der Analytik von Nahrungsmittelallergenen stehen zwei Techniken im Vordergrund: der Enzyme-Linked Immunosorbent Assay (ELISA) und die Polymerase Chain Reaction (PCR).

11.3.1 Enzyme-Linked Immunosorbent Assay

Dem ELISA liegt die Verwendung eines spezifischen Antikörpers zum Nachweis des Analyten zugrunde. Bei Vorliegen des Analyten in der Probe kommt es zur Bildung eines Antigen-Antikörper-Komplexes mit dem korrespondierenden Antikörper. Ein an diesen gebundenes Enzym dient zur Detektion der Antigen-Antikörper-Bindung, indem es ein farbloses, chromogenes Substrat zu einem farbigen Produkt umsetzt. Prinzipiell können zwei ELISA-Techniken unterschieden werden: Sandwich-ELISA und kompetitiver ELISA, wobei zum Nachweis von Lebensmittelallergenen in erster Linie Sandwich-ELISAs eingesetzt werden.

Der Ablauf eines Sandwich-ELISAs ist in Abb. 11.1 dargestellt. Es wird eine mit dem ersten Antikörper beschichtete Mikrotiterplatte verwendet. Die Antigene aus der Probe binden an diesen in der Mikrotiterplatte befindlichen ersten Antikörper. Einem Waschschritt zur Entfernung ungebundener Analytmoleküle folgt die Detektion der gebundenen Antigene mithilfe eines enzymkonjugierten zweiten Antikörpers. Nach Zugabe eines chromogenen Substrates wird die Menge an entstandenem farbigem Produkt spektralphotometrisch gemessen. Hierbei ist die Farbintensität direkt proportional zur Analytkonzentration in der Probe [6]. Mittels einer Standardkurve kann eine quantitative Aussage getroffen werden.

Vorteil des Sandwich-ELISAs ist dessen höhere Spezifität im Vergleich zum kompetitiven ELISA, da die zur Detektion verwendeten Antikörper gegen mindestens zwei verschiedene Epitope des Analyten gerichtet sind [10]. Im Gegensatz dazu ist

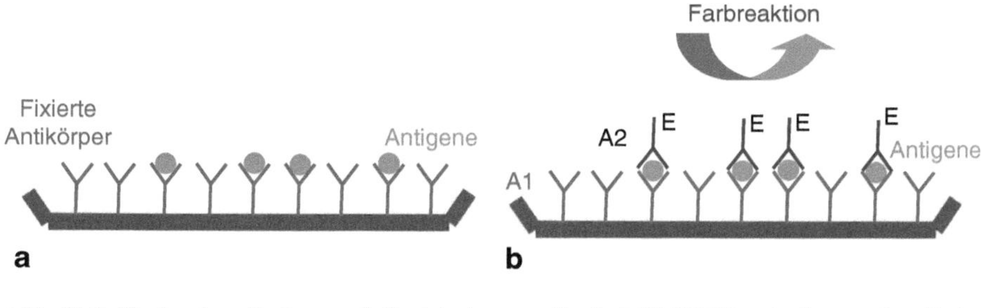

Abb. 11.1 Nachweismethoden auf Proteinebene. „Sandwich"-ELISA: Antigene der Probe werden von zwei spezifischen Antikörpern erkannt und mittels enzymatischer Farbreaktion nachgewiesen

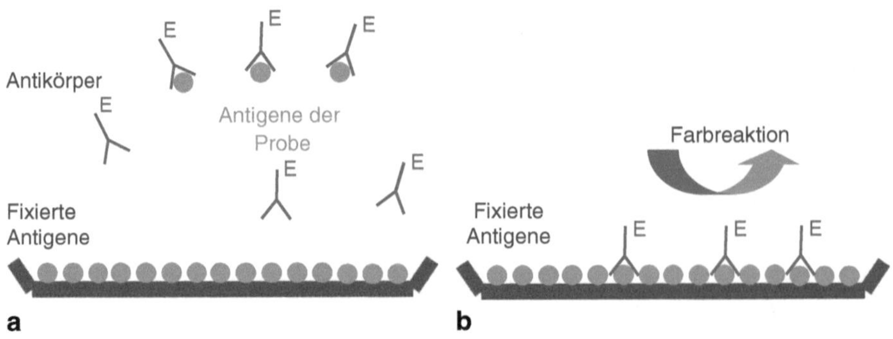

Abb. 11.2 Nachweismethoden auf Proteinebene. Kompetitiver ELISA: Konkurrenz der Antigene um Enzym gekoppelte Antikörper, deren Farbreaktion detektiert wird

der kompetitive ELISA besonders zur Detektion kleinerer Antigene geeignet, da nur ein Epitop zur Bindung benötigt wird. Das Prinzip des kompetitiven ELISAs zeigt Abb. 11.2. Die Oberfläche der Kavitäten der Mikrotiterplatte ist bei dieser Technik statt mit dem Antikörper mit dem Antigen beschichtet. Die den Analyten enthaltende Probelösung wird gemeinsam mit einer definierten Menge Antikörper in die Platte gegeben. Daraufhin konkurrieren das gebundene Antigen und der Analyt um den Antikörper. Nachdem ungebundene Analytmoleküle durch Waschen entfernt wurden, wird der Antigen-Antikörper-Komplex durch einen zweiten, enzymmarkierten Antikörper und die durch das Enzym katalysierte Farbreaktion detektiert. In diesem Fall ist die Farbintensität indirekt proportional zur Konzentration des Analyten in der Probe [6], welche unter Verwendung einer Standardkurve ermittelt werden kann.

11.3.2 Polymerase-Kettenreaktion (polymerase chain reaction, PCR)

Neben der ELISA-Technik hat sich die PCR zum Nachweis spezifischer DNA-Sequenzen aus Lebensmittelallergenen etabliert [11, 12]. Hierfür wird zunächst DNA mithilfe chaotroper Reagenzien wie Cetyltrimethyammoniumbromid oder Guanidinhydrochlorid aus der Probe isoliert. Diese wird anschließend mittels Festphasenextraktion an Silikamaterialien aufgereinigt. Dem Verfahren der DNA-Extraktion kommt in der Allergenanalytik große Bedeutung zu, da manche Lebensmittel Substanzen enthalten, welche die PCR einschränken oder vollständig inhibieren können [13]. Im Anschluss an die Extraktion wird ein charakteristischer Sequenzabschnitt mittels Polymerase-Kettenreaktion vervielfältigt und das entstehende Amplifikat detektiert. Da die DNA in hochverarbeiteten Produkten häufig degradiert ist, sollte die Zielsequenz möglichst zwischen 60 und 150 bp lang sein, um einen Nachweis auch in prozessierten Lebensmitteln zu ermöglichen [14]. Wichtig ist eine der Vervielfältigung angeschlossene Verifizierung der Amplikonsequenz, um falsch-positive Ergebnisse aufgrund von Kreuzreaktionen ausschließen zu können.

11.3.3 Vergleich der Nachweismethoden PCR und ELISA

Ob in einem bestimmten Fall PCR oder ELISA die angemessenere Methode zum Nachweis allergener Bestandteile ist, hängt von mehreren Faktoren ab. Hierfür müssen der erforderliche Grad an Sensitivität und Spezifität sowie der Prozessierungsgrad und die Zusammensetzung des zu untersuchenden Lebensmittels in Betracht gezogen werden. Während beide Verfahren eine vergleichbare Sensitivität aufweisen, ist die PCR bei geeigneter Wahl der Zielsequenz, in Bezug auf Spezifität, dem ELISA-Verfahren deutlich überlegen. Aufgrund struktureller Ähnlichkeiten allergener Proteine können beim Allergennachweis mittels ELISA Kreuzreaktionen und darauf beruhende falsch-positive Ergebnisse auftreten.

Bei der Auswahl einer geeigneten Allergennachweismethode für ein bestimmtes Lebensmittel sind in Bezug auf Verarbeitungsgrad und Zusammensetzung insbesondere Hitzeeinwirkung und pH-Wert wichtige zu beachtende Faktoren. Für erhitzte Lebensmittel sind PCR-Methoden gut geeignet, da DNA eine höhere Hitzestabilität als Proteine aufweist [15]. Hingegen sind Proteine bei niedrigem pH-Wert stabiler als DNA, weshalb die ELISA-Technik zur Untersuchung saurer Lebensmittel vorzuziehen ist. Auch beim Nachweis der allergenen Zutaten Kuhmilch und Hühnerei ist sie die Methode der Wahl. Der PCR-Nachweis kann beim Vorliegen von Fleisch im Lebensmittel zu falsch-positiven Ergebnissen führen, da DNA nicht gewebespezifisch ist [13].

Das Prinzip beider Methoden ist die Detektion spezifischer Marker für eine bestimmte allergene Zutat. Ein direkter Nachweis der allergenen Epitope ist auch beim ELISA-Verfahren nur in einzelnen Fällen gegeben [13]. Über das Vorliegen allergener Proteine und damit über das allergene Potenzial des Lebensmittels kann insbesondere bei Anwendung der PCR-Analytik keine Aussage getroffen werden [15].

PCR-Systeme eignen sich aufgrund ihrer Komplementarität zu ELISA-Nachweisen als Methoden zur Bestätigung von mittels ELISA erzielten Ergebnissen. Mit einer Kombination beider Techniken können gut abgesicherte Resultate erhalten werden.

Eine Übersicht über Vor- und Nachteile der beiden Verfahren gibt Tab. 11.2.

Im Anschluss werden Nachweisverfahren für einzelne Allergene erläutert.

Bei den genannten Methoden handelt es sich lediglich um eine Auswahl der existierenden Verfahren ohne Anspruch auf vollständige Darstellung aller verfügbaren Nachweissysteme.

11.3.4 Nachweis von Gluten und glutenhaltigem Getreide in Lebensmitteln

Getreide wie Weizen, Roggen und Gerste können IgE-vermittelte allergische Reaktionen auslösen [16]. Glutenhaltige Getreide finden jedoch vor allem im Zusammenhang mit Zöliakie, einer nicht IgE-vermittelten Überempfindlichkeit, Beachtung.

Tab. 11.2 Vergleich der Eignung von ELISA und PCR zum Allergennachweis in Lebensmitteln

	ELISA	PCR
Sensitivität	Vergleichbar, abhängig von vorliegender Lebensmittelmatrix	
Spezifität	Kreuzreaktionen möglich	Sehr hoch bei geeigneter Wahl der Zielsequenz
Anwendbarkeit auf		
– erhitzte Lebensmittel	Denaturierung von Proteinen	DNA stabiler als Proteine
– Lebensmittel mit niedrigem pH-Wert	Proteine stabiler als DNA	Degradierung von DNA
– Kuhmilch/Hühnerei	Methode der Wahl	falsch-positive Ergebnisse bei Vorliegen von Fleisch, da DNA nicht gewebespezifisch ist
Direkter Nachweis der Allergene	Nur in einzelnen Fällen wird das allergene Epitop selbst nachgewiesen Meistens Nachweis von Markerproteinen für die Spezies von Interesse	Lediglich Detektion eines Markers für die Anwesenheit einer bestimmten allergenen Zutat im Lebensmittel
Nachweis mehrerer Analyten	Einzelanalytmethode	Ein DNA-Extrakt kann zum Nachweis mehrerer Analyten verwendet werden
Handhabung, benötigte Ausstattung	Einfache Technik Standardlaborausstattung ausreichend	Spezielle Laborausstattung notwendig

Trotz der unterschiedlichen Mechanismen werden die jeweiligen Reaktionen zu großen Teilen von denselben Proteinen verursacht [17]. Die Glutenfraktion besteht aus Gluteninen und Gliadinen, wobei die toxische Wirkung vor allem von Peptiden des Gliadinanteils hervorgerufen wird [18].

Zum Nachweis von Gluten wurden bisher in erster Linie ELISA-Verfahren beschrieben [12]. Die Detektion des Analyten in erhitzten Lebensmitteln stellte sich hierbei als schwierig heraus. Daher wurden Protokolle mit gegen ω-Gliadin, der hitzestabilsten Proteinfraktion, gerichteten Antikörpern entwickelt [19, 20]. Deren Nachteil ist ihre hohe Spezifität, die die Ursache der unterschiedlich empfindlichen Detektion verschiedener Weizensorten darstellt. Des Weiteren werden Prolamine aus Gerste und Hafer nur schlecht nachgewiesen. Dennoch wurde die von Skerrit und Hill entwickelte Methode von der Association of Official Analytical Chemists (AOAC) übernommen [21]. Zur Umgehung unterschiedlicher Empfindlichkeiten bei der Analyse von Gluten aus verschiedenen Weizensorten kann eine nur auf die toxischen Motive der Gliadine gerichtete Methode angewandt werden [22]. Von der Codex Alimentarius Kommission wurde ein Testsystem zur Quantifizierung von hydrolysiertem Gluten validiert [23]. Eine Methode, die gegenüber den bisher beschriebenen Verfahren Verbesserungen im Bereich der Detektion von Gersten-, Roggen-, Haferprolaminen sowie von hydrolysiertem Gluten aufweist und mit den üblicherweise zur Glutenextraktion verwendeten Puffersystemen kompatibel ist, wurde kürzlich beschrieben [24]. Sie basiert auf dem Nachweis einer der toxischen Prolaminsequenzen.

Die PCR-basierten Techniken beruhen auf dem Nachweis von DNA glutenhaltiger Getreidespezies. Bei der ersten der auf diesem Gebiet beschriebenen Methoden handelt es sich um eine PCR zum Nachweis von Weizen, die jedoch auch beim Vorliegen von Roggen-DNA zu einem schwachen Signal führt [25]. Des Weiteren wurde eine Methode zum simultanen Nachweis von Weizen, Gerste und Roggen beschrieben [26]. Mittels einer Schmelzkurvenanalyse-basierten real-time PCR ist die Detektion von DNA aus verschiedenen Weizenarten (Sommer- und Winterweizen, Hartweizen, Dinkel, Kamut), Roggen, Gerste und Hafer möglich [27]. Zeltner, Glomb und Maede entwickelten Hybridisierungssonden zum simultanen Nachweis von Weizen, Roggen, Dinkel und Kamut sowie ein System zur Detektion von Hafer mit Nachweisgrenzen zwischen 2,5 und 10 mg/kg [28].

11.3.5 Nachweis von Krebstieren in Lebensmitteln

Krebstiere zählen zu den acht Allergenen, welche für über 90 % aller allergischen Reaktionen auf Lebensmittel verantwortlich sind [29]. Mit dem Anstieg des Verzehrs von Meeresfrüchten stieg auch die Zahl an korrespondierenden Unverträglichkeitsreaktionen an [30]. Das Hauptallergen von Shrimps, den am häufigsten verzehrten Meeresfrüchten, ist Tropomyosin, ein Muskelprotein [31], worauf mindestens 80 % der auf Shrimps allergischen Personen reagieren [32].

Das erste beschriebene Sandwich-ELISA-Verfahren basiert auf dem Nachweis von Tropomyosin aus Shrimps. Die Sensitivität wird mit 4–125 ng Tropomyosin pro ml Probenextrakt angegeben [33]. Einem zweiten Test mit einer Nachweisgrenze von 2,5 mg/kg liegt als Prinzip ebenfalls die Detektion von Tropomyosin aus Shrimps zugrunde [34]. Er weist deutliche Kreuzreaktivität mit Tropomyosin anderer Krebstiere auf. Kürzlich wurde eine Methode zur Detektion von Tropomyosin aus Krebstieren in rohen und gekochten Lebensmitteln beschrieben [29]. Durch die Verwendung polyklonaler Antikörper ist der Nachweis von Tropomyosin verschiedener Krebstierarten möglich, während keine Kreuzreaktivität zu Weichtieren auftritt. Die Nachweisgrenze wird mit 1 mg/kg angegeben [29].

Zum Nachweis von DNA aus Krebstieren wurde eine PCR-Methode mit anschließender Speziesdifferenzierung über RFLP (restriction fragment length polymorphism) beschrieben [35]. Die angegebene Nachweisgrenze von 1.000 mg/kg ist für die Allergenanalytik jedoch als nicht ausreichend anzusehen.

11.3.6 Nachweis von Ei in Lebensmitteln

Etwa 2,8 % der deutschen Bevölkerung reagieren allergisch auf Ei [36]. Besonders häufig sind Kinder betroffen. In Spanien reagieren 32 % aller Kinder mit Lebensmittelallergien auf Ei allergisch [37].

Die Schwellenwerte für das Auftreten allergischer Reaktionen liegen zwischen 1 und 200 mg Ei, entsprechend 0,13 und 20 mg Eiprotein [38]. In einem Fall wurden bereits nach der Aufnahme von 0,03 mg sprühgetrockneten Volleis Allergiesymptome beobachtet [39].

Methoden zum Nachweis von Ei sollten die Detektion von 10 mg/kg Ei oder darunter ermöglichen. Dies ist notwendig, um die Lebensmittelsicherheit für 95 % der auf Ei allergischen Personen bei der Aufnahme von 100 g des entsprechenden Lebensmittels garantieren zu können [40].

Die Hauptallergene von Eiweiß sind Ovomucoid, Ovalbumin, Ovotransferrin und Lysozym; das Hauptallergen von Eigelb ist Eialbumin, auch α-Livetin genannt. Am häufigsten treten allergische Reaktionen auf Ovomucoid, dem Hauptallergen des Eiweißes, auf [41]. Es weist das höchste IgE-Bindevermögen auf. In absteigender Reihenfolge folgen Ovalbumin, Ovotransferrin und Lysozym [42]. Zum Nachweis von Ei wird fast ausschließlich die ELISA-Technik angewandt.

Eier und kommerzielle Eiweißprodukte enthalten DNA, weshalb ein Nachweis mittels PCR theoretisch möglich wäre. Die Anwendung der PCR ist im Hinblick auf dieses Allergen jedoch nicht sinnvoll, da wir durch das Vorhandensein von Hühnerfleisch falsch-positive Signale erhalten würden.

Es wurden bereits eine Vielzahl an ELISA-Systemen zum Nachweis von Ei in Lebensmitteln beschrieben, darunter [43, 44] mit Nachweisgrenzen von 0,2 bzw. 1 mg/kg. Die Eiallergene sind mit Ausnahme von Ovomucoid [42] hitzelabil, wodurch der Nachweis in prozessierten Lebensmitteln erschwert wird. Kürzlich wurde ein ELISA-Verfahren publiziert, das die Detektion von denaturiertem Eialbumin ermöglicht [45]. Die Wiederfindungsrate von Eialbumin konnte im Vergleich zu den bisherigen Methoden durch das neue Verfahren um das 10–100fache erhöht werden. Ein weiteres veröffentlichtes ELISA-System zur Detektion von Eiprotein in geschöntem Wein ermöglicht einen Nachweis bis 8 ng/ml [46].

11.3.7 Nachweis von Fisch in Lebensmitteln

Die Häufigkeit von Fischallergie wird verschiedenen Studien zufolge mit 0,3–0,5 % angegeben [47–49]. In den Vereinigten Staaten wird der größte Teil der anaphylaktischen Reaktionen auf Lebensmittelbestandteile durch die Aufnahme von Fisch verursacht [50]. Die meisten Fischallergiker reagieren auf verschiedene Fischarten [51], speziesspezifische Reaktionen auf Thunfisch, Dorsch [52] und Schwertfisch [53] wurden jedoch ebenfalls beschrieben.

Parvalbumin, das bisher am besten untersuchte Fischallergen, ist das Hauptallergen von Dorsch [54]. Dessen strukturelle Ähnlichkeit mit Parvalbuminen anderer Fischarten liefert eine mögliche Erklärung für die Kreuzreaktivität mancher Allergiker. Die allergieauslösenden Dosen liegen zwischen 5 und 6000 mg Fisch [38].

Bisher existieren lediglich ELISA-Systeme zum Nachweis von Proteinen aus wenigen Fischarten [26]. Eine Screeningmethode auf Fischprotein ist aufgrund der großen Artenvielfalt der Fische bisher nicht verfügbar. Auch auf DNA-Ebene wurden bisher vor allem Methoden zum Nachweis und zur Unterscheidung einer begrenzten Anzahl von Fischarten beschrieben [26]. Mit der von Sun et al. (2009) entwickelten Methode zum Nachweis der Parvalbumin-Sequenz konnten 28 von 30 getesteten Fischarten detektiert werden [55].

11.3.8 Nachweis von Soja in Lebensmitteln

Aus Soja gewonnene Zutaten kommen in einer Vielzahl verschiedener Lebensmittel vor. Methoden zum Nachweis von Sojaprodukten in Lebensmitteln zielten zunächst vor allem auf die Überprüfung der Authentizität ab. So wurde eine Reihe von Nachweisverfahren zum Test auf das Vorliegen von Sojaprotein in Fleischprodukten beschrieben. Bei deren Entwicklung war das Ziel höchstmögliche Spezifität, wohingegen eine Sensitivität von 0,1–1 % (1.000–10.000 mg/kg) bereits als ausreichend angesehen wurde [56]. So liegt beispielsweise die Nachweisgrenze des von Ravenstein und Driedonks [57] entwickelten ELISA-Systems zur Detektion von denaturierten sauren Polypeptiden des Sojaglycinins bei 5.000 mg/kg. Eine weitere Methode zum Nachweis derselben Analyten ermöglicht eine Detektion ab 1.000 mg Sojaprotein pro kg Lebensmittel [58]. Eine Überprüfung auf für Allergiker relevante Sojagehalte ist mit diesen Methoden nicht möglich. Ein von Koppelman et al. publiziertes sensitives Nachweissystem ermöglicht eine Bestimmung ab 1 mg/kg Soja [59]. Die erhöhte Sensitivität im Vergleich zu den bisher bekannten Methoden beruht auf der Extraktion des Analyten bei pH 12. Die Löslichkeit von Sojaprotein ist bei neutralem pH-Wert am geringsten und steigt sowohl im sauren als auch im alkalischen Bereich an [60].

Da für die Bestimmung des Anteils an gentechnisch verändertem Soja in Lebensmitteln ein sojaspezifisches Referenzgen benötigt wird, stehen auch PCR-basierte Verfahren zum Nachweis der Spezies Soja zur Verfügung. Beispielsweise ist die Detektion des Soja-Lectin-Gens zur Detektion von 100 mg/kg Soja in verarbeiteten Lebensmitteln geeignet [61].

11.3.9 Nachweis von Milch in Lebensmitteln

Eine Allergie gegen die Proteine der Milch tritt in Deutschland bei 3,9 % der Bevölkerung auf [36]. Am häufigsten kommt sie bei Säuglingen und Kleinkindern vor. 2,5 % der unter Zweijährigen sind davon betroffen, bei 80 % von ihnen klingt die Allergie jedoch innerhalb der ersten drei Lebensjahre ab [62].

25 % der Milchallergiker reagieren auf 100 mg Protein [63]. Milch enthält zwischen 30 und 35 g Protein pro Liter. Dieses setzt sich aus 80 % Casein und 20 % Molkenprotein zusammen, wobei Casein das Hauptallergen von Milch ist [64]. Molke enthält in erster Linie β-Lactoglobulin.

Es existiert eine Vielzahl unterschiedlicher ELISA-Methoden zum Nachweis von Milchprotein in Lebensmitteln, darunter [65, 66]. Verschiedene Lebensmittel wurden mit einem ELISA-Test zur Casein-Detektion ab 0,5 mg/kg untersucht. In einem großen Teil davon wurde Casein in Konzentrationen bis zu 10.000 mg/kg nachgewiesen [65]. In allen zusätzlich untersuchten Beschwerdeproben war ebenfalls Casein enthalten. Die nachgewiesenen Konzentrationen lagen hier zwischen 5500 und 44.500 mg/kg. Milch stellt also häufig ein verstecktes Allergen dar.

Ein weiteres ELISA-Nachweissystem wurde zur Detektion von Casein in mit Milch geschöntem Wein entwickelt [46]. Die Nachweisgrenze wurde mit 8 ng Casein pro ml bestimmt.

Mittels PCR ist wie beschrieben die Detektion von Kuhmilch in Schaf- und Ziegenmilch möglich [66], nicht jedoch der Nachweis von Milch in Lebensmitteln allgemein. Bei Vorliegen von Rindfleisch im betreffenden Lebensmittel könnte der Nachweis zu falsch-positiven Ergebnissen führen.

11.3.10 Nachweis von Schalenfrüchten in Lebensmitteln

Unter dem Begriff Schalenfrüchte werden handelsüblich Früchte, deren essbare Samen von einer harten, meist holzigen Schale umgeben sind, zusammengefasst. Die häufigsten allergenen Vertreter der auch als Baumnüsse (*engl.* tree nuts) bezeichneten Gruppe sind Mandel (*Prunus dulcis/Amygdalus communis*), Haselnuss (*Corylus avellana*), Walnuss (*Juglans regia*), Pecannuss (*Carya illinoiensis*), Cashewnuss (*Anacardium occidentale*), Paranuss (*Bertholletia excelsa*), Pistazie *(Pistcia vera*) und Macadamia-, Queenslandnuss (*Macadamia ternifolia*). Sie werden aus historischen, morphologischen bzw. botanischen Gründen auch als Nüsse bezeichnet. Maronen, Kokosnuss, Pinienkerne und Exoten wie Nangainuss und Eicheln werden ebenfalls dazugezählt.

Der Verzehr von Schalenfrüchten und somit das Auftreten von Allergien ist regional sehr unterschiedlich. Während in Europa vor allem die Haselnussallergie, oftmals assoziiert mit Birkenpollenallergie, am häufigsten auftritt, sind in Amerika Allergien auf Walnuss gefolgt von Cashew, Mandel und Pecannuss am verbreitetsten [63]. Im Gegensatz zu Allergien auf Kuhmilch, Eier, Weizen und Soja, die häufig bereits im Säuglingsalter auftreten, aber wieder verschwinden, bleiben Baumnussallergien persistent und ebenso wie beispielsweise Allergien gegen Erdnuss, Fisch und Schalentiere ein Leben lang erhalten. Hinzu kommt, dass keine Sensibilisierung mit Nüssen stattgefunden haben muss. Auch ein erster Verzehr kann allergische Symptome auslösen, da vielfach Kreuzreaktionen mit Pollen auftreten, aber auch andere Ursachen, wie eine Sensibilisierung im Uterus oder während der Stillzeit über die Mutter kommen infrage. Nur wenige Schwellenwerte (minimale allergieauslösende Dosen) wurden mittels DBPCFC bestimmt, z. B. für Pecannuss 93 mg Protein oder für Pistazie 88 mg Protein [67]. Schalenfrüchte werden pur als Snack gegessen, kommen aber in Lebensmitteln oft in verarbeiteter Form wie z. B. in Gebäck, Milchprodukten, Süßwaren, Salaten oder „Hauptgerichten“ vor. Häufig ist daher ein versehentlicher Verzehr die Ursache für das Auftreten einer Allergie.

Die allergenen Proteine der Schalenfrüchte gehören hauptsächlich zu den Speicherproteinen aus den Gruppen der 2S Albumine, Viciline und Legumine, die einen großen Anteil des Proteingehalts ausmachen. Daneben spielen Lipid Transfer Proteine (LTP), die als Minorkomponenten in Baumnüssen vorkommen, eine entscheidende Rolle [68, 69]. Die Lipid Transfer Proteine sind hochkonservierte Proteine und zeichnen sich durch ein geringes Molekulargewicht aus. Sie werden als Panallergene bezeichnet, welche an der Allergenität verschiedener Nüsse beteiligt sind [70].

Somit treten Kreuzreaktionen nicht nur bei taxonomisch verwandten Nüssen auf. Generell weisen die Proteine der Schalenfrüchte eine hohe Hitzestabilität, Proteolyse- und Denaturierungsbeständigkeit und pH-Stabilität auf, mit Ausnahme der birkenpollenhomologen Proteine.

Vor dem Hintergrund der gesetzlichen Regelungen für die Kennzeichnung allergener Bestandteile in Lebensmitteln und dem Auftreten teils schwerer allergischer Reaktionen auf nusshaltige Produkte wurden sowohl immunologische als auch molekularbiologische Methoden für den Nachweis der verschiedenen Schalenfrüchte entwickelt.

Im Folgenden sind publizierte ELISA-Verfahren und PCR-Methoden für die häufigsten allergenen Schalenfrüchte beschrieben.

11.3.10.1 Mandel

Die Mandel gehört zur Familie der Rosaceae, der Rosengewächse. Hier treten Kreuzreaktionen zu weiteren Vertretern der Rosaceae wie z. B. Apfel, Birne, Nektarine und Pflaume auf. Für die Detektion von Mandeln in Lebensmitteln wurde ein kompetitiver ELISA, der von Acosta et al. entwickelt wurde, beschrieben [71, 72]. Das Hauptspeicherprotein Amandin oder Almond-Major-Protein wird mit einer Sensitivität von 5–37 mg/kg in verschiedenen Lebensmittelmatrizes (Schokolade, Keks, Cerealien, Cracker) nachgewiesen. Zudem ist ein Sandwich-ELISA mit einem Detektionslimit von 1 mg/kg Mandel in Cerealien und Schokolade entwickelt worden [73]. Es sind jedoch auch Kreuzreaktionen mit Walnuss, Paranuss, Cashew, Haselnuss, Pistazie, Macadamia und Sesam möglich. Ein mandelspezifisches PCR-Nachweisverfahren ist bisher noch nicht publiziert worden, da sich die Unterscheidung zu den nahen Verwandten Aprikose und Pfirsich als schwierig erweist.

11.3.10.2 Haselnuss

Die Haselnuss gehört zur Familie der Betulaceae, der Birkengewächse. Unter den Schalenfrüchten sind die Allergene der Haselnuss am besten charakterisiert, was mit der Häufigkeit des Verzehrs und dem Auftreten von Allergien auf Haselnuss korreliert. Ebenso zahlreich sind immunologische und molekularbiologische Nachweismethoden publiziert. Verschiedene veröffentlichte ELISA-Methoden erreichen Nachweisgrenzen von 1 bis 2 mg/kg Haselnuss, Kreuzreaktionen mit Mandel oder Walnuss können jedoch zu falsch-positiven Ergebnissen führen [74–78]. Neben klassischen PCR-Methoden [79, 80] sind auch Real-Time-PCR-Methoden [81–83] mit praktischen Nachweisgrenzen von 10 bis 50 mg/kg in der Literatur beschrieben. Weiterhin werden verschiedene Detektionsmöglichkeiten mit klassischen PCR-Methoden kombiniert. So sind z. B. ein PCR-ELISA [84], eine Duplex-PCR zum Nachweis von Haselnuss und Erdnuss mit PNA-Array-Detektion [85] und eine PCR mit elektrochemischer DNA-Array-Detektion [86] veröffentlicht.

11.3.10.3 Walnuss

Die Walnuss ist eine Steinfrucht und gehört zur Familie der Juglandaceae, der Walnussgewächse. Die bekanntesten Sorten sind die Echte oder Persische Walnuss und die Schwarze Walnuss, daneben werden mehr als 15 verschiedene Varietäten angeboten. Für den Nachweis von Walnussprotein in Lebensmitteln wurde ein validierter ELISA beschrieben [87]. Dieser zeigt jedoch Kreuzreaktivitäten hauptsächlich zu Pecannuss, Haselnuss, Senf und Mohn. Ein weiterer Sandwich-ELISA zielt auf ein Hauptallergen der Walnuss (Jug r1) und konnte in vielen Lebensmittelmatrizes angewendet werden [88]. Auch dieser Assay zeigt Kreuzreaktionen zu Haselnuss. Dem gegenüber steht eine sehr spezifische Real-Time-PCR-Methode, mit der auch die nahen Verwandten Pecannuss und Walnuss mit einer Sensitivität von 0,24 ng Walnuss-DNA unterschieden werden können [89]. Eine praktische Nachweisgrenze wurde in einem Modell-Gebäck mit 100 mg/kg bestimmt. Eine weitere konventionelle PCR von Yano et al. detektiert sehr sensitiv (0,5 pg Walnuss DNA in Lachs-DNA; entspricht 10 mg/kg) das Choroplasten-Maturase-Gen der Walnuss. Pecannuss-DNA wird jedoch ebenfalls amplifiziert und eine Restriktionsanalyse ist zur Unterscheidung der beiden Nüsse notwendig [90].

11.3.10.4 Pecannuss

Die Pecannuss, auch als Hickorynuss bekannt, ist ebenfalls ein Vertreter der Juglandaceae. Sie ist eine der weniger untersuchten Schalenfrüchte. So sind weder allergene Proteine näher charakterisiert noch ELISA-Tests in der Literatur beschrieben. Die Entstehung eines „Neo"-Allergens in gealterten bzw. erhitzten Pecannüssen kann jedoch allergische Reaktionen hervorrufen [91]. Brezna und Kuchta entwickelten auf Grundlage der Targetsequenz zur Detektion von Walnuss eine spezifische real-time PCR zum Nachweis von Pecannuss-DNA [92]. Eine Nachweisgrenze von 1 pg genomischer DNA und 100 mg/kg in einem Modell-Gebäck wurde ermittelt.

11.3.10.5 Cashewnuss

Die Cashewnuss gehört zur Familie der Anacardiaceae, der Sumachgewächse. Die Nüsse sind die Fruchtkerne des Nierenbaumes. Ein Sandwich-ELISA zum Nachweis des Anacardein oder Cashew-Major-Protein mit einer Empfindlichkeit von 1 mg/kg in Lebensmitteln wurde von Wei et al. entwickelt [93]. Der Assay zeigt, wenn auch geringe, Kreuzreaktionen zu Sonnenblumenkernen, Pistazie, Walnuss und Pecannuss, was die Anwendbarkeit der Methode limitiert. Eine erste Real-Time-PCR-Methode zum Nachweis von Cashew wurde von Brezinski entwickelt [94]. Die Sensitivität der Methode wurde in gespikten Schokoladenkeksen mit 100 mg/kg ermittelt. Weitere Anwendungen der Methode zeigten eine verbesserte Sensitivität bei der Analyse von genomischer DNA und Modellgebäck [95]. Die Spezifität des Nachweissystems wurde nur mit vier weiteren Nüssen und Erdnuss überprüft und keine weiteren Vertreter der Anacardiaceae untersucht. So konnten Ehlert et al. zeigen, dass Pistazien ebenfalls amplifiziert werden, und entwickelten ein spezifisches und sensitives Real-Time-PCR-System [96]. Die Spezifität wurde gegenüber 56 verschiedenen Spezies getestet und eine absolute Nachweisgrenze von 0,5 pg genomischer DNA bzw. 10 Kopien und eine praktische Nachweisgrenze von 2 mg/kg Cashew in einer Pestomatrix bestimmt.

11.3.10.6 Paranuss

Die Paranuss, auch Amazonasmandel genannt, gehört zur Familie der Lecythidaceae, der Topffruchtgewächse. Es wurden zwei ELISA-Systeme für den Nachweis von Paranuss in der Literatur beschrieben. Clemente et al. stellte einen indirekten kompetitiven ELISA für ein kleines 2S Albumin mit einer Nachweisgrenze von 1 mg/kg Protein vor [97]. Der von Blais et al. entwickelte ELISA verwendet Antikörper zur gleichzeitigen Detektion von verschiedenen Nüssen (Erdnuss, Haselnuss, Paranuss), zeigt jedoch auch Kreuzreaktionen. Der sensitive Assay erreicht eine Nachweisgrenze von 1 mg/kg [98]. Molekularbiologische Nachweismethoden mittels PCR sind derzeit nicht vorhanden. Eine Multimethode, basierend auf der ligationsabhängigen Amplifizierung von Hybridisierungssonden (LPA), bietet die Möglichkeit, Paranüsse parallel mit derzeit neun weiteren allergenen Nüssen und Samen nachzuweisen [99].

11.3.10.7 Pistazie

Die Pistazie ist eine der ältesten essbaren Nüsse und gehört wie die Cashewnuss zur Familie der Anacardiaceae. Über die allergenen Proteine der Pistazie sind bis auf die Molekulargewichte keine Details bekannt und auch immunologische Verfahren oder ELISA-Nachweise sind nicht in der Literatur beschrieben. Barbieri et al. stellte eine spezifische konventionelle PCR zur Detektion von Pistazienspuren in Mortadella-Produkten vor [100]. Die Spezifität wurde für die relevanten Schalenfrüchte und auch parallel in Mortadella vorkommenden Organismen getestet. Die Nachweisgrenze in der Matrix Mortadella wurde mit 100 mg/kg bestimmt.

11.3.10.8 Macadamianuss

Die Macadamianuss, auch als Queenslandnuss bezeichnet, gehört zur Familie der Protaceae, der Silberbaumgewächse. Sie ist die jüngste essbare Baumnuss und bisher sind keine Details über die allergenen Proteine bekannt. Es sind jedoch Fälle von Allergien auf Macadamianüsse beschrieben und auch eine Kreuzreaktion zu Haselnüssen bekannt [101, 102]. Für den Nachweis von Macadamia steht derzeit keine ELISA-Methode zur Verfügung, während mittels real-time PCR eine Detektion oberhalb der Nachweisgrenze von 200 mg/kg möglich ist [103]. Macadamianüsse können ebenfalls parallel mit derzeit neun weiteren allergenen Nüssen und Samen mittels LPA nachgewiesen werden [99].

11.3.10.9 Ligation-dependent Probe Amplification (LPA)

Eine neuartige DNA-analytische Methode, die ligationsabhängige Amplifizierung von Hybridisierungssonden, wurde zum Nachweis allergener Schalenfrüchte sowie Erdnuss und Sesam in Lebensmitteln eingesetzt [99]. Die Technik erlaubt die gleichzeitige Detektion von zehn verschiedenen DNA-Targetsequenzen in einem Reaktionsansatz durch die Verwendung unterschiedlicher synthetischer Sondenpaare. Bei Vorhandensein der entsprechenden Ziel-DNA werden die Sonden ligiert und im nächsten Schritt der Reaktion über die identischen Primerbindestellen an den Enden der ligierten Sonden (mit nur einem Primerpaar) in einer kompetitiven PCR amplifiziert. Die Verwendung eines fluoreszenzmarkierten Primers ermöglicht die Detektion über eine Kapillarelektrophorese. Das System detektiert Erdnuss, Sesam und relevante Schalenfrüchte wie Cashew, Haselnuss, Macadamianuss, Paranuss, Pecannuss, Pistazie und Walnuss spezifisch und sensitiv. Lediglich Mandel zeigt eine Kreuzreaktion zu Aprikose, Pfirsich, Nektarine und Pflaume. Eine praktische Nachweisgrenze von 5 mg/kg konnte für verschiedene Targets gezeigt werden.

11.3.11 Nachweis von Erdnüssen in Lebensmitteln

Die Erdnuss gehört zur Familie der Leguminosen, der Hülsenfrüchte. Das allergene Potential ist im Vergleich zu anderen Lebensmittelallergenen relativ hoch. So können Mengen von 2 mg Erdnussprotein bereits schwere allergische Reaktionen hervorrufen, bis hin zu anaphylaktischen Schocks mit Todesfolge [6, 104]. Entsprechend gut sind auch die allergenen Proteine charakterisiert. Darunter finden sich Speicherproteine der Legumin- (Arachin) und Vicilin- (Conarachin)-Gruppe, die Hauptallergene Ara h1 und Ara h2 [75], die Glycinine Ara h3 und Ara h4, die Conglutine Ara h6 und Ara h7 und ein Profilin Ara h5, ein Panallergen [105]. Die analytischen Methoden zur Bestimmung von Erdnuss bzw. Erdnussprotein in Lebensmitteln reichen von Rocket Immunoelectrophorese (RIE), Radioallergosorbent Assay (RAST), Radioimmunoassay (RIA) über chromatographische Methoden (LC-MS-MS), Dipstick und Lateral Flow Assays bis zu ELISA- und PCR-Methoden [6]. Der erste ELISA zum Nachweis von Erdnuss, ein Sandwich-ELISA, wurde von Hefle et al. beschrieben und hat eine Nachweisgrenze von 40 mg/kg Erdnussprotein in verschiedenen Lebensmitteln [106]. Weitere Sandwich- und auch kompetitive ELISA-Verfahren wurden entwickelt und erreichen Nachweisgrenzen zwischen 2 und 0,1 mg/kg Erdnuss [107–111]. Daneben sind spezifische Real-Time-PCR-Methoden beschrieben, die Nachweisgrenzen von 2 bis 10 mg/kg Erdnuss in Lebensmitteln erreichen [112–114]. Weiterhin können Erdnüsse mittels LPA zusammen mit neun weiteren allergenen Lebensmittelzutaten nachgewiesen werden [99].

11.3.12 Nachweis von Sellerie in Lebensmitteln

Bei europäischen Erwachsenen ist eine Allergie gegen Sellerie die am häufigsten auftretende Allergie [115]. In Frankreich und der Schweiz reagieren 30–40 % der Lebensmittelallergiker auf Sellerie. In einer doppelblinden, plazebokontrollierten Studie wurden ab 0,7 g Sellerie bzw. 0,16 g Selleriesamen allergische Reaktionen beobachtet [116, 117]. Das Hauptallergen des Selleries, Api g 1, ist homolog zum Hauptallergen der Birke, Bet v 1, weshalb Birkenpollenallergiker häufig auf Sellerie allergisch reagieren.

Bisher gibt es keinen ELISA-basierten Nachweis zur Detektion von Sellerie, es wurde jedoch bereits eine Reihe verschiedener PCR-Methoden veröffentlicht. Eine Endpunkt-PCR mit anschließender Restriktionsanalyse zum Nachweis der Api-g1-kodierenden Sequenz ermöglicht den Nachweis von 10–100 mg/kg Sellerie in Lebensmitteln [118]. Das Api-g1-Gen dient auch für eine real-time PCR als Zielsequenz [119]. Bei einer weiteren Endpunkt-PCR [120] zum Nachweis des Mannitoldehydrogenasegens liegt die Nachweisgrenze bei 1.000 mg/kg. Das Mannitoldehydrogenasegen des Selleries ist auch Zielsequenz einer real-time PCR mit einer Nachweisgrenze von 5–10 mg/kg sowie einer weiteren real-time PCR mit einer Nachweisgrenze von 10–100 mg/kg [25, 121].

11.3.13 Nachweis von Senf in Lebensmitteln

Nachdem die Häufigkeit allergischer Reaktionen auf Senf zunimmt [122], steigt auch der Bedarf an Nachweismethoden. Bereits 1 mg Senf kann allergische Reaktionen hervorrufen [123]. Diese Menge entspricht 0,3 mg Protein. Das Hauptallergen des Senfs ist Sin a 1 [124] in *Sinapis alba* (weißer Senf) und Bra j 1 in *Brassica juncea* (brauner Senf). Verschiedene ELISA-Methoden zur Quantifizierung von Sin a 1 in diversen Senfsorten [125] und zum Nachweis von Senfprotein in Senfsamenöl [126] finden sich in der Literatur. Eine weitere, vor kurzem veröffentlichte, ELISA-Methode [127] weist eine Bestimmungsgrenze von 1 mg/kg für gemahlene und 3 mg/kg für ganze Senfkörner auf. Jedoch wird für das System eine Kreuzreaktivität mit Rapssamen angegeben.

Der Nachweis von weißem, schwarzem und braunem Senf ist auch mittels realtime PCR möglich [128]. Allerdings ergeben laut den Autoren bei dieser Methode Rettich, Broccoli, Kohlrüben, Chinakohl und Weißkohl ein falsch-positives Signal. Der Nachweis von Senf in Grillgewürz und in Weizenmehl ist mit dieser Methode bis 50 mg/kg möglich.

11.3.14 Nachweis von Sesam in Lebensmitteln

Durch den vermehrten Verzehr von Sesamsamen und Sesamöl steigt in Europa die Häufigkeit allergischer Reaktionen auf Sesam an [129]. In Sesam wurden bisher allergene Proteine aus den Klassen der 2S- Albumine und der 7S-Globuline beschrieben [130, 131]. In Provokationsstudien reichten 30 mg Sesamsamen oder 1–5 ml Sesamöl aus, um allergische Reaktionen hervorzurufen [40]. Bisher wurden keine ELISA-Methoden für den Nachweis von Sesam in Lebensmitteln veröffentlicht.

Zum Nachweis des 2S-Albumin-Gens wurde eine Real-Time-PCR-Methode mit einer Sensitivität von 5 pg Sesam-DNA publiziert [132]. Für eine weitere Real-Time-PCR-Methode, die auf das Ses-i1 Gen gerichtet ist, wird eine Nachweisgrenze von 50 mg/kg in einer Lebensmittelmatrix (Knäckebrot) angegeben [129]. Mustorp et al. beschreiben eine Real-Time-PCR-Methode zum Nachweis des 2S-Albumin-Gens, deren Nachweisgrenze ebenfalls mit 50 mg/kg angegeben wird [128].

11.3.15 Nachweis von Lupinen in Lebensmitteln

Eine Allergie gegen Lupinen in Lebensmitteln kann bei Erdnussallergikern als Folge einer Kreuzreaktivität auftreten. Auch eine primäre Sensibilisierung gegen Lupine ist möglich [133].

Im Bereich der immunologischen Verfahren wurde ein ELISA-Nachweis zur Detektion von verarbeitetem Lupinenprotein in Lebensmitteln beschrieben, welcher eine niedrigere Sensitivität für unverarbeitetes Lupinenprotein sowie Kreuzreaktivität mit Proteinen anderer Hülsenfrüchte aufweist [134]. Die Weiterentwicklung dieser Methode führte zur Entwicklung eines Sandwich-ELISA-Systems auf Basis polyklonal-monoklonaler Antikörper [135]. Die Empfindlichkeit für unverarbeitetes Lupinenprotein konnte erhöht werden; das veränderte System zeigt jedoch Kreuzreaktionen mit anderen pflanzlichen Lebensmittelbestandteilen.

Eine Real-Time-PCR-Methode zum Nachweis von Lupinen-DNA unter Verwendung einer sequenzspezifischen Hybridisierungssonde zeigt, dass eine spezifische Detektion von Lupinen-DNA aus verschiedenen Sorten möglich ist [136]. Die Methode weist aufgrund der Verwendung einer Multicopy-Zielsequenz eine sehr geringe Nachweisgrenze von 0,1 mg/kg auf.

11.3.16 Nachweis von Weichtieren in Lebensmitteln

Ebenso wie Krebstiere können auch Weichtiere allergieauslösend wirken [137]. Wie für Tropomyosin aus Krebstieren wurde auch für Tropomyosin aus Weichtieren die Fähigkeit zur Bindung von IgE-Antikörpern nachgewiesen [138]. Bisher wurden keine Studien zur Ermittlung der geringsten allergieauslösenden Dosis von Weichtieren durchgeführt, Methoden mit Nachweisgrenzen im unteren mg/kg-Bereich können jedoch als geeignet angesehen werden [6].

Da Weichtiere und Weichtiererzeugnisse erst kürzlich in die Liste der kennzeichnungspflichtigen Allergene aufgenommen wurden und die Entwicklung umfassender und zugleich spezifischer Nachweissysteme für diese Gruppe aufgrund ihrer großen Variabilität schwierig ist, wurde bisher keine Methode zum Nachweis von Weichtieren in Lebensmitteln publiziert.

11.3.17 Multiplex-PCR

Um mehrere Allergene gleichzeitig nachweisen zu können, wurden von Köppel et al. zwei Tetraplex-Real-Time-PCR-Methoden entwickelt [139]. Diese ermöglichen den Nachweis von Erdnuss, Haselnuss, Sellerie und Soja bzw. Huhn, Rind, Mandel und Sesam in einem Lauf mit einer Sensitivität von 10 bis 50 mg/kg (bestimmt für Erdnuss, Haselnuss, Mandel, Soja und Sesam).

Bei der Ermittlung der Spezifität der Systeme wurden Kreuzreaktivitäten des Haselnuss-Nachweises mit Pfirsich-DNA sowie des Mandel-Nachweises mit Aprikosen-DNA festgestellt.

11.4 Ausblick

Sowohl ELISA als auch PCR ermöglichen den spezifischen und sensitiven Nachweis allergener Lebensmittelbestandteile im Bereich weniger Milligramm pro Kilogramm Lebensmittel. In Zukunft wird neben der Etablierung neuer Methoden die Entwicklung von quantitativen Nachweissystemen, insbesondere im Hinblick auf die mögliche Einführung eines Schwellenwertes, im Vordergrund stehen. Dieser Schwellenwert sollte sich an klinisch relevanten Dosen orientieren, daher ist die Durchführung weiterer doppelblinder, plazebokontrollierter Provokationsstudien notwendig. Des Weiteren sind zur Quantifizierung von Lebensmittelallergenen Standardreferenzmaterialien nötig. Bisher sind derartige Referenzmaterialien nicht verfügbar.

Literatur

[1] Suarez, F. L.; Savaiano, D. A.; Mermelstein, N. H. (1997) *Food Technology* 51: 74.
[2] Bush, R. K.; Hefle, S. L. (1996) *Critical Reviews in Food Science and Nutrition* 36: 119.
[3] Pastorello, E. A.; Ortolani, C. (2003) In: Metcalfe, D. D.; Sampson, H. A.; Simon, R. A. (eds.) *Food Allergy – Adverse Reactions to Foods and Food Additives*. Blackwell Science, Malden, MA, USA, p. 169.
[4] Scientific Panel on Dietetic Products, Nutrition and Allergies. (2004) *The EFSA Journal* 32: 1.
[5] Bock, S. A.; Muñoz-Furlong, A.; Sampson, H. A. (2001) *Journal of Allergy and Clinical Immunology* 107: 191.
[6] Poms, R. E.; Klein, C. L.; Anklam, E. (2004) *Food Additives and Contaminants* 21: 1.
[7] Europäische Kommission (2000) *Official Journal of European Union* 43: 29.
[8] Europäische Kommission (2003) *Official Journal of European Union* 46: 15.
[9] Europäische Kommission (2006) *Official Journal of European Union* 49: 110.
[10] Yeung, J. (2006) In: Koppelman, S. J.; Hefle, S. L. (eds.) *Detecting allergens in foods*. Woodhead Publishing Limited, Cambridge, England, p. 109.
[11] Goodwin, P. R. (2004) *Journal of AOAC INTERNATIONAL* 87: 1383.
[12] Poms, R. E.; Anklam, E.; Kuhn, M. (2004) *Journal of AOAC INTERNATIONAL* 87: 1391.
[13] Holzhauser, T.; Stephan, O.; Vieths, S. (2006) In: Koppelman, S. J.; Hefle, S. L. (eds.) *Detecting allergens in foods*. Woodhead Publishing Limited, Cambridge, England, p. 125.
[14] Foodstuffs – Methods of analysis for the detection of genetically modified organisms and derived products – Qualitative nucleic acid based methods. prEN ISO 21569: 2002.
[15] Ehlert, A.; Hupfer, C.; Busch, U. (2008) *Fleischwirtschaft* 88: 89.
[16] Walsh, B. J.; Baldo, B. A.; Bass, D. J.; Clancy, R.; Musk, A. W.; Wrigley, C. W. (1987) *Allergy and Asthma Proceedings* 87: 27.
[17] Janssen, F. (2006) In: Koppelman, S. J.; Hefle, S. L. (eds.) *Detecting allergens in foods*. Woodhead Publishing Limited, Cambridge, England, pp. 244–272.
[18] Stern, M.; Ciclitira, P. J.; van Eckert, R.; Feighery, C.; Janssen, F. W.; Méndez, E.; Mothes, T.; Troncone, R.; Wieser, H. (2001) *European Journal of Gastroenterology and Hepatology* 13: 741.
[19] Troncone, R.; Vitale, M.; Donatiello, A.; Farris, E.; Rossi, G.; Auricchio, S. (1986) *Journal of Immunological Methods* 92: 21.
[20] Chirdo, F. G.; Añón, M. C.; Fossati, C. A. (1995) *Food and Agricultural Immunology* 7: 333.
[21] Skerritt, J. H.; Hill, A. S. (1991) *Journal of AOAC INTERNATIONAL* 74: 257.
[22] Ellis, H.; Rosen-Bronson, S.; O'Reilly, N.; Ciclitira, P. (1998) Gut 43: 190.
[23] Valdés, I.; García, E.; Llorente, M.; Méndez, E. (2003) *European Journal of Gastroenterology & Hepatology* 15: 465.
[24] Redondo, M. C.; Griffin, P. B.; Ransanz, M. G.; Ellis, H. J.; Ciclitira, P. J.; O'Sullivan, C. K. (2005) *Analytica Chimica Acta* 551: 105.
[25] Allmann, M.; Candrian, U.; Höfelein, C.; Lüthy, J. (1993) *Zeitschrift für Lebensmitteluntersuchung und -Forschung A* 196: 248.
[26] Asensio, L.; González, I.; García, T.; Martín, R. (2008) *Food Control* 19: 1.
[27] Sandberg, M.; Lundberg, L.; Ferm, M.; Malmheden Yman, I. (2003) *European Food Research and Technology* 217: 344.
[28] Zeltner, D.; Glomb, M. A.; Maede, D. (2009) *European Food Research and Technology* 228: 321.
[29] Fuller, H. R.; Goodwin, P. R.; Morris, G. E. (2006) *Food and Agricultural Immunology* 17: 43.
[30] O'Neil, C. E.; Lehrer, S. B. (1995) *Food Technology* 49: 103.
[31] Daul, C. B.; Slattery, M.; Reese, G.; Lehrer, S. B. (1994) *International Archives of Allergy and Immunology* 105: 49.

[32] Yu, C.-J.; Lin, Y.-F.; Chiang, B.-L.; Chow, L.-P. (2003) *The Journal of Immunology* 170: 445.

[33] Byeoung-Ju Jeounga; Gerald Reesea; Peter Hauckb; Jerry B. Oliverb; Carolyn B. Daula; Samuel B. Lehrera (1997) *The Journal of Allergy and Clinical Immunology* 100: 229.

[34] Rejeb, S. B.; Davies, D.; Querry, J.; Cleroux, C.; Langlois, D.; Delahaut, P. (2002) In: AOAC (ed.) *AOAC Annual Meeting Abstracts*, Los Angeles, CA, USA, p. 102.

[35] Brzezinski, J. L. (2005) *Journal of Food Protection* 68: 1866.

[36] Schäfer, T.; Krämer, U.; Dockery, D.; Vieluf, D.; Behrendt, H.; Ring, J. (1999) *Allergy and Asthma Proceedings* 20: 23.

[37] Crespo, J. F.; Pascual, C.; Burks, A. W.; Helm, R. M.; Esteban, M. M. (1995) *Pediatric Allergy and Immunology* 6: 39.

[38] Taylor, S. L.; Hefle, S. L.; Bindslev-Jensen, C.; Bock, S. A.; Burks, A. W., Jr; Christie, L.; Hill, D. J.; Host, A.; Hourihane, J. O.; Lack, G.; Metcalfe, D. D.; Moneret-Vautrin, D. A.; Vadas, P. A.; Rance, F.; Skrypec, D. J.; Trautman, T. A.; Yman, I. M.; Zeiger, R. S. (2002) *Journal of Allergy and Clinical Immunology* 109: 24.

[39] Hefle, S. L.; Christie, L.; Sicherer, S. H.; Althage, K.; Burks, A. W.; Sampson, H. A.; Mofidi, S.; Noone, S. A.; Michaelis, L.; Strobel, S. et al. (2003) In: Institute of Food Technology (ed.) *Proceedings of the Institute of Food Technology Annual Meeting,* Chicago, IL, USA.

[40] Morisset, M.; Moneret-Vautrin, D. A.; Kanny, G.; Guénard, L.; Beaudouin, E.; Flabbée, J.; Hatahet, R. (2003) *Clinical & Experimental Allergy* 33: 1046.

[41] Bernhisel-Broadbent, J.; Dintzis, H. M.; Dintzis, R. Z.; Sampson, H. A. (1994) *Journal of Allergy and Clinical Immunology* 93: 1047.

[42] Urisu, A.; Ando, H.; Morita, Y.; Wada, E.; Yasaki, T.; Yamada, K.; Komadac, K.; Torii, S.; Gotoe, M.; Wakamatsu, T. (1997) *The Journal of Allergy and Clinical Immunology* 100: 171.

[43] Yeung, J. M.; Newsome, W. H.; Abbott, M. A. (2000) *Journal of the Association of Official Analytical Chemists International* 83: 139.

[44] Hefle, S. L.; Jeanniton, E.; Taylor, S. L. (2001) *Journal of Food Protection* 64: 1812.

[45] Watanabe, Y.; Aburatani, K.; Mizumura, T.; Skai, M.; Muraoka, S.; Mamegosi, S.; Honjoh, T. (2005) *Journal of Immunology Methods* 300: 115123.

[46] Rolland, J. M.; Apostolou, E.; Leon, M. P. de; Stockley, C. S.; O'Hehir, R. E. (2008) *Journal of Agricultural and Food Chemistry* 56: 349.

[47] Yunginger, J. W.; Sweeney, K. G.; Sturner, W. Q.; Giannandrea, L. A.; Teigland, J. D.; Bray, M.; Benson, P. A.; York, J. A.; Biedrzycki, L.; Squillace, D. L.; Helm, R. M. (1988) *Journal of the American Medical Association* 260: 1450.

[48] Bjornsson, E.; Janson, C.; Plaschke, P.; Norrman, E.; Sjoberg, O. (1996) *Annals of Allergy, Asthma and Immunology* 77: 327.

[49] de Martino, M.; Peruzzi, M.; de Luca, M.; Amato, A. G.; Galli, L.; Lega, L.; Azzari, C.; Vierucci, A. (1993) *Annals of Allergy* 71: 159.

[50] Sampson, H. A. (2000) *British Medical Bulletin* 56: 925.

[51] Poulsen, L. K.; Hansen, T. K.; Nørgaard, A.; Vestergaard, H.; Skov, P. S.; Bindslev-Jensen, C. (2001) *Allergy* 56: 39.

[52] James, J. M.; Helm, R. M.; Burks, A. W.; Lehrer, S. B. (1997) *Annals of Allergy, Asthma and Immunology* 79: 131.

[53] Kelso, J. M.; Jones, R. T.; Yunginger, J. W. (1996) *Annals of Allergy, Asthma and Immunology* 77: 227.

[54] Elsayed, S.; Bennich, H. (1975) *Scandinavian Journal of Immunology* 4: 203.

[55] Sun, M.; Liang, C.; Gao, H.; Lin, C.; Deng, M. (2009) *Journal of AOAC INTERNATIONAL* 92: 234.

[56] Koppelman, S. J.; Hefle, S. L. (2006) In: Koppelman, S. J.; Hefle, S. L. (eds.) *Detecting allergens in foods.* Woodhead Publishing Limited, Cambridge, England, p. 273.

[57] Ravenstein, P.; Driedonks, R. A. (1986) *Journal of Food Technology* 21: 19.

[58] Meisel, H. (1993) *International Dairy Journal* 3: 149.

[59] Koppelman, S. J.; Lakemond, C. M.; Vlooswijk, R.; Hefle, S. L. (2004) *Journal of AOAC INTERNATIONAL* 87: 1398.

[60] Kinsella, J. (1979) *Journal of the American Oil Chemists' Society* 56: 242, http://dx.doi.org/10.1007/BF02671468.

[61] Duijn, G. van; Biert, R. van; Bleeker-Marcelis, H.; Boeijen, I. van; Adan, A. J.; Jhakrie, S.; Hessing, M. (2002) *Journal of AOAC INTERNATIONAL* 85: 787.

[62] Høst, A. (1997) *Journal of the Royal Society of Medicine* 90: 34.

[63] Sicherer, S. H.; Muñoz-Furlong, A.; Burks, A. W.; Sampson, H. A. (1999) *The Journal of Allergy and Clinical Immunology* 103: 559.

[64] Demeulemester, C.; Giovannaci, I. (2006) In: Koppelman, S. J.; Hefle, S. L. (eds.) *Detecting allergens in foods*. Woodhead Publishing Limited, Cambridge, England.

[65] Hefle, S. L.; Lambrecht, D. M. (2004) *Journal of Food Protection* 67: 1933.

[66] Lopez-Calleja, I.; Gonzalez, I.; Fajardo, V.; Rodriguez, M. A.; Hernandez, P. E.; Garcia, T.; Martin, R. (2004) *Journal of Dairy Science* 87: 2839.

[67] Koppelman, S. J.; Hefle, S. L. (2006) In: Koppelman, S. J.; Hefle, S. L. (eds.) *Detecting allergens in foods*. Woodhead Publishing Limited, Cambridge, England, p. 201.

[68] Breiteneder, H.; Radauer, C. (2004) *The Journal of allergy and clinical immunology* 113: 821.

[69] Roux, K. H.; Teuber, S. S.; Sathe, S. K. (2003) *International Archives of Allergy and Immunology* 131: 234.

[70] Asero, R.; Mistrello, G.; Roncarolo, D.; Amato, S.; Caldironi, G.; Barocci, F.; van Ree, R. (2002) *Allergy* 57: 900.

[71] Acosta, M. R.; Roux, K. H.; Teuber, S. S.; Sathe, S. K. (1999) *Journal of Agricultural and Food Chemistry* 47: 4053.

[72] Roux, K. H.; Teuber, S. S.; Robotham, J. M.; Sathe, S. K. (2001) *Journal of Agricultural and Food Chemistry* 49: 2131.

[73] Hlywka, J. J.; Hefle, S. L.; Taylor, S. L. (2000) *Journal of Food Protection* 63: 252.

[74] Holzhauser, T.; Vieths, S. (1999) *Journal of Agricultural and Food Chemistry* 47: 4209.

[75] Koppelman, S. J.; Knulst, A. C.; Koers, W. J.; Penninks, A. H.; Peppelman, H.; Vlooswijk, R.; Pigmans, I.; Duijn, G. van; Hessing, M. (1999) *Journal of Immunological Methods* 229: 107.

[76] Blais, B. W.; Phillippe, L. M. (2001) *Journal of Food Protection* 64: 895.

[77] Ben Rejeb, S.; Abbott, M. A.; Davies, D.; Querry, J.; Cléroux, C.; Streng, C.; Delahaut, P.; Yeung, J. (2003) *Journal of AOAC INTERNATIONAL* 86: 557.

[78] Kiening, M.; Niessner, R.; Drs, E.; Baumgartner, S.; Krska, R.; Bremer, M.; Tomkies, V.; Reece, P.; Danks, C.; Immer, U.; Weller, M. G. (2005) *Journal of Agricultural and Food Chemistry* 53: 3321.

[79] Koppelman, S. J.; Hefle, S. L. (eds.) (2006) *Detecting allergens in foods*. Woodhead Publishing Limited, Cambridge, England.

[80] Herman, L.; De Block, J.; Viane, R. (2003) *International Journal of Food Science & Technology* 38: 633.

[81] Arlorio, M.; Cereti, E.; Coïsson, J. D.; Travaglia, F.; Martelli, A. (2007) *Food Control* 18: 140.

[82] Piknova, L.; Pangallo, D.; Kuchta, T. (2008) *European Food Research and Technology* 226: 1155.

[83] Schöringhumer, K.; Redl, G.; Cichna-Markl, M. (2009) *Journal of Agricultural and Food Chemistry* 57: 2126.

[84] Holzhauser, T.; Stephan, O.; Vieths, S. (2002) *Journal of Agricultural and Food Chemistry* 50: 5808.

[85] Rossi, S.; Scaravelli, E.; Germini, A.; Corradini, R.; Fogher, C.; Marchelli, R. (2006) *European Food Research and Technology* 223: 1.

[86] Bettazzi, F.; Lucarelli, F.; Palchetti, I.; Berti, F.; Marrazza, G.; Mascini, M. (2008) *Analytica Chimica Acta* 614: 93.

[87] Niemann, L.; Taylor, S. L.; Hefle, S. L. (2009) *Journal of Food Science* 74: T51–57.

[88] Doi, H.; Touhata, Y.; Shibata, H.; Sakai, S.; Urisu, A.; Akiyama, H.; Teshima, R. (2008) *Journal of Agricultural and Food Chemistry* 56: 7625.
[89] Brezna, B.; Hudcova, L.; Kuchta, T. (2006) *European Food Research and Technology* 223: 373.
[90] Yano, T.; Sakai, Y.; Uchida, K.; Nakao, Y.; Ishihata, K.; Nakano, S.; Yamada, T.; Sakai, S.; Uriso, A.; Akiyama, H.; Maitani, T. (2007) *Bioscience, Biotechnology, and Biochemistry* 71: 1793.
[91] Malanin, K.; Lundberg, M.; Johansson, S. G. O. (2007) Allergy 50:988
[92] Brezna, B.; Kuchta, T. (2008) *European Food Research and Technology* 226: 1113.
[93] Wei, Y.; Sathe, S. K.; Teuber, S. S.; Roux, K. H. (2003) *Journal of Agricultural and Food Chemistry* 51: 3215.
[94] Brzezinski, J. L. (2006) *Journal of AOAC INTERNATIONAL* 89: 1035.
[95] Piknova, L.; Kuchta, T. (2007) *Journal of Food and Nutrition Research* 46: 101.
[96] Ehlert, A.; Hupfer, C.; Demmel, A.; Engel, K.-H.; Busch, U. (2008) *Food Analytical Methods* 1: 136.
[97] Clemente, A.; Chambers, S. J.; Lodi, F.; Nicoletti, C.; Brett, G. M. (2004) *Food Control* 65: 65.
[98] Blais, B. W.; Gaudreault, M.; Phillippe, L. M. (2002) *Food Control* 14: 43.
[99] Ehlert, A.; Demmel, A.; Hupfer, C.; Busch, U.; Engel, K.-H. (2009) *Food Additives and Contaminants* 26: 409.
[100] Barbieri, G.; Frigeri, G. (2006) *Food Additives and Contaminants* 23: 1260.
[101] Pallares, D. E. (2000) *Annals of Allergy, Asthma and Immunology* 85: 385.
[102] Sutherland, M. F.; O'Hehir, R. E.; Czarny, D.; Suphioglu, C. (1999) *Journal of Allergy and Clinical Immunology* 104: 889.
[103] Brezna, B.; Piknova, L.; Kuchta, T. (2009) *European Food Research and Technology* 229: 397.
[104] Sicherer, S. H.; Sampson, H. A. (2000) *Current Opinion in Pediatrics* 12: 567.
[105] Kleber-Janke, T.; Crameri, R.; Appenzeller, U.; Schlaak, M.; Becker, W. M. (1999) *International Archives of Allergy and Immunology* 119: 265.
[106] Hefle, S. L.; Bush, R. K.; Yunginger, J. W.; Chu, F. S. (1994) *Journal of Food Protection* 57: 419.
[107] Yeung, J. M.; Collins, P. G. (1996) *Journal of AOAC INTERNATIONAL* 79 (Suppl. 6): 1411.
[108] Pomes, A.; Helm, R. M.; Bannon, G. A.; Burks, A. W.; Tsay, A.; Chapman, M. D. (2003) *Journal of Allergy and Clinical Immunology* 111: 640.
[109] Koppelman, S. J.; Bleeker-Marcelis, H.; Duijn, G. van; Hessing, M. (1996) *World of Ingredients* 12: 35.
[110] Newsome, W. H.; Abbott, M. A. (1999) *Journal of AOAC INTERNATIONAL* 82: 666.
[111] Holzhauser, T.; Vieths, S. (1999) *Journal of Agricultural and Food Chemistry* 47 (Suppl 2): 603.
[112] Hird, H.; Lloyd, J.; Goodier, R.; Brown, J.; Reece, P. (2003) *European Food Research and Technology* 217: 265.
[113] Stephan, O.; Vieths, S. (2004) *Journal of Agricultural and Food Chemistry* 52: 3754.
[114] Scaravelli, E.; Brohee, M.; Marchelli, R.; van Hengel, A. J. (2008) *European Food Research and Technology* 227: 857.
[115] Etesamifar, M.; Wüthrich, B. (1998) *Allergology* 21: 451.
[116] Ballmer-Weber, B. K.; Vieths, S.; Lüttkopf, D.; Heuschmann, P.; Wüthrich, B. (2000) *Journal of Allergy and Clinical Immunology* 106: 373.
[117] Ballmer-Weber, B. K.; Hoffmann, A.; Wüthrich, B.; Lüttkopf, D.; Pompei, C.; Wangorsch, A.; Kastner, M.; Vieths, S. (2002) *Allergy* 57: 228.
[118] Jankiewicz, A. (1999): Sellerie als Modellallergen: Die moderne Lebenmitteltechnologie versus Allergenität und die Detektion versteckter Lebensmittelspuren mittels der Polymerase-Kettenreaktion (PCR). Dissertation, Technische Universität Berlin.

[119] Stephan, O.; Weisz, N.; Vieths, S.; Weiser, T.; Rabe, B.; Vatterott, W. (2004) *Journal of AOAC INTERNATIONAL* 87: 1448.
[120] Dovicovicova, L.; Olexova, L.; Pangallo, D.; Siekel, P.; Kuchta, T. (2004) *European Food Research and Technology* 218: 493.
[121] Hupfer, C.; Waiblinger, H.-U.; Busch, U. (2007) *European Food Research and Technology* 225: 329.
[122] Caballero, T.; San-Martín, M. S.; Padial, M. A.; Contreras, J.; Cabañas, R.; Barranco, P.; López-Serrano, M. C. (2002) *Annals of Allergy, Asthma and Immunology* 89: 166.
[123] Rancé, F. (2003) *Allergy* 58: 287.
[124] Menéndez-Arias, L.; Moneo, I.; Domínguez, J.; Rodríguez, R. (1988) *European Journal of Biochemistry* 177: 159.
[125] Shim, Y.-Y.; Wanasundara, J. P. (2008) *Journal of Agricultural and Food Chemistry* 56: 1184.
[126] Koppelman, S. J.; Vlooswijk, R.; Bottger, G.; van Duijn, G.; Van Der Schaft, P.; Dekker, J.; van Bergen, H. (2007) *Journal of Food Protection* 70: 179.
[127] Lee, P. W.; Hefle, S. L.; Taylor, S. L. (2008) *Journal of Food Science* 73: T62–T68.
[128] Mustorp, S.; Engdahl-Axelsson, C.; Svensson, U.; Holck, A. (2008) *European Food Research and Technology* 226: 771.
[129] Schöringhumer, K.; Cichna-Markl, M. (2007) *Journal of Agricultural and Food Chemistry* 55: 10540.
[130] Pastorello, E. A.; Varin, E.; Farioli, F.; Pravettoni, V.; Ortolani, C.; Trambaioli, C.; Fortunato, D.; Giuffrida, M. G.; Rivolta, F.; Robino, A.; Calamari, A. M.; Lacava, L.; Conti, A. (2001) *Journal of Chromatography B* 756: 85.
[131] Beyer, K.; Bardina, L.; Grishina, G.; Sampson, H. A. (2002) *The Journal of Allergy and Clinical Immunology* 110: 154.
[132] Brzezinski, J. L. (2007) *Journal of Food Protection* 70:1033.
[133] Smith, W. B.; Gillis, D.; Kette, F. E. (2004) *The Medical Journal of Australia* 181: 219.
[134] Holden, L.; Egaas, E. (2005) *Journal of Agricultural and Food Chemistry* 53: 5866.
[135] Holden, L.; Moen, L. H.; Sletten, G. B.; Dooper, M. M. (2007) *Journal of Agricultural and Food Chemistry* 55: 2536.
[136] Demmel, A.; Hupfer, C.; Ilg Hampe, E.; Busch, U.; Engel, K.-H. (2008) *Journal of Agricultural and Food Chemistry* 56: 4328.
[137] Daul, C.; Morgan, J.; Lehrer, S. (1993) *Clinical Reviews in Allergy and Immunology* 11: 201.
[138] Chu, K. H.; Wong, S. H.; Leung, P. S. (2000) In: LeGal, Y.; Ulber, R. (eds.) *Marine Biotechnology.* Springer Verlag, Berlin. Vol. 2.
[139] Köppl, R.; Dvorak, V.; Zimmerli, F.; Breitenmoser, A.; Eugster, A.; Waiblinger, H.-U. (2010) *European Food Research and Technology* 230: 367.

Kapitel 12
Molekulare Methoden zum Nachweis, zur Quantifizierung und zum Monitoring der Mykotoxinbildung lebensmittelrelevanter Pilze

Rolf Geisen

Inhalt

12.1 Einleitung

Schimmelpilze kommen ubiquitär vor und spielen besonders bei pflanzlichen Lebensmitteln und Rohprodukten eine besondere Rolle als Verderbsorganismen. Es wird geschätzt, dass 20–25 % der jährlichen Produktion an pflanzlichen Produkten durch Schimmelpilze verdorben werden (Smith et al., 1994). Viele der lebensmittelrelevanten Schimmelpilze sind zudem in der Lage, Mykotoxine, toxische Sekundärmetabolite, zu bilden, was das Ausmaß des Problems deutlich macht. Die wichtigsten mykotoxinbildenden Spezies gehören zu den Fusarien (Trichothecene, Fumonisine, Zearalenon), Aspergillen (Aflatoxin, Ochratoxin, Cyclopiazonsäure) und Penicillien (Patulin, Ochratoxin). Für viele Mykotoxine, wie die Aflatoxine,

R. Geisen (✉)
Max Rubner Institut, Bundesforschungsinstitut für Ernährung und Lebensmittel,
Haid-und-Neu-Straße 9, 76131 Karlsruhe, Deutschland
Tel.: +49 (0)721 6625 450
Fax: +49 (0)721 6625 453
e-mail: rolf.geisen@mri.bund.de

U. Busch (Hrsg.), *Molekularbiologische Methoden in der Lebensmittelanalytik*,
DOI 10.1007/978-3-642-10716-0_12, © Springer-Verlag Berlin Heidelberg 2010

Ochratoxin, Fumonisine und Trichothecene sind Grenzwerte erlassen worden, die die Verkehrsfähigkeit betroffener Produkte regeln. Die Einhaltung der Grenzwerte kann sehr genau durch offizielle chemisch-analytische Methoden, wie HPLC, GC-MS etc. kontrolliert werden. Diese analytischen Methoden sind aber für die Anwendung eines HACCP-Ansatzes zur Kontrolle der Mykotoxinbildung nur bedingt geeignet, da sie Endpunktkontrollen darstellen und nur das über eine längere Zeit gebildete Mykotoxin bestimmen. Sie sagen daher nichts über die biologischen Bedingungen zur Zeit der Bildung durch den Pilz aus. Molekulare Methoden, wie PCR, Multiplex-PCR, real-time PCR, Reverse Transcriptase real-time PCR (RT real-time PCR) oder Microarray-Analysen können dagegen eingesetzt werden, um neben dem Nachweis von toxinogenen Pilzen auch deren Epidemiologie, Wachstumsverhalten oder metabolische Aktivität, wie die Mykotoxinbildung, nachzuweisen. Häufig ist die exakte Bestimmung mykotoxinbildender Pilze anhand morphologischer Kriterien nur schwer bzw. nur durch Experten durchzuführen. Diese morphologischen Verfahren sind zudem sehr zeitaufwendig und benötigen in der Regel 5–7 Tage, bis eine Aussage getroffen werden kann. Daher sind molekulare Verfahren wie spezifische PCR-Reaktionen für eine Qualitätskontrolle am Wareneingang wesentlich einfacher durchzuführen. Die Ergebnisse können in der Regel innerhalb eines Arbeitstages erhalten werden. Sie sind objektiv auswertbar und erfordern kein umfassendes morphologisches Wissen. Allerdings zeigen generelle PCR-Methoden nur das Vorhandensein eines potenziell mykotoxinbildenden Pilzes an und deuten damit auf das Risiko hin, dass bestimmte Mykotoxine in der Probe vorhanden sein können und die Probe genauer untersucht werden sollte. Ein positives PCR-Ergebnis ist daher nicht unbedingt mit dem Vorhandensein von Mykotoxinen verknüpft. Es ist seit Langem bekannt, dass die Wachstumsbedingungen eine entscheidende Rolle für die Bildung von Mykotoxinen spielen. So konnte für Ochratoxin-A-bildende Pilze gezeigt werden, dass das Wachstumsmedium einen entscheidenden Einfluss auf die Bildung hat (Skrinjar u. Dimic, 1992). Weitere wichtige Faktoren, die einen Einfluss auf die Mykotoxinbildung haben, sind die Temperatur, die Wasseraktivität und der pH-Wert von Lebensmitteln (Arroyo et al., 2003; Cairns-Fuller et al., 2005; Ramirez et al., 2006; Georgianna u. Payne, 2009). Weiterführende molekulare Methoden, wie real-time PCR, RT real-time PCR oder Microarray sind sehr gut geeignet, den Einfluss von Umweltfaktoren auf das Wachstum und die physiologische Bildung von Mykotoxinen zu bestimmen. Durch Messung der Expression mykotoxinbiosynthetischer Gene können Aussagen getroffen werden, ob die Bedingungen bei der Herstellung, der Lagerung oder dem Transport für die Aktivierung der Gene günstig sind oder nicht! Ein Vorteil dieses Ansatzes ist die Tatsache, dass die Aktivierung der mykotoxinbiosynthetischen Gene schon einige Zeit vor dem Zeitpunkt der physiologischen Bildung des Mykotoxins gemessen werden kann. Wachstumsbedingungen wie Substrat, Temperatur, Wasseraktivität oder pH-Wert, die einen Einfluss auf die Aktivierung der Gene haben, können im Rahmen dieses Ansatzes als „molekulare critical control points" (mccps) angesehen werden, mit deren Steuerung die Aktivierung der Gene und damit die Mykotoxinbildung kontrolliert werden kann.

Aufgrund der Möglichkeiten, die die molekularen Methoden zur Bestimmung des mykotoxikologischen Status eines Lebensmittels bieten, können sie als proaktiv eingestuft werden und sind im Rahmen eines HACCP-Konzeptes besser geeignet, Hinweise zur Vermeidung der Mykotoxinbildung zu liefern, als die postaktiven analytischen Methoden.

12.2 Grundlagen der molekularen Methoden

Die übliche molekulare Methode zum Nachweis mykotoxinbildender Schimmelpilze ist die konventionelle PCR. Das Prinzip dieser Methode beruht darauf, dass ein spezifisches DNA-Fragment, das nur in dem nachzuweisenden, mykotoxinbildenden Pilz vorkommt, mittels PCR amplifiziert wird und z. B. durch Elektrophorese nachgewiesen wird. Es handelt sich also um ein indirektes Verfahren zum Nachweis des Pilzes. Vorteil der Methode ist ihre Geschwindigkeit und ihre Spezifität. Wenn das Primer-Paar sorgfältig ausgewählt wurde, erscheint nur bei dem entsprechenden Pilz ein positives Signal. Allerdings ist mit der konventionellen PCR nur eine Ja/Nein-Antwort möglich. Es können z. B. keine Aussagen über den Grad der Infektion gemacht werden. Für viele mykotoxinbildende Spezies sind daher inzwischen Real-Time-PCR-Systeme entwickelt worden, die eine Quantifizierung der Schimmelpilze erlauben (Andersen et al., 2006; Haugland et al., 2004; Schnerr et al., 2001; Mayer et al., 2003a; Morello et al., 2007; Selma et al., 2009). Dabei spielt auch bei dieser Methode die Problematik der Quantifizierung von Schimmelpilzen eine Rolle. Schimmelpilze bilden Sporen und Mycelfragmente. Daher ist eine eindeutige und absolute Quantifizierung, wie sie für Bakterien möglich ist, hier nicht durchführbar. In der Regel wird aber trotz dieser Problematik eine gute Korrelation zwischen der Keimzahl (Plattenverfahren) und den Real-Time-PCR-Werten erhalten. Die Real-Time-PCR-Werte sind allerdings meist um einen Faktor von 100 bis 1000 höher als die entsprechenden Keimzahlwerte (Mayer et al., 2003b). Dies hat mehrere Gründe. Bei der Keimzahlbestimmung mittels Plattenverfahren werden hauptsächlich die freigesetzten Sporen bestimmt. Mycelfragmente spielen nur eine untergeordnete Rolle, da Mycelfragmente, auch wenn sie aus vielen Zellen bestehen, nur eine Kolonie ergeben. Die Sporen der lebensmittelrelevanten Pilze sind meistens uninucleat. Wenn die Target-Sequenz nur einmal im Genom vorkommt, sollte die mittels real-time PCR ermittelte Genomkopienzahl in etwa mit der cfu-Zahl („colony forming units") übereinstimmen. Dies ist bei den uninucleaten Sporen der Fall. Die filamentösen Hyphen sind dagegen in der Regel multinucleat und können mehrere bis viele Kerne enthalten. Es gibt Hinweise, dass bis zu 1000 Kerne in der Zelle vorkommen (Maheshwari, 2005). Wenn die DNA-Isolierungsmethode effektiv ist und die DNA vollständig isoliert wird, trägt jeder Kern einer Zelle zur Kopienzahl bei und erhöht sie entsprechend, während eine Zelle den cfu-Wert nur um eins erhöht.

Werden diese Tatsachen in Betracht gezogen, eignet sich die real-time PCR sehr gut, um eine Aussage über die Biomasse eines Pilzes in einer Probe zu machen.

12.3 Zielsequenzen

Das Prinzip einer diagnostischen PCR zum Nachweis eines mykotoxinbildenden Pilzes ist der indirekte Nachweis eines spezifischen PCR-Produktes, das nur in dem jeweiligen Mykotoxinbildner vorkommt. Die Herausforderung bei der Entwicklung spezifischer PCR-Reaktionen für mykotoxinbildende Pilze ist daher die Identifizierung von Sequenzen, die spezifisch nur in dem nachzuweisenden Pilz vorkommen. Zur Identifizierung spezifischer Sequenzen sind verschiedene Ansätze angewandt worden. Die naheliegendste Möglichkeit, spezifische DNA-Bereiche als Zielsequenzen für eine PCR zu finden, ist der Einsatz von Bereichen mykotoxinbiosynthetischer Gene. Inzwischen sind die Gencluster der biosynthetischen Gene der meisten lebensmittelrelevanten Mykotoxine bekannt. So sind die Biosynthesegene für die Aflatoxinbildung durch *A. flavus* oder *A. parasiticus* (Yu et al., 2004), die Trichothecenbildung durch *F. sporotrichioides* oder *F. graminearum* (Brown et al., 2001), die Fumonisinbildung durch *Gibberella moniliformis* (Proctor et al., 2003), die Ochratoxinbildung durch *Penicillium* (Geisen et al., 2006) oder *Aspergillus ochraceus* (O´Callaghan et al., 2003) oder Gene, die mit der Patulinbiosynthese korreliert sind (Wang et al., 1991), bekannt. Eine Vielzahl an verschiedenen spezifischen PCR-Systemen, die auf biosynthetischen Genen als Template beruhen, sind daher beschrieben worden.

Vor der praktischen Überprüfung der Spezifität der Primer durch PCR-Reaktionen mit einer Vielzahl an verschiedenen produktrelevanten Pilzen sollte eine Überprüfung mittels BLAST gegenüber der in einer Genbank (http://www.ncbi.nlm.nih.gov/) gesammelten Sequenzen erfolgen. Diese Analyse ermöglicht schon eine erste Vorauswahl.

Für mykotoxinogene Pilze, von denen die Genomsequenz bzw. die Sequenz des mykotoxinbiosynthetischen Clusters noch nicht bekannt sind, können andere Ansätze angewandt werden, um spezifische Primer zu entwickeln. Diese Ansätze wurden naturgemäß in der Prä-Genom-Ära angewandt. Viele spezifische PCR-Systeme beruhen auf Unterschieden in den ITS-Regionen der ribosomalen Gene (Abb. 12.1).

Sowohl die ITS-Regionen als auch die IGS-Regionen können Variabilitäten aufweisen, die zur Entwicklung von spezifischen Primern ausgenutzt werden können (O'Donnell, 1992). In der Literatur findet man viele Beispiele, bei denen Unterschiede in den ITS-Regionen ausgenutzt wurden, um spezifische diagnostische PCR-Systeme für mykotoxinbildende Pilze zu entwickeln. Die Anwendung dieses Ansatzes hängt allerdings stark von der Variabilität der ITS-Regionen innerhalb einer Spezies ab. Besonders die Penicillien besitzen eine geringe Variabilität in den

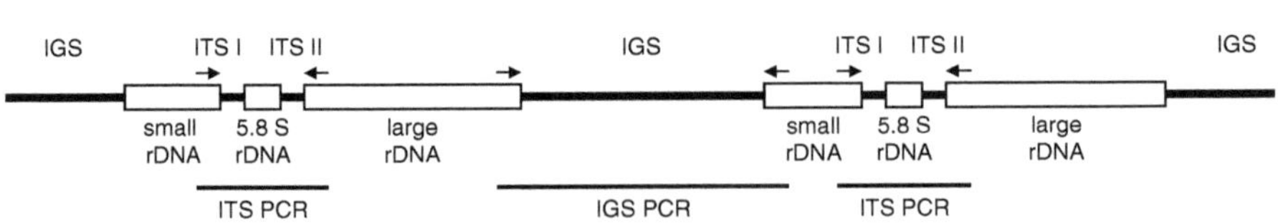

Abb. 12.1 Schematische Darstellung des Aufbaus der ribosomalen Gene von Pilzen

ITS-Regionen, sodass die Entwicklung an diagnostischen PCR-Methoden über diesen Ansatz nur schwer möglich ist. Trotz dieser Probleme ist es Pedersen et al. (1997) gelungen, ein PCR-System zum generellen Nachweis von Penicillien und zum speziellen Nachweis von *P. roqueforti* und *P. carneum* zu entwickeln. Fusarien besitzen eine höhere Variabilität in den ITS-Regionen (O'Donnel, 1992). Dementsprechend sind mehrere PCR-Nachweissysteme anhand dieser Bereiche beschrieben worden (Schilling et al., 1996; Bluhm et al., 2002; Kulik et al., 2004) obwohl auch hier bei der Differenzierung bestimmter Spezies Schwierigkeiten auftreten (Schilling et al., 1996). Basierend auf Unterschieden in den ITS-Regionen konnten Gil-Serna et al. (2009) eine Real-Time-PCR-Methode zur Unterscheidung und Quantifizierung der sehr nahe verwandten Arten *A. oryzae* und *A. westerdijkiae* beschreiben. Beide Spezies sind potenzielle Ochratoxin-A-Bildner. Eine weitere Möglichkeit der Entwicklung spezifischer Primer bilden die sogenannten IGS-Regionen oder „Intergenic Spacer Regions". Pilze besitzen in der Regel mehrere (50–100) ribosomale Gene, die meist an einem bestimmten Ort im Genom geclustert vorliegen. Die einzelnen ribosomalen Geneinheiten sind dabei um einen gewissen Sequenzbereich voneinander getrennt, der IGS-Region. Diese IGS-Region kann wiederum variabel sein und zur Entwicklung von spezifischen Primer-Paaren verwendet werden. Llorens et al. (2006) konnten die IGS-Region benutzen, um mykotoxinproduzierende *Fusarium*-Spezies zu charakterisieren. Patino et al. (2006) setzten die Variabilität in den IGS-Regionen ein, um zwischen *F. verticillioides*-Stämmen, die von Bananen isoliert wurden und kein Fumonisin produzierten, und Stämmen von Cerealien, die starke Fumonisinbildner waren, zu unterscheiden. González-Salgado et al. (2005) beschrieben eine PCR-Methode, um *Aspergillus*-Spezies der Sektion *Nigri* anhand der Unterschiede der IGS-Regionen zu differenzieren. Zur Sektion *Nigri* gehören u. a. Ochratoxin-A-produzierende Spezies, wie *A. carbonarius* oder *A. niger*. Beide Spezies sind morphologisch nur schwer zu unterscheiden, was insgesamt für die innerhalb dieser Gruppe vorkommenden Aspergillen gilt.

Eine weitere Möglichkeit, spezifische Zielsequenzen für mykotoxinbildende Gene zu erhalten, ist die Entwicklung sogenannter SCAR-Primer (SCAR = Sequence Characterized Arbitrary Regions). Diese Methode der Primer-Entwicklung eignet sich auch für Spezies, von denen keine Informationen über Genom- oder DNA-Sequenzen vorliegen. Für die Entwicklung von SCAR-Primern wird zunächst eine RAPD- oder AFLP-Typisierung verschiedener Stämme der interessierenden mykotoxinbildenden Spezies und auch verschiedener relevanter Pilzspezies, die im gleichen Lebensmittelhabitat vorkommen, durchgeführt. Die erhaltenen RAPD- oder AFLP-Fragmentmuster werden miteinander verglichen. In der Regel unterscheiden sich die Muster. Im günstigsten Fall kann bei dieser Typisierung eine Bande gefunden werden, die ausschließlich in den mykotoxinbildenden Spezies vorkommt. Bei diesem PCR-Produkt (dessen genetische Information nicht bekannt ist) handelt es sich dann um einen sogenannten „anonymen Marker" für die Mykotoxinbildung. Diese Bande wird anschließend aus dem Gel ausgeschnitten und das PCR-Produkt wird sequenziert. Anhand der erhaltenen Sequenz können dann Primer entwickelt werden, die durch eine Reihe von PCR-Reaktionen auf ihre Spezifität getestet werden. Mithilfe dieses Ansatzes wurden viele spezifische Primer für mykotoxinbildende Pilze entwickelt. Möller et al. (1999) benutzten diesen Ansatz, um spezifische PCR-Systeme für die beiden fumonisinbildenden Fusarien-Spezies *F. verticillioides* und *F. subglutinans* zu entwickeln. Sie konnten diese beiden Spezies in infiziertem Mais mittels der PCR-Methode nachweisen. Parry und Nicholson (1996) entwickelten ebenfalls ein PCR-System zum Nachweis von *F. poae* in Weizen mittels der SCAR-Technik. Mithilfe dieses PCR-Systems konnte *F. poae* in Weizenproben mit einer Sensitivität nachgewiesen werden, die mit konventionellen Methoden nicht möglich war. Die am stärksten kontaminierte Probe ergab mit diesem PCR-System das stärkste Signal, sodass gewisse Rückschlüsse auf die Kontaminationshöhe gezogen werden konnten. Auch für Ochratoxin-A-bildende Aspergillen wurde dieses Verfahren angewandt. Fungaro et al. (2004) wiesen *A. carbonarius* in Kaffee mit einer PCR-Reaktion nach, deren Primer durch die SCAR-Technik entwickelt wurden. Ein ähnliches System, allerdings für *A. ochraceus*, ebenfalls ein Ochratoxin-A-bildender *Aspergillus*, wurde von Schmidt et al. (2003) beschrieben.

Diese Beispiele zeigen, dass es mit diesem Ansatz möglich ist, im Prinzip für jede Spezies ein spezifisches PCR-System zu entwickeln, auch wenn keine Sequenzinformation vorhanden ist.

Es besteht weiterhin die Möglichkeit, Gene, deren Präsenz oder deren variable Sequenzen an die Mykotoxinbildung gekoppelt sind, als Zielsequenzen zu verwenden. So benutzten Niessen und Vogel (1997) das nur in *F. graminearum* vorkommende Galaktoseoxidasegen (gaoA), um diese trichothecenbildende Spezies nachzuweisen. Perrone et al. (2004) entwickelten spezifische Primer anhand von variablen Sequenzen im Calmodulingen. Sie waren damit in der Lage, Ochratoxin-A-bildende *A. carbonarius*-Stämme von nicht-Ochratoxin-A-bildenden *A. japonicus*-Stämmen zu unterscheiden. Beide Spezies gehören zu den „Black Aspergilli" und sind morphologisch nicht zu unterscheiden.

Die eleganteste Möglichkeit der Primer-Entwicklung erfolgt natürlich über die Sequenz der biosynthetischen Gene der Mykotoxine selbst. Voraussetzung ist die Verfügbarkeit der mykotoxinbiosynthetischen Gene. In den vergangenen Jahren wurden viele molekulare Grundlagen, besonders für die lebensmittelrelevanten Mykotoxine, erarbeitet. So wurde der gesamte Gencluster der Aflatoxinbildung von Yu et al. (2004) beschrieben. Zusätzlich ist das Genom von *A. flavus*, einem wichtigen aflatoxinbildenden Pilz nahezu vollständig sequenziert (www.aspergillusflavus.org). Ähnliches gilt für den Trichothecenbildner *F. graminearum* (Brown et al., 2003), für den ebenfalls die Genomsequenzen vorliegen (http://mips.gsf.de/genre/proj/fusarium/; http://www.broad.mit.edu/annotation/genome/fusarium_graminearum/Home.html) sowie für die wichtigste fumonisinbildende Spezies *F. verticilliodes* (Proctor et al., 2003), Genomsequenz: http://www.broad.mit.edu/annotation/genome/fusarium_group/MultiHome.html).

Auch einige der ochratoxinbiosynthetischen Gene sind in den letzten Jahren beschrieben worden (O'Callaghan et al., 2003; Karolewiez u. Geisen, 2005; Geisen et al., 2006), sowie Schlüsselenzyme der Patulinbiosynthese (Beck et al., 1990; Dombrink-Kurtzmann, 2006). Damit besteht die Möglichkeit, PCR-Systeme anhand der biosynthetischen Gene für aflatoxin-, trichothecen-, fumonisin-, ochratoxin- und patulinbildende Pilze zu entwickeln. In der Tat sind viele diagnostische

PCR-Systeme anhand dieser Sequenzen beschrieben worden (Edwards et al., 2002; Niessen, 2007).

In der Regel sind die auf diese Weise etablierten PCR-Systeme sehr spezifisch für die jeweiligen Mykotoxinbildner. Es können aber Kreuzreaktionen vorkommen. Die Gene für die Biosynthese der Sekundärmetabolite, zu denen auch die Mykotoxine einzugruppieren sind, zeigen häufig untereinander hohe Homologien, da sie zu ähnlichen Enzymklassen gehören. Dazu zählen z. B. die Polyketidsynthasen, die Cytochromoxidasen, die nichtribosomalen Peptidsynthetasen, Dehydrogenasen und Fettsäuresynthetasen. Wenn die Primer z. B. in homologen Domänen dieser Gene platziert werden, kann es zu Kreuzreaktionen kommen. So wurde beschrieben, dass *P. roquefortii*-Stämme mit Primern, die gegen aflatoxinbiosynthetische Gene gerichtet waren, positiv reagiert haben (Geisen, 1996). Weiterhin ergeben die in der Lebensmittelfermentation eingesetzten Spezies *A. oryzea* und *A. sojae* in der Regel ebenfalls positive PCR-Reaktionen mit Primern für aflatoxinbiosynthetische Gene. Diese beiden Spezies besitzen inaktive, aber homologe Gene (Klich et al., 1995) und reagieren damit positiv auf eine aflatoxinspezifische PCR.

Eine ähnliche Situation liegt bei den Ochratoxin-A-biosynthetischen Genen vor. Homologe dieser Gene werden in *P. nordicum* und *P. verrucosum* gefunden. Beide *Penicillium*-Spezies bilden Ochratoxin A. Viele dieser homologen Gene konnten aber auch in *P. nalgiovense* nachgewiesen werden. *P. nalgiovense* ist mit *P. nordicum* nah verwandt, bildet aber kein Ochratoxin A.

12.4 Sensitivität der PCR-Reaktionen

Die Sensitivität der beschriebenen PCR-Reaktionen ist von verschiedenen Faktoren abhängig. Zum Nachweis mykotoxinbildender Pilze mithilfe der PCR-Methode wird in der Regel die DNA direkt aus der Probe ohne einen weiteren Anreicherungsschritt isoliert und eingesetzt. Dieses Verfahren ergibt eine generelle Sensitivität von $>10^3$ Zellen pro Gramm. Zellkonzentrationen unterhalb dieses Wertes sind direkt aus der Probe mittels PCR nur schwer nachzuweisen. Das liegt unter anderem an den technischen Gegebenheiten des Verfahrens. Bei der konventionellen Methode wird von einer relativ großen Ausgangsmenge von bis zu 10 g ausgegangen. Im Gegensatz dazu wird für die Isolierung von DNA für eine PCR aus Probenmaterial nur sehr wenig Ausgangsmaterial benötigt. Von der aus dieser geringen Menge isolierten DNA wird wiederum nur ein Teil in eine PCR eingesetzt. Für ein positives PCR-Ergebnis muss aber eine gewisse Zahl an Template-Molekülen in der Reaktion vorhanden sein. Neben dieser rein technischen Begrenzung der Sensitivität können auch Lebensmittelbestandteile wie DNA, Proteine, Kohlenhydrate, Lipide oder Bestandteile des Pilzes wie Polyphenole die Reaktion hemmen (Rossen et al., 1992; Paterson, 2004). In der Regel wird bei der Präparation der Proben-DNA eine große Menge der DNA aus dem jeweiligen Lebensmittel (z. B. Pflanzen-DNA) mitisoliert. Die Konzentration dieser Fremd-DNA hat ebenfalls einen Einfluss auf die Sensitivität der Reaktion. So konnten Färber et al. (1997) zeigen, dass ein Überschuss an Feigen-DNA den Nachweis von aflatoxinbildenden *A. flavus*-Stämmen um einen Faktor von 10 reduzierte. Lantz et al. (1994) beschrieben verschiedene Methoden, um aus Lebensmitteln isolierte DNA von DNA-Polymerase-Inhibitoren zu befreien. Mithilfe eines „aqueous two-phase systems“ konnten die Autoren DNA aus verschiedenen besonders lipidhaltigen Lebensmitteln in einer PCR-fähigen Form isolieren. Shapira et al. (1996) beschrieben einen der wenigen Fälle, in dem eine Anreicherung eingesetzt wurde, um aflatoxinbildende Pilze in Getreide nachweisen zu können. Nach einer Anreicherungsphase von 24 h in „Potato Dextrose Broth“ konnten die Autoren zeigen, dass sich die Sensitivität der PCR-Methode auf 10^2 Zellen pro Gramm reduzieren ließ, allerdings auf Kosten der Nachweiszeit. Bluhm et al. (2002) konnten in einer Multiplex-PCR in Maismehl nebeneinander fumonisinbildende *F. verticillioides*-Stämme und trichothecenbildende *F. graminearum*-Stämme ab einer Konzentration von 10^4 pro Gramm nachweisen. Schilling et al. (1996) beschrieben eine sehr sensitive PCR-Methode zum Nachweis von trichothecenbildenden *F. culmorum-*, *F. avenaceum-* und *F. graminearum*-Stämmen. Nach der Aussage dieser Autoren genügen 30–40 Genomäquivalente, um eine positive Reaktion zu bekommen. Allerdings beruhen diese Zahlen auf Reinkulturen und nicht auf kontaminierten Lebensmittelproben. Schmidt et al. (2004a) konnten mit ihrer entwickelten PCR-Methode 0,4 ng *A. ochraceus*-DNA in 5 g grünem Kaffee nachweisen. Nicholson et al. (1998) wiesen *F. culmorum* und *F. graminearum* in infiziertem Getreide bis zu einer Konzentration von 25 ng Pilz-DNA/mg Ährengewebe nach.

12.5 Molekularer Nachweis mykotoxinbildender Pilze

12.5.1 Nachweis von aflatoxinbildenden Pilzen

Die für Lebensmittel wichtigsten aflatoxinbildenden Pilze sind die beiden Spezies *A. flavus* und *A. parasiticus*. Nahezu 90 % aller aus der Natur isolierten Stämme von *A. parasiticus* bilden Aflatoxin B_1, B_2, G_1 und G_2. Demgegenüber bilden nur 40–50 % der natürlichen Stämme an *A. flavus* Aflatoxin B_1 (Bennett u. Christensen, 1983). Viele *A. flavus*-Stämme sind aber gleichzeitig in der Lage, Cyclopiazonsäure, ein weiteres aber weniger toxisches Mykotoxin, zu bilden (Vaamonde et al., 2003). Der Biosyntheseweg des Aflatoxins ist weitgehend aufgeklärt (Yu et al., 2004). Aufgrund der Tatsache, dass *A. flavus* und *A. parasiticus* relativ nah verwandt sind (Kurtzman et al., 1986), besitzen auch die aflatoxinbiosynthetischen Gene eine hohe Homologie (Yu et al., 1995). Aus diesem Grund können mit einem Primer-Paar häufig beide Spezies nachgewiesen werden. Aufgrund der frühen Verfügbarkeit der aflatoxinbiosynthetischen Gene wurden PCR-Nachweissysteme für aflatoxinbildende Aspergillen schon Mitte der 1990er-Jahre beschrieben. Nahezu gleichzeitig wurden zwei ähnliche Systeme beschrieben. Shapira et al. (1996)

entwickelten ein spezifisches PCR-System für *A. flavus*, indem er drei Gene des Aflatoxinbiosyntheseweges in drei unabhängigen Reaktionen nachwies. Es handelte sich dabei um die Gene *apa2* (jetzt umbenannt in *afl*R), *ver*-1 und *omt*-1 (nach neuer Nomenklatur der Gene des Aflatoxinclusters: *afl*M bzw. *afl*P). Diese Autoren konnten mit diesem System sehr gut *A. parasiticus* nachweisen, nicht jedoch *A. flavus*. Trotz der Homologie der Biosynthesegene zwischen *A. flavus* und *A. parasiticus* kann es zu diesen unterschiedlichen Reaktionen kommen, wenn die Primer in Bereichen lokalisiert sind, in denen Mikroheterogenitäten vorkommen. Eine Auswahl von neuen Primern in identischen Bereichen verhindert solche Probleme. Das genannte System wurde allerdings beschrieben, als noch wesentlich weniger Sequenzinformationen vorlagen, als sie heute verfügbar sind. Shapira et al. (1996) konnten mit diesem PCR-System *A. parasiticus* und *A. flavus* in Getreideproben ab einer Konzentration von 10^2 Sporen/g nach einer Voranreicherung von 24 h nachweisen. Gleichzeitig wurde unabhängig davon ein weiteres PCR-System beschrieben, das auf dem Nachweis einer ähnlichen Auswahl an Genen besteht (Geisen, 1996). In einer Multiplex-PCR-Reaktion wurden die Gene *nor*-1, *ver*-1 und *omt*A (*afl*D, *afl*M und *afl*P) nachgewiesen. Bei diesem System konnten keine Unterschiede in der Sensitivität zwischen *A. flavus* und *A. parasiticus* beobachtet werden. Es konnten allerdings Kreuzhybridisierungen mit *A. versicolor*, einem Sterigmatocystinbildner, gefunden werden. Sterigmatocystin ist eine Vorstufe von Aflatoxin, wird aber von einigen Pilzen, wie *A. versicolor* und *A. niger*, als Endprodukt gebildet. Die beteiligten Gene sind in *A. niger* vollständig aufgeklärt (Brown et al., 1996). Naturgemäß zeigen sie eine hohe Homologie zu den aflatoxinbiosynthetischen Genen (Brown et al., 1996) und es kann zu Kreuzreaktionen kommen. Allerdings sind Sterigmatocystinbildner üblicherweise nicht im gleichen Habitat wie Aflatoxinbildner zu finden, sodass diese Kreuzreaktion in der Regel keine Rolle spielt. Sterigmatocystin stellt generell kein großes Problem für die Lebensmittelsicherheit dar (Pohland, 1993). Das genannte Multiplexsystem wurde angewandt, um *A. flavus* in Feigen nachzuweisen (Färber et al., 1997). Bei diesen Untersuchungen konnte ein negativer Einfluss hoher Konzentrationen an Feigen-DNA auf die Sensitivität festgestellt werden. Zachová et al. (2003) benutzten das regulatorische *afl*R-Gen und das *ver*-1 (*afl*M)-Gen als Zielgene in zwei separaten Reaktionen für ihre diagnostische PCR. Sie untersuchten damit 50 Futtermittelproben und fanden eine gute Übereinstimmung ihrer Ergebnisse mit dem klassischen Nachweis aflatoxinbildender Aspergillen, dem Wachstum auf AFPA-Medium. Yang et al. (2004) benutzten eine Multiplex-PCR die gegen die Gene *avf*A, *omt*A und *ver*-1 (*afl*I, *afl*P und *afl*M) gerichtet ist, um Aflatoxinbildner in koreanischen Lebensmitteln nachzuweisen. Parallel untersuchten sie den Aflatoxingehalt der Lebensmittel mittels ELISA. Aus 32 untersuchten Proben wurden mit der Multiplex-PCR drei positive Proben identifiziert. Der ELISA-Test war zunächst negativ, aber nach einer Anreicherung der vorhandenen Aspergillen konnten positive ELISA-Ergebnisse nachgewiesen werden, was die Sensitivität der Multiplexmethode demonstriert. Chen et al. (2002) benutzten ebenfalls eine Multiplex-PCR, die gegen vier Gene gerichtet ist (*afl*R, *nor*-1, *ver*-1 und *omt*A, nach neuer Nomenklatur: *afl*R, *afl*D, *afl*M und *afl*P), um *A. flavus* in Erdnusskernen nachzuweisen. Zur Quantifizierung von *A. flavus* wurde ein Real-Time-PCR-System entwickelt (Mayer et al., 2003b), das gegen das *nor-1*-Gen (*aflD*) gerichtet ist. Das Real-Time-PCR-System wurde dazu eingesetzt, um die Wachstumskinetik von *A. flavus* in Getreideproben zu verfolgen. Gleichzeitig wurde eine Bestimmung der cfu (colony forming units) durchgeführt. Beide Methoden kamen zu vergleichbaren Ergebnissen. In beiden Fällen konnte eine Zunahme der Biomasse des Pilzes beobachtet werden. Beide Werte zeigten parallel laufende Ergebnisse. Allerdings wurde generell beobachtet, dass die mit der real-time PCR erhaltenen Ergebnisse um einen Faktor von ca. 100–1.000 höher lagen. Die Gründe für diesen Unterschied wurden oben schon diskutiert. Das System wurde eingesetzt, um *A. flavus* in verschiedenen Produkten wie Pfeffer, Paprika und Mais nachzuweisen. In allen Produkten konnte der Aflatoxinbildner ab einer Konzentration von 10^3 Zellen/g ohne Voranreicherung nachgewiesen werden. Gonález-Salgado et al. (2008) konnten *A. flavus* in Weizen mit hoher Sensitivität mittels PCR nachweisen. Latha et al. (2008) beschrieben eine Multiplex-PCR-Reaktion, mit der angeblich aflatoxinbildende von nichtbildenden *A. flavus*-Stämmen unterschieden werden können. Tabelle 12.1 gibt einen Überblick über PCR-Systeme für *A. flavus* bzw. *A. parasiticus*.

12.5.2 Nachweis von myotoxinbildenden Fusarien

Fusarien sind pflanzenpathogene Pilze, die eine Reihe verschiedener Mykotoxine, wie die Trichothecene, die Fumonisine oder Zearalenon bilden können. Die Gene der Biosynthesewege der Trichothecene sowie der Fumonisine sind relativ vollständig aufgeklärt (Brown, 2003; Proctor et al., 2003). Für Zearalenon liegen nur wenige molekulare Daten vor. Es sind kürzlich zwei Polyketidesyntasegene der Zearalenonbiosynthese beschrieben worden (Gaffoor u. Trail, 2006). Allerdings wurden diese Gene noch nicht für ein diagnostisches PCR-System eingesetzt.

Die Fusarien können je nach Spezies zwei Typen an Trichothecenen bilden. Ein typischer Vertreter der Typ-A-Trichothecene (T2-Toxin, HT2-Toxin) ist *F. sporotrichiodes*, während *F. graminearum* und *F. culmorum* wichtige Typ-B-[Nivalenol (NIV), Desoxynivalenol (DON)]-produzierende Spezies darstellen. Beide Gencluster ähneln sich in ihrer Sequenz, besitzen aber charakteristische Unterschiede, sodass sich spezifische Primer entwickeln lassen. NIV und DON sind zwei Typ-B-Trichothecene, die durch den gleichen Biosyntheseweg gebildet werden. *F. graminearum* kommt z. B. in zwei Chemotypen vor. Einer dieser Chemotypen bildet ausschließlich DON und kann häufig in Getreidehabitaten in den USA isoliert werden, während der andere Phänotyp nur NIV produziert und vor allem in Europa, Asien und Afrika zu finden ist (Lee et al., 2001). Interessanterweise gibt es Unterschiede in den Sequenzen und Organisation von zwei Genen des Trichothecenbiosyntheseclusters zwischen NIV- und DON-Bildnern. Diese Unterschiede sind vor allem im Gen *tri7* lokalisiert. Der DON-Phänotyp besitzt in diesem Gen unterschiedliche Kopien eines „Repeat“-Elementes, sodass die PCR-Produkte dieses Phänotyps unterschiedlich groß sein können. Der NIV-Phänotyp besitzt dieses Repeat nicht

Tab. 12.1 Aflatoxinbildende Pilze

Spezies	Zielsequenz	PCR Produkt	Primer-Sequenzen	Methode	Referenzen
Aspergillus flavus	*ver*-1-Gen Aflatoxinbiosynthese	895	atgtcggataatcaccgtttagat cgaaaagcgccaccatccaccccaatg	PCR	Shapira et al. (1996)
A. parasiticus	*afl*R-Gen Aflatoxinbiosynthese	1032	tatctcccccgggcatctcccgg ccgtcagacagccactggacacgg		
	omt-1-Gen Aflatoxinbiosynthese	1024	ggcccggttccttggctcctaagc cgccccagtgagacccttcctcg		
A. flavus *A. parasiticus*	*nor*1-Gen Aflatoxinbiosynthese	400	accgctacgccggcactctcggcacgtt-ggccgccagcttcgacactccg	Multiplex-PCR	Geisen (1996)
	ver-1-Gen Aflatoxinbiosynthese	537	gccgcaggccgcggagaaagtggtggggata-tactcccgcgacacagcc		
	omt-1-Gen Aflatoxinbiosynthese	797	gtggacggacctagtccgacatcacgtc-ggcgccacgcactgggttgggg		
A. flavus *A. parasiticus*	*avf*A-Gen Aflatoxinbiosynthese	950	atggtcacatacgccctcctcggg gcctcgcattctctcggcgaccgaa	Multiplex-PCR	Yang et al. (2004)
	omt-1-Gen Aflatoxinbiosynthese	797	gtggacggacctagtccgacatcacgtc-ggcgccacgcactgggttgggg		
	ver-1-Gen Aflatoxinbiosynthese	452	gccgcaggcgcggagaaaggtggtc-cgcagtcaatggccatgcagcg		
A. flavus *A. parasiticus*	*nor*-1-Gen Aflatoxinbiosynthese	400	accgctacgccggcactctcggcacgtt-ggccgccagcttcgacactccg	Multiplex-PCR	Chen et al. (2002)
	ver-1-Gen Aflatoxinbiosynthese	538	gccgcaggccgcggagaaagtggt-ggggatatactcccgcgacacagcc		
	omt-1-Gen Aflatoxinbiosynthese	1025	gtggacggacctagtccgacatcacgtc-ggcgccacgcactgggttgggg		
	apa-2-Gen Aflatoxinbiosynthese	1032	tatctcccccgggcatctcccgg ccgtcagacagccactggacacgg		
A. flavus *A. parasiticus*	*nor*1 Gen Aflatoxinbiosynthese	66	gtccaagcaacaggccaagt tcgtgcatgttggtgatggt tgtcttgatcggcgcccg	real-time PCR RT real-time PCR	Mayer et al. (2003a)
A. flavus *A. parasiticus*	*afl*R Gen Aflatoxinbiosynthese	630	cgcgctcccagtccccttgatt cttgttccccgagatgacca	RT PCR	Sweeney et al. (2000)

und das PCR-Produkt besitzt eine andere Größe, sodass es leicht von den variablen PCR-Produkten des DON-Phänotyps unterschieden werden kann. Li et al. (2005) identifizierten einen zweiten Polymorphismus zwischen NIV- und DON-Bildnern. Es handelt sich um die intergenische Region zwischen den Genen *tri*5 und *tri*6. Von diesen Autoren wurde ein PCR-System entwickelt, das aufgrund dieser Unterschiede für NIV-Bildner ein PCR-Produkt von 300 und für DON-Bildner von 360 bp ergibt. Mithilfe dieses Systems wurden 364 *F. graminearum*-Stämme untersucht, die aus chinesischen Getreideproben stammten. Von diesen Stämmen zeigten 310 den DON-Phänotyp und 54 den NIV-Phänotyp. Der DON-Phänotyp kann je nach Endprodukt 3-Acetyl-DON oder 15-Acetyl-DON weiter unterschieden werden. Auch diese Chemotypen sind genetisch determiniert und diese Unterschiede können für differenzierende PCR-Systeme eingesetzt werden. Quarta et al. (2006) beschrieben ein Multiplex-PCR-System, mit dem beide Chemotypen unterschieden werden können. Die Primer basieren auf Sequenzen für die trichothecenbiosynthetischen Gene *tri*3, *tri*5 und *tri*7. Das System kann für *F. graminearum*, *F. culmorum* und *F. cerealis* eingesetzt werden. Jennings et al. (2004) beschrieben spezifische Unterschiede zwischen beiden Phänotypen im *tri*3-Gen, nach denen die differenzierenden Primer abgeleitet wurden.

Das *tri*5-Gen, das für die Trichodiensynthetase kodiert, ist ein Schlüsselenzym in der Biosynthese für Trichothecene. Es wurde in verschiedenen PCR-Systemen als Zielsequenz eingesetzt. Anhand der Sequenz dieses Genes entwickelten Niessen und Vogel (1998) einen gruppenspezifischen Nachweis für verschiedene trichothecenbildende Fusarium-Spezies. Das *tri*5-Gen besitzt generell eine relative hohe Homologie, sodass die Primer für verschiedene Spezies funktionsfähig sind. Mit dieser PCR-Methode konnten die Autoren *Fusarium*-Spezies aus den Sektionen *Sporotrichiella*, *Arthrosporiella*, *Gibbosum* und *Dlaminia* nachweisen, was die generelle Funktionalität dieser Primer deutlich macht. Mit diesem System konnten potenzielle Trichothecenbildner in Malz und in Getreideproben nachgewiesen werden. Die gleichen Autoren beschreiben einen PCR-Nachweis, der für *F. graminearum* spezifisch ist. Er basiert auf Sequenzen des Galactoseoxidasegens, das offensichtlich spezifisch für diese Spezies ist (Niessen und Vogel, 1997). Weitere PCR-Systeme, die nicht auf den trichothecenbiosynthetischen Genen beruhen, wurden von Schilling et al. (1996) beschrieben. Diese Autoren konnten spezifische Primer für *F. culmorum* und *F. graminearum* über Variationen in den ITS-Regionen entwickeln. Die gleiche Gruppe konnte in einem ähnlichen Ansatz spezifische Primer für die Pflanzenpathogene *F. moniliformis* und *F. subglutinans* entwickeln. Mit diesem PCR-System konnten die pathogenen Pilze in Mais nachgewiesen werden. Nicholson et al. (1998) wandten die SCAR-Methode an, um spezifische Sequenzen von *F. culmorum* und *F. graminearum* zu identifizieren. Mit ihrem PCR-System untersuchten die Autoren den Effekt des Zeitpunktes und der Größe des Inokulums der beiden Spezies auf die Pathogenität und auf die Etablierung der Infektion durch *Fusarium*. Doohan et al. (1998) benutzten speziesspezifische PCR, um Trichothecenbildner wie *F. culmorum*, *F. poae*, *F. avenaceum*, *F. graminearum*, *M. nivale* var. *majus* und *M. nivale* var. *nivale* in verschiedenen Nutzpflanzen nachzuweisen. Sie fanden eine gute Übereinstimmung zwischen den PCR-Ergebnissen und der visuellen Qualität der Produkte. Schnerr et al. (2001) beschrieben ein quantitatives Real-Time-PCR-System zum Nachweis von *tri*5-DNA. Die erzielten Daten korrelierten sehr gut mit konventionellen Methoden zum Nachweis der Pilze. Einen weiterführenden Ansatz beschrieben Bluhm et al. (2002). Sie setzten ein Multiplex-PCR-System ein, um gleichzeitig Fumonisin- und Trichothecenbildner nachzuweisen. In ihrem Multiplexsystem verwendeten diese Autoren ein Primer-Paar, das gattungsspezifisch ist und Spezies der Gattung *Fusarium* nachweisen kann. Dieses Primer-Paar wurde von konservierten Bereichen der ITS-Region abgeleitet. Ein zweites Primer-Paar war gegen das *tri*5-Gen gerichtet, um potenzielle Trichothecenbildner detektieren zu können. Das dritte Primer-Paar war gegen ein Gen (*fum*5) des Fumonisinbiosyntheseweges gerichtet. Ein weiteres PCR-System für Fuminisinbildner wurde von Murillo et al. (1998) beschrieben. Zur Identifizierung von spezifischen Primern wurde eine Genbank von *F. moniliforme* gegen DNA hybridisiert um Klone zu identifizieren, die keine Kreuzhybridisierung mit Mais-DNA zeigten. Einer dieser Klone wurde sequenziert und anhand dieser Sequenz konnten spezifische Primer entwickelt werden. Diese Primer wurden eingesetzt, um *F. moniliforme* in Mais nachzuweisen.

Ein PCR-Nachweis, basierend auf dem *esyn*1 Gen, dem Gen für die Ennaintin-Synthetase, dem Schlüsselenzym der Enniantinbiosynthese, ist von Kulik et al. (2007) beschrieben worden. *Fusarium*-Spezies wie *F. avenaceum, F. poae, F. sporotrichioides* und *F. tricinctum* sind häufig in der Lage, Hexadepsipepside wie Enniantin und Beauvericin zu bilden. Das beschriebene PCR-System ist zum Nachweis dieser Spezies geeignet. Zur taxonomischen Differenzierung von *F. redolens* und *F. oxysporum*, zwei morphologisch nahezu identische Spezies, entwickelten Bogale et al. (2007) ein PCR-System, das ein PCR-Produkt mit *F. redolens* ergibt, nicht aber mit *F. oxysporum*. Als Zielsequenz wurde eine variable Region des Translation Elongation Factors 1α (TEF-1α) ausgewählt. Mit diesem System ist eine eindeutige Differenzierung der beiden Spezies möglich.

Einen detaillierten Überblick über die Situation des molekularen Nachweises von *Fusarium*-Spezies geben Mulé et al. (2005). Tabelle 12.2 zeigt verschiedene publizierte PCR-Systeme zum Nachweis von mykotoxinbildenden Fusarien.

12.5.3 Nachweis von ochratoxinbildenden Pilzen

Ochratoxin wird hauptsächlich durch verschiedene Aspergillen und Penicillien gebildet. Zu den wichtigsten ochratoxinbildenden Aspergillen wurden lange Zeit *A. carbonarius*, *A. ochraceus* und *A. niger* gezählt. Inzwischen konnte aber durch neuere taxonomische Untersuchungen gezeigt werden, dass die meisten bisher als *A. ochraceus* eingeordneten Stämme zur neuen Spezies *A. westerdijkiae* gehören (Frisvad et al., 2004). Beide Spezies sind morphologisch sehr ähnlich. Aus diesem Grund unterscheiden PCR-Systeme, die für *A. ochraceus* beschrieben wurden, wahrscheinlich nicht zwischen *A. ochraceus* und *A. westerdijkiae*. Beide Spezies kommen aber im gleichen Habitat vor und sind potenziell in der Lage, Ochratoxin

Tab. 12.2 Trichothecenbildende Pilze

Spezies	Zielsequenzen	PCR-Produkt	Primer-Sequenzen	Methode	Referenzen
Fusarium sp.	*tri5*-Gen Trichothecenbiosynthese	658	gctgctcatcactttgctcag ctgatctggtcacgctcatc	PCR	Niessen u. Vogel (1998)
F. graminearum	*Gao*-Gen Galactoseoxidase	900	agggacaataagtgcagac actgtgcactgtcgcaagtg	PCR	Niessen u. Vogel (1997)
Gibberella zeae	*tri7*-Gen Trichothecenbiosynthese	161 NIV 173–327 DON	ggctttacgactcctcaacaatgg agagccctgcgaaag/ct)actggtgc	PCR	Lee et al. (2001)
F. graminearum	RAPD-Fragment anonymer Marker	332	gcagggtttgaatccgagac agaatggagctaccaacggc	PCR	Schilling et al. (1996)
F. culmorum	RAPD-Fragment anonymer Marker	472	gatgccagaccaagacgaag gatgccagacgcactaagat		
F. avenaceum	IST-Region Ribosomal-DNA	272	ccagaggacccaaactctaa accgcagaagcagagccaat		
F. moniliforme (verticillioides)	RAPD-Fragment anonymer Marker	561	tttacgaggcggcgatgggt ggccgtttacctggcttctt	PCR	Möller et al. (1999)
F. subglutinans	RAPD-Fragment anonymer Marker	445	ggccactcaagaggcgaaag gtcagaccagagcaatgggc		
F. culmorum	RAPD-Fragment anonymer Marker	570	atggtgaactcgtcgtggc cccttcttacgccaatctcg	PCR	Nicholson et al. (1998)
F. graminearum	RAPD-Fragment anonymer Marker	280	acagatgacaagattcaggcaca ttctttgacatctgttcaaccca		
F. graminearum	RAPD-Fragment anonymer Marker	300	ctccggatat-gttgcgtcaa ggtaggtatccgacatggcaa	PCR	Doohan et al. (1998)
F. poae	RAPD-Fragment anonymer Marker	250	caagcaaacaggctcttcacc tgttcccacctcagtgacaggtt		
F. avenaceum	RAPD-Fragment anonymer Marker	920	caagcattgtcgccactctc gtttggctctaccgggactg		
Fusarium sp.	*tri5* Gen Trichothecenbiosynthese	260	cagatggagaactggatggt gcacaagtgccacgtgac	Quantitative kompetitive PCR	Edwards et al. (2001)
Fusarium sp.	*tri5* Gen Trichothecenbiosynthese	658	gctgctcatcactttgctcag ctgatctggtcacgctcatc	real-time PCR Light Cycler	Schnerr et al. (2001)

A zu bilden, sodass die beschriebenen PCR-Systeme weiterhin anwendbar sind. Gil-Serna et al. (2009) beschrieben ein ITS-basiertes Real-Time-System zur gleichzeitigen Bestimmung von beiden *Aspergillus*-Spezies. Die genannten *Aspergillus*-Spezies sind verantwortlich für das Vorkommen von Ochratoxin A in Produkten wie Kaffe, Kakao, Gewürzen oder Wein (Fungaro et al., 2004; Abarca et al., 2003; Thirumala-Devi et al., 2001). Zurzeit sind nur zwei *Penicillium*-Spezies beschrieben, die Ochratoxin A bilden können: *P. verrucosum* und *P. nordicum*. Die erstgenannte Spezies kommt hauptsächlich in Getreide vor und ist in diesem Habitat in der Lage, Ochratoxin A zu bilden. Die zweitgenannte Spezies kann auf fermentierten Produkten wie luftgetrocknetem Schinken oder Salami gefunden werden (Lund u. Frisvad, 2003). In den vergangenen Jahren sind einige Gene der Oxhratoxin-A-Biosynthese identifiziert worden. Für die meisten Ochratoxin-A-bildenden lebensmittelrelevanten Spezies sind diagnostische PCR-Reaktionen entwickelt worden. O'Callaghan et al. (2003) identifizierten eine Polyketidsynthase von *A. ochraceus*, die für die Ochratoxin-A-Bildung von Bedeutung ist. Anhand dieser Polyketidsynthase und weiteren Ochratoxin-A-spezifischen Sequenzen wurden diagnostische PCR-Systeme entwickelt, die zum Nachweis von Ochratoxin-A-Bildnern wie *A. ochraceus*, aber auch Citrininbildnern wie *P. citrinum* und *M. ruber*, geeignet sind (Dao et al., 2005). Selma et al. (2009) benutzten ebenfalls die Ochratoxin–Polyketidsynthase, um ein Real-Time-PCR-System zum Nachweis von *A. niger* und *A. carbonarius* in Trauben zu entwickeln. Sie konnten damit eine Sensitivität von 10^4 Genomäquivalenten in Gegenwart von Trauben-DNA erreichen. Ein ähnliches System wurde von Atoui et al. (2007) beschrieben. Perrone et al. (2004) beschrieben z. B. ein PCR-System, das zur Differenzierung von *A. carbonarius* von anderen „schwarzen Aspergillen" wie *A. japonicus* geeignet ist. Dieses PCR-System ist gegen das Calmodulingen dieser Spezies gerichtet, das offensichtlich genügend Variabilitäten aufweist. Schmidt et al. (2004b) wandten die SCAR-Methode an, um anonyme Marker für die Ochratoxin-A-Bildung zu identifizieren. Mittels AFLP-Analyse wurde eine Bande identifiziert, die nur in potenziell ochratoxinbildenden *A. carbonarius*-Stämmen vorkam. Primer, die von dieser Sequenz abgeleitet wurden, waren spezifisch und konnten zum Nachweis von *A. carbonarius* in Kaffee benutzt werden. Zur Überprüfung der Sensitivität wurde kontaminierter mit nichtkontaminiertem Kaffe gemischt. Selbst bei einem Verhältnis von 1:99 zeigt die PCR-Reaktion noch ein positives Signal. Erst bei einem Verhältnis von 0,1:99,9 ergab die PCR ein negatives Ergebnis. Mit einem ähnlichen Ansatz entwickelten diese Autoren spezifische Primer für *A. ochraceus* (Schmidt et al., 2003), die sie ebenfalls zum Nachweis und zur Quantifizierung dieser Spezies mittels real-time PCR in grünem Kaffe einsetzten (Schmidt et al., 2004a). In dieser Arbeit konnte ein Zusammenhang zwischen den Real-Time-PCR-Ergebnissen und dem Vorkommen von Ochratoxin A gezeigt werden. Ein weiteres Nachweissystem für *A. ochraceus* wurde von Fungaro et al. (2004) beschrieben. Auch dieses System wurde eingesetzt, um *A. ochraceus* in Kaffee nachzuweisen.

Der genetische Hintergrund der ochratoxinbildenden Penicillien ist schon weitergehend aufgeklärt. Kürzlich wurden verschiedene Gene des Biosyntheseweges charakterisiert (Karolewiez u. Geisen, 2005; Geisen et al., 2006). Anhand der Sequenz des *otapks*PN-Gens, dem Gen für die Ochratoxin-A-Polyketidsynthase konnte für *P. nordicum* ein spezifisches diagnostische PCR-System beschrieben werden. Mithilfe dieses PCR-Systems konnte *P. nordicum* eindeutig in luftgetrockneten fermentierten Fleischprodukten nachgewiesen werden. Durch die Anwendung dieses Nachweisverfahrens konnte gezeigt werden, dass ca. 11 % der von diesen Produkten isolierten Stämme ochratoxinbildende *P. nordicum*-Stämme darstellen (Bogs et al., 2006). Diese Tatsache erklärt das Vorkommen von Ochratoxin A in diesen Produkten (Pietri et al., 2006).

P. nordicum und *P. verrucosum*, die beiden bekannten Ochratoxin-A-bildenden *Penicillium*-Spezies sind morphologisch sehr ähnlich und daher durch die übliche taxonomische Bestimmung kaum zu unterscheiden. Das ist einer der Gründe, warum viele *P. nordicum*-Isolate ursprünglich als *P. verrucosum* beschrieben wurden. Auf genetischer Ebene besitzen sie ebenfalls große Ähnlichkeiten, zeigen aber in der Sequenz des *otapks*PN-Gens eindeutige Unterschiede. Aus diesem Grund kann das beschriebene PCR-System auch zur taxonomischen Bestimmung der beiden Spezies eingesetzt werden. Das Primer-Paar, das gegen das *otapks*PN-Gen gerichtet ist, ergibt nur eine Bande mit *P. nordicum*, während das Primer-Paar, das gegen das *otanps*PN (nichtribosomale Peptidsynthetase)-Gen gerichtet ist, sowohl mit *P. verrucosum* als auch mit *P. nordicum*, ein PCR-Produkt ergibt, mit anderen Spezies aber kein Produkt zeigt. Tabelle 12.3 gibt einen Überblick über die veröffentlichen molekularen Nachweissysteme für Ochratoxinbildner.

12.6 Microarrays zum Nachweis und zur taxonomischen Charakterisierung von Pilzen

Microarrays stellen ein neues Werkzeug in der Lebensmittelmykologie dar. Sie können zum einen dazu eingesetzt werden, um Pilze nachweisen bzw. taxonomisch bestimmen zu können. Dabei werden bestimmte variable Regionen der Pilz-DNA mittels spezifischer PCR amplifiziert. Während dieser Amplifikation wird ein Fluoreszenzfarbstoff in das PCR-Produkt eingebaut. Das markierte und denaturierte einzelsträngige PCR-Produkt wird dann an spezifische Sonden auf dem Microarray hybridisiert. Ein bestimmtes Hybridisierungsmuster gibt dann Auskunft, um welche Spezies es sich handelt. Auf der anderen Seite können Microarrays hervorragend zur Genexpressionsanalyse eingesetzt werden, was besonders für das Monitoring der Aktivierung von mykotoxinbiosynthetischen Genen sehr gut geeignet ist (siehe Abschn. 12.7).

Voraussetzung für die Anwendung von Microarrays zu Identifikationszwecken ist die Kenntnis von genügend variablen Regionen, die zwischen einzelnen Spezies Unterschiede aufweisen. Von Nicolaisen et al. (2005) wurde ein Oligonucleotid-Microarray beschrieben, der zur Identifizierung verschiedener *Fusarium*-Spezies aus Getreide geeignet ist. Die Capture-Oligonucleotide auf dem Microarray wurden von den ITS2-Regionen der ribosomalen DNA der Fusarien abgeleitet. Da die ITS2-Regionen nicht in allen Fällen speziesspezifische

Tab. 12.3 Ochratoxinbildende Pilze

Spezies	Zielsequenzen	PCR-Produkt	Primer-Sequenzen	Methode	Referenzen
A. ochraceus	AFLP-Fragment anonymer Marker	260	ataccaccgggtctaatgca tgccgacagaccgagtggatt	PCR	Schmidt et al. (2003)
A. ochraceus	AFLP-Fragment anonymer Marker	260	ataccaccgggtctaatgca tgccgacagaccgagtggatt	real-time PCR Light Cycler	Schmidt et al. (2004)
A. carbonarius	AFLP-Fragment anonymer Marker	189	gaattcaccacacatcatagc ttaactaggatttggcattgaac	PCR	Schmidt et al. (2004)
	AFLP-Fragment anonymer Marker	351	gaattcacggtgctcgaccc ttaactgctggcggaagaggc		
A. carbonarius	RAPD-Fragment anonymer Marker	809	aggctaatgttgataacggatgat gctgtcagtattggaccttagag	PCR	Fungaro et al. (2004)
P. nordicum	*otapks*PN-Gen Ochratoxinbiosynthese	490	tacggccatcttgagcaacggcactgc atgcctttctgggtcagta	PCR	Bogs et al. (2006)
P. nordicum *P. verrucosum*	*otanps*PN-Gen Ochratoxinbiosynthese	750	agtcttcgctgggtgcttcc cagcacttttccctccatctatcc	PCR	
P. nordicum	*otapks*PN-Gen Ochratoxinbiosynthese	–	cacggtttggaacaccacaat tgaagatctcccccgcct cgtaccaatccccatccagggctc	RT real-time PCR Taq Man	Geisen et al. (2004)

Unterschiede zeigen, wurden mehrere Oligonucleotide pro Spezies eingesetzt. Schwache Kreuzhybridisierungen konnten durch die Stringenz des Waschpuffers reduziert werden. Die auf den Microarray aufgebrachten Oligonucleotide zeigten unterschiedliche Hybridisierungsspezifitäten. In einem ähnlichen Ansatz entwickelten Tambong et al. (2006) einen Microarray zur Identifikation und zum Nachweis verschiedener *Pythium*-Spezies. Auch dieser Microarray ist auf verschiedenen Oligonucleotiden der ITS-Regionen aufgebaut. Ein bestimmtes Hybridisierungsmuster zeigt eine bestimmte Spezies an. Laut den Autoren ist der ITS-Bereich bei den Oomyceten, zu denen *Pythium* gehört, wesentlich variabler, als bei den Asco- oder Deuteromyceten, zu denen die Fusarien gehören. Ein ebenfalls auf ITS-Regionen basierender Array zum Nachweis verschiedener Hefen, aber auch potenziell mykotoxinproduzierender *A. flavus-*, *A. niger-* und *A. terreus*-Stämme ist von Leinberger et al. (2005) beschrieben worden. Dieser Array fokussiert allerdings mehr auf den klinischen als auf den Lebensmittelbereich. Kristensen et al. (2007) beschrieben erst kürzlich einen neuen Microarray, dessen Capture-Oligonucleotide von Polymorphismen innerhalb der Sequenz des Translation-Elongation-Faktors-1-alpha abgeleitet wurden. Dieser Array ermöglicht die Identifizierung von trichothecen- und moniliforminbildenden *Fusarium*-Spezies. Auch bei diesem Array indiziert ein bestimmtes Hybridisierungsmuster eine bestimmte Spezies.

12.7 Monitoring der Expression mykotoxinbiosynthetischer Gene

Alle bisher beschriebenen Methoden dienten dem Nachweis des Pilzes, d. h. des mykotoxinbildenden Organismus. Eine positive Reaktion ist zwar ein wichtiger Hinweis für eine mögliche Kontamination durch ein Mykotoxin, dieser Zusammenhang ist aber nicht zwingend gegeben, wie oben schon ausgeführt. Unter bestimmten Bedingungen sagt der Nachweis eines mykotoxinbildenden Pilzes nicht unbedingt etwas über das Vorhandensein des Mykotoxins aus. Der Grund für diese Tatsache ist in der genetischen Regulation der Mykotoxinbildung begründet. Die mykotoxinbiosynthetischen Gene werden durch Wachstumsparameter wie Temperatur oder Wasseraktivität reguliert und können unter Umständen vollständig ausgeschaltet werden. Aus diesem Grund ist ein direktes Monitoring der Aktivierung dieser Gene durch Reverse Transcriptase real-time PCR oder durch Microarray noch besser geeignet, um Aussagen über die Sicherheit eines Produktes zu machen, als der Nachweis des bildenden Pilzes. Expressionsanalysen sind sehr gut dazu geeignet, im Rahmen eines HACCP-Konzeptes sehr genau die Bedingungen zu ermitteln, die zu einer Aktivierung der mykotoxinbiosynthetischen Gene führen. Ein weiterer Aspekt der Expressionsanalyse ist die Tatsache, dass naturgemäß die Expression immer vor der phänotypischen Bildung stattfinden muss. Wenn man in der Lage ist, die Expression frühzeitig zu messen, kann die Aktivierung als sehr frühes Signal einer

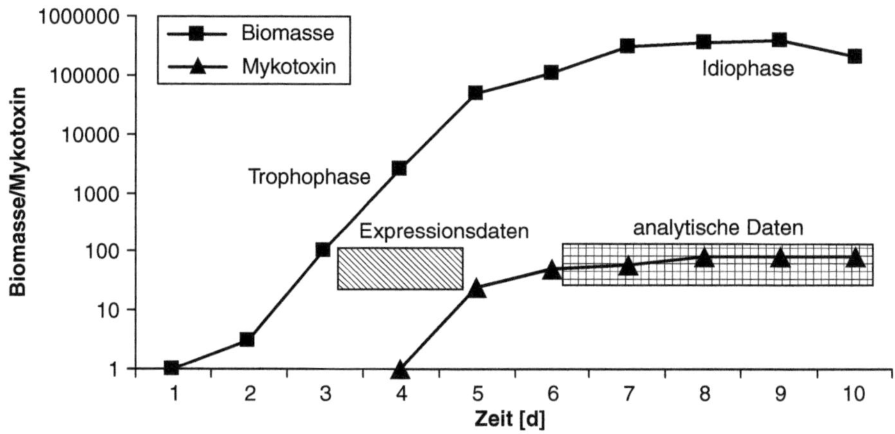

Abb. 12.2 Zusammenhang zwischen Wachstum und Mykotoxinbildung. Die molekularen Expressionsdaten können im Gegensatz zu den analytischen Daten sehr früh in der Wachstumsphase erhalten werden

Mykotoxinbildung angesehen werden. Unter Umständen können, wenn der Zeitabstand zwischen Aktivierung und phänotypischer Bildung groß genug ist, präventive Maßnahmen ergriffen werden, um eine zukünftige Mykotoxinbildung zu verhindern. In Abb. 12.2 sind die Verhältnisse zwischen analytischem und molekularem Nachweis schematisch dargestellt.

Für die Aflatoxinbildung in Getreide konnte mittels RT real-time PCR gezeigt werden, dass der zeitliche Unterschied zwischen Genaktivierung und nachweisbarer Aflatoxinbildung 36–48 h beträgt (Mayer et al., 2003b). Ähnliche Verhältnisse gelten für die Bildung von Ochratoxin A in Weizen durch *P. verrucosum* (Schmidt-Heydt u. Geisen, 2007b). Hier konnte eine Aktivierung der Expression am 22. Tag der Lagerung durch real-time PCR bzw. Microarray festgestellt werden, während die Bildung von größeren Mengen an Ochratoxin A erst nach 30 Tagen Lagerung festzustellen war. Eine systematische Analyse der Expression mykotoxinbiosynthetischer Gene ermöglicht eine weitere Verwendung der erhaltenen Daten. Sie können dann zur Erstellung von Modellen verwendet werden, die die Möglichkeit der Genaktivierung und damit der Mykotoxinbildung in einem gegebenen Lebensmittel bei ansonsten unterschiedlichen Parametern voraussagen können.

Eine der ersten Demonstrationen in der Lebensmittelmykologie, die gezeigt hat, dass die Expression eines mykotoxinbiosynthetischen Genes mit seiner Bildung korreliert ist, wurde von Sweeney et al. (2000) durchgeführt. Diese Autoren benutzten eine Reverse-Transcriptase-Reaktion (RT-Reaktion), um die Expression von *ord*1 (*afl*Q) und *afl*R, zwei Genen des Aflatoxinbiosyntheseweges, nachzuweisen. Sie fanden eine Induktion der Gene unter Bedingungen, die die Aflatoxinbildung unterstützten. Demgegenüber war die Expression des β-Tubulingens, einem „Housekeeping"-Gen konstitutiv und zeigte keine Veränderung durch äußere Einflüsse. Mayer et al. (2003b) beschrieben ein RT-Real-Time-PCR-System, basierend auf dem *nor*-1 (*afl*D)-Gen der Aflatoxinbiosynthese. Mithilfe dieser PCR-Reaktion konnte die Expression des *nor*-1-Gens in Weizenproben verfolgt werden. Ein vergleichbares System wurde für *P. nordicum*, einer Ochratoxin-A-bildenden *Penicillium*-Spezies, beschrieben (Geisen et al., 2004). Dieses System basiert auf dem *otapks*PN-Gen, das für die Ochratoxin-A-Polyketidsynthase kodiert. Auch hier konnte gezeigt werden, dass die Expression dieses Gens mit der Ochratoxinbildung korreliert. RNA wurde direkt aus Weizenmaterial isoliert und in die Reaktion eingesetzt. Auch mit diesem System konnte die Aktivierung der Expression vor der Bildung größerer Mengen an Ochratoxin A gemessen werden. O'Callaghan et al. (2006) zeigten, dass verschiedene Umweltfaktoren und Bestandteile des Substrates die Expression des Ochratoxin-Polyketidsynthasegens von *A. ochraceus* stark beeinflussen können. Die höchste Bildung von Ochratoxin A sowie die höchste Expression des *pks*-Gens konnte bei sauren pH-Werten nachgewiesen werden. Häufig führen Stressreaktionen, die durch für den Pilz ungünstige Kombinationen an äußeren Parametern hervorgerufen werden, zu einer Aktivierung der mykotoxinbiosynthetischen Gene (Schmidt-Heydt et al., 2008; Jurado et al., 2008).

Eine Korrelation der Expression mykotoxinbiosynthetischer Gene mit der Mykotoxinbildung ist nicht in allen Fällen gegeben. Nur die Expression bestimmter Schlüsselgene ist direkt mit der Mykotoxinbildung gekoppelt. Daher müssen bei einem solchen Ansatz diese Schlüsselgene identifiziert werden. Scherm et al. (2005) untersuchten zu diesem Zweck verschiedene Gene des Aflatoxinbiosyntheseclusters. Sie konnten drei Gene identifizieren, deren Expression mit der Aflatoxinbildung gekoppelt war. Es handelte sich um *nor*-1, *omt*A und *omt*B (*afl*D, *afl*P, *afl*O). In einer anderen Arbeit wurde für die ochratoxinbiosynthetischen Gene gezeigt, dass nur die Expression des *otspks*PV-Gens direkt mit der Ochratoxinbildung gekoppelt ist, während alle anderen Gene eine wesentlich weniger stringente Assoziation zeigen (Geisen et al., 2006). Diese Tatsachen müssen bei der Etablierung eines Genmonitoringsystems, das auf einem Zielgen beruht, bedacht werden. Bei Verwendung von Microarrays zur Genexpressionsanalyse besteht dieses Problem nicht. Mithilfe des Microarrays kann der gesamte Biosyntheseweg gleichzeitig analysiert werden, wodurch Unterschiede in den Expressionsstärken der einzelnen Gene ausgeglichen werden. Bei der Anwendung eines Microarrays ist zu erwarten, dass ein bestimmtes Expressionsmuster eine aktive Mykotoxinbiosynthese anzeigt. Kürzlich wurde ein Microarray (MycoChip) beschrieben, der für die praktische Anwendung zum Monitoring der Aktivierung mykotoxinbiosynthetischer Gencluster geeignet ist (Schmidt-Heydt u. Geisen, 2007b). Dieser Microarray enthält die Gencluster der Aflatoxin-, Trichothecen-, Fumonisin- und Ochratoxinbiosynthese und ist somit für die wichtigsten lebensmittelrelevanten Mykotoxine anwendbar. Ein typisches Ergebnis einer Expressionsanalyse mit diesem Microarray ist in Abb. 12.3 gezeigt.

Der MycoChip ist sehr gut geeignet zur Erstellung von Expressionskinetiken (Schmidt-Heydt u. Geisen, 2007a), zur Ermittlung der Wachstumsparameter, die eine Aktivierung der Gene fördern bzw. unterdrücken (Schmidt-Heydt u. Geisen, 2007a) sowie zum direkten Nachweis der Aktivierung eines Mykotoxinbiosynthe-

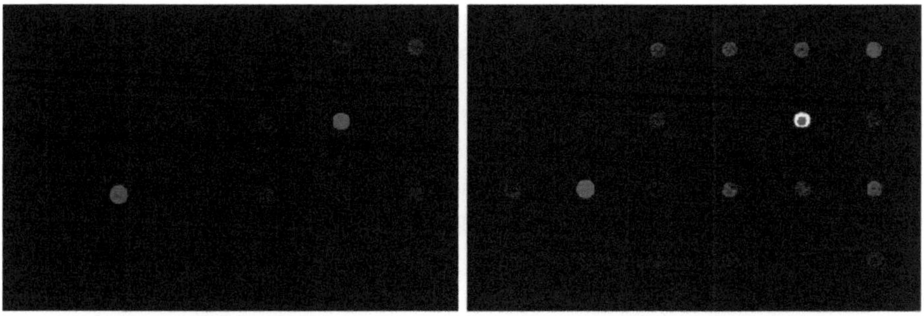

Abb. 12.3 Typisches Ergebnis einer Microarray-Analyse während der Ochratoxinbildung von *P. nordicum*. Der Unterschied der Genaktivierung zwischen Bedingungen, die die Ochratoxinbildung fördern oder hemmen, ist deutlich zu erkennen

seclusters im Lebensmittel (Schmidt-Heydt et al., 2008). Price et al. (2005) verwendeten einen „Whole-genome"-Microarray von *A. flavus* zur Überprüfung der Aktivierung von biosynthetischen und assoziierten Genen der Aflatoxinbildung. Mit diesem Microarray wurde unter anderem der Einfluss der Temperatur auf die Aflatoxinbildung untersucht. Es konnte gezeigt werden, dass in *A. flavus* über 30 °C keine Aflatoxingene exprimiert sind und damit auch kein Aflatoxin oberhalb dieser Temperatur gebildet wird. (O'Brian et al., 2007). Ein „Whole-genome"-Microarray für trichothecenbildende *F. graminearum/Gibberella zeae*-Stämme wird von Affymetrix produziert.

12.8 Zusammenfassung

Für nahezu alle wichtigen lebensmittelrelevanten mykotoxinbildenden Schimmelpilzspezies sind molekulare Nachweisverfahren beschrieben worden. Viele PCR-Reaktionen können inzwischen routinemäßig eingesetzt werden. In Anbetracht der Tatsache, dass ein morphologischer Nachweis von Pilzen in der Regel mehrerer Tage dauert, sind sie für einen schnellen Überblick, ob ein potenzielle Mykotoxinbildner in einer Probe vorhanden ist, sehr gut geeignet. Bei einem positiven Ergebnis sollte die Probe weiter untersucht werden. Real-Time-PCR-Systeme zur Quantifizierung der Pilzbiomasse sind ebenfalls für viele Spezies beschrieben worden. Die mit einer DNA-basierten PCR oder real-time PCR erzielten Ergebnisse haben allerdings keine direkte Korrelation zur Mykotoxinbildung. Daher ist der Fokus der Entwicklung zurzeit auf RNA-basierte Real-Time-PCR- oder Microarray-Systeme gerichtet. Wie die ersten Ergebnisse zeigen, ist die RNA auch im Lebensmittel stabil genug, um direkt aus dieser Umgebung nachgewiesen werden zu können. Damit kann die physiologische Bildung der Mykotoxine direkt nachgewiesen werden. Solche Ansätze versprechen wertvolle Informationen, um neue Vermeidungsstrategien zu entwickeln.

Spezifische PCR-Reaktionen bzw. Microarrays sind auch zur taxonomischen Identifikation von Mykotoxinbildnern geeignet. Häufig zeigen bestimmte mykotoxinbildende Spezies nur marginale morphologische Unterschiede zu nichtbildenden Spezies. Eine genaue Identifikation der Spezies ist aber für bestimmte Fragestellungen der Lebensmittelsicherheit unabdingbar. Diese neuen Methoden der Identifizierung können daher helfen, diesbezüglich zuverlässigere Aussagen zu machen.

Literatur

Abarca, M. L., Accensi, F., Bragulat, M. R., Castella, G. & Cabanes, F. J. (2003) *Aspergillus carbonarius* as the main source of Ochratoxin A contamination in dried vine fruits from the Spanish market. *J Food Prot* **66**:504–506.

Andersen, B., Smedsgaard, J., Jorring, I., Skouboe, P. & Pedersen, L. H. (2006) real-time PCR quantification of the AM-toxin gene and HPLC qualification of toxigenic metabolites from alternaria species from apples. *Int J Food Microbiol* **111**:105–111.

Arroyo, M., Aldred, D. & Magan, N. (2003) Impact of environmental factors and preservatives on growth and ochratoxin A production by *Aspergillus ochraceus* in wheat-based media. *Aspects Appl Biol* **68**:169–174.

Atoui, A., Mathieu, F. & Lebrihi, A. (2007) Targeting a polyketide synthase gene for *Aspergillus carbonarius* quantification and ochratoxin A assessment in grapes using real-time PCR. *Int J Food Microbiol* **115**:313–318.

Beck, J., Ripka, S., Siegner, A., Schiltz, E. & Schweizer, E. (1990) The multifunctional 6-methylsalicylic acid synthase gene of *Penicillium patulum*. *Eur J Biochem* **192**:487–498.

Bennett, J. W. & Christensen, S. B. (1983) New perspectives on aflatoxin biosynthesis. *Adv Appl Microbiol* **29**:53–92.

Bluhm, B.-H., Flaherty, J. E., Cousin, M. A. & Woloshuk, C. P. (2002) Multiplex polymerase chain reaction assay for the differential detection of trichothecene- and fumonisin-producing species of Fusarium in Cornmeal. *J Food Prot* **65**:1955–1961.

Bogale, M., Wingfield, B. D., Wingfield, M. J. & Steenkamp, E. T. (2007) Species-specific primers for *Fusarium redolens* and a PCR-RFLP technique to distinguish among three clades of *Fusarium oxysporum*. *FEMS Microbiol Lett* **271**:27–32.

Bogs, C., Battilani, P. & Geisen, R. (2006) Development of a molecular detection and differentiation system for ochratoxin A producing *Penicillium* species and its application to analyse the occurrence of *Penicillium nordicum* in cured meats. *Int J Food Microbiol* **107**:39–47.

Brown, D. W., Yu, J., Kelkar, H. S., Fernández, M., Nesbit, T. C., Keller, N. P., Adams, T. H. & Leonhard, T. J. (1996) Twenty-five coregulated transcripts define a sterigmatocystin gene cluster in *Aspergillus nidulans*. *Proc Natl Acad Sci USA* **93**:1418–1422.

Brown, D. W., McCormick, S. P., Alexander, N. J., Proctor, R. H. & Desjardins, A. E. (2001) A genetic and biochemical approach to study trichothecene diversity in *Fusarium sporotrichioides* and *Fusarium graminearum*. *Fungal Genet Biol* **32**:121–133.

Brown, D. W., Proctor, R. H., Dyer, R. B. & Plattner, R. D. (2003) Characterization of a *Fusarium* 2-gene cluster involved in trichothecene C-8 modification. *J Agric Food Chem* **51**:7936–7944.

Cairns-Fuller, V., Aldred, D. & Magan, N. (2005) Water, temperature and gas composition interactions affect growth and ochratoxin A production by isolates of *Penicillium verrucosum* on wheat grain. *J Appl Microbiol* **99**:1215–1221.

Chen, R.-S., Tsay, J.-G., Huang, Y.-F. & Chiou, R. Y. Y. (2002) Polymerase chain reaction-mediated characterization of molds belonging to the *Aspergillus flavus* group and detection of *Aspergillus parasiticus* in peanut kernels by a multiplex polymerase chain reaction. *J Food Prot* **65**:840–844.

Dao, H. P., Mathieu, F. & Lebrihi, A. (2005) Two primer pairs to detect OTA producers by PCR method. *Int J Food Microbiol* **104**:61–67.

Dombrink-Kurtzman, M. A. (2006) The isoepoxydon dehydrogenase gene of the patulin metabolic pathway differs for *Penicillium griseofulvum* and *Penicillium expansum*. *Antonie van Leeuwenhoek*. **89**:1–8.

Doohan, F. M., Parry, D. W., Jenkinson, P. & Nicholson, P. (1998) The use of species-specific PCR-based assays to analyse Fusarium ear blight of wheat. *Plant Pathol* **47**:197–205.

Edwards, S. G., Pirgozliev, S. R., Hare, M. C., & Jenkinson, P. (2001) Quantification of trichothecene-producing *Fusarium* species in harvested grain by competitive PCR to determine efficacies of fungicides against Fusarium head blight of winter wheat. *Appl Environ Microbiol* **67**:1575–1580.

Edwards, S. G., O'Callaghan, J. & Dobson, A. D. W. (2002) PCR-based detection and quantification of mycotoxigenic fungi. *Mycol Res* **106**:1005–1025.

Färber, P., Geisen, R. & Holzapfel, W. H. (1997) Detection of aflatoxinogenic fungi in figs by a PCR reaction. *Int J Food Microbiol* **36**:215–220.

Frisvad, J., Frank, J. M., Houbraken, J. A. M. P., Kuijpers, A. F. A. & Samson, R. A. (2004) New ochratoxin A producing species of *Aspergillus* section *Circumdati*. *Stud Mycol* **50**:23–43.

Fungaro, M. H. P., Vissotto, P. C., Sartori, D., Vilas-Boas, L. A., Furlaneto, M. C. & Taniwaki, M. H. (2004) A molecular method for detection of *Aspergillus carbonarius* in coffee beans. *Curr Microbiol* **49**:123–127.

Gaffoor, I. & Trail, F. (2006) Characterization of two polyketide synthase genes involved in zearalenone biosynthesis in *Gibberella zeae*. *Appl Environ Microbiol* **72**:1793–1799.

Geisen, R. (1996) Multiplex polymerse chain reaction for the detection of potential aflatoxin and sterigmatocystin producing fungi. *System Appl Microbiol* **19**:388–392.

Geisen, R., Mayer, Z., Karolewiez, A. & Färber, P. (2004) Development of a real-time PCR system for detection of *Penicillium nordicum* and for monitoring ochratoxin A production in foods by targeting the ochratoxin polyketide synthase gene. *System Appl Microbiol* **27**:501–507.

Geisen, R., Schmidt-Heydt, M. & Karolewiez, A. (2006) A gene cluster of the ochratoxin A biosynthetic genes in *Penicillium*. *Mycotoxin Res* **22**:134–141.

Georgianna, D. R. & Payne, G. A. (2009) Genetic regulation of aflatoxin biosynthesis: from gene to genome. *Fungal Geneti Biol* **46**:113–125.

Gil-Serna, J., González-Salgado, A., González-Jaén, M. T., Vázquez, C. & Patino, B. (2009) ITS-based detection and quantification of *Aspergillus ochraceus* and *Aspergillus westerdijkiae* in grapes and green coffee beans by real-time quantitative PCR. *Int J Food Microbiol* **131**:162–167.

González-Salgado, A., Patino, B., Vázquez, C. & González-Jaén, M. T. (2005) Discrimination of *Aspergillus niger* and other *Aspergillus* species belonging to section *Nigri* by PCR assays. *FEMS Microbiol Lett* **245**:353–361.

González-Salgado, A., González-Jaén, T., Vázquez, C. & Patino, B. (2008) Highly sensitive PCR-based detection method specific for *Aspergillus flavus* in wheat flour. *Food Additives Contam* **25**:758–764.

Haugland, R. A., Varma, M., Wymer, L. J. & Vesper, S. J. (2004) Quantitative PCR analysis of selected *Aspergillus*, *Penicillium* and *Paecilomyces* species. *System Appl Microbiol* **27**:198–210.

Jennings, P., Coates, M. E., Walsh, K., Turner, J. A. & Nicholson, P. (2004) Determination of deoxynivalenol- and nivalenol-producing chemotypes of *Fusarium graminearum* isolated from wheat crops in England and Wales. *Plant Pathol* **53**:643–652.

Jurado, M., Marín, P., Magan, N. & González-Jaén, M. T. (2008) Relationship between solute and matric potential stress, temperature, growth, and *FUM1* gene expression in two *Fusarium verticillioides* strains from Spain. *Appl Environ Microbiol* **74**:2032–2036.

Karolewiez, A. & Geisen, R. (2005) Cloning a part of the ochratoxin A biosynthetic gene cluster of *Penicillium nordicum* and characterization of the ochratoxin polyketide synthase gene. *System Appl Microbiol* **28**:588–595.

Klich, M., Yu, J., Chang, P. K., Mullaney, E. J., Bhatnagar, D. & Cleveland, T. E. (1995) Hybridization of genes involved in aflatoxin biosynthesis to DNA of aflatoxinogenic and non-aflatoxinogenic aspergilli. *Appl Microbiol Biotechnol* **44**:439–443.

Kristensen, R., Gauthier, G., Berdal, K. G., Hamels, S., Remacle, J. & Holst-Jensen, A. (2007) DNA microarray to detect and identify trichothecene- and moniliformin-producing *Fusarium* species. *J Appl Microbiol* **102**:1060–1070.

Kulik, T., Fordonski, G., Pszczólkowska, A., Plodzien, K. & Lapinski, M. (2004) Development of PCR assay based on ITS2 rDNA polymorphism for the detection and differentation of *Fusarium sporotrichioides*. *FEMS Microbiol Lett* **239**:181–186.

Kulik, T., Pszczólkowska, A., Fordonski, G. & Olszewski, J. (2007) PCR approach based on the *esyn1* gene for the detection of potential enniatin-producing *Fusarium* species. *Int J Food Microbiol* **116**:319–324.

Kurtzman, C. P., Smiley, M. J., Robnett, C. J. & Wicklow, D. T. (1986) DNA relatedness among wild and domesticated species in the *Aspergillus flavus* group. *Mycologia* **78**:955–959.

Lantz, P. G., Hahn-Hägerdal, B & Radström P. (1994) Sample preparation methods in PCR-based detection of food pathogens. *Trends in Food Science & Technology* **5**:384–389.

Latha, R., Manonmani, H. K. & Rati, E. R. (2008) Multiplex PCR assay for the detection of aflatoxigenic and non-aflatoxigenic *Aspergilli*. *Res Micro* **3**:136–142.

Lee, T., Oh, D. W., Kim, H. S., Lee, J., Kim, Y. H., Yun, S. H. & Lee, Y. W. (2001) Identification of deoxynivalenol- and nivalenol-producing chemotypes of *Gibberella zeae* by using PCR. *Appl Environ Microbiol* **67**:2966–2972.

Leinberger, D. M., Schumacher, U., Autenrieth, I. B. & Bachmann, T. T. (2005) Development of a DNA microarray for detection and identification of fungal pathogens involved in invasive mycoses. *J Clin Microbiol* **43**:4943–4953.

Li, H.-P., Wu, A.-B., Zhao, C.-S., Scholten, O., Löffler, H. & Liao, Y.-C. (2005) Development of a generic PCR detection of deoxynivalenol- and nivalenol-chemotypes of *Fusarium graminearum*. *FEMS Microbiol Lett* **243**:505–511.

Llorens, A., Hinojo, M. J., Mateo, R., Medina, A., Valle-Algarra, F. M., González-Jaén, M. T. & Jiménez, M. (2006) Variability and characterization of mycotoxin-producing *Fusarium* spp isolates by PCR-RFLP analysis of the IGS-rDNA region. *Antonie van Leeuwenhoek* **89**:465–478.

Lund, F. & Frisvad, J. C. (2003) *Penicillium verrucosum* in wheat and barley indicates presence of ochratoxin A. *J Appl Microbiol* **95**:1117–1123.

Maheshwari, R. (2005) Nuclear behavior in fungal hyphae. *FEMS Microbiol Lett* **249**:7–14.

Mayer, Z., Bagnara, A., Färber, P. & Geisen, R. (2003a) Quantification of the copy number of *nor-1*, a gene of the aflaxtoxin biosynthetic pathway by real-time PCR, and its correlation to the cfu of *Aspergillus flavus* in foods. *Int J Food Microbiol* **82**:143–151.

Mayer, Z., Färber, P. & Geisen, R (2003b). Monitoring the production of aflatoxin B_1 in wheat by measuring the concentration of *nor-1* mRNA. *Appl Environ Microbiol* **69**:1154–1158.

Möller, E. M., Chelkowski, J. & Geiger, H. H. (1999) Species-specific PCR assays for the fungal pathogenes Fusarium moniliforme and Fusarium subglutinans and their application to diagnose maize ear rot disease. *J Phytopathol* **147**:497–508.

Morello, L. G., Sartori, D., de Oliveira Martinez, A. L., Vieira, M. L. C., Taniwaki, M. H. & Fungaro, M. H. P (2007) Detection and quantification of *Aspergillus westerdijkiae* in coffee beans based on selective amplification of β-tubulin gene by using real-time PCR. *Int J Food Microbiol* **119**:270–276.

Mulè, G., González-Jaén, M. T., Hornok, L., Nicholson, P. & Waalwijk, C. (2005) Advances in molecular diagnosis of toxigenic *Fusarium* species: a review. *Food Additives Contam* **22**:316–323.

Murillo, I., Cavallarin, L. & San Segundo, B. (1998) The development of a rapid PCR assay for detection of *Fusarium moniliforme. Euro J Plant Pathol* **104**:301–311.

Nicolaisen, M., Justesen, A., Thrane, U., Skouboe, P. & Holmström, K. (2005) An oligonucleotide microarray for the identification and differentiation of trichothecene prodicung and non-producing Fusarium species occuring in cereal grain. *J Microbiol Method* **62**:57–69.

Nicholson, P., Simpson, D. R., Weston, G., Rezanoor, H. N., Lees, A. K., Parry, D. W. & Joyce, D. (1998) Detection and quantification of *Fusarium culmorum* and *Fusarium graminearum* in cereals using PCR assays. *Physiol Mol Plant Pathol* **53**:17–37.

Niessen, L. (2007) PCR-based diagnosis and quantification of mycotoxin producing fungi. *Int J Food Microbiol* **119**:38–46.

Niessen, M. L. & Vogel, R. F. (1998) Group specific PCR-detection of potential trichothecene-producing fusarium-species in pure cultures and cereal samples. *System Appl Microbiol* **21**:618–631.

Niessen, M. L. & Vogel, R. F. (1997) Specific identification of *Fusarium graminearum* by PCR with *gaoA* targeted primers. *System Appl Microbiol* **20**:111–113.

O'Brian, G. R., Georgianna, D. R., Wilkinson, J. R., Yu, J., Abbas, H. K., Bhatnagar, D., Cleveland, T. E., Nierman, W. & Payne, G. A. (2007) The effect of elevated temperature on gene transcription and aflatoxin biosynthesis. *Mycologia* **99**:232–239.

O'Callaghan, J., Caddick, M. X. & Dobson, A. D. W. (2003) A polyketide synthase gene required for ochratoxin A biosynthesis in *Aspergillus ochraceus. Microbiology* **149**:3485–3491.

O'Callaghan, J., Stapleton, P. C. & Dobson, A. D. W. (2006) Ochratoxin A biosynthetic genes in *Aspergillus ochraceus* are differentially regulted by pH and nutritional stimuli. *Fungal Genet Biol* **43**:213–221.

O'Donnell, K. (1992) Ribosomal DNA internal transcribed spacers are highly divergent in the phytopathogenic ascomycete *Fusarium sambucinum* (*Gibberella pulicaris*). *Curr Genet* **22**:213–220.

Parry, D. W. & Nicholson, P. (1996) Development of a PCR assay to detect *Fusarium poae* in wheat. *Plant Pathol* **45**:383–391.

Patino, B., Mirete, S., Vázquez, C., Jiménez, M., Rodríguez, M. T. & González-Jaén, M. T. (2006) Characterization of *Fusarium verticillioides* strains by PCR-RFLP analysis of the intergenic spacer region of the rDNA. *J Sci Food Agric* **86**:429–435.

Paterson, R. R. M. (2004) The isoepoxydon dehydrogenase gene of patulin biosynthesis in cultures and secondary metabolites as candidate PCR inhibitors. *Mycol Res* **108**:1431–1437.

Pedersen, H. L., Skouboe, P., Boysen, M., Soule, J. & Rossen, L. (1997) Detection of *Penicillium* species in complex food samples using the polymerase chain reaction. *Int J Food Microbiol* **35**:169–177.

Perrone, G., Susca, G. & Mulè, G. (2004) PCR assay for identification of *Aspergillus carbonarius* and *Aspergillus japonicus. Euro J Plant Pathol* **110**:641–649.

Pietri, A., Bertuzzi, T., Gualla, A. & Piva, G. (2006) Occurence of Ochratoxin A in raw ham muscles and in pork products from Northern Italy. *Ital J Food Sci* **18**:99–106.

Pohland, A. E. (1993) Mycotoxins in review. *Food Additives Contam* **10**:17–28.

Price, M. S., Conners, S. B., Tachdjian, S., Kelly, R. M. & Payne, G. A. (2005) Aflatoxin conducive and non-conducive growth conditions reveal new gene associations with aflatoxin production. *Fungal Genet Biol* **42**:506–518.

Proctor, R. H., Brown, D. W., Plattner, R. D. & Desjardins, A. E. (2003) Co-expression of 15 contiguous genes delineates a fumosnisin biosynthetic gene cluster in *Gibberella moniliformis. Fungal Genet Biol* **38**:237–249.

Quarta, A., Mita, G., Haidukowski, M., Logrieco, A., Mulè, G. & Visconti, A. (2006) Multiplex PCR assay for the identification of nivalenol, 3- and 15-acetyl-deoxynivalenol chemotypes in Fusarium. *FEMS Microbiol Lett* **259**:7–13.

Ramirez, M. L., Chulze, S. & Magan, N. (2006) Temperature and water activity effects on growth and temporal deoxynivalenol production by two Argentinean strains of *Fusarium graminearum* on irradiated wheat grain. *Int J Food Microbiol* **106**:291–296.

Rossen, L., Norskov, P., Holmstrom, K. & Rasmussen, O. F. (1992) Inhibition of PCR by components of food samples microbial diagnostic assays and DNA-extraction solutions. *Int J Food Microbiol* **17**:37–45.

Scherm, B., Palomba, M., Serra, D., Marcello, A. & Migheli, Q. (2005) Detection of transcripts of the aflatoxin genes *afl*D, *afl*O, and *afl*P by reverse-transcription-polymerase chain reaction allows differentiation of aflatoxin-producing and non-producing isolates of *Aspergillus flavus* and *Aspergillus parasiticus*. *Int J Food Microbiol* **98**:201–210.

Schilling, A. G., Möller, E. M. & Geiger, H. H. (1996) Polymerase chain reaction-based assays for species-specific detection of *Fusarium culmorum, F. graminearum* and *F. avenaceum*. *Phytopathology* **86**:515–522.

Schmidt, H., Ehrmann, M., Vogel, R. F., Taniwaki, M. H. & Niessen, L. (2003) Molecular typing of *Aspergillus ochraceus* and construction of species specific SCAR-Primers based on AFLP. *System Appl Microbiol* **26**:138–146.

Schmidt, H., Bannier, M., Vogel, R. F. & Niessen, L. (2004a) Detection and quantification of *Aspergillus ochraceus* in green coffee by PCR. *Lett Appl Microbiol* **38**:464–469.

Schmidt, H., Taniwaki, M. H. & Niessen, L. (2004b) Utilization of AFLP markers for PCR-based identification of *Aspergillus carbonarius* and indication of its presence in green coffee samples. *J Appl Microbiol* **97**:899–909.

Schmidt-Heydt, M. & Geisen, R. (2007a) A microarray for monitoring the production of mycotoxins in food. *Int J Food Microbiol* **117**:131–140.

Schmidt-Heydt, M. & Geisen, R. (2007b) Gene expression as an indication for ochratoxin A biosynthesis in *Penicillium nordicum*. *Mycotoxin Res* **23**:13–21.

Schmidt-Heydt, M., Richter, W., Michulec, M., Buttinger, G. & Geisen, R. (2008) A comprehensive molecular system to study presence, growth and ochratoxin A biosynthesis of *P. verrucosum* in wheat. *Food Add Contam* **25**:989–996.

Schmidt-Heydt, M., Magan, N. & Geisen, R. (2008) Stress induction of mycotoxin biosynthesis genes by abiotic factors. *FEMS Microbiol Lett* **284**:142–149.

Schnerr, H., Niessen, M. L. & Vogel, R. F. (2001) Real time detection of the *tri5* gene in *Fusarium* species by LightCycler™-PCR using SYBR Green I for continuous fluorescence monitoring. *Int J Food Microbiol* **71**:53–61.

Selma, M. V., Martínez-Culebras, P. V., Elizaquível, P. & Aznar, R. (2009) Simultaneous detection of the main black aspergilli responsible for ochratoxin A (OTA) contamination in grapes by multiplex real-time polymerase chain reaction. *Food Additives Contam* **26**:180–188.

Shapira, R., Paster, N., Eyal, O., Menasherov, M., Mett, A. & Salomon, R. (1996) Detection of aflatoxinogenic molds in grains by PCR. *Appl Environ Microbiol* **62**:3270–3273.

Skrinjar, M. & Dimic, G. (1992) Ochratoxigenicity of *Aspergillus ochraceus* group and *Penicillium verrucosum* var. *cyclopium* strains on various media. *Acta Microbiologica Hungarica* **39**:257–261.

Smith, J. E., Lewis, C. W., Anderson, J. G. & Solomons, G. L. (1994) Mycotoxins in Human Nutrition and Health. EU.

Sweeney, M. J., Pamies, P. & Dobson, A. D. W. (2000) The use of reverse transcription-polymerase chain reaction (RT-PCR) for monitoring aflatoxin production in *Aspergillus parasiticus* 439. *Int J Food Microbiol* **56**:97–103.

Tambong, J. T., de Cock, A. W. A. M., Tinker, N. A. & Lévesque, C. A. (2006) Oligonucleotide array for identification and detection of *Pythium* species. *Appl Environ Microbiol* **72**:2691–2706.

Thirumala-Devi, K., Mayo, M. A., Reddy, G., Emmanuel, K. E., Larondelle, Y. & Reddy, D. V. R. (2001) Occurrence of ochratoxin A in black pepper, coriander, ginger and turmeric in India. *Food Additives Contam* **18**(9):830–835.

Vaamonde, G., Patriarca, A., Fernández Pinto, V., Comerio, R. & Degrossi, C. (2003) Variability of aflatoxin and cyclopiazonic acid production by *Aspergillus* section *flavi* from different substrates in Argentina. *Int J Food Microbiol* **88**:79–84.

Wang, I. K., Reeves, C. & Gaucher, G. M. (1991). Isolation and sequencing of a genomic DNA clone containing the 3 terminus of the 6-methysalicylic acid polyketide synthetase gene of *Penicillium urticae*. *Can J Microbiol* **37**:86–95.

Yang, Z. Y., Shim, W. B., Kim, J. H., Park, S. J., Kang, S. J., Nam, B. S. & Cigan, A. L. (2004) Detection of aflatoxin-producing molds in Korean fermented foods and grains by multiplex PCR. *J Food Protect* **67**:2622–2626.

Yu, J., Chang, P. K., Cary, J. W., Wright, M., Bhatnagar, D., Cleveland, T. E., Payne, G. A. & Linz, J. (1995) Comparative mapping of aflatoxin pathway gene clusters in *Aspergillus parasiticus* and *Aspergillus flavus*. *Appl Environ Microbiol* **61**:2365–2371.

Yu, J., Bhatnagar, D. & Cleveland, T. E. (2004) Completed sequence of aflatoxin pathway gene cluster in *Aspergillus parasiticus*. *FEBS Lett* **564**:126–130.

Zachová, I., Vytrasová, J., Pejchalová, M., Cervenka, L. & Tavcar-Kalcher, G. (2003) Detection of aflatoxigenic fungi in feeds using the PCR method. *Folia Microbiol* **48**:817–821.

Kapitel 13
Einsatz molekularer Methoden für Starterkulturen

Matthias A. Ehrmann und Melanie Pavlovic

Inhalt

13.1 Starterkulturen

Unter Starterkulturen versteht man Mikroorganismen (Bakterien, Hefen, Pilze), die pflanzlichen bzw. tierischen Rohstoffen zur gezielten Veränderung ihrer chemischen Zusammensetzung zugesetzt werden. Sie dienen im Wesentlichen der Aromabildung, der Strukturveränderung und der Konservierung der Lebensmittel und werden aufgrund spezieller, funktioneller Eigenschaften selektiert. Die Zugabe von Starterkulturen erfolgt in der Regel in relativ hohen Keimzahlen in Form von Rein- oder Mischkulturen. Die zum Einsatz kommenden Mikroorganismen sind ebenso zahlreich wie die daraus resultierenden Produkte und reichen von der Fermentation von Milchprodukten, Fleisch und Gemüse durch Milchsäurebakterien über die

M. A. Ehrmann (✉)
Lehrstuhl für Technische Mikrobiologie, Weihenstephaner Steig 16,
85350 Freising, Deutschland
e-mail: m.ehrmann@wzw.tum.de

U. Busch (Hrsg.), *Molekularbiologische Methoden in der Lebensmittelanalytik*,
DOI 10.1007/978-3-642-10716-0_13,

Essigsäureherstellung bis hin zum Einsatz von Hefen in der Brauindustrie. Einige Beispiele für verschiedene Lebensmittel typischer Starterkulturen sind in Tab. 13.1 gegeben. Aus der Vielzahl der Produkte, bei denen Starterkulturen zum Einsatz kommen, ergibt sich auch eine zunehmende Bedeutung schneller und zuverlässiger Methoden zur taxonomischen Identifizierung, aber auch zur Charakterisierung des genetischen Potenzials der jeweiligen Starterkulturen.

13.2 Notwendigkeit molekularer Methoden

Unter molekularen Methoden sollen in diesem Kapitel alle Verfahren verstanden werden, die sich die Unterschiede bzw. typischen Merkmale der genetischen Konstitution von Organismen zunutze machen. Klassische Methoden zur Identifizierung und Differenzierung von Starterkulturen basieren auf den morphologischen bzw. physiologischen Eigenschaften der Organismen. Diese Eigenschaften können in Abhängigkeit von den Wachstumsbedingungen und damit abhängig vom physiologischen Zustand der Zellen variieren.

Zudem ist die Möglichkeit der Differenzierung von Isolaten mit ähnlichen physiologischen Charakteristika, die dennoch verschiedenen Spezies angehören können, mittels biochemischer und physiologischer Tests stark limitiert. So sind zur schnellen und eindeutigen Identifizierung sowie zur taxonomischen Einordnung von Isolaten molekulargenetische, also DNS-gestützte Verfahren, den kulturellen Methoden, die meist auf Anwendung von Selektivnährböden beruhen, überlegen. Denn molekularbiologische Methoden sind nicht nur unabhängig vom physiologischen Zustand der Mikroorganismen und in der Regel bei hohen Probenaufkommen schneller durchzuführen als klassischen Verfahren, sondern erfassen auch Minderheitspopulationen und, je nach Methode, bislang nicht kultivierbare Mikroorganismen, die mit kulturellen Verfahren nicht berücksichtigt werden könnten. Dank der Möglichkeit einzelne Nukleotidunterschiede zu berücksichtigen, weisen molekularbiologische Methoden zudem ein höheres taxonomisches Auflösungsvermögen zwischen einzelnen Isolaten auf.

Während in der Lebensmittelhygiene molekulare Methoden seit geraumer Zeit einen wertvollen Beitrag zum Nachweis und zur Quantifizierung von Pathogenen und Toxinbildnern leisten, tragen sie zunehmend auch im Bereich der Starterkulturen zur Klärung verschiedenster Fragestellungen bei.

Für Hersteller und Anwender von Starterkulturen ist es entscheidend, Methoden zur Verfügung zu haben, die eine schnelle und zuverlässige Qualitätskontrolle der Stammsammlung sowie die Differenzierung von Produktionsstämmen ermöglichen. Das Screening auf Anwesenheit erwünschter bzw. Abwesenheit unerwünschter Eigenschaften kann zur Optimierung von Qualität und Sicherheit fermentierter Produkte beitragen. Beispiele hierfür sind der Einsatz von Exopolysaccharid-bildenden (EPS-bildenden) Milchsäurebakterien, die so zur Verbesserung rheologischer Eigenschaften von z. B. Joghurt beitragen [16], die Erhöhung der Prozesssicherheit durch Verwendung phagenresistenter Stämme oder der Nachweis des genetischen

Tab. 13.1 Beispiele für den Einsatz von Starterkulturen in verschiedenen Lebensmittelfermentationen

Rohstoffe	Produkte	Typische Mikroorganismen
Rohstoffe pflanzlichen Ursprungs		
Oliven	fermentierte Oliven	*Leuconostoc mesenteroides* *Lactobacillus plantarum*
Weißkraut	Sauerkraut	*Lactobacillus „bavaricus“, Leuconostoc mesenteroides*
Gemüse (Gurken, Tomaten, Blumenkohl, Sellerie, grüne Bohnen, Knoblauch, Möhren u. a.)	Sauergemüse	*Lactobacillus brevis, Lactobacillus curvatus, Lactobacillus plantarum, Lactobacillus sakei, Pediococcus pentosaceus*
Getreide	Sauerteig	*Lactobacillus sanfranciscensis, Lactobacillus brevis, Lactobacillus plantarum, Lactobacillus reuteri, Lactobacillus pontis*, u. a.
Wein/Most	biologischer Säureabbau	*Oenococcus oeni, Lactobacillus sp.*
Wein	Essig	*Acetobacter acetii, A. pasteurianus, Gluconobacter oxydans*
Soja	Sojasoße	*Tetragenococcus halophilus*
Agavensaft	Pulque	*Zymomonas mobilis*
Rohstoffe tierischen Ursprungs		
Milch	Milchprodukte (Buttermilch, Joghurt, Käse, Kefir u. a.)	*Leuconostoc mesenteroides, Lactococcus lactis, Lactobacillus delbrueckii, Lactobacillus acidophilus, Streptococcus thermophilus, Lactobacillus helveticus, Lactobacillus delbrueckii, Lactobacillus casei, Lb. plantarum, Lactobacillus kefiranofaciens, Lactobacillus casei* u. a.
Fleisch	Rohwurst	*Lactobacillus sakei, Lb. curvatus, Pediococcus acidilactici, P. pentosaceus, Staphylococcus carnosus, Kocuria varians*
Fisch	Fischsoße	*Tetragenococcus halophilus*
Eukaryontische Starterorganismen:		
Getreide	Brot	*Saccharomyces*
Soja	Sojasoße, Tofu	*Aspergillus*
Milch/Käse	Käse	*Penicillium roquefort, Penicillium camenberti, Geotrichum canditum*
	Kefir	*Candida, Kluyveromyces, Saccharomyces*
Fleisch	Rohwurst	*Penicillium nalgiovense, Penicillium chrysogenum*

Potenzials zur Bildung biogener Amine, um so unerwünschten toxischen Nebenwirkungen von Wein oder Käse vorzubeugen. Eine Übersicht des Einsatzes molekularer Methoden zur Verbesserung funktioneller Eigenschaften ist in Tab. 13.2 dargestellt. Ebenso können das Durchsetzungsvermögen einzelner Stämme und Populationsdynamiken bei Starterkulturen, die als Mischkulturen Verwendung finden, unter Verwendung molekularbiologischer Verfahren verfolgt werden.

13.3 Methoden für Identifizierung und Nachweis

Der Nachweis von Mikroorganismen kann molekularbiologisch über die Sequenzierung von Markergenen, Hybridisierungen, PCR, Restriktionsverdaus oder auch Plasmid-Muster geführt werden. Dabei können diese Methoden untereinander und mit verschiedenen elektrophoretischen Verfahren kombiniert werden. Die zur Verfügung stehenden molekularbiologischen Methoden werden abhängig von Aufgabenstellung (Identifizierung, Typisierung, Differenzierung) und Zielorganismus eingesetzt. Eine detaillierte Übersicht über die Anwendung molekularbiologischer Methoden zur Identifizierung ist in Tab. 13.2 gegeben, während in Tab. 13.3 Nachweismethoden Anwendungsbeispiele zugeordnet werden.

13.3.1 Vergleichende Sequenzierung von Markergenen

Eine schnelle und sehr zuverlässige Methode zur Identifizierung von Mikroorganismen ist die vergleichende Sequenzierung von taxonomisch relevanten Genen, sogenannten Markergenen. Nach Analyse der Gensequenzen werden diese auf ihre Ähnlichkeit mit meist in öffentlich zugänglichen Datenbanken hinterlegten Sequenzen aus Referenzorganismen verglichen und geben so Aufschluss über die Zugehörigkeit von Isolaten zu bestimmten Spezies. Die erreichbare, taxonomische Tiefe kann variieren und hängt von der Identität des Mikroorganismus sowie von der Wahl des Markergens ab.

Am gebräuchlichsten ist hier die Verwendung ribosomaler Gene. Bei bakteriellen Starterkulturen erfolgt die Identifizierung aufgrund der variablen Abschnitte der Sequenz der 16S-rDNS, aber auch der 23S- oder 5S-rDNS-Sequenz. Hefen hingegen werden v. a. über die D1- und D2-Domäne der 26S-rRNA-Gene, die ITS-Region oder die 18S-Sequenz identifiziert [56].

Neben ribosomalen Genen werden für bakterielle Starterkulturen zunehmend auch enzymkodierende Gene genutzt, wie z. B. *dnaK, hsp60, tuf, gyrA, gyrB, dnaJ, oriC* oder *recA* [160]. Einige Anwendungsbeispiele dieser Methode werden in Tab. 13.3 vorgestellt.

Wesentlicher Nachteil dieser Methode ist die Notwendigkeit der Nukleinsäureisolierung aus Reinkulturen, was bedeutet, dass nichtkultivierbare Organismen nicht ohne weiteres erfasst werden können.

Tab. 13.2 Einsatz molekularer Methoden zur Charakterisierung funktioneller Eigenschaften

Eigenschaft	Methode(n)	Organismen	Referenz(en)
EPS-Gene	PCR	Milchsäurebakterien	[39, 125, 155, 173, 165]
		Pediococcus damnosus/Oenococcus oenii	[171]
Bildung von biogenen Aminen	PCR	Milchsäurebakterien	[9, 98]
		Oenococcus oeni/Enterococcus/Lactobacillus	[91]
		Lactobacillus sakei, Lactobacillus curvatus, Leuconostoc mesenteroides	[9]
	PCR	*Enterococcus/Lactobacillus*	[19]
Ausschluss von Pathogenitätsfaktoren	PCR	*Enterococcus*	[146]
	PCR	*Enterococcus faecium*	[176]
	PCR	*Enterococcus feacalis/E. faecium/E. durans*	[42]
Fähigkeit zur Bakteriozinbildung	PCR	*Lactococcus*	[65, 83]
Hemmung von Listerien	SSCP	*Enterococcus faecium, Enterococcus saccharominimus, Chryseobacterium, Corynebacterium flavescens, Lactococcus garviea, Lactococcus lactis*	[144]
Antibiotikaresistenz	PCR	*Lactobacillus plantarum, L. sakei subsp. carnosus, L. sakei subsp. sakei, L. curvatus, and L. alimentarius*	[69]
Phagenresistenz	PCR	*Streptococcus thermophilus*	[14]
Gentechnische Veränderung	PCR	*Saccharomyces cerevisiae* ML01	[79]
Autolyse-Verhalten (Peptidoglucan-Hydrolase)	PCR	*Lactococcus lactis*	[65]

Tab. 13.3 Anwendung molekulare Methoden zur Identifizierung von Starterkulturen mit Anwendungsbeispielen

Methode	Lebensmittel	Organismen	Referenzen
Sequenzierung von Markergenen	Milchprodukte	*Debaryomyces hansenii Candida* sp. *Geotrichum candidum*	[94]
		Milchsäurebakterien	[41, 128, 170, 175]
		Leuconostoc mesenteroide, Leuconostoc citreum	[22]
	Sauerteig	Milchsäurebakterien	[30, 37]
		Lactobacillus spp.	[74, 162]
		Lactobacillus rossiae	[38]
		Lactobacillus sanfranciscensis	[82]
		S. cerevisiae/Candida humilis	[57]
	Wurst	Milchsäurebakterien	[9]
		Lactobacillus sake, Lactobacillus curvatus, Lactobacillus plantarum	[131]
	Maniok	*Lactobacillus* spp., *Weissella* sp., *Leuconostoc* sp.	[84, 85]
		Lb. manihotivorans, Lb. plantarum, Lb. casei, Lb. hilgardii, Lb. buchneri, Lb. fermentum, Leuc. mesenteroides, Pediococcus sp.	[117]
	Hussawa	*Enterococcus faecium*	[176]
	Bier	*S. cerevisiae*	[164]
	Kaffeebohnen	*S. cerevisiae*, andere	[80]
	Kakaobohnen	Verschiedene	[100]
Dot-blot/Kolonie-blot	Milchprodukte	Milchsäurebakterien (Probiotika)	[140]
	Mais	*Lactococcus* spp., *Leuconostoc* spp., *Lactobacillus* spp.	[4]
	Cassava	*Lb. manihotivorans, Lb. plantarum, Lb. casei, Lb. hilgardii, Lb. buchneri, Lb. fermentum, Ln. mesenteroides, Pediococcus* spp. *P. pentosaceus/P. acidilactici*	[6, 7, 108, 117]
FISH	Milchprodukte	Milchsäurebakterien	[62, 101]
		Leuconostoc spp.	[116]
		Lactococcus lactis, Leuconostoc spp.	[61]
		Lactococcus lactis, Lactobacillus plantarum, Leuconostoc mesenteroides	[46]

Tab. 13.3 (Fortsetzen)

Methode	Lebensmittel	Organismen	Referenzen
	Wein	Milchsäurebakterien	[15]
		Saccharomyces cerevisiae, S. bayanus, Oenococcus oeni	[96]
	Oliven	*Lactobacillus plantarum*	[50]
PCR-gestützte Verfahren	Milchprodukte	Propiosäurebakterien	[139]
speziesspezifische PCR	Rohwurst	*Staphylococcus xylosus*	[130]
		Lactobacillus sake/Lactobacillus curvatus/Lactobacillus plantarum	[131]
		Milchsäurebakterien (Probiotika)	[89, 145]
		Propiosäurebakterien	[139, 156]
		Lb.paracasei,Lb. rhamnosus, Lb. delbrueckii, Lb. acidophilus, Lb.helveticus, Streptococcus themophilus	[157]
	Sauerteig	*Lb. sanfranciscensis*	[57, 82, 166]
		Milchsäurebakterien	[30, 31]
	Maniok	*Lactobacillus plantarum/Lb.pentosus/Lb. paraplantarum*	[85]
	Sauerteig	*Lactobacillus rossiae*	[38]
		Lactobacillus sp	[162]
	Wein	*Oenococcus oeni*	[179]
		Lactobacillus plantarum	[148]
	Wurst	*Staphylococcus xylosus*	[137]
	Verschiedene	*Lb. farciminis/Lb. alimentarius, Lactobacillus plantarum/Lb.pentosus/Lb. paraplantarum*	[127, 160]

13.3.2 Anwendung von Gensonden

Als Gensonde bezeichnet man ein einzelsträngiges DNS-Molekül, das gensequenzspezifisch bzw. organismenspezifisch an einen zweiten Einzelstrang binden kann. Hierbei entsteht ein doppelsträngiges Nukleinsäuremolekül (Hybrid). Der Vorgang wird als Hybridisierung bezeichnet. Der wesentliche Nachteil der Gensondenidentifizierungsverfahren liegt darin, dass im Gegensatz zur vergleichenden Sequenzanalyse von Markergenen die richtige Wahl der Gensonde ein bestimmtes Maß an Vorwissen über die zu erwartenden Identitäten des nachzuweisenden Mikroorganismus verlangt.

13.3.2.1 Prinzip der Hybridisierung und Hybridisierungstechniken

Der Begriff Hybridisierung bezeichnet den Vorgang der Bindung zweier einzelsträngiger Nukleinsäuren zu einem Doppelstrang. Geschwindigkeit und Spezifität der Hybridisierung werden im Wesentlichen von der Hybridisierungstemperatur, der Ionenstärke, von den die Schmelztemperatur beeinflussenden Zusätzen der Hybridisierungslösung, der Sondenlänge sowie der Sondensequenz bestimmt.

Der Nachweis einer erfolgten Hybridisierung geschieht durch eine Markierung der Gensonde, die radioaktiv bzw. durch Kopplung von Fluoreszenzfarbstoffen oder Enzymen erreicht wird.

13.3.2.2 Geeignete Zielsequenzen (Gene)

Die Länge einer Gensonde kann zwischen wenigen Nukleotiden (Oligonukleotid) und mehreren Tausend Nukleotiden (Polynukleotid) variieren. Die Spezifität der Sonde wird durch ihre Länge und die Reihenfolge der Nukleotide bestimmt. Als Zielsequenz ist, wie schon bei der vergleichenden Sequenzierung von Markergenen (vgl. Abschn. 13.3.1), die Nutzung ribosomaler RNS-Gene am weitesten verbreitet. Es können aber auch konservierte Gene zentraler Stoffwechselwege [160] und/oder speziesspezifische Gene verwendet werden.

Festphasenhybridisierungen

Bei Festphasenhybridisierungsverfahren ist einer der beiden Bindungspartner (Sonde oder Ziel-DNS) an einer festen Phase (Membran, magnetische Partikel, Mikrotiterplatte oder Glas) fixiert. Es wird zwischen Dot-blot-Hybridisierung, reverser Dot-blot-Hybridisierung und Koloniehybridisierung unterschieden.

Bei Dot-blot-Hybridisierungen werden aus Reinkulturen isolierte Nukleinsäuren der zu identifizierenden Starterkulturen auf Membranen fixiert.

Hertel et al. [76] entwickelten ein auf der 23S-rRNS basierendes speziesspezifisches System zum Nachweis von *L. sakei, L. curvatus, L. pentosus*, und *L. plantarum* in Wurstwaren, das später auch von Nissen und Dainty [113] erfolgreich eingesetzt werden konnte, während Langa et al. [90] Dot-blot-Hybridisierungen zur Differenzierung probiotischer *Enterococcus faecium*-Stämme, von *Lactobacillus delbrueckii* subsp. *bulgaricus* und *Streptococcus thermophilus* in Milchprodukten anhand der 16S/23S-Spacer-Region nutzten. Mit ähnlicher Methodik gelang es Ampe et al., die Zusammensetzung der Flora einer Fermentation von Pozol, einem mexikanischen Maisbrei, in ihrer zeitlichen Entwicklung darzustellen [4]. Sie zeigten, dass hier zunächst *Leuconostoc-* und *Lactococcus-* Spezies vorherrschen, in späteren Fermentationsstadien jedoch *Lactobacillus*-Spezies.

Zur Koloniehybridisierung werden Zellen direkt auf der Membran kultiviert bzw. Zellmaterial aufgebracht (Abklatschverfahren), bevor die DNS der Einzelkolonien durch Lyse freigesetzt und so an die Membran gebunden wird. Beide Hybridisierungsvarianten setzen die Kultivierung der zu identifizierenden Isolate voraus. Es wird pro Membran nur mit einer Gensonde gleichzeitig hybridisiert und damit nur Isolate einer einzelnen Spezies pro Hybridisierung identifiziert. Koloniehybridisierungen haben gegenüber Dot-blot-Verfahren den Vorteil, dass eine Spezies auch semiquantitativ detektiert werden kann. Zudem können Koloniehybridisierungen auch zur Detektion von in geringen Mengen vorkommenden Organismen in Lebensmitteln eingesetzt werden, wie beispielsweise Bhunia und Johnson anhand von *Pediococcus acidilactici* aus fermentierten und nichtfermetierten Wurstwaren zeigten [13].

Werden nicht die isolierten Nukleinsäuren selbst, sondern die Gensonden auf der Membran fixiert und markierte Nukleinsäuren aus Rein- oder Mischkulturen mit den Gensonden hybridisiert, spricht man von reversem Dot-blot-Verfahren. Die Vorteile des reversen dot-blots liegen darin, dass keine Kultivierung der Isolate notwendig ist und dank der Immobilisierung der Gensonden beliebig viele Spezies gleichzeitig nachgewiesen werden können [43].

Fluoreszenz-in-situ-Hybridisierung (FISH)

Die Fluoreszenz-*in-situ*-Hybridisierung (FISH) kann Starterkulturen direkt in ihrem Habitat ohne kulturabhängige Zellisolierung identifizieren [17]. Dafür werden die Zellen auf Objektträger fixiert und die Zellwände für die mit Fluoreszenzfarbstoffen markierten 15–30 bp langen Gensonden permeabilisiert. Die Gensonden werden mit hoher Stringenz hybridisiert und die markierten Zellen mit Fluoreszenzmikroskopen bzw. Durchflusscytometern detektiert.

Da dem FISH-Verfahren keine Voranreicherung oder Amplifizierung per PCR vorgeschaltet ist, muss die Ziel-DNS bereits in hoher Kopienzahl in der Zelle vorliegen. Zur Identifizierung von Starterkulturen werden daher v. a. Oligonukleotidsonden, die auf rRNS-bzw. rDNS-Sequenzen abzielen, verwendet. Die Identifizierung kann bis zur Subspeziesebene möglich sein [17].

Die hohe Sensitivität (der Nachweis einzelner Zellen ist möglich) und die Schnelligkeit (keine Kultivierung, DNS-Isolierung notwendig) lassen FISH als ideales Identifizierungssystem erscheinen.

Ercolini et al. [47] entwickelten ein 16S rRNS-FISH-System zur Detektion von Milchsäurebakterien aus Käse, das auch zur Detektion der räumlichen Verteilung der Organismen in der Käsematrix geeignet war [46]. Friedrich und Lenke [61] konnten *Lactococcus lactis* subsp. *cremoris, Lactococcus lactis* subsp. *lactis* und *Leuconostoc* spp. mit 16S rRNS-FISH-Sonden auch in geringen Mengen in PROBAT-Kulturen quantitativ in guter Korrelation mit klassischen mikrobiologischen Methoden nachweisen. Auch Blasco et al. [15] beschrieben FISH als ein geeignetes System zum schnellen quantitativen Nachweis von für die Herstellung von Wein relevanten Milchsäurebakterien, wie *Oenococcus oenii* (s. auch Tab. 13.3).

Allerdings ist die Anzahl der pro Objektträger gleichzeitig einsetzbaren Gensonden durch die zur Verfügung stehenden unterschiedlichen Fluorophore begrenzt und die Permeabilisierung der Zellwände oft nicht mit Standardprotokollen möglich [17].

13.3.3 Direkter Nachweis durch PCR-gestützte Techniken

Die Nachweisempfindlichkeit der herkömmlichen Sondentechnik kann durch die Vermehrung (Amplifikation) der DNS-Moleküle mittels Polymerase-Kettenreaktion um ein Vielfaches erhöht werden.

Im einfachsten Fall werden zur Amplifizierung Primer verwendet, die für die zu identifizierende Spezies spezifisch sind. Nach elektrophoretischer Auftrennung im Agarosegel können dann durch Anfärben mit Ethdiumbromid die amplifizierten Produkte sichtbar gemacht werden. Bei der Verwendung von Universal- oder gruppenspezifischen Primern kann die Identifizierung auch durch eine der PCR nachgeschaltete Hybridisierung mit speziesspezifischen Gensonden erfolgen. Automatisierbare Methoden und der Einsatz von real-time Thermocyclern die mit relativ kurzen Analysezeiten verbunden sind, machen diese Verfahren auch für die Routineidentifizierung von Starterkulturen interessant (Taqman-PCR, post hybridisation capture, AmpliSensor). Die Verwendung mehrerer organismenspezifischer Primer-Paare in einem Assay erlaubt den simultanen Nachweis mehrerer unterschiedlicher Mikroorganismen in einer Fermentation, wie beispielsweise das von Furet et al. [63] entwickelte Real-Time-PCR-System zum Nachweis von *Streptococcus thermophilus* und verschiedener *Lactobacillus* sp. in Milchprodukten oder der simultane Nachweis von 17 verschiedenen *Lactobacillus*-Spezies in Sauerteig [147].

13.3.4 Verfahren zur Genotypisierung durch DNS-Polymorphismen

Molekulare Methoden können auch zum Erstellen genetischer Fingerabdrücke eingesetzt werden. Hierbei werden Muster aus DNS-Fragmenten unterschiedlicher Länge (DNS-Polymorphismen) erzeugt. Genotypische Verfahren, die auf einer organismenspezifischen Mustererzeugung basieren, zeigen stark unterschiedliche

Reproduzierbarkeit und variieren deutlich in ihrem Differenzierungspotenzial, welches von Gattungs- bis zur Subspezies bzw. Stammebene reichen kann. Zur Identifizierung der Organismen aufgrund eines typischen Musters werden entsprechende Datenbanken angelegt.

13.3.4.1 Plasmid-Muster

Die elektrophoretische Auftrennung von Plasmiden nach ihrer Größe und Anzahl erlaubt eine Typisierung von Bakterien. Plasmide sind extrachromosomale, genetische Elemente, die in Bakterien in unterschiedlicher Zahl und Größe auftreten können. Die Komplexität der Plasmid-Muster und somit das diskriminatorische Potenzial dieser Methode hängt im Wesentlichen von der Anzahl der vorhandenen Plasmide ab, kann aber in bestimmten Gattungen durchaus zur Stammdifferenzierung herangezogen werden (Tab. 13.4), wie für *Lactobacillus helveticus* [71] oder *Lactobacillus sanfranciscensis* gezeigt werden konnte [93]. Viele als Starterkulturen genutzte Milchsäurebakterien, insbesondere einige Arten in der Gattung *Lactobacillus* (e. g. *Lactobacillus plantarum*), besitzen oft mehr als zehn Plasmide. Die Plasmid-Analyse ist eine einfach und schnell durchzuführende Methode, deren Reproduzierbarkeit jedoch eingeschränkt sein kann, da Plasmide als mobile genetische Elemente verloren bzw. hinzugewonnen werden können (horizontaler Gentransfer).

13.3.4.2 Pulsed-field-Gelelektrophorese (PFGE)

Die PFGE (Pulsed-field-Gelelektrophorese) ermöglicht es, hochmolekulare DNS-Fragmente im Bereich vieler Kilo-Basenpaare zu trennen. Die DNS verändert aufgrund zweier zueinander quer verlaufender, pulsierender elektrischer Felder ständig ihre Migrationsrichtung im Agarosegel und kann infolgedessen auch im hochmolekularen Bereich aufgetrennt werden.

Ein optionaler, der PFGE vorgeschalteter Verdau der gesamten chromosomalen DNS eines Organismus mit selten schneidenden Restriktionsendonukleasen resultiert in stabilen, reproduzierbaren PFGE-Verdaumustern, für deren Interpretation je nach Organismus Standardkriterien existieren. Typischerweise erlaubt diese Technik die Unterscheidung einzelner Stämme (Tab. 13.4). Zapparolli et al. [178] nutzten das hohe Auflösevermögen der PFGE zur Differenzierung von elf *Lactobacillus sanfranciscensis*-Stämmen aus verschiedenen Sauerteigen, während Yeung et al. [174] stammspezifische PFGE-Muster von probiotischen Milchsäurebakterien erstellten. Mannu et al. [97] belegten, dass PFGE eine effiziente und zugleich gut reproduzierbare Methode zur Typisierung der Flora in Pecorino ist.

13.3.4.3 Restriktionsendonukleasenanalyse (REA)

Bei der Restriktionsendonukleasenanalyse (REA) wird chromosomale DNS der Zielorganismen mit häufig schneidenden Restriktionsenzymen verdaut. Die ent-

Tab. 13.4 Molekulare Methoden zum Nachweis von Starterkulturen mit Anwendungsbeispielen der vergangenen zehn Jahre

Methode	Lebensmittel	Organismen	Referenzen
PFGE	Milchprodukte	Propionibacterium, Milchsäurebakterien (Probiotika)	[68, 140, 141]
		Enterococcus faecalis, Enterococcus spp.	[81, 97, 121]
		Debaryomyces hansenii	
	Wein	*Oenococcus oeni*	[177]
	Sauerteig	*Lactobacillus sanfranciscensis*	[178]
Plasmidmuster	Milchprodukte	*Lactobacillus helveticus*	[71, 118]
		Lactobacillus sp.	
RAPD	Milchprodukte	*Streptococcus thermophilus*	[107]
		Debaryomyces hansenii/Geotrichum candidum, Candida sp.,	[94, 167]
		Debaryomyces hansenii, Geotrichum candidum, Issatchenkia orientalis, Kluyveromyces lactis, K. marxianus, Saccharomyces cerevisiae, Yarrowia lipolytica, Candida catenulata	[124]
		Leuconostoc mesenteroides/Leuc. citreum	[22]
		Propionibacterium	[138]
		Lb. casei; Lb. acidophilus	[145]
		Lactobacillus helveticus	[66]
		Milchsäurebakterien (Probiotika)	[140, 145]
		Geotrichum candidum, Debaryomyces hansenii	[167]
		Geotrichum candidum, Debaryomyces hansenii, Kluyveromyces lactis, Candida sp.	[53]
		Enterococcus sp.	[153]
	Sauerteig	*Lactobacillus* spp., *Weissella* spp	[32, 74]
		Lactobacillus sp.	[162]
		Lactobacillus sanfranciscensis	[178]
		Milchsäurebakterien	[30, 37]
		S. cerevisiae/Candida humilis	[58]
		S. cerevisiae	[151]

Tab. 13.4 (Fortsetzen)

Methode	Lebensmittel	Organismen	Referenzen
	Rohwurst	Milchsäurebakterien	[9]
		Debaryomyces hansenii, Candida spp.	[24]
		Lactobacillus sake, Lactobacillus curvatus, Lactobacillus plantarum	[131]
		Staphylococcus xylosus, Staphylococcus sciuri, Lb. sake, Lb. Plantarum	[132]
		Staphylococcus xylosus	[137]
		Lactobacillus sake	[25]
	Wein	*Lactobacillus plantarum, Oenococcus oeni*	[148, 179]
	Bier	*Candida sake*	[172]
	Maniok/Cassava	*Lactobacillus* sp. *Weissella* sp. *Leuconostoc* spp.	[84, 85, 117]
		Lb. manihotivorans, Lb. plantarum, Lb. casei, Lb. hilgardii, Lb. buchneri, Lb. fermentum, Leuc. mesenteroides, Pediococcus sp.	
	Knoblauch	*Lb. pentosus/Lb. plantarum*	[119]
	Hussawa (Sorghum-Brei)	*Enterococcus faecium*	[176]
	Kapern	Diverse Milchsäurebakterien	[120]
	Verschiedene	*Lactobacillus* sp.	[112]
AFLP	Sauerteig	Diverse Milchsäurebakterien	[88]
RFLP/Ribotyping	Milchprodukte	*L. acidophilus Lactobacillus helveticus*	[66, 67, 75]
		Propionsäurebakterien	[35]
	Sauerteig	*Lactobacillus sanfranciscensis*	[82]
	Maniok	Diverse Milchsäurebakterien	[85]
PCR-RFLP	Milchprodukte	Probiotische Kulturen	[68, 141, 167]
		Geotrichum candidum, Debaryomyces hansenii, Yarrowia lipolytica, Kluyveromyces lactis, Candida catenulata	
		Lactobacillus helveticus	
	Wein	*Oenococcus oeni, Lactobacillus* sp., *Pediococcus* sp	[12, 23, 52]
		S. cerevisiae u. a.	[134, 158]

Tab. 13.4 (Fortsetzen)

Methode	Lebensmittel	Organismen	Referenzen
		S. cerevisiae, S. kluyveri u. a.	[123]
		S. cerevisiae	[64]
	Bier	*S. cerevisiae*	[164]
	Apfelwein	*S. cerevisiae* u. a.	[106]
	Essig	Essigsäurebakterien	[86, 142, 161]
	Sauerteig	*Lactobacillus sanfranciscensis*	[57]
		S. cerevisiae, S. exiguous u. a.	[126]
	Wurst	*Lactobacillus sakei*	[143]
	Hussawa	*Enterococcus faecium*	[176]
	Verschiedene	*Lb. farciminis, Lb. alimentarius, Lb. sakei, Lb.curvatus, Lb. plantarum*	[127]
RFLP mtDNA	Wein	*S. cerevisiae*	[12, 52, 57, 72, 95, 99, 123, 134, 158, 159]
	Sauerteig	*S. cerevisiae, Candida humilis*	[59]
	Käse	*Debaryomyces hansenii*	[121]
		S. cerevisiae, K. marxianus, K. lactis	[152]
SSCP	Käse	*Enterococcus faecium, Enterococcus saccharominimus, Chryseobacterium sp, Corynebacterium flavescens, Lactococcus garviea, Lactococcus lactis*	[144]
Mikrosatelliten/rep-PCR/ SSLP	Käse	*Enterococcus faecalis*	[81]
	Wurst	*Lactobacillus sakei*	[25]
		Staphylococcus sp.	[130]
	Maniok	*Lactobacillus sp., Weissella sp., Leuconostoc sp.*	[84, 85]
	Wein	*S. cerevisiae, Kl. apiculata*	[21]
		S. cerevisiae	[77]

stehenden DNS-Fragmente werden anschließend mittels Agarosegelelektrophorese aufgetrennt. Aufgrund der hohen Anzahl an Banden ist eine Auswertung der Muster oft schwierig. REA wurde zum Beispiel zur Differenzierung von *Lactobacillus casei, Lactobacillus rhamnosus* und *Lactobacillus reuteri* angewandt [2, 149]. Eine Hybridisierung mit entsprechenden Gensonden reduziert die Komplexität der Muster (s. 13.3.4.4).

13.3.4.4 RFLP/Ribotyping

Die Differenzierung mittels Restriktionsfragmentlängenpolymorphismus (RFLP) basiert auf unterschiedlichen Restriktionsfragmentmustern aufgrund unterschiedlicher DNS-Sequenzen. Dafür wird chromosomale DNS mit Restriktionsendonukleasen in Fragmente unterschiedlicher Längen verdaut. Diese werden elektrophoretisch aufgetrennt (s. 13.3.4.3) und auf Nylon oder Nitrocellulosemembranen geblottet. Markierte Sonden werden anschließend mit den immobilisierten Fragmenten hybridisiert. Aus dem Hybridisierungsmuster kann auf die Zugehörigkeit zu einer bestimmten Spezies geschlossen werden. Verbreitetste Variante der RFLP ist das Ribotyping, bei dem für 23S-, 16S- und 5S-rRNS spezifische Sonden eingesetzt werden. Verschiedene *Lactobacillus sanfranciscensis*-Stämme konnten sowohl mit Ribotyping [82] als auch mit auf der Insertionssequenz IS153 basierender RFLP. erfolgreich differenziert werden. Ebenfalls mit einer für ein Insertionselement spezifischen Sonde (IS1201) konnte RFLP zur Identifizierung von *Lactobacillus helveticus* eingesetzt werden [67], während de Carvalho et al. Propionibacterium-Spezies mittels Ribotyping differenzieren konnten [35]. Zur weiten Verbreitung des Ribotypings hat die Entwicklung des automatisierten RiboPrinter®-Systems (DuPont Qualicon) beigetragen. Eine Differenzierung ist je nach verwendetem Zielgen bis auf Stammebene möglich.

13.3.5 PCR-gestützte Verfahren zur Genotypisierung

13.3.5.1 PCR-RFLP

Amplifizierte DNS-Bereiche, die im Vergleich verschiedener Stämme einer Bakterienspezies einen variablen Aufbau zeigen, können mit Restriktionsenzymen verdaut und die erzeugten Fragmente mit der Gelelektrophorese separiert werden. Unterschiede im Restriktionsmuster gehen einher mit Sequenzvariationen im Bereich der amplifizierten DNS und erlauben somit eine Differenzierung von Mikroorganismen. Roy et al. [141] nutzten PCR-RFLP zum spezies- und gruppenspezifischen Nachweis verschiedener für die Fermentation von Milchprodukten relevanten *Lactobacillus*-Arten. Ruiz et al. [142] konnten Essigsäurebakterien mittels PCR-RFLP bestimmten Gattungen und in Einzelfällen auch der jeweiligen Art zuordnen. PCR-RFLP konnte ebenfalls erfolgreich zur Differenzierung von Milchsäurebakterien aus Wein anhand des *rpoB*-Gens angewendet werden [23]. Eine Variante der PCR-RFLP ist die tRFLP (terminal restriction fragment length polymorphism). Hier wird einer der PCR-Primer mit z. B. einem Fluoreszenzfarbstoff markiert. Nur das die Markierung tragende Fragment wird nachgewiesen.

13.3.5.2 Randomly Amplified Polymorphic DNA (RAPD)

Hierbei handelt es sich um eine PCR-gestützte Schnellmethode, die eine Unterscheidung bis auf Stammebene ermöglicht. Ein zufällig ausgewählter Primer, der gleichzeitig als Rückwärts- und Vorwärtsprimer fungiert, bindet an verschiedene Stellen des Genoms und generiert bei niedriger Annealing-Temperatur (37–42 °C) während der PCR DNS-Fragmente unterschiedlicher Länge und Intensität. Sequenzinformationen sind als Grundlage für das Designen der Primer nicht notwendig. Eine gute und gleichzeitig zuverlässige Auflösung der Isolate kann nur mit einer entsprechend hohen Anzahl von Wiederholungen unter Einsatz unterschiedlicher Zufallsprimer erzielt werden. Die Reproduzierbarkeit dieser Methode ist gering, da bestimmte Einflüsse durch die Qualität der DNS, die Art der Polymerase und Bedingungen der Amplifikation gegeben sind. Eine laborübergreifende Routineanwendung kommt daher nicht in Frage. Dennoch gibt es für RAPD eine Vielzahl erfolgreicher Anwendungsbeispiele, sei es für Hefen in Milchprodukten [53, 94, 124, 167], Milchsäurebakterien in Sauerteig [32, 37, 74, 178] oder Gemüse [119, 120] und Staphylokokken in Wurstwaren [131, 132, 137].

13.3.5.3 AFLP

Bei der AFLP (amplified fragment-length polymorphism) wird DNS mit zwei verschiedenen TypII-Restriktionsenzymen verdaut. Die anschließend an die entstandenen Fragmente ligierten 10–15 bp langen Adapter bilden die Basis für deren selektive Amplifizierung mit markierten Primern. Die Analyse des AFLP-Musters erfolgt nach gelelektrophoretischer Auftrennung und Detektion der amplifizierten Fragmente. Aus Hirseteigen stammende *L. plantarum*- und *Leuconostoc mesenteroides*-Stämme konnten [88], wie *Lactobacillus delbrueckii* subsp. *lactis* in mongolischem Joghurt mit AFLP identifiziert werden [10]. Ebenso wurde AFLP zum Nachweis von Milchsäurebakterien in Pecorino eingesetzt [20].

13.3.5.4 SSCP-Analyse

Bei der SSCP-Analyse (SSCP: single strand conformation polymorphism) wird eine 100–400 bp lange Zielsequenz (z. B. von der 16S-rDNS) amplifiziert und in Einzelstränge überführt (entweder mit Exonukleasen oder durch Erhitzen in einer denaturierenden Lösung). Die Einzelstränge bilden nach (erneuter) Denaturierung und schnellem Abkühlen in Eiswasser sequenzspezifische Sekundärstrukturen aus, die mit nativer Polyacrylamidgelelektrophorese unterschieden werden können. SSCP kann zum Florenmonitoring verwendet werden, wie Duthoit et al. [41] anhand von handgefertigten französischen Käse zeigten, war aber auch geeignet, *Listeria monocytogenes*-inhibierende Starterkulturen zu identifizieren [144].

13.3.5.5 SSLP/Mikrosatelliten

Bei der SSLP (simple sequence length polymorphism), auch rep-PCR genannt, erfolgt die Differenzierung bis hin zur Stammebene anhand unterschiedlich langer Wiederholungen einfacher Sequenzmotive. Nach der Amplifizierung mit für diese Sequenzen spezifischen Primern, sogenannten Mikrosatelliten, werden die entstandenen DNS-Fragmente gelelektrophoretisch analysiert. Die Bedingungen der PCR-Reaktion unterscheiden sich von denen der RAPD-Technik, Auflösungsvermögen und Reproduzierbarkeit sind jedoch vergleichbar hoch. SSLP konnte sowohl erfolgreich zum Nachweis von Hefen in Wein [21, 77] als auch von Milchsäurebakterien in Maniok [85] eingesetzt werden.

Jurkovic et al. verwendeten ERIC- und $(GTG)_5$-PCR zur Untersuchung der genetischen Variabilität in *Enterococcus faecium*-Stämmen [81].

13.4 Florenmonitoring

Unter Florenmonitoring versteht man das Verfolgen der Entwicklung der Keimzahlen von Fermentationsorganismen über die Zeit. Starterkulturen werden als Reinkulturen, aber oft auch als Mischung verschiedener, sich in ihren Eigenschaften ergänzender Stämme eingesetzt. Dabei ist es oft wichtig, die individuellen Keimzahlen bzw. die Sukzession der gesamten Flora zu kontrollieren, da sie die Qualität eines Fermentationsproduktes beeinflussen kann.

Ein Monitoring kann im einfachsten Fall durch Bestimmung der Keimzahlen auf geeigneten Nährmedien erfolgen (kulturelle Verfahren).

Oftmals ist jedoch die genaue Zusammensetzung einer Fermentationsflora im Detail nicht bekannt (z. B. Spontanfermentationen, Sauerteig, Sauerkraut etc.) und eine erfolgreiche Kultivierung aller Organismen auf gängigen Nährmedien nicht zu garantieren. In diesen Fällen ermöglichen nur molekularbiologische Methoden eine schnelle und insbesondere kulturunabhängige Charakterisierung solcher Floren.

13.4.1 Kulturelle Methoden

Ein Florenmonitoring mit rein kulturellen Verfahren setzt voraus, dass die gewählten Nährmedien alle Mikroorganismen erfassen. Es ist mit vertretbarem Aufwand sinnvoll, wenn es sich entweder um eine Reinkultur handelt oder aber nur ein Organismus als dominierender Leitkeim von Interesse ist. Aufgrund mangelnder Selektivität der Medien kann in der Regel nur die Keimzahl physiologischer Gruppen ermittelt werden. Franzetti et al. wendeten sieben Differenzialmedien an, um die Entwicklung von Milchsäurebakterien, Essigsäurebakterien und Hefen in Kefir über einen Zeitraum von 14 Tagen zu ermitteln [60].

13.4.2 Direkte Verfahren ohne Kultivierung

Der Einsatz molekularer Methoden ohne kulturelle Voranreicherung schließt eine Verfälschung der Ergebnisse, die durch Anreicherungsvorlieben ausgelöst werden, aus und bietet zudem die Möglichkeit, nicht- bzw. schwer kultivierbare Organismen zu erfassen. Studien, die Verfahren mit und ohne vorhergehende Kultivierung verglichen haben, wiesen erhebliche Unterschiede in den jeweils erzielten Ergebnissen auf [77]. Tabelle 13.5 gibt eine Übersicht über in Lebensmitteln eingesetzte kulturunabhängige Verfahren zum Monitoring von Starterkulturen, wie TTGE, DGGE und Multiplex-PCRs.

13.4.2.1 Multiplex-PCR

Die Verwendung mehrerer organismenspezifischer Primer-Paare erlaubt den simultanen Nachweis mehrerer Stämme in einer Fermentation. So haben Kwon et al. [89] ein Multiplex-PCR-System zur simultanen Identifizierung von sieben probiotischen Starterkulturen entwickelt. Kostinek et al. konnten mit einer *recA*-spezifischen Multiplex-PCR zwischen *L. plantarum, L. paraplantarum* und *L. pentosus* unterscheiden [85]. Neben der konventionellen Multiplex-PCR mit anschließender gelelektrophoretischer Auftrennung der Produkte ist die routinegeeignete Real-Time-PCR-Variante möglich (s. auch 13.3.3).

13.4.2.2 DGGE, TGGE

Die denaturierende Gradientengelelektrophorese (DGGE) basiert auf abnehmender elektrophoretischer Mobilität partiell aufgeschmolzener doppelsträngiger DNS in Polyacrylamidgelen mit linearem DNS-Denaturierungsgradienten (Formamid, Harnstoff). Es werden mit PCR erhaltene DNS-Fragmente gleicher Länge aber unterschiedlicher Sequenz aufgetrennt. Die Sequenzunterschiede bewirken, dass die Fragmente bei unterschiedlichen Denaturandenkonzentrationen partial aufschmelzen und folglich ihre Mobilität im elektrischen Feld reduziert wird. Hochschmelzende GC-Anhänge (30–50 bp) an den 5′-Enden der Primer verhindern eine komplette Dissoziation der Stränge und erhöhen die Unterscheidungsmöglichkeit von Sequenzvarianten erheblich. DNS-Moleküle können schon aufgrund eines einzelnen Basenaustausches voneinander getrennt werden [109].

Tab. 13.5 Anwendungsbeispiele für kulturunabhängige Methoden zum Florenmonitoring während der Lebensmittelfermentation

Methode	Lebensmittel	Organismen	Referenzen
DGGE	Milchprodukte	Milchsäurebakterien	[29, 48, 49, 51, 102, 128]
		Milchsäurebakterien (Probiotika)	[54, 153]
		Staphylococcus spp., Milchsäurebakterien	[47]
		Staphylococcus xylosus, S. succinus, S. equorum, Lb. sakei, Lb. curvatus, Debaryomyces hansenii	[169]
	Sauerteig	Milchsäurebakterien	[103]
		Lactobacillus spp.	[129, 147]
	Rohwurst	Milchsäurebakterien, *Staphylococcus* sp., *Debaryomyces hansenii, Candida* spp.	[24]
		Debaryomyces hansenii u. a.	
		Lb. sakei, Lb.curvatus	[8]
		Staphylococcus spp.	[130]
		Lb. sakei, Lactococcus lactis, Lactococcus casei, Enterococcus casseliflavus, L.curvatus, Staphylococcus xylosus, Leuconostoc mesenteroides, Debaryomyces hansenii	[25]
	Mais	*Lactobacillus plantarum, Lactobacillus fermentum, Leuconostoc spp., Weissella* spp., *Lb. delbrueckii*	[5, 7, 11]
	Getränke	*Oenococcus oeni*	[133]
	Balsamico	Essigsäurebakterien	[36]
	Oliven	*L. pseudomesenteroides, Leuconoctoc mesenteroides, Pediococcus spp. Pseudomonas* spp.	[50]
	Whisky	*Streptococcus thermophilus, Lb. brevis, Lb.fermentum, Lb.casei, Lb. paracasei, Lb. fermentum, Lb. ferintoshensis, Lb. acidophilus, Lb. delbrueckii*	[163]
	Kakaobohnen	*S. cerevisiae* u. a.	[111]
	Kaffeebohnen	*S. cerevisiae* u. a.	[100]
	Wein	*S. cerevisiae* u. a.	[27, 103]
	Maniok	*Lactobacillus* spp., *Pediococcus* spp., *Propionibacterium* spp.	[104]
		Diverse Milchsäurebakterien	[7]

Tab. 13.5 (Fortsetzen)

Methode	Lebensmittel	Organismen	Referenzen
TGGE	Milchprodukte	Milchsäurebakterien	[114, 115]
	Rohwurst	*Lb. sakei, Lb. curvatus, Lb. alimentarius, Lb. casei, Lb. plantarum, Lb. brevis*	[28]
	Sauerteig	*Lactobacillus* sp., *Weisella* sp. *Leuconostoc* spp.	[55]
	Kapern	Milchsäurebakterien	[120]
	Mais	*Lb. gasseri, Enterococcus sp., Lb. plantarum, Lb. paraplantarum, Lb. acidophilus, Lb delbrueckii, Lb. reuteri, Lb. casei*	[7]
	Hirse	*Lb. gasseri, Enterococcus sp., Lb. fermentum, Lb. brevis, Lb. casei*	[7]
	Verschiedene	*Lb. casei, Lb. paracasei, Lb zeae, Lb. rhamnosus*	[168]
real-time PCR	Milchprodukte	*Streptococcus thermophilus/Lactobacillus* spp	[63]
		Lactococcus lactis, div. Milchsäurebakterien	[62, 73]
		Lactococcus lactis/Leuconostoc spp.	[54]
	Wein	*Oenococcus oeni*	[33, 133]

Mit DGGE können so Veränderungen in der bakteriellen bzw. in der Hefepopulation detailliert nachvollzogen werden.

So haben Cocolin et al. [25] die Entwicklung der Milchsäure- und Hefepopulationen bei der Herstellung und Lagerung von Wurstwaren mittels DGGE sowohl auf RNA- als auch auf DNA-Ebene verfolgt und dabei u. a. festgestellt, dass nach Beginn der Lagerung diese nur noch mit DNA-DGGE deutlich nachzuweisen sind. Mauriello et al. [102] konnten mittels DGGE die geografische Herkunft von Büffelmozzarella bestimmen, während Coppola et al. [29] und Ercolini et al. [49] DGGE zur Differenzierung der Flora unterschiedlicher Käseprodukte einsetzten.

Eine Abwandlung der DGGE ist die temporale Temperaturgradientenelektrophorese (TTGE), bei der anstelle eines chemischen Gradienten ein Temperaturgradient eingesetzt wird. Ferchichi et al. [55] nutzten Unterschiede in 16S-rDNS-Regionen zur Differenzierung von sauerteigrelevanten Milchsäurebakterien mittels TGGE aus. Weitere Beispiele für die Anwendung von DGGE und TGGE werden in Tab. 13.5 gezeigt.

13.5 Charakterisierung funktioneller Eigenschaften

Die Anwendung molekularbiologischer Methoden ist für Starterkulturen nicht auf die Identifizierung und Typisierung allein beschränkt. Letztere stellen vielmehr nur einen Faktor zur Verbesserung der Qualität und der Sicherheit fermentierter Lebensmittel dar. Ein weiterer ist die Suche nach neuen kommerziell verwertbaren Stämmen mit verbesserten funktionellen Eigenschaften. Dazu gehören neben einer vorhandenen Phagenresistenz bestimmte Proteolyseeigenschaften oder die Fähigkeit zur Bakteriozinproduktion. Aus Sicherheitsaspekten sollte das Vorhandensein von Pathogenitätsfaktoren oder Antibiotikaresistenzen bei Starterkulturen ausgeschlossen werden. Auch hier finden sich vielfältige Einsatzmöglichkeiten für molekulare Methoden, die vom einzelnen Nachweis der genannten Eigenschaften mittels PCR [65, 83, 135] bis zur Anwendung von DNA-Arrays und einer umfassenden Analyse der Starterkulturen reichen [87], wie auch Tab. 13.2 zeigt. Am weitesten entwickelt ist derzeit der Nachweis von Genen (Aminosäuredecarboxylasen), deren Expression zur Bildung von unerwünschten biogenen Aminen wie Histamin, Tyramin, Putrescin, Cadaverin aus Histidin, Tyrosin, Ornithin und Lysin führen können. Einen Überblick geben Landete und Mitarbeiter [91].

Literatur

[1] Abriouel, H., Ben Omar, N., López, R. L., Martínez-Cañamero, M., Keleke, S., Gálvez, A. (2006) Culture-independent analysis of the microbial composition of the African traditional fermented foods poto poto and dégué by using three different DNA extraction methods. *International Journal of Food Microbiology* 111:228–233.

[2] Ahrné, S., Molin, G. (1997) Restriction endonuclease analysis of total chromosomal DNA of. Lactobacillus. *Microecology and Therapy* 26:27–30.

[3] Ampe, F., ben Omar, N., Moizan, C., Wacher, C., Guyot, J. P. (1999a) Polyphasic study of the spatial distribution of microorganisms in Mexican pozol, a fermented maize dough, demonstrates the need for cultivation-independent methods to investigate traditional fermentations. *Applied and Environmental Microbiology* 65:5464–5473.

[4] Ampe, F., ben Omar, N., Guyot, J. P. (1999b) Culture-independent quantification of physiologically-active microbial groups in fermented foods using rRNA-targeted oligonucleotide probes: application to pozol, a Mexican lactic acid fermented maize dough. *Journal of Applied Microbiology* 87:131–140.

[5] Ampe, F., Miambi, E. (2000) Cluster analysis, richness and biodiversity indexes derived from denaturating gradient gel electrophoresis fingerprints of bacterial communities demonstrate that traditional maize fermentations are driven by the transformation process. *International Journal of Food Microbiology* 60:91–97.

[6] Ampe, F. (2000) Design and evaluation of a *Lactobacillus manihotivorans* species-specific rRNA-targeted hybridization probe and its application to the study of sour cassava fermentation. *Applied and Environmental Microbiology* 66:2224–2226.

[7] Ampe, F., Sirvent, A., Zakhia, N. (2001) Dynamics of the microbial community responsible for traditional sour cassava starch fermentation studied by denaturing gradient gel electrophoresis and quantitative rRNA hybridization. *International Journal of Food Microbiology* 65:45–54.

[8] Andrighetto, C., Zampese, L., Lombardi, A. (2001) RAPD-PCR characterization of lactobacilli isolated from artisanal meat plants and traditional fermented sausages of Veneto region (Italy). *Letters in Applied Microbiology* 33:26–30.

[9] Aymerich, T., Martin, B., Garriga, M., Vidal-Carou, M. C., Bover-Cid, S., Hugas, M. (2005) Safety properties and molecular strain typing of lactic acid bacteria from slightly fermented sausages. *Journal of Applied Microbiology* 100:40–49.

[10] Batdorj, B., Trinetta, V., Dalgalarrondo, M., Prévost, H., Dousset, X., Ivanova, I., Haertlé, T., Chobert, J. M. (2007) Isolation, taxonomic identification and hydrogen peroxide production by *Lactobacillus delbrueckii subsp. lactis* T31, isolated from Mongolian yoghurt: inhibitory activity on food-borne pathogens. *Journal of Applied Microbiology* 103:584–593.

[11] Ben Omar, N., Ampe, F. (2000) Microbial community dynamics during production of the mexican fermented maize dough pozol. *Applied and Environmental Microbiology* 66:3664–3673.

[12] Beltran, G., Torija, M. J., Novo, M., Ferrer, N., Poblet, M., Guillamón, J. M., Rozès, N., Mas, A. (2002) Analysis of yeast populations during alcoholic fermentation: a six year follow-up study. *Systematic and Applied Microbiology* 25:287–293.

[13] Bhunia, A. K., Johnson, M. G. (1992) Monoclonal antibody-colony immunoblot method specific for isolation of *Pediococcus acidilactici* from foods and correlation with pediocin (bacteriocin) production. *Applied and Environmental Microbiology* 58:2315–2320.

[14] Binetti, A. G., Del Río, B., Martín, M. C., Alvarez, M. A. (2005) Detection and characterization of *Streptococcus thermophilus* bacteriophages by use of the antireceptor gene sequence. *Applied and Environmental Microbiology* 71:6096–6103.

[15] Blasco, L., Ferrer, S., Pardo, I. (2003) Development of specific fluorescent oligonucleotide probes for in situ identification of wine lactic acid bacteria. *FEMS Microbiology Letters* 225:115–123.

[16] Boels, I. C., van Kranenburg, R., Hugenholtz, J., Kleerebezem, M., de Vos, W. M. (2001) Sugar catabolism and its impact on the biosynthesis and engineering of exopolysaccharide production in lactic acid bacteria. *International Dairy Journal* 11:723–732.

[17] Bottari, B., Ercolini, D., Gatti, M., Neviani, E. (2006) Application of FISH technology for microbiological analysis: current state and prospects. *Applied Microbiology and Biotechnology* 73:485–494.

[18] Brennan, N. M., Ward, A. C., Beresford, T. P., Fox, P. F., Goodfellow, M., Cogan T. M. (2002) Biodiversity of the bacterial flora on the surface of a smear cheese. *Applied and Environmental Microbiology* 68:820–830.

[19] Burdychova, R., Komprda, T. (2007) Biogenic amine-forming microbial communities in cheese. *FEMS Microbiology Letters* 276:149–155.
[20] Cappello, M. S., Laddomada, B., Poltronieri, P., Zacheo, G. (2001) Characterisation of lab in typical Salento Pecorino cheese. *Mededelingen Rijksuniversiteit te Gent Fakulteit van de Landbouwkundige Toegepaste Biologische Wetenschappen* 66:569–572.
[21] Caruso, M., Capece, A., Salzano, G., Romano, P. (2002) Typing of *Saccharomyces cerevisiae* and *Kloeckera apiculata* strains from Aglianico wine. *Letters in Applied Microbiology* 34:323–328.
[22] Cibik, R., Lepage, E., Talliez, P. (2000) Molecular diversity of *Leuconostoc mesenteroides* and *Leuconostoc citreum* isolated from traditional french cheeses as revealed by RAPD fingerprinting, 16S rDNA sequencing and 16S rDNA fragment amplification. *Systematic and Applied Microbiology* 23:267–278.
[23] Claisse, O., Renouf, V., Lonvaud-Funel, A. (2007) Differentation of wine lactic acid bacteria species based on RLFP analysis of a partial sequence of rpoB gene. *Journal of Molecular Methods* 69:387–390.
[24] Cocolin, L., Urso, R., Rantsiou, K., Cantoni, C., Comi, G. (2006) Dynamics and. characterization of yeasts during natural fermentation of Italian sausages. *FEMS Yeast Research* 6:692–701.
[25] Cocolin, L., Rantsiou, K., Iacumin, L., Urso, R., Cantoni, C., Comi, G. (2004) Study of the ecology of fresh sausages and characterization of populations of lactic acid bacteria by molecular methods. *Applied and Environmental Microbiology* 70:1883–1894.
[26] Cocolin, L., Manzano, M., Cantoni, C., Comi, G. (2001) Denaturing gradient gel electrophoresis analysis of the 16S rRNA gene V1 region to monitor dynamic changes in the bacterial population during fermentation of italian sausages. *Applied and Environmental Microbiology* 67:5113–5121.
[27] Cocolin, L., Bisson, L. F., Mills, D. A. (2000a) Direct profiling of the yeast dynamics in wine fermentations. *FEMS Microbiology Letters* 189:81–87.
[28] Cocolin, L., Manzano, M., Cantoni, C., Comi, G. (2000b) Development of a rapid method for the identification of *Lactobacillus* spp. isolated from naturally fermented Italian sausages using a polymerase chain reaction-temperature gradient gel electrophoresis. *Letters in Applied Microbiology* 30:126–129.
[29] Coppola, S., Blaiotta, G., Ercolini, D., Moschetti, G. (2001) Molecular evaluation of microbial diversity occurring in different types of Mozzarella cheese. *Journal of Applied Microbiology* 90:414–420.
[30] Corsetti, A., Settanni, L., Chaves López, C., Felis, G. E., Mastrangelo, M., Suzzi, G. (2007) A taxonomic survey of lactic acid bacteria isolated from wheat (*Triticum durum)* kernels and non-conventional flours. *Systematic and Applied Microbiology* 30:561–571.
[31] Corsetti, A., Lavermicocca, P., Morea, M., Baruzzi, F., Tosti, N., Gobbetti, M. (2001) Phenotypic and molecular identification and clustering of lactic acid bacteria and yeasts from wheat (species *Triticum durum* and *Triticum aestivum*) sourdoughs of southern Italy. *International Journal of Food Microbiology* 64:95–104.
[32] Corsetti, A., de Angelis, M., Dellaglio, F., Paparella, A., Fox, P. F., Settanni, L. (2003) Characterization of sourdough lactic acid bacteria based on genotypic and cell-wall protein analyses. *Journal of Applied Microbiology* 94:641–654.
[33] Coucheney, F., Desroche, N., Bou, M., Tourdot-Maréchal, R., Guzzo, J. (2005) A new approach for selection of *Oenococcus oeni* strains in order to produce malolactic starters. *International Journal of Food Microbiology* 105:463–470.
[34] de Angelis, M., di Cagno, R., Gallo, G., Curci, M., Siragusa, S., Crecchio, C., Parente, E. Gobbetti, M. (2007) Molecular and functional characterization of *Lactobacillus sanfranciscensis* strains isolated from sourdoughs. *International Journal of Food Microbiology* 114:69–82.
[35] de Carvalho, A. F., Gautier, M., Grimont, F. (1994) Identification of dairy *Propionibacterium* species by rRNA gene restriction patterns. *Research in Microbiology* 145:667–676.

[36] de Vero, L., Gala, E., Gullo, M., Solieri, L., Landi, S., Giudici, P. (2006) Application of denaturing gradient gel electrophoresis (DGGE) analysis to evaluate acetic acid bacteria in traditional balsamic vinegar. *Food Microbiology* 23:809–813.

[37] de Vuyst, L., Vancanneyt, M. (2007) Biodiversity and identification of sourdough lactic acid bacteria. *Food Microbiology* 24:120–127.

[38] Di Cagno, R., De Angelis, M., Gallo, G., Settanni, L., Berloco, M. G., Siragusa, S., Parente, E., Corsetti, A., Gobbetti, M. (2007) Genotypic and phenotypic diversity of *Lactobacillus rossiae* strains isolated from sourdough. *Journal of Applied Microbiology* 103:821–835.

[39] Di Cagno, R., De Angelis, M., Limitone, A., Minervini, F., Carnevali, P., Corsetti, A., Gaenzle, M., Ciati, R., Gobbetti, M. (2006) Glucan and fructan production by sourdough. *Weissella cibaria* and *Lactobacillus plantarum*. *Journal of Agricultural and Food Chemistry* 54:9873–9881.

[40] Domig, K. J., Mayer, H. K., Kneifel, W. (2003) Methods used for the isolation, enumaration, characterisation and identification of Enterococcus spp. 2. Pheno- and genotypic criteria. *International Journal of Food Microbiology* 88:165–188.

[41] Duthoit, F., Godon, J.-J., Montel, M.-C. (2003) Bacterial community dynamics during production of registered designation of origin salers cheese as evaluated by 16S rRNA gene single-strand conformation polymorphism analysis. *Applied and Environmental Microbiology* 69:3840–3848.

[42] Eaton, T., Gasson, M. J. (2001) Molecular Screening of Enterococcus virulence determinants and potential for genetic exchange between Food and medical isolates. *Applied and Environmental Microbiology* 67:1628–1635.

[43] Ehrmann, M. A., Vogel, R. F. (2005) Molecular taxonomy and genetics of sourdough lactic acid bacteria. *Trends in Food Science and Technology* 16:31–42.

[44] Ehrmann, M. A., Vogel, R. F. (2001) Characterisation of *IS153*, an *IS3*-family insertion sequence isolated from *Lactobacillus sanfranciscensis* and its use for strain differentiation. *Systematic and Applied Microbiology* 24:443–450.

[45] Ehrmann, M., Ludwig, W., Schleifer, K. H. (1994) Reverse dot blot hybridization: a useful method for the direct identification of lactic acid bacteria in fermented food. *FEMS Microbiology Letters* 117:143–149.

[46] Ercolini, D., Hill, P. J., Dodd, C. E. R. (2003a) Bacterial community structure and location in stilton cheese. *Applied and Environmental Microbiology* 69: 3540–3548.

[47] Ercolini, D., Hill, P. J., Dodd, C. E. R. (2003b) Development of a *fluorescence in situ* hybridization method for cheese using a 16S rRNA probe. *Journal of Microbiological Methods* 52:267–271.

[48] Ercolini, D. (2004) PCR-DGGE fingerprinting: novel strategies for detection of microbes in food. *Journal of Microbiological Methods* 56:297–314.

[49] Ercolini, D., Mauriello, G., Blaiotta, G., Moschetti, G., Coppola, S. (2004) PCR-DGGE fingerprints of microbial succession during a manufacture of traditional water buffalo mozzarelle cheese. *Journal of Applied Microbiology* 96:263–270.

[50] Ercolini, D., Villani, F., Aponte, M., Mauriello, G. (2006) Fluorescence in situ hybridisation detection of *Lactobacillus plantarum* group on olives to be used in natural fermentations. *International Journal of Food Microbiology* 112:291–296.

[51] Ercolini, D., Moschetti, G., Blaiotta, G., Coppola, S. (2001b) The potential of a polyphasic PCR-DGGE approach in evaluating microbial diversity of Natural Whey Cultures for water-buffalo Mozzarello cheese prodution: bias of „culture-dependent“ and „culture-independent“ approaches. *Systematic and Applied Microbiology* 24:610–617.

[52] Esteve-Zarzoso, B., Peris-Toran, M. J., Garcia-Maiquez, E., Uruburu, F., Querol, A. (2001) Yeast population dynamics during the fermentation and biological aging of sherry wines. *Applied and Environmental Microbiology* 67:2056–2061.

[53] Fadda, M. E., Mossa, V., Pisano, M. B., Deplano, M., Cosentino, S. (2004) Occurrence and characterization of yeasts isolated from artisanal Fiore Sardo cheese. *International Journal of Food Microbiology* 95:51–59.

[54] Fasoli, S., Marzotto, M., Rizzotti, L., Rossi, F., Dellaglio, F., Torriani, S. (2001) Bacterial composition of commercial probiotic products as evaluated by PCR-DGGE analysis. *International Journal of Food Microbiology* 82:59–70.

[55] Ferchichi, M., Valcheva, R., Prévost, H., Onno, B., Dousset, X. (2007) Molecular identification of the microbiota of French sourdough using temporal temperature gradient electrophoresis. *Food Microbiology* 24:678–686.

[56] Fernández-Espinar, M. T., Martorell, P., de Llanos, R., Querol, A. (2006) Molecular methods to identify and characterize yeasts in foods and beverages. In: Querol, A., Fleet, G. H. (Eds.) *The yeast handbook.* Springer Verlag Berlin, Heidelberg. p. 55–81.

[57] Fernández-González, M., Espinosa, J. C., Ubeda, J. F., Briones, A. I. (2001) Yeasts present during wine fermentation: comparative analysis of conventional plating and PCR-TTGE. *Systematic and Applied Microbiology* 24:634–638.

[58] Foschino, R., Gallina, S., Andrighetto, C., Rossetti, L., Galli, A. (2004) Comparison of cultural methods for the identification and molecular investigation of yeasts from sourdoughs for Italian sweet baked products. *FEMS Yeast Research* 4:609–618.

[59] Foschino, R., Arrigoni, C., Picozzi, C., Mora, D., Galli, A. (2001) Phenotypic and genotyic aspects of *Lactobacillus sanfranciscensis* strains isolated from sourdoughs in Italy. *Food Microbiology* 18:277–285.

[60] Franzetti, L., Galli, A., Pagani, M. A., De Noni, I. (1998) Microbiological and chemical investigations on sugar kefir drink. *Annali di Microbiologia ed Enzimologia* 48:67–80.

[61] Friedrich, U., Lenke, A. (2006) Improved enumeration of lactic acid bacteria in mesophlic dairy starter cultures by using multiplex quantitative real-time PCR and flow cytometry fluorescence in situ hybridization. *Applied and Environmental Microbiology* 72:4163–4171.

[62] Furet, J. P., Quenee, P., Taillez, P. (2002) Identification and quantification of lactic acid bacteria by real-time quantative PCR. *Sciences des Aliments* 22:33–44.

[63] Furet, J.-P., Quénée, P., Tailliez, P. (2004) Molecular quantification of lactic acid bacteria in fermented milk products using real-time quantitative PCR. *International Journal of Food Microbiology* 97:197–207.

[64] Ganga, M. A., Martínez, C. (2004) Effect of wine yeast monoculture practice on the biodiversity of non-Saccharomyces yeasts. *Journal of Applied Microbiology* 96:76–83.

[65] Garde, S., Babin, M., Gaya, P., Nuñez, M., Medina, M. (1999) PCR amplification of the gene *acmA* differentiates *Lactococcus lactis* subsp. *lactis* and *L. lactis* subsp. *cremoris*. *Applied and Environmental Microbiology* 65:5151–5153.

[66] Gatti, M., Lazzi, C., Rossetti, L., Mucchetti, G., Neviani, E. (2003) Biodiversity in *Lactobacillus helveticus* strains present in natural whey starter used for Parmigiano Reggiano cheese. *Journal of Applied Microbiology* 95:463–470.

[67] Gatti, M., Trivisano, C., Fabrizi, E., Neviani, E., Gardini, F. (2004) Biodiversity among *Lactobacillus helveticus* strains isolated from different natural whey starter cultures as revealed by classification trees. *Applied and Environmental Microbiology* 70:182–190.

[68] Gautier, M., de Carvalho, A., Rouault, A. (1996) DNA fingerprinting of dairy propionibacteria strains by pulsed-field gel electrophoresis. *Current Microbiology* 32:17–24.

[69] Gevers, D., Danielsen, M., Huys, G., Swings, J. (2003) Molecular characterization of *tet*(*M*) genes in *Lactobacillus* isolates from different types of fermented dry sausage. *Applied and Environmental Microbiology* 69:1270–1275.

[70] Giraffa, G., Gatti, M., Rossetti, L., Senini, L., Neviani, E. (2000) Molecular diversity within Lactobacillus helveticus as revealed by genotypic characterization. *Applied and Environmental Microbiology* 66:1259–1265.

[71] Giraffa, G., De Vecchi, P., Rossi, P., Nicastro, G., Fortina, M. G. (1998) Genotypic heterogeneity among *Lactobacillus helveticus* strains isolated from natural cheese starters. *Journal of Applied Microbiology* 85:411–416.

[72] Granchi, L., Ganucci , D., Viti, C., Giovannetti, L., Vincenzini, M. (2003) *Saccharomyces cerevisiae* biodiversity in spontaneous commercial fermentations of grape musts with ‚adequate‘ and ‚inadequate‘ assimilable-nitrogen content. *Letters in Applied Microbiology* 36:54–58.

[73] Grattepanche, F., Lacroix, C., Audet, P., Lapointe, G. (2005) Quantification by real-time PCR of *Lactococcus lactis* subsp. *cremoris* in milk fermented by a mixed culture. *Applied Microbiology and Biotechnology* 66:414–421.

[74] Hamad, S. H., Dieng, M. C., Ehrmann, M. A., Vogel, R. F. (1997) Characterization of the bacterial flora of sudanese sorghum flour and sourghum sourdough. *Journal of Applied Microbiology* 83:764–770.

[75] Han, K.-S., Kim, Y., Choi, S., Oh, S., Park, S., Kim, S.-H., Whang, K.-Y. (2005) Rapid identification of *Lactobacillus acidophilus* by restriction analysis of the rapid 16S-23S rRNA intergenic spacer region and flanking 23S rRNA gene. *Biotechnology Letters* 27:1183–1188.

[76] Hertel, C., Ludwig, W., Obst, M., Vogel, R. F., Hammes, W. P., Schleifer, K. H. (1991) 23S rRNA targeted oligonucleotide probes for the rapid identification of meat lactobacilli. *Systematic and Applied Microbiology* 14:173–177.

[77] Howell, K. S., Bartowsky, E. J., Fleet, G. H., Henschke, P. A. (2004) Microsatellite PCR profiling of *Saccharomyces cerevisiae* strains during wine fermentation. *Letters in Applied Microbiology* 38:315–320.

[78] Hugenholtz, P., Goebel, B. M., Pace, N. R. (1998) Impact of culture-independent studies on the emerging phylogenetic view of bacterial diversity. *Journal of Bacteriology* 180:4765–4774.

[79] Husnik, J. I., Volschenk, H., Bauer, J., Colavizza, D., Luo, Z., van Vuuren, H. J. J. (2006) Metabolic engineering of malolactic wine yeast. *Metabolic Engineering* 8:315–323.

[80] Jespersen L., Nielsen, D. S., Honholt, S., Jakobse, M. (2005, Feb) Occurrence and diversity of yeasts involved in fermentation of West African cocoa beans. *FEMS Yeast Research* 5(4–5):441–453.

[81] Jurkovič, D., Križkova, L., Sojka, M., Takácová, M., Dušinský, R., Krajcovic, J., Vandamme, P., Vancanneyt, M. (2007) Genetic diversity of *Enterococcus faecium* isolated from Bryndza cheese. *International Journal of Food Microbiology* 116:82–87.

[82] Kitahara, M., Sakata, S., Benno, Y. (2005) Biodiversity of *Lactobacillus sanfranciscensis* strains isolated from five sourdoughs. *Letters in Applied Microbiology* 40:353–357.

[83] Klijn, N., Weerkamp, A. H., de Vos, W. M. (1995) Detection and characterization of lactose-utilizing *Lactococcus* spp. in natural ecosystems. *Applied and Environmental Microbiology* 61:788–792.

[84] Kostinek, M., Specht, I., Edward, V. A., Pinto, C., Egounlety, M., Sossa, C., Mbuga, S., Dortu, C., Thonart, P., Taljaard, L., Mengu, M., Franz, C. M. A. P., Holzapfel, W. H. (2007) Characterisation and biochemical properties of predominant lactic acid bacteria from fermenting cassava for selection as starter cultures. *International Journal of Food Microbiology* 114:342–351.

[85] Kostinek, M., Specht, I., Edward, V. A., Pinto, C., Schillinger, U., Hertel, C., Holzapfel, W. H., Franz, C. M. A. P. (2005) Diversity and techological properties of predominant lactic acid bacteria from fermented cassava used for the preparation of Gari, a traditional African food. *Systematic and Applied Microbiology* 28:527–540.

[86] Krawczyk, B., Lewandowski, K., Kur, J. (2002) Comparative studies of the *Acinetobacter* genus and the species identification method based on the recA sequences. *Molecular and Cellular Probes* 16:1–11.

[87] Kuipers, O. P., de Jong, A., Holsappel, S., Bron, S., Kok, J., Hamoen, L. W. (1999) DNA-microarrays and food-biotechnology. *Antonie Van Leeuwenhoek* 76:353–355.

[88] Kunene, N. F., Geornarsi, I., von Holy, A., Hastings, J. W. (2000) Characterization of lactic acid bacteria from sorghum-based fermented weaning food by analysis of soluble proteins and AFLP fingerprinting. *Applied and Environmental Microbiology* 66:1084–1092.

[89] Kwon, H.-S., Yang, E.-H., Yeon, S.-W., Kang, B.-H., Kim, T.-Y. (2004) Rapid identification of probiotic *Lactobacillus* species by multiplex PCR using species-specific primers based on the region extending from 16S rRNA through 23S rRNA. *FEMS Microbiology Letters* 239:267–275.

[90] Langa, S., Fernández, A., Martín, R., Reviriego, C., Marín, M. L., Fernández, L., Rodríguez, J. M. (2003) Differentiation of *Enterococcus faecium* from *Lactobacillus delbrueckii*

subsp. *bulgaricus* and *Streptococcus thermophilus* strains by PCR and dot-blot hybridisation. *International Journal Food Microbiology* 88:197–200.

[91] Landete, J. M., de lasRivas, B., Marcobal, A., Munoz, R. (2007) Molecular methods for the detection of biogenic amine-producing bacteria on foods. *International Journal of Food Microbiology* 117:258–269.

[92] Le Jeune, C., Lonvaud-Funel, A. (1997) Sequence of DNA 16S/23S spacer region of *Leuconostoc oenos* (*Oenococcus oeni*): application to strain differentation. *Research in Microbiology* 48:79–86.

[93] Lönner, C., Preve-Åkesson, K., Ahrné, S. (1990) Plasmid contents of lactic acid bacteria isolated from different types of sour doughs. *Current Microbiology* 20:201–207.

[94] Lopandic, K., Zelger, S., Bánsky, L. K., Eliskases-Lechner, F., Prillinger, H. (2006) Identification of yeasts associated with milk products using tradtional and molecular techniques. *Food Microbiology* 23:341–350.

[95] Lopes, C. A., van Broock, M., Querol, A., Caballero, A. C. (2002) *Saccharomyces cerevisiae* wine yeast populations in a cold region in Argentinean Patagonia. A study at different fermentation scales. *Journal of Applied Microbiology* 93:608–615.

[96] Malacrino, P., Zapparoli, G., Torriani, S., Dellaglio, F. (2001) Rapid detection of viable yeasts and bacteria in wine by flow cytometry. *Journal of Microbiological Methods* 45:127–134.

[97] Mannu, L., Paba, A., Pes, M., Floris, R., Scintu, M. F., Morelli, L. (1999) Strain typing among enterococci isolated from homemade Pecorino Sardo cheese. *FEMS Microbiology Letters* 170:25–30.

[98] Marcobal, A., de las Rivas, B., Moreno-Arribas, M. V., Munoz, R. (2005) Multiplex PCR method for the simultaneous detection of histamine-, tyramine-, and putrescine-producing lactic acid bacteria in foods. *Journal of Food Protection* 68:874–878.

[99] Martínez, C., Gac, S., Lavín, A., Ganga, M. (2004) Genomic characterization of *Saccharomyces cerevisiae* strains isolated from wine-producing areas in South America. *Journal of Applied Microbiology* 96:1161–1168.

[100] Masoud, W., Cesar, L. B., Jesüersen, L., Jakobsen, M. (2004) Yeast involved in fermentation of Coffea arabica in East Africa determined by genotyping and by direct denaturating gradient gel electrophoresis. *Yeast* 21:549–556.

[101] Matte-Tailliez, O., Quénéé, P., Cibik, R., Van Opstal, J., Dessevre, O., Firmesse, O., Tailliez, P. (2001) Detection and identification of lactic acid bacteria in milk and industrial starter culture with fluorescently labeled rRNA-targeted peptide nucleic acid probes. *Le Lait* 81:237–248.

[102] Mauriello, G., Moio, L., Genovese, A., Ercolini, D. (2003) Relationship between flavouring capabilities, bacterial composition and geographical origin of Natural Whey cultures. *Journal of Dairy Science* 86:486–497.

[103] Meroth, C. B., Walter, J., Hertel, C., Brandt, M. J., Hammes, W. P. (2003) Monitoring the bacterial population dynamics in sourdough fermentation processes by using PCR-denaturing gradient gel electrophoresis. *Applied and Environmental Microbiology* 69:475–482.

[104] Miambi, E., Guyot, J. P., Ampe, F. (2003) Identification, isolation and quantification of representative bacteria from fermented cassava dough using an integrated approach of culture-dependent and culture-independent methods. *International Journal of Food Microbiology* 82:111–120.

[105] Mills, D. A., Johannsen, E. A., Cocolin, L. (2000) Yeast diversity and persistence in botrytis-affected wine fermentations. *Applied and Environmental Microbiology* 68:4884–4893.

[106] Morrissey, W. F., Davenport, B., Querol, A., Dobson, A. D. (2004) The role of indigenous yeasts in traditional Irish cider fermentations. *Journal of Applied Microbiology* 97:647–655.

[107] Moschetti, G., Blaiotta, G., Aponte, M. (1998) Random amplified polymorphic DNA (RAPD) and amplified ribosomal DNA spacer polymorphism: powerful methods to differentiate *Streptococcus thermophilus* strains. *Journal of Applied Microbiology* 85:25–23.

[108] Mora, D., Grazia Fortina, M., Parini, C., Manachini, P. L. (1997) Identication of *Pediococcus acidilactici* and *Pediococcus pentosaceus* based on 16S rRNA and *ldh*D gene-targeted multiplex PCR analysis. *FEMS Microbiology Letters* 151:231–236.

[109] Muyzer, G., Smalla, K. (1998) Application of denaturing gradient gel electrophoresis (DGGE) and temperature gradient gel electrophoresis (TGGE) in microbial ecology. *Antonie van Leeuwenhoek* 73:127–141.
[110] Myers, R. M., Maniatis, T., Lerman, L. S. (1987) Detection and localization of single base changes by denaturing gradient gel-electrophoresis. *Methods in Enzymology* 155:501–527.
[111] Nielsen, D. S., Hønholt, S., Tano-Debrah, K., Jespersen, L. (2005) Yeast populations associated with Ghanaian cocoa fermentations analysed using denaturing gradient gel electrophoresis (DGGE). *Yeast* 22:271–284.
[112] Nigatu, A., Ahrné, S., Molin, G. (2001) Randomly amplified polymorphic DNA (RAPD) profiles for the distinction of Lactobacillus species. *Antonie van Leeuwenhoek* 79:1–6.
[113] Nissen, H., Dainty, R. (1995) Comparison of the use of rRNA probes and conventional methods in identifying strains of *Lactobacillus sake* and *L. curvatus* isolated from meat. *International Journal of Food Microbiology* 25:311–315.
[114] Ogier, J.-C., Lafarge, V., Girard, V., Rault, A., Maladen, V., Gruss, A., Leveau, J.-Y., Delacroix-Buchet, A. (2004) Molecular fingerprinting of dairy microbial ecosystems by use of temporal temperature and denaturing gradient gel electrophoresis. *Applied and Environmental Microbiology* 70:5628–5643.
[115] Ogier, J.-C., Son, O., Gruss, A., Tailliez, P., Delacroix-Buchet, A. (2002) Identification of the bacterial microflora in dairy products by temporal temperature gradient gel electrophoresis. *Applied and Environmental Microbiology* 68:3691–3701.
[116] Olsen, K. N., Brockmann, E., Molin, S. (2007) Quantification of Leuconostoc populations in mixed dairy starter cultures using fluorescence in situ hybridization. *Journal of Applied Microbiology* 103:855–863.
[117] Omar, N. B., Ampe, F., Raimbault, M., Guyot, J. P., Tailliez, P. (2000) Molecular diversity of lactic acid bacteria from cassava sour starch (Colombia). *Systematic and Applied Microbiology* 23:285–291.
[118] Ortu, S., Felis, G. E., Marzotto, M., Deriu, A., Molicotti, P., Sechi, L. A., Dellaglio, F., Zanetti, S. (2007) Identification and functional characterization of *Lactobacillus* strains isolated from milk and Gioddu, a traditional Sardinian fermented milk. *International Dairy Journal* 17:1312–1320.
[119] Paludan-Müller, C., Huss, H. H., Gram, L. (1998) Characterization of lactic acid bacteria isolated from a Thai low-salt fermented fish product and the role of garlic as substrate for fermentation. *International Journal of Food Microbiology* 46:219–229.
[120] Pérez Pulido, R., Ben Omar, N., Abriouel, H., Lucas López, R., Martínez Cañamero, M., Gálvez, A. (2005) Microbiological study of lactic acid fermentation of Caper berries by molecular and culture-dependent methods. *Applied and Environmental Microbiology* 71:7872–7879.
[121] Petersen, K. M., Jespersen, L. (2004) Genetic diversity of the species *Debaryomyces hansenii* and the use of chromosome polymorphism for typing of strains isolated from surface-ripened cheeses. *Journal of Applied Microbiology* 97:205–213.
[122] Petersen, K. M., Westall, S., Jespersen, L. (2003) Microbial succession of *Debaryomyces hansenii* strains during the production of Danish surfaced-ripened cheeses. *Journal of Dairy Science* 85:478–486.
[123] Pramateftaki, P. V., Lanaridis, P., Typas, M. A. (2000) Molecular identification of wine yeasts at species or strain level: a case study with strains from two vine-growing areas of Greece. *Journal of Applied Microbiology* 89:236–248.
[124] Prillinger, H., Molnár, O., Eliskases-Lechner, F., Lopandic, K. (1999) Phenotypic and genotypic identification of yeasts from cheese. *Antonie van Leeuwenhoek* 75:267–283.
[125] Provencher, C., LaPointe, G., Sirois, S., Van Calsteren, M. R., Roy, D. (2003) Consensus-degenerate hybrid oligonucleotide primers for amplification of priming glycosyltransferase genes of the exopolysaccharide locus in strains of the *Lactobacillus casei* group. *Applied and Environmental Microbiology* 69:3299–3307.
[126] Pulvirenti, A., Solieri, L., Gullo, M., De Vero, L., Giudici, P. (2004) Occurrence and dominance of yeast species in sourdough. *Letters in Applied Microbiology* 38:113–117.

[127] Rachman, N., Kabadjova, P., Prévost, H., Dousset, X. (2003) Identification of *Lactobacillus alimentarius* and *Lactobacillus farciminis* with 16S-23S rDNA intergenic spacer region polymorphism and PCR amplification using species-specific oligonucleotide. *Journal of Applied Microbiology* 95:1207–1216.
[128] Randazzo, C. L., Torriani, S., Akkermans, A. D. L., de Vos, W. M., Vaughan, E. E. (2002) Diversity, dynamics, and activity of bacterial communities during production of an artisanal sicilian cheese as evaluated by 16S rRNA analysis. *Applied and Environmental Microbiology* 68:1882–1892.
[129] Randazzo, C. L., Heilig, H., Restuccia, C., Giudici, P., Caggia, C. (2005) Bacterial population in traditional sourdough evaluated by molecular methods. *Journal of Applied Microbiology* 99:251–258.
[130] Rantsiou, K., Iacumin, L., Cantoni, C., Comi, G., Cocolin, L. (2005) Ecology and characterization by molecular methods of *Staphylococcus* species isolated from fresh sausages. *International Journal of Food Microbiology* 97:277–284.
[131] Rantsiou, K., Drosinos, E. H., Gialitaki, M., Metaxopoulos, I., Comi, G., Cocolin, L. (2006) Use of molecular tools to characterize *Lactobacillus* spp. isolated from Greek traditional fermented sausages. *International Journal of Food Microbiology* 112:215–222.
[132] Rebecchi, A., Crivori, S., Sarra, P. G., Cocconcelli, P. S. (1998) Physiological and molecular techniques for the study of becterial community development in sausage fermentation. *Journal of Applied Microbiology* 84:1043–1049.
[133] Renouf, V., Claisse, O., Lonvaud-Funel, A. (2006) rpoB gene: A target for identification of LAB cocci by PCR-DGGE and melting curves analysis in real-time PCR. *Journal of Microbiological Methods* 67:162–170.
[134] Rodríguez, M. E., Lopes, C. A., van Broock, M., Valles, S., Ramón, D., Caballero, A. C. (2004) Screening and typing of Patagonian wine yeasts for glycosidase activities. *Journal of Applied Microbiology* 96:84–95.
[135] Rodriguez, E., Gonzalez, B., Gaya, P., Nunez, M., Medina, M. (2000) Diversity of bacteriocins produced by lactic acid -bacteria isolated from raw milk. *International Dairy Journal* 10:7–15.
[136] Romano, P., Ricciardi, A., Salzano, G., Suzzi, G. (2001) Yeasts from Water Buffalo Mozzarella, a traditional cheese of the Mediterranean area. *International Journal of Food Microbiology* 69:45–51.
[137] Rossi, F., Tofalo, R., Torriani, S., Suzzi, G. (2001) Identification by 16S ± 23S rDNA intergenic region amplification, genotypic and phenotypic clustering of *Staphylococcus xylosus* strains from dry sausages. *Journal of Applied Microbiology* 90:365–371.
[138] Rossi, F., Torriani, S., Dellaglio, F. (1998) Identification and clustering of dairy propionibacteria by RAPD-PCR and CGEREA methods. *Journal of Applied Microbiology* 85:956–964.
[139] Rossi, F., Torriani, S., Dellaglio, F. (1999) Genus- and species-specific PCR-based detection of dairy propionibacteria in environmental samples by using primers targeted to the genes encoding 16S rRNA. *Applied and Environmental Microbiology* 65:4241–4244.
[140] Roy, D., Ward, P., Vincent, D., Mondou, F. (2000) Molecular identification of potentially probiotic lactobacilli. *Current Microbiology* 40:40–46.
[141] Roy, D., Sirois, S., Vincent, D. (2001) Molecular discrimination of Lactobacilli used as starter and probiotic cultures by amplified ribosomal DNA restriction analysis. *Current Microbiology* 42:282–289.
[142] Ruiz, A., Poblet, M., Mas, A., Guillamón, J. M. (2000) Identification of acetic acid bacteria by RFLP of PCR amplified 16S-23S rDNA intergenic spacer. *International Journal of Systematic and Evolutionary Microbiology* 50:1981–1987.
[143] Sanz, Y., Hernández, M., Ferrús, M. A., Hernández, J. (1998) Characterization of *Lactobacillus sake* isolates from dry-cured sausages by restriction fragment length polymorphism analysis of the 16S rRNA gene. *Journal of Applied Microbiology* 84:600–606.
[144] Saubusse, M., Millet, L., Delbès, C., Callon, C., Montel, M. C. (2007) Application of single strand conformation polymorphism-PCR method for distinguishing cheese bacterial com-

munities that inhibit *Listeria monocytogenes*. *International Journal of Food Microbiology* 116:126–135.

[145] Schillinger, U., Yousif, N. M. K., Sesar, L., Franz, M. A. P. (2003) Use of group-specific and RAPD-PCR differentation of *Lactobacillus* strains for probiotic yogurts. *Current Microbiology* 47:453–456.

[146] Semedo, T., Almeida Santos, M., Martins, P., Silva Lopes, M. F., Figueiredo Marques, J. J., Tenreiro, R., Bareto Crespo, M. T. (2003) Comparative study using type strains and clinical and food isolates to examine hemolytic activity and occurrence of the *cyl* operon in Enterococci. *Journal of Clinical Microbiology* 41:2569–2576.

[147] Settanni, L., Valmorri, S., van Sinderen, D., Suzzi, G., Paparella, A., Corsetti, A. (2006) Combination of multiplex PCR and PCR-denaturing gradient gel electrophoresis for monitoring common sourdough-associated *Lactobacillus* species. *Applied and Environmental Microbiology* 72:3793–3796.

[148] Spano, G., Beneduce, L., Tarantino, D., Zapparoli, G., Massa, S. (2002) Characterization of *Lactobacillus plantarum* from wine must by PCR species-specific and RAPD-PCR. *Letters in Applied Microbiology* 35:370–374.

[149] Stahl, M., Molin, G. (1994) Classification of *Lactobacillus* reuteri by restriction endonuclease analysis of chromosomal DNA. *International Journal of Systematic Bacteriology* 44:846–849.

[150] Stevenson, M., Muck, R. E., Shinners, J., Weimer, P. J. (2006) Use of real-time PCR to determine population profiles of individual species of lactic acid bacteria in alfalfa silage nd stored corn stover. *Applied Microbiology Biotechnology* 71:329–338.

[151] Succi, M., Reale, A., Andrighetto, C., Lombardi, A., Sorrentino, E., Coppola, R. (2003) Presence of yeasts in southern Italian sourdoughs from *Triticum aestivum* flour. *FEMS Microbiology Letters* 225:143–148.

[152] Suzzi, G., Lombardi, A., Lanorte, M. T., Caruso, M., Andrighetto, C., Gardini, F. (2000) Phenotypic and genotypic diversity of yeasts isolated from water-buffalo Mozzarella cheese. *Journal of Applied Microbiology* 88:117–123.

[153] Suzzi, G., Caruso, M., Gardini, F., Lombardi, A., Vannini, L., Gueroni, M. E., Andrighetto, C., Lanorte, M. T. (2000) A survey of the enterococci isolated from an artisanal Italian goat's cheese (semicotto caprino). *Journal of Applied Microbiology* 89:267–274.

[154] Temmermann, R., Scheirlink, L., Huys, G., Swings, J. (2003) Culture independent analysis of probiotic products by denaturating gradient gel electrophoresis. *Applied and Environmental Microbiology* 69:220–226.

[155] Tieking, M., Korakli, M., Ehrmann, M. A., Gänzle, M. G., Vogel, R. F. (2003) In situ production of exopolysaccharides during Sourdough fermentation by cereal and intestinal isolates of lactic acid bacteria. *Applied and Environmental Microbiology* 69:945–952.

[156] Tilsala-Timisjärvi, A., Alatossava, T. (2001) Characterization of the 16S-23S and 23S-5S rRNA intergenic spacer regions of dairy propionibacteria and their identification with species-specific primers by PCR. *International Journal of Food Microbiology* 68:45–52.

[157] Tilsala-Timisjärvi, A., Alatossava, T. (1997) Development of oligonucleotide primers from the 16S-23s rRNA intergenic sequences for identifying different dairy and probiotic lactic acid bacteria by PCR. *International Journal of Food Microbiology* 35:49–56.

[158] Torija, M. J., Rozès, N., Poblet, M., Guillamón, J. M., Mas, A. (2003) Effects of fermentation temperature on the strain population of *Saccharomyces cerevisiae*. *International Journal of Food Microbiology* 80:47–53.

[159] Torija, M. J., Rozès, N., Poblet, M., Guillamón, J. M., Mas, A. (2001) Yeast population dynamics in spontaneous fermentations: comparison between two different wine-producing areas over a period of three years. *Antonie Van Leeuwenhoek* 79:345–352.

[160] Torriani, S., Felis, G. E., Dellaglio, F. (2001) Differentiation of *Lactobacillus plantarum, L. pentosus*, and *L. paraplantarum* by *recA* Gene sequence analysis and Multiplex PCR assay with *recA* gene-derived primers. *Applied and Environmental Microbiology* 67:3450–3454.

[161] Trcek, J., Teuber, M. (2002) Genetic and restriction analysis of the 16S-23S rDNA internal transcribed spacer regions of acetic acid bacteria. *FEMS Microbiology Letters* 208:69–75.
[162] Valmorri, S., Settanni, L., Suzzi, G., Gardini, F., Vernocchi, P., Corsetti, A. (2006) Application of a novel polyphasic approach to study the lactobacilli composition of sourdoughs from the Abruzzo region (central Italy). *Letters in Applied Microbiology* 43:343–349.
[163] van Beek, S., Priest, F. G. (2002) Evolution of the Lactic Acid Bacterial Community during Malt Whisky Fermentation: a Polyphasic Study. *Applied and Environmental Microbiology* 68:297–305.
[164] van der Aa Kühle, A., Jesperen, L., Glover, R. L., Diawara, B., Jakobsen, M. (2001) Identification and characterization of *Saccharomyces cerevisiae* strains isolated from West African sorghum beer. *Yeast* 18:1069–1079.
[165] van der Meulen, R., Grosu-Tudor, S., Mozzi, F., Vaningelgem, F., Zamfir, M., de Valdez, G. F., De Vuyst, L. (2007) Screening of lactic acid bacteria isolates from dairy and cereal products for exopolysaccharide production and genes involved. *International Journal of Food Microbiology* 118:250–258.
[166] Valcheva, R., Kabadjova, P., Rachman, C., Ivanova, I., Onno, B., Prevost, H., Dousset, X. (2007) A rapid PCR procedure for the specific identification of *Lactobacillus sanfranciscensis*, based on the 16S–23S intergenic spacer regions. *Journal of Applied Microbiology* 102:290–302.
[167] Vasdinyei, R., Deak, T. (2003) Characterization of yeast isolates originating from Hungarian dairy products using traditional and molecular identification techniques. *International Journal of Food Microbiology* 86:123–130.
[168] Vasquez, A., Ahrne, S., Pettersson, B., Molin, G. (2001) Temporal temperature gradient gel electrophoresis (TTGE) as a tool for identification of *Lactobacillus casei, Lactobacillus paracasei, Lactobacillus zeae* and *Lactobacillus rhamnosus*. *Letters in Applied Microbiology* 32:215–219.
[169] Villani, F., Casaburi, A., Pennacchia, C., Filosa, L., Russo, F., Ercolini, D. (2007) Microbial ecology of the soppressata of Vallo di Diano, a traditional dry fermented sausage from southern Italy, and in vitro and in situ selection of autochthonous starter cultures. *Applied and Environmental Microbiology* 73:5453–5463.
[170] Veljovic, K., Terzic-Vidojevic, A., Vukasinovic, M., Strahinic, I., Begovic, J., Lozo, J., Ostojic, M., Topisirovic, L. (2007) Preliminary characterization of lactic acid bacteria isolated from Zlatar cheese. *Journal of Applied Microbiology* 103:2142–2252.
[171] Walling, E., Gindreau, E., Lonvaud-Funel, A. (2005) A putative glucan synthase gene *dps* detected in exopolysaccharide-producing *Pediococcus damnosus* and *Oenococcus oeni* strains isolated from wine and cider. *International Journal of Food Microbiology* 98:9873–9881.
[172] Walzek, E., Czapliska, A., Barszczewski, W., Wilgosz, M., Wojtatowicz, M., Robak, M. (2007) RAPD with microsatellite as a tool for differentation of *Candida* genus yeasts isolated in brewing. *Food Microbiology* 24:305–312.
[173] Werning, M. L., Ibarburu, I., Duenas, M. T., Irastorza, A., Navas, J., Lopez, P. (2006) Pediococcus parvulus gtf gene encoding the GTF glycosyltransferase and its application for specific PCR detection of beta-D-glucan-producing bacteria in foods and beverages. *Journal of Food Protection* 69:161–169.
[174] Yeung, P. S. M., Kitts, C. L., Cano, R., Tong, P. S., Sanders, M. E. (2004) Application of genotyping and phenotyping analyses to commercial probiotic strain identity and relatedness. *Journal of Applied Microbiology* 97:1095–1104.
[175] Yeung, P. S. M., Sanders, M. E., Kitts, C. L., Cano, R., Tong, P. S. (2002) Species-Specific identification of commercial probiotic strains. *Journal of Dairy Science* 85:1039–1051.
[176] Yousif, N. M. K., Dawyndt, P., Abriouel, H., Wijaya, A., Schillinger, U., Vancanneyt, M., Swings, J., Dirar, H. A., Holzapfel, W. H., Franz, C. M. A. P. (2005) Molecular characterization, technological properties and safety aspects of enterococci from ‚Hussawa', an African fermented sorghum product. *Journal of Applied Microbiology* 98:216–228.

[177] Zapparoli, G., Reguant, C., Bordons, A., Torriani, S., Dellaglio, F. (2000) Genomic DNA fingerprinting of *Oenococcus oeni* strains by pulsed-field gel electrophoresis and randomly amplified polymorphic DNA-PCR. *Current Microbiology* 40:351–355.

[178] Zapparoli, G., Torriani, S., Dellaglio, F. (1998a) Differentation of *Lactobacillus sanfranciscensis* strains by randomly polymorphic DNA and pulsed-field gel electrophoresis. *FEMS Microbiology Letters* 166:325–332.

[179] Zapparoli, G., Torriani, S., Pesente, P., Dellaglio, F. (1998b) Design and evaluation of malolactic enzyme gene targeted primers for rapid identification of *Oenococcus oeni* in wine. *Letters in Applied Microbiology* 27:243–246.

Kapitel 14
Quantitative Analysen

Philipp Hübner

Inhalt

14.1 Einleitung

Der heilige Gral jeglicher Analytik ist, den wahren Wert bestimmen zu können. Dies bedingt quantitative Messmethoden, welche in der molekularen Analytik nun seit einiger Zeit zur Verfügung stehen. Das generelle Problem bei der Quantifizierung ist, dass wir meistens den wahren Wert weder kennen noch bestimmen können! Aus diesem Grund behelfen wir uns mit Annäherungen an den wahren Wert, indem wir aus Laborvergleichsuntersuchungen den Median oder den (robusten) Mittelwert berechnen oder indem wir einen Erwartungswert (expected value) aufgrund der Herstellung des Probenmaterials berechnen. Bei diesen Versuchen der Annäherung an den wahren Wert findet beabsichtigterweise eine Normierung der Analytik statt, entweder nach dem demokratischen Prinzip, dass die Mehrheit bestimmt oder durch zur Verfügungsstellung von geeignetem zertifiziertem Referenzmaterial. Wir

Ph. Hübner (✉)
Kantonales Laboratorium Basel-Stadt, Kannenfeldstraße 2, Postfach, 4002 Basel, Schweiz
Tel.: +41 61 385 25 00
Fax: +41 61 385 25 09
e-mail: philipp.huebner@bs.ch

U. Busch (Hrsg.), *Molekularbiologische Methoden in der Lebensmittelanalytik,*
DOI 10.1007/978-3-642-10716-0_14, © Springer-Verlag Berlin Heidelberg 2010

müssen uns folglich bewusst sein, dass durch dieses Vorgehen zwar garantiert wird, dass die Mehrheit der Analysenlaboratorien gleich misst, wir jedoch dabei nicht wissen, ob alle gleich gut oder allenfalls gleich schlecht messen.

Die Lebensmittelanalytik dient in vielen Fällen zur Überprüfung von Spezifikation oder von gesetzlichen Höchstwerten, d. h. dass quantitative Nachweisverfahren oft in einer qualitativen Weise zur Unterscheidung von Einhaltung (compliance) und Nichteinhaltung (non-compliance) von festgelegten Werten verwendet werden. Deshalb sollten insbesondere die Leistungsmerkmale der verwendeten Nachweisverfahren bei den entsprechenden Höchst- und Spezifikationswerten bekannt sein.

14.2 Grundlegende Anforderungen

Nachweisverfahren sollten einerseits möglichst genau und andererseits robust sein, damit auch in anderen Laboratorien vergleichbare Resultate erhalten werden. Dies ist vor allem unter dem Aspekt der Rechtssicherheit enorm wichtig. Das Austesten der Robustheit einer Prüfmethode ist experimentell jedoch schwierig zugänglich und sehr aufwendig. Mit noch vertretbarem Aufwand durchzuführen sind Laborvergleichsstudien für eine Prüfmethode, wobei die Motivation der teilnehmenden Laboratorien nur vorhanden ist, wenn die zu testende Prüfmethode entweder neu ist oder einen Vorteil gegenüber den bereits etablierten Prüfmethoden aufweist.

14.2.1 Genauigkeit: Richtigkeit und Präzision

Nachweisverfahren sollten möglichst genau messen. Die Genauigkeit setzt sich zusammen aus den beiden Komponenten Richtigkeit und Präzision. Die Richtigkeit wird ausgedrückt durch die Abweichung vom wahren Wert und wird durch die Begriffe „systematische Abweichung", „systematischer Fehler" oder englisch „bias" erfasst. Wie eingangs bereits dargelegt, bereitet uns die Bestimmung der Richtigkeit große Mühe, da die Bestimmung des wahren Wertes alles andere als trivial ist. Die zweite Komponente der Genauigkeit ist die Präzision, welche sich experimentell als Streuung von Messwerten durch Wiederholmessungen unter verschiedenen Bedingungen erfassen lässt. Obwohl uns die Bestimmung der Präzision leichter zugänglich ist als die der Richtigkeit, dürfen wir dabei nicht außer Acht lassen, dass wir mit der Bestimmung der Präzision nur einen Aspekt der Genauigkeit erfassen.

Der Zusammenhang zwischen den Begriffen Genauigkeit, Richtigkeit und Präzision lässt sich am besten mit dem Trefferbild auf einer Zielscheibe beschreiben (s. Abb. 14.1). Die Richtigkeit beschreibt dabei die Abweichung des Mittelwertes aller Treffer (Bestimmungen) vom Zentrum (= wahrer Wert). Die Lage dieses Zentrums ist uns in den meisten Fällen verborgen, weshalb wir zu den eingangs erläuterten Hilfsmitteln und Konventionen (assigned value, expected value) greifen. Die Be-

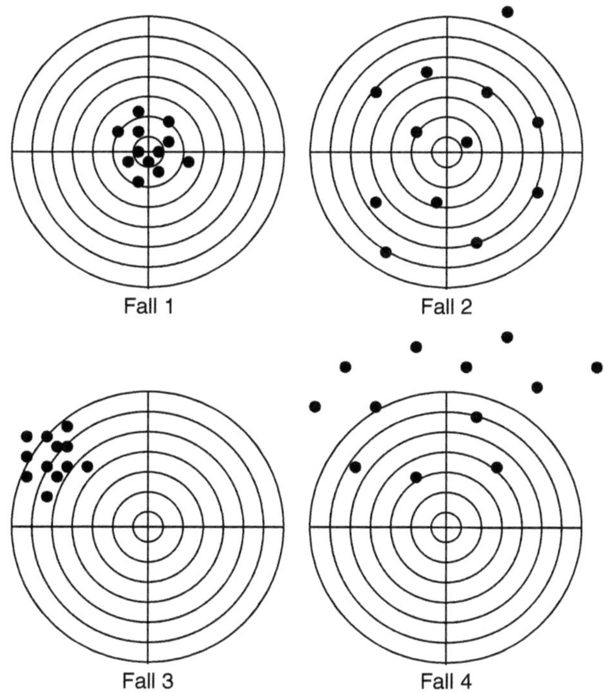

Abb. 14.1 Versinnbildlichung von Genauigkeit und ihrer beiden Komponenten Richtigkeit und Präzision. *Fall 1* zeigt eine hohe Richtigkeit und eine hohe Präzision. Bei *Fall 2* ist die Richtigkeit ebenfalls hoch, während die Präzision tief ist. Bei *Fall 3* liegen eine tiefe Richtigkeit und eine hohe Präzision vor. Schließlich finden wir in *Fall 4* eine Kombination einer tiefen Richtigkeit und einer tiefen Präzision vor

stimmung der Richtigkeit eines Nachweisverfahrens gehört somit zum schwierigsten Teil bei der Validierung. Wenn eine systematische Abweichung vom Zentrum feststellbar ist, stellt sich die Frage nach deren Ursache, damit die Prüfmethode entsprechend angepasst werden kann.

Die Präzision hingegen beschreibt die Streuung um den Mittelwert aller Treffer (Bestimmungen) und ist folglich unabhängig vom Zentrum unserer Zielscheibe. Die Präzision hat nichts mit der Anzahl der Messungen zu tun. Eine unpräzise Methode wird nicht dadurch präziser, dass wir statt drei nun zwanzig Messungen durchführen. Hingegen wird das Vertrauensintervall für den Mittelwert kleiner, je mehr Messungen vorliegen. Zudem gilt auch hier, dass Übung den Meister macht…

Die Genauigkeit, d. h. die Richtigkeit und die Präzision, sind bei den meisten Methoden die Hauptkomponenten der Messunsicherheit, welche gemäß der Norm ISO 17025 angegeben werden muss, wenn der Empfänger des Messresultates dies wünscht, wenn dies für die Gültigkeit oder Anwendung der Prüfergebnisse von Bedeutung ist oder wenn die Einhaltung von vorgegebenen Grenzen infrage steht.

Die Kenntnis der Genauigkeit und ihrer beiden Komponenten Richtigkeit und Präzision ist folglich für die Beurteilung der Einhaltung von Spezifikationen und gesetzlichen Höchstwerten unabdingbar, da die Vertrauensintervalle der Messresultate auf der Bestimmung der Genauigkeit basieren. Unter der Annahme einer Normalverteilung aller unserer Messwerte um den wahren Wert können wir bei Kenntnis der Genauigkeit unserer Nachweismethode das 95 %-Vertrauensintervall um unseren Messwert berechnen. Mit 95 %iger Wahrscheinlichkeit liegt der wahre

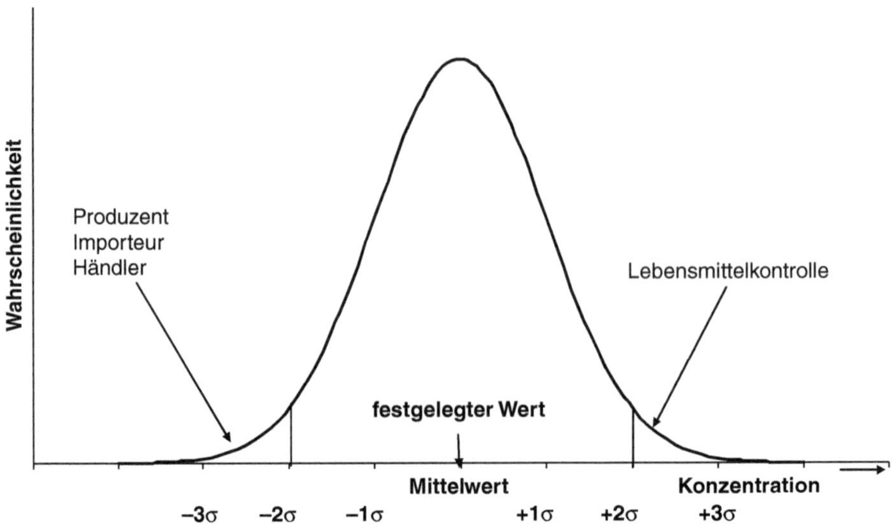

Abb. 14.2 Operationskurve für die Einhaltung von spezifizierten Werten oder von gesetzlichen Höchstwerten. Unter Berücksichtigung der Messunsicherheit wird das 95 %-Vertrauensintervall von Messwerten beim spezifizierten oder beim gesetzlichen Höchstwert berechnet. Damit lassen sich Interventionswerte für die Industrie sowie für die Kontrollbehörde bestimmen

Wert der Messprobe zwischen unserem Messwert minus zweimal die Standardabweichung (σ) unseres Nachweisverfahrens und unserem Messwert plus zweimal die Standardabweichung (σ).Um sicher zu sein, dass der spezifizierte Wert oder der gesetzliche Höchstwert überschritten ist, muss der Messwert diesen Wert um mindestens zwei Standardabweichungen des gesamten Nachweisverfahrens überschreiten. Erst bei Überschreitung dieses Wertes ist der spezifizierte Wert oder der gesetzliche Höchstwert mit 95 %iger Wahrscheinlichkeit überschritten. Dieser Wert stellt deshalb die Interventionsgrenze der Lebensmittelkontrollbehörde dar (s. z. B. auch Verordnung [EG] Nr. 1881/2006). Auf der andern Seite strebt die lebensmittelproduzierende Industrie ebenfalls eine Sicherheit von 95 % an, dass der wahre Wert in der Messprobe nicht über dem spezifizierten Wert oder dem gesetzlichen Höchstwert liegt. Dies ist dann der Fall, wenn der Messwert diesen Wert um mindestens zwei Standardabweichungen unterschreitet. Diese Verhältnisse sind in Abb. 14.2 wiedergegeben.

14.2.1.1 Bestimmung der relativen Richtigkeit

Für die Bestimmung der relativen Richtigkeit benötigen wir Referenzmaterialien, am besten zertifizierte Referenzmaterialien, für deren Herstellung strenge Anforderungen gelten [1]. Bei zertifiziertem Referenzmaterial muss insbesondere jeder zertifizierte Wert zusammen mit seiner Unsicherheit angegeben werden.

Bei auf molekularbiologischen Verfahren beruhenden Nachweismethoden wie z. B. der PCR (Polymerase-Kettenreaktion) ist meistens DNA der zu messende Analyt. Über die für diese Nachweisverfahren wichtige Integrität der DNA im Zusammenhang mit der Herstellung von Referenzmaterialien (wie z. B. Nassmischen, Trockenmischen, Nassmahlen, Trockenmahlen) wurden im Laufe der vergangenen Jahre wichtige Erfahrungen gesammelt. Da die zurzeit verfügbaren zertifizierten Referenzmaterialien unterschiedliche Herstellungsverfahren durchlaufen haben, können Unterschiede zwischen verschiedenen Chargen (Batches) auftreten. Zudem dürfte so gut wie nie die Situation eintreten, dass die zu untersuchende Lebensmittelprobe unter den gleichen Bedingungen wie das Referenzmaterial hergestellt wurde. Auf zertifiziertes Referenzmaterial zurückführbares Probenmaterial, wie z. B. aus 1 % GVO-Soja hergestelltes Soja-Lezithin ist zurzeit nicht oder nur sehr spärlich und schwierig erhältlich. Hingegen werden Probenmaterialien, welche in internationalen Laborvergleichsstudien (Proficiency Testing) verwendet wurden, oft von diesen Organisationen angeboten. Diese können bei der Validierung einer Nachweismethode wertvolle Dienste leisten.

Experimentell wird die relative Richtigkeit durch Wiederholmessungen unter verschiedenen Bedingungen ermittelt. Die Abweichung des Mittelwertes oder des Medians aller Messresultate vom erwarteten Wert (expected value, assigned value) ergibt dabei den systematischen Fehler (bias). Erfahrungsgemäß muss mit systematischen Abweichungen bis zu 30 % vom Erwartungswert gerechnet werden [2].

14.2.1.2 Bestimmung der Präzision

Die Präzision eines Nachweisverfahrens ist wie bereits gesagt experimentell sehr viel besser zugänglich als dessen Richtigkeit. Um die Streuung von Messresultaten bestimmen zu können, müssen wir im Wesentlichen Wiederholmessungen durchführen. Dabei gilt jedoch streng zu unterscheiden, ob diese Wiederholmessungen das gesamte Verfahren oder nur einen Teil davon erfassen. Die Bestimmung der Präzision des gesamten Verfahrens beinhaltet die Wiederholung der Einwaage, der Probenvorbereitung, der DNA-Extraktion und der molekularbiologischen Messung. Im Allgemeinen werden Aspekte der Probenahme und der Homogenisierung von heterogenen Proben losgelöst vom Nachweisverfahren betrachtet. Wir müssen uns nichtsdestotrotz bewusst sein, dass bei diesen beiden Schritten oft nur eine tiefe Präzision mit vertretbarem Aufwand erzielt werden kann, was die Präzision des gesamten Verfahrens stark beeinflussen kann. Es ist wesentlich darauf hinzuweisen, dass Wiederholmessungen von Proben-DNA nur Auskunft über die Präzision der quantitativen molekularen Bioanalytik geben können und bei Weitem nicht die Präzision des gesamten Verfahrens abdecken. Für die Beurteilung von Messwerten ist die in Wiederholmessungen in verschiedenen Laboratorien erzielte Präzision unter Reproduktionsbedingungen (reproducibility) äußerst wichtig. Diese Werte werden regelmäßig in Laborvergleichsstudien wie z. B. der FAPAS GeMMA bestimmt und geben Auskunft über einen Aspekt der Robustheit. Dabei muss jedoch berücksichtigt werden, dass die Teilnehmer von „proficiency tests“ frei sind in der Wahl ihrer

Nachweisverfahren sowie ihrer Analysegeräte. Wir haben bereits mehrfach die Erfahrung gemacht, dass molekularbiologische Nachweisverfahren apparateabhänging sein können und erst nach entsprechender Adaptierung zu akzeptablen Resultaten führen. Für einen Ringversuch müssen alle Teilnehmer die gleichen Methoden anwenden. Gemäß ISO 5725 und IUPAC 1995 beträgt die Mindestanzahl der teilnehmenden Laboratorien (nach Ausreißerbereinigung) acht. Die Teilnehmer sollten zudem die Testmethode beherrschen. So einleuchtend diese Forderung klingt, so schwierig ist sie in der Praxis umzusetzen, da die Teilnehmer meistens nur dann an einem Ringversuch interessiert sind, wenn sie diese Methode noch nicht „besitzen“. Aus diesem Grund ist die in Ringversuchen ermittelte Abschätzung der Reproduktionspräzision einer Methode oft zu groß. Die unter Wiederholbarkeitsbedingungen ermittelte Präzision ist in der Regel um ein Drittel kleiner als die Reproduktionspräzision. Erfahrungsgemäß muss bei molekularbiologischen Nachweisverfahren mit relativen Standardabweichungen (RSD, Synonym Variationskoeffizient) von bis zu 30 % gerechnet werden.

14.2.2 Bestimmungs- und Nachweisgrenze

Wenn wir das Einhalten von Spezifikation oder von gesetzlichen Höchstwerten mit unserer Analytik überprüfen, müssen wir sicherstellen, dass die Bestimmungsgrenze des verwendeten Nachweisverfahrens unter dem spezifizierten Wert oder unter dem gesetzlichen Höchstwert liegt.

Die Bestimmungs- und Nachweisgrenzen eines Nachweisverfahrens geben deshalb wichtige Anhaltspunkte, ob ein Verfahren bei einer gewissen Fragestellung überhaupt anwendbar ist oder nicht. Es dürfte auf der Hand liegen, dass mit einer Methode, welche eine Bestimmungsgrenze von 5 % GVO aufweist, die heute weltweit geltenden Deklarationsschwellenwerte nicht überprüft werden könnten.

Die Nachweisgrenze von Prüfmethoden ist dann wichtig, wenn bereits die Anwesenheit eines Analyten in der Messprobe aus welchen Gründen auch immer nicht akzeptierbar ist. Diese Situation lag z. B. in der Anfangsphase der GVO-Analytik vor, als die lebensmittelrechtliche Regelung die Anwesenheit von 35S-Promotor-DNA als Kriterium für die Kennzeichnung anwandte. Als Folge dieser Regelung setzte ein wahrer Wettbewerb ein, wer die empfindlichste Nachweismethode anwendet. Unsere Messvergleiche haben dabei beim gleichen Nachweisverfahren Unterschiede bei den Nachweisgrenzen verschiedener Untersuchungslaboratorien bis zu einem Faktor 20 offenbart [3], was zu einer dementsprechenden Rechtsunsicherheit führte. Um diese Rechtsunsicherheit zu verringern, begannen wir im Jahre 1998 in der Schweiz mit der Entwicklung und Validierung von quantitativen Nachweisverfahren. Anfänglich benutzten wir dabei die kompetitive PCR, bei welcher mit großem Arbeitsaufwand geeignete PCR-Kompetitoren entwickelt werden mussten. Mit der Entwicklung der real-time PCR und der Kommerzialisierung der dafür notwendigen Synthese von mit Fluoreszenzfarbstoffen markierten DNA-Sonden wurde die Entwicklung und Validierung von quantitativen, auf PCR basierenden Nachweisverfahren wesentlich vereinfacht und beschleunigt. Mit der darauf folgenden Einführung von Deklarationsschwellenwerten wurde die Bestimmungsgrenze von molekularbiologischen Nachweisverfahren für die Lebensmittelkontrolle immer wichtiger. In Einzelfällen, wie z. B. der Beurteilung der Verkehrsfähigkeit von Reis bezüglich des gentechnisch veränderten LL601-Reis, wird jedoch immer noch auf die Nachweisgrenze von lebensmittelrechtlich vorgeschriebenen Nachweisverfahren Bezug genommen. Aus analytischer Sicht ist in jedem Fall die Festsetzung eines Höchstwertes vorzuziehen, nicht zuletzt im Interesse der Rechtssicherheit.

14.2.2.1 Definitionen von Bestimmungs- und Nachweisgrenze

ISO, IUPAC und AOAC INTERNATIONAL definieren in einem gemeinsamen Papier (http://www.iupac.org/divisions/V/501/draftoct19.pdf) die Bestimmungsgrenze (limit of quantification, LOQ) und die Nachweisgrenze (limit of detection, LOD) wie folgt:

> The limit of quantification of an analytical procedure is the lowest amount or concentration of analyte in a sample which can be quantitatively determined with an *acceptable* level of precision and accuracy.
> The limit of detection is the smallest amount or concentration of analyte in the test sample that can be *reliably* distinguished with stated significance, from the background or blank level.

Die Bestimmungsgrenze hängt also zu einem großen Teil davon ab, was genau unter einem akzeptablen Maß an Präzision und Richtigkeit verstanden wird. Obwohl es verschiedene internationale Bemühungen (z. B. Codex alimentarius) gibt, dieses akzeptable Maß vorzugeben, besitzt der Analytiker bei der Festsetzung der Bestimmungsgrenze immer noch eine gewisse Freiheit. So wird die Bestimmungsgrenze eines Nachweisverfahrens oft auf die tiefste getestete Analytkonzentration festgesetzt, obwohl das Nachweisverfahren bei tieferen Analytkonzentrationen ebenfalls noch akzeptable Resultate liefern würde. Da diese Werte weit unterhalb einer Beurteilungsgrenze liegen können, sind sie für den Analytiker höchstens aus akademischen, nicht aber aus praktischen Gründen relevant und werden folglich oft nicht bestimmt.

Bei der Nachweisgrenze spielt es eine Rolle, was wir unter einer zuverlässigen Unterscheidung vom Messhintergrund verstehen. Sehr oft wird mit einem 95 % Vertrauensintervall gearbeitet, es gibt jedoch auch hier sehr viele verschiedene Ansätze. Oft wird die Nachweisgrenze als Messhintergrund plus drei Standardabweichungen des Hintergrundes und die Bestimmungsgrenze als Messhintergrund plus sechs bis zehn Standardabweichungen des Hintergrundes festgelegt. Da der Hintergrund und dessen Rauschen bei der real-time PCR nicht messbar sind, müssen die Bestimmungs- und Nachweisgrenzen auf andere Weise bestimmt werden.

Der Codex alimentarius hat in verschiedenen Dokumenten wie z. B. im Dokument ALINORM 03/23 (ftp://ftp.fao.org/codex/alinorm03/al03_23e.pdf) vorgeschlagen, die Bestimmungs- und Nachweisgrenze anhand der relativen Standardabweichungen (RSD) zu bestimmen. Gemäß diesen Vorschlägen beträgt die RSD bei der Nachweisgrenze 33 % und bei der Bestimmungsgrenze 25 %.

14.2.2.2 Faktoren, welche die Bestimmungs- und Nachweisgrenze beeinflussen

Die Bestimmungs- und Nachweisgrenzen von molekularbiologischen Nachweisverfahren wie der real-time PCR werden hauptsächlich durch die Anzahl der Genomkopien in der Reaktion, durch die Präzision der PCR sowie durch die zertifizierte Schwankungsbreite des Referenzmaterials bestimmt.

Die Präzision der Entnahme von kleinen Mengen an Zielmolekülen mittels Pipette kann in Analogie zur Mikrobiologie mithilfe der Poisson-Verteilung berechnet werden. Dabei ist die Standardabweichung gleich der Quadratwurzel des Mittelwertes; d. h. wenn wir im Mittel 100 Zielmoleküle pipettieren, beträgt die Standardabweichung 10 und RSD ist 10 %. Bei 25 Zielmolekülen wird bereits eine RSD von 20 % erreicht.

Die Präzision der PCR hängt einerseits von den Schwankungen der Enzymeffizienz und der Stabilität der Taq-DNA-Polymerasenaktivität und andererseits von der Fluoreszenzdetektion durch die Real-Time-PCR-Geräte ab. Der erste Aspekt wurde mittels Modelrechnungen [4] abgeschätzt. Bei einer PCR-Effizienz von 90 %, d. h. 90 % aller Zielsequenzen werden in einem PCR-Zyklus verdoppelt, variiert die RSD der PCR von 50 % bei einem Zielmolekül über 10 % bei 25 Zielmolekülen bis zu 4 % bei 100 Zielmolekülen. Die RSD der Fluoreszenzdetektion der Real-Time-PCR-Geräte weist große Unterschiede zwischen den verschiedenen Gerätetypen und -herstellern auf. Die Schwankungsbreite variiert von RSD-Werten bei 1 bis 10 %.

Schließlich muss berücksichtigt werden, dass das zertifizierte Referenzmaterial, welches zur Kalibrierung verwendet wird, ebenfalls eine Schwankungsbreite aufweist. Dieser Wert wird auf dem Zertifikat ausgewiesen und kann z. B. je nach GVO-Gehalt und GVO zwischen 25 und 1,1 % variieren.

Gemäß Fehlerfortpflanzungsgesetz nach Gauss wird die Gesamtstreuung aus der Quadratwurzel der Summe der Quadrate der einzelnen Streuungen berechnet. Bei Berücksichtigung der drei Faktoren Entnahme von kleinen Mengen an Zielmolekülen mittels Pipette, Schwankungen der PCR-Effizienz und Schwankungsbreite des zertifizierten Referenzmaterials wird ohne Berücksichtigung der Schwankungsbreite der Fluoreszenzdetektion eine Gesamt-RSD von 25 % bei ca. 25 Zielmolekülen und eine solche von 33 % bei ca. 12 Zielmolekülen erreicht. Damit lässt sich die Bestimmungsgrenze von Real-Time-PCR-Nachweisverfahren mit 25 bis 50 Zielmolekülen, die Nachweisgrenze mit 10 bis 20 Zielmolekülen abschätzen [5].

Die praktische Bestimmungsgrenze von molekularbiologischen Nachweisverfahren hängt wesentlich von der im Verfahren eingesetzten Menge Gesamt-DNA ab. In den Anfangszeiten der GVO-Analytik wurde, um eine gewisse Normierung zwischen den verschiedenen Untersuchungslaboratorien anzustreben, im Schweizerischen Lebensmittelbuch die Menge der pro PCR einzusetzenden Menge Nukleinsäure auf 500 ng festgelegt. In der Folge beobachteten wir, dass unsere Resultate dadurch um einiges reproduzierbarer wurden. Als quantitative, Real-Time-PCR-Nachweisverfahren zur Verfügung standen, wurde die in die PCR einzusetzende Menge DNA mit 200 ng pro Reaktion weiterhin festgeschrieben. Da die Genomgrößen von verschiedenen Organismen von 0,9 Mrd. Basenpaaren beim Reis bis zu über 30 Mrd. Basenpaaren beim Weizen variieren, hängt die theoretische Bestimmungsgrenze zusätzlich von der Genomgröße der untersuchten Nutzpflanze ab und beträgt z. B. 0,1 % im Fall von Mais und 0,02 % im Fall von Reis [5]. Die praktische Bestimmungsgrenze hängt neben der Genomgröße weiter von der Menge amplifizierbarer Zielsequenzen des nachzuweisenden Organismus ab. Wenn ein Lebensmittel zu 100 % aus Soja besteht, beträgt die theoretische Bestimmungsgrenze 0,04 %. Bei einem Lebensmittel mit einem Sojaanteil von 10 % ist die Anzahl amplifzierbarer Zielsequenzen zehnmal tiefer als im ersten Fall. Konsequenterweise steigt die Bestimmungsgrenze dadurch um den Faktor zehn auf 0,4 %. Bei einer Lebensmittelprobe mit einem Sojaanteil von 1 % beträgt deshalb die theoretische Bestimmungsgrenze 4 %. Aus diesem Grund lassen sich die gesetzlichen Deklarationsschwellenwerte, welche nota bene pro Zutat und nicht für das gesamte Lebensmittel gelten, bei Soja nur bis zu Anteilen von ca. 4 % und bei Mais nur bis zu Anteilen von ca. 10 % mit einem akzeptablen Maß an Präzision und Richtigkeit bestimmen.

Neben der direkt in der Probe vorhandenen Zutatenmenge spielt im Weiteren die Amplifizierbarkeit der aus der Probe isolierten DNA für die Bestimmungsgrenze eine sehr große Rolle. So ist z. B. die Amplifizierbarkeit der aus sterilisiertem Süßmais aus Konserven isolierten Mais-DNA wesentlich geringer im Vergleich zu der aus Maismehl isolierten Mais-DNA. Die Prozessierung von Lebensmitteln kann zu unterschiedlicher Extrahierbarkeit der DNA und zu unterschiedlicher Degradation der DNA führen, was die Quantifizierung des relativen DNA-Anteils verzerren kann [6].

Die auf die zu untersuchende Probe bezogene Bestimmungsgrenze kann durch die Bestimmung der Anzahl von Soja- respektive von Maisgenomkopien in der Untersuchungsprobe berechnet oder zumindest abgeschätzt werden (s. auch Abschn. 14.3.2.2). Es wäre sinnvoll und begrüßenswert, auf den Prüfberichten diese probenbezogene Bestimmungsgrenze neben der Bestimmungsgrenze des Nachweisverfahrens mit anzugeben. Als Konsequenz müssen wir deshalb lernen, die Grenzen der Nachweisverfahren vermehrt auf die bei den Untersuchungsproben angetroffenen Verhältnisse (Zusammensetzung, Lebensmittelprozessierung) zu beziehen. Diesbezüglich müssen in erster Linie die Empfänger von Messresultaten besser informiert und instruiert werden.

14.2.2.3 Experimentelle Bestimmung der Bestimmungs- und Nachweisgrenze

Für die experimentelle Bestimmung der Bestimmungs- und Nachweisgrenzen des Gesamtverfahrens inklusive Probenvorbereitung und DNA-Extraktion benötigen wir zertifiziertes Referenzmaterial mit tiefen bis sehr tiefen Analytgehalten (0,1 bis 0,01 %). Zurzeit stehen jedoch für die GVO-Analytik nur zertifizierte Referenzmaterialien mit minimalen Gehalten von 0,1 % GVO zur Verfügung. Alle publizierten auf real-time PCR basierenden GVO-Nachweisverfahren können einen GVO-Gehalt von 0,1 % mit einem akzeptablen Maß an Präzision und Richtigkeit bestimmen.

Die Bestimmungs- und Nachweisgrenze des molekularbiologischen Teils eines Nachweisverfahrens kann separat mittels verdünnten DNA-Lösungen experimentell bestimmt werden. Es ist aber wichtig, in diesem Zusammenhang darauf hinzuweisen, dass dies keinesfalls die Grenzen des Gesamtverfahrens widerspiegelt! Die Bestimmungsgrenze für den PCR-Teil des Nachweisverfahrens liegt in Übereinstimmung mit unseren theoretischen Überlegungen bei 30 bis 50 Genkopien, während die Nachweisgrenze bei 10 bis 20 Genkopien liegt [5].

14.3 Analytisches Vorgehen

14.3.1 Real-Time PCR

Bei der real-time PCR werden dem PCR-Ansatz eine oder mehrere für die Zielsequenz oder Zielsequenzen spezifische Sonde(n) zugesetzt, die mit Fluoreszenzfarbstoffen markiert sind. Diese Sonden fluoreszieren durch entsprechende externe Anregung (Excitation) nach Bindung an die Zielsequenz, entweder nach enzymatischer Hydrolyse von Quenchermolekülen (z. B. TaqMan-Sonden) durch Taq-DNA-Polymerase oder durch Energietransfer zwischen Sonden, die in unmittelbarer Nachbarschaft an die Zielsequenz hybridisieren (FRET-Sonden). Dabei steigt in jedem Zyklus die Fluoreszenz proportional zur Anzahl synthetisierter PCR-Produkte.

Das während der PCR erzeugte Fluoreszenzsignal wird mithilfe eines optischen Systems in Echtzeit (real time) gemessen. Die Software des Real-Time-PCR-Gerätes stellt die gemessene relative Fluoreszenz in Echtzeit nach jedem Zyklus dar. Die Auswertung beruht im Gegensatz zur klassischen PCR-Analytik nicht auf einer Bestimmung der PCR-Produkte am Ende der PCR, sondern auf einer kinetischen Messung der Zunahme von Fluoreszenz während der PCR infolge der Bildung von spezifischen Amplifikationsprodukten. Die Quantifizierung der Zielsequenzen in der Proben-DNA erfolgt schließlich über externe Standardreihen mit bekannten Konzentrationen von Zielsequenzen. In jeder quantitativen Analysenreihe müssen deshalb neben den in den spezifischen SOPs beschriebenen Kontrollen Standards zur Quantifizierung mitgeführt werden.

Die Auswertungssoftware berechnet aus den Schnittpunkten der Fluoreszenzkurven der Proben mit einem vom System oder vom Analytiker festgesetzten Schwellenwert (threshold value) die jeweiligen C_t-Werte. Die Kalibrationsgerade wird in der Regel als Regressionsgerade in der semilogarithmischen Darstellung der DNA-Menge (Anzahl Genomkopien) versus C_t-Wert für jeden PCR-Lauf berechnet. Bei optimaler PCR-Amplifikation von 100 % beträgt die Steigung dieser Kalibrationsgeraden −3,32. Die Amplifikationseffizienz sollte zwischen 80 und 100 % liegen, d. h. die Steigung der Kalibrationsgerade sollte zwischen −3,3 und −4 betragen. Die Aussagekraft der Steigung der Kalibrationsgeraden ist bei einem kleinen Kalibrationsbereich (z. B. nur über eine Dekade von 10 bis 100 %) jedoch stark eingeschränkt. Bei Proben-DNA kann aufgrund möglicher Inhibitionseffekte die Untersuchung verschiedener Verdünnungsstufen der Proben-DNA zweckmäßig sein.

Die für ein analytisches PCR-Labor notwendigen Vorsichtsmaßnahmen (räumliche Trennung, DNA-Dekontamination etc.) sind auch für quantitative Analysen einzuhalten, auch wenn die Reaktionsgefäße nach der Amplifikation nicht mehr geöffnet werden.

14.3.2 Quantifizierung von GVO

In einer ersten real-time PCR wird aus der Proben-DNA zunächst eine pflanzenartspezifische Sequenz amplifiziert. In einer weiteren real-time PCR wird die für die jeweilige gentechnisch veränderte Pflanze charakteristische Sequenz (GVO-spezifische Sequenz) oder eine bei verschiedenen gentechnisch veränderten Pflanzen gemeinsam vorhandene Sequenz (GVO-Screening) amplifiziert. Diese beiden PCR können auch in einer Reaktion durchgeführt werden (Multiplex-PCR). Die gebildeten Amplikons werden mittels einer fluoreszenzmarkierten TaqMan-Sonde fluorometrisch während jedem PCR-Zyklus (real time) nachgewiesen. Dabei wird die Nukleaseaktivität der *Taq*-DNA-Polymerase ausgenützt, indem die Sonde während der Polymerisation gespalten und dadurch ein Fluoreszenzfarbstoff (z. B. FAM) von einem Quencher (z. B. TAMRA) räumlich getrennt und dadurch fluoreszierend wird.

Die Anzahl Zyklen, bei der das gemessene Fluoreszenzsignal einen vorgegebenen Schwellenwert (threshold) übersteigt, ergibt den C_t-Wert. Für die Quantifizierung der Menge des Zielgens in der Probe wird der C_t-Wert der Probe mit dem C_t-Wert eines Standards in Beziehung gebracht. Zur Auswertung werden externe Standardreihen mit Verdünnungen von Pflanzenspezies-DNA bzw. von DNA aus der jeweiligen gentechnisch veränderten Pflanze verwendet. Zur Berechnung des relativen Anteils an DNA aus einem GVO in der Pflanzenspezies-DNA der Probe werden die aus den jeweiligen C_t-Werten abgeleiteten Kopienzahlen herangezogen.

Mit diesem Verfahren kann insbesondere die Aussage getroffen werden, ob der Anteil an GVO über einem gesetzlich definierten Schwellenwert (z. B. 0,9 %) liegt. Diese Aussage ist auch dann möglich, wenn ein Erzeugnis mehrere Zutaten aus verschiedenen Nutzpflanzen enthält.

Sind in einem Erzeugnis mehrere Zutaten aus einer Pflanzenspezies (aus einer Nutzpflanze) enthalten (z. B. Sojamehl und Sojalezithin), ist eine zutatenspezifische Quantifizierung jedoch nicht mehr möglich, da die aus diesen verschiedenen Zutaten isolierte DNA analytisch nicht unterschieden werden kann.

14.3.2.1 Berechnung des GVO-Gehaltes in der Gesamtspezies-DNA

Anhand der Kalibrationsgeraden werden die Kopienzahlen für die Pflanzenspezies und für den untersuchten GVO für die Proben-DNA ermittelt. Die ermittelte GVO-Kopienzahl wird zu der in derselben DNA-Lösung (Verdünnung) ermittelten Kopienzahl des pflanzenspezifischen Gens ins Verhältnis gesetzt. Dabei gilt zu berücksichtigen, dass die Amplifizierbarkeit der allenfalls verwendeten verschiedenen Referenz-DNAs aufgrund des Herstellungsverfahrens der Referenzmaterialien unterschiedlich sein kann. Die Bestimmung der Kopienzahl des pflanzenspezifischen Gens für die Proben erfolgt meistens mittels eines bestimmten Referenzmaterials, während für die Bestimmung der GVO-Kopienzahlen verschiedene Referenzmaterialien verwendet werden müssen. Daher müssen die ermittelten GVO-Kopienzahlen mit der relativen Amplifizierbarkeit der GVO-Referenz-DNA korrigiert werden (s. Abb. 14.3).

Für die Berechnung gelten folgende Abkürzungen:

GVO	GVO-Pflanzengenomkopien, berechnet mittels Gerätesoftware
PFS	Pflanzenspeziesgenomkopien, berechnet mittels Gerätesoftware
Amp (GVO)	Amplifizierbarkeit der GVO-Standard DNA
Amp (PFS)	Amplifizierbarkeit der Pflanzenspeziesstandard DNA

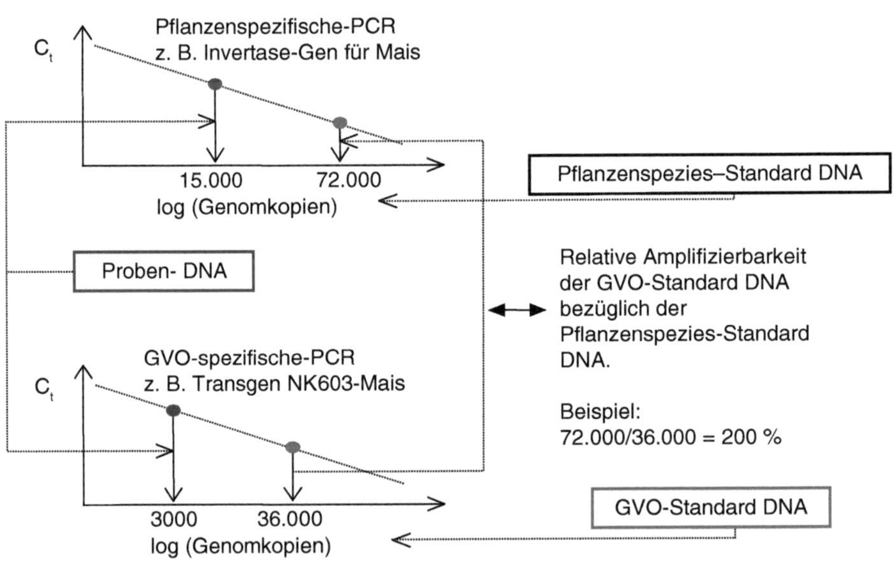

Abb. 14.3 Ermittlung des GVO-Anteils in der Gesamtspezies-DNA mittels zwei Kalibrationen. Das Vorgehen ist im Text beschrieben. Die Amplifikationseffizienz der GVO-Standard-DNA kann wie im Beispiel über 100 % liegen, wenn die DNA des GVO-Standards besser amplifizierbar ist als diejenige des Pflanzenspeziesstandards. Gründe dafür können Unterschiede in der Herstellung sein, wie z. B. thermische Belastungen infolge von Mahlprozessen

Der GVO-DNA-Gehalt einer Zutat der Probe wird wie folgt berechnet:

$$\text{GVO-DNA-Gehalt (\%)} = \frac{\text{GVO/Amp (GVO)}}{\text{PFS/Amp (PFS)}} \times 100\ \%.$$

Die Amplifizierbarkeit der Pflanzenspeziesstandard-DNA wird konventionsgemäß als 100 % definiert. Damit vereinfacht sich die Formel zu:

$$\text{GVO-DNA-Gehalt (\%)} = \frac{\text{GVO/Amp (GVO)}}{\text{PFS}} \times 100\ \%.$$

Das Beispiel aus obenstehender Abbildung ergibt somit:

$$\text{NK603-DNA-Gehalt (\%)} = \frac{3000/2}{15.000} \times 100\ \% = 10\ \%.$$

14.3.2.2 Berechnung der relativen Nachweis- und Bestimmungsgrenze

Die theoretische Nachweisgrenze in einer PCR beträgt 10 Genomkopien, die theoretische Bestimmungsgrenze 36 Genomkopien [5]. Die relative, probenbezogene Nachweis- und Bestimmungsgrenze (rel NG; rel BG) hängt ab von der Anzahl Pflanzengenome in der DNA-Probe und wird wie folgt berechnet:

$$\text{rel NG (\%)} = \frac{10}{\text{PFS(Probe)}} \times 100\ \%; \quad \text{rel BG (\%)} = \frac{36}{\text{PFS(Probe)}} \times 100\ \%.$$

Beispiel: Wenn die Probe 1.000 Genomkopien von Mais enthält, berechnen sich die relative Nachweisgrenze (rel NG) und die relative Bestimmungsgrenze (rel BG) wie folgt:

$$\text{rel NG (\%)} = \frac{10}{1.000} \times 100\ \% = 1\ \%; \quad \text{rel BG (\%)} = \frac{36}{1000} \times 100\ \% = 3,6\ \%.$$

Damit die relative Bestimmungsgrenze unter 0,9 % liegt (z. B. lebensmittelrechtlich festgelegter Schwellenwert), muss die Proben-DNA mindestens 4.000 Pflanzenspeziesgenomkopien enthalten. Gegebenenfalls muss die Messung deshalb auch mit unverdünnter Proben-DNA durchgeführt werden.

14.3.2.3 Referenzmaterialien für die Kalibrierung

Für die GVO-Analytik stehen zurzeit nur zertifizierte Referenzmaterialien von den meisten zugelassenen GVOs zur Verfügung. Diese Referenzmaterialien werden hauptsächlich vom Institut für Referenzmaterialien und Messungen der Europäischen Union in Geel, Belgien hergestellt (IRMM, http://www.irmm.jrc.be/) und enthalten definierte GVO-Anteile von minimal 0,1 % bis zu maximal 10 %, womit sie die heute weltweit geltenden Deklarationsschwellenwerte abdecken. Die Herstellung dieser zertifizierten Referenzmaterialien muss einerseits den GVO-Anteil innerhalb einer spezifizierten Schwankungsbreite garantieren, andererseits muss bei der Herstellung darauf geachtet werden, dass die DNA in der Probe nicht oder zumindest nicht unterschiedlich beeinträchtigt wird. Da die zurzeit verfügbaren zertifizierten Referenzmaterialien unterschiedliche Herstellungsverfahren durchlaufen haben, können Unterschiede zwischen verschiedenen Chargen (Batches) auftreten. Aus diesem Grund verlangt die FAPAS bei ihren „proficiency tests“ die Angabe der Batch-Nummern des verwendeten zertifizierten Referenzmaterials und gibt für die einzelnen Runden Empfehlungen über den Gebrauch von zertifiziertem Referenzmaterial. Dies illustriert einmal mehr unsere Schwierigkeit, den wahren Wert einer Probe bestimmen zu wollen!

In Einzelfällen, soweit zertifizierte Referenzmaterialien nicht verfügbar sind, können entsprechende Mischungen aus Vergleichsmaterialien mit 100 %-GVO - Anteil und 0 %-GVO-Material hergestellt werden.

Zur Herstellung von Kalibrierreihen sollte Material mit einem möglichst hohen GVO-Anteil eingesetzt werden. Die Isolierung der DNA sollte möglichst mit demselben Verfahren erfolgen, welches zur DNA-Extraktion aus den Proben angewendet wurde. Der photometrisch bestimmte Gehalt der Referenz-DNA wird dann mit dem durchschnittlichen Genomgewicht auf Kopienzahlen umgerechnet, wobei anzumerken ist, dass die Kopienzahl lediglich eine rechnerische Hilfsgröße darstellt. Nur das Verhältnis der Kopienzahlen von GVO-Zielsequenz-DNA zu Spezies-DNA, nicht aber ihr absoluter Wert ist für die Quantifizierung des GVO-Anteils von Bedeutung.

Die Genomgewichte und -größen von Nutzpflanzen können der Literatur [7] entnommen werden. In der folgenden Tabelle (Tab. 14.1) sind die daraus berechneten Durchschnittswerte der wichtigsten Nutzpflanzen aufgelistet.

14.3.2.4 FAPAS GeMMA

Wir nehmen seit Jahren regelmäßig an GVO-Laborvergleichsuntersuchungen (proficiency tests) der englischen Organisation FAPAS teil. In den vergangenen 5 Jahren sind auf diese Weise die Resultate von 22 Laborvergleichsuntersuchungen zu-

Tab. 14.1 Genomgrößen von wichtigen Nutzpflanzen

Pflanzenspezies	Genomgröße (2C*) in Milliarden bp	Genomkopien (2C) in 200 ng DNA
Mais (Zea mays)	5,0	36.000
Soja (*Glycine max*)	2,2	82.000
Raps (*Brassica napus*)	2,4	77.000
Zuckerrübe (*Beta vulgaris* ssp. *Saccharifera*)	1,5	120.000
Tomate (*Lycopersicon esculentum*)	1,9	96.000
Kartoffel (*Solanum tuberosum*)	3,5	53.000
Weizen (*Triticum*)	31,9	6.000

*2C: diploider Chromosomensatz

sammengekommen. Beim Vergleich des Medianwertes der Teilnehmerresultate (assigned value) mit dem aufgrund der Herstellung des Probenmaterials erwarteten Wert (expected value) fällt auf, dass der durch die Teilnehmer festgesetzte Wert (assigned value) meistens höher liegt als der erwartete Wert (expected value). Diese Tendenz scheint unabhängig vom GVO-Gehalt des Probenmaterials zu sein. Ebenfalls davon unabhängig ist der Anteil der genügenden Teilnehmer (*z*-score zwischen −2 und +2). Von insgesamt 791 in 22 Laborvergleichsuntersuchungen eingereichten Resultaten waren 637 (81 %) genügend. Diese Zusammenhänge sind in Abb. 14.4 dargestellt.

Für die Bewertung der teilnehmenden Laboratorien in internationalen Laborvergleichsstudien gibt FAPAS als Zielstandardabweichung $\log_{10}$ 0,2 (für Soja) und $\log_{10}$ 0,25 (für Mais) an. Somit liegt die Untergrenze des 95 % Konfidenzintervalls für GVO-Bestimmungen in Soja bei 40 % (*z*-score: = −2), die Obergrenze bei 250 % des Mittelwertes (*z*-score: = 2). Bei einem „assigned value" von 1 % GVO-Anteil in der Messprobe erfüllen somit alle Teilnehmer als genügend mit Messwerten zwischen 0,4 und 2,5 %. Werte unter respektive über diesem Intervall werden als nicht mehr genügend beurteilt. Die untere Grenze bei 40 % entspricht dabei der oben abgegebenen Empfehlung, dass die relative Standardabweichung RSD_R kleiner als 30 % sein soll. Aufgrund der von FAPAS wiederholt festgestellten

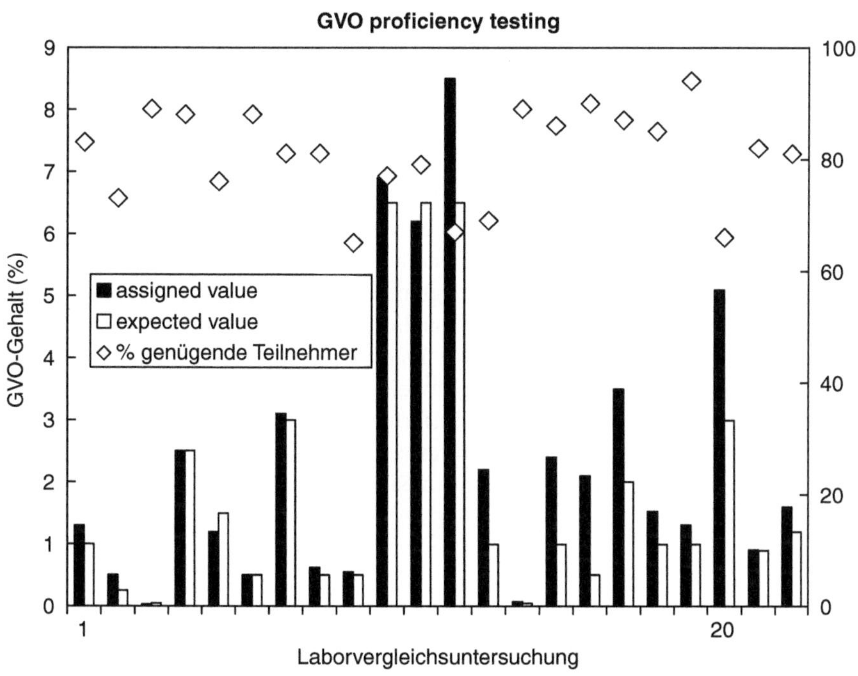

Abb. 14.4 Auswertung von GVO-Laborvergleichsuntersuchungen der FAPAS. Die von der FAPAS berechneten Medianwerte (assigned value) werden den gemäß Herstellungsprotokoll erwarteten Werten (expected value) gegenübergestellt. Auf der gegenüberliegenden Achse wird der prozentuale Anteil genügender Teilnehmer ausgewiesen. Das Minimum lag bei 65 %, das Maximum bei 94 %. Das Mittel betrug 81 ± 8 %

lognormalen Verteilung der Messresultate ist das von der FAPAS angenommene 95 %-Vertrauensintervall nicht symmetrisch um den „assigned value“.

14.3.3 Quantifizierung von Tierarten in Fleischprodukten

Kürzlich haben wir die Anwendung von quantitativen molekularbiologischen Nachweisverfahren für die Bestimmung des Anteils von Rind- (Kalb-) und Schweinefleisch in Würsten in einem Laborvergleichstest mit Analyselaboratorien aus Deutschland und der Schweiz untersucht [8]. Obwohl jeder Teilnehmer frei war in der Methodenwahl für die DNA-Extraktion und für die real-time PCR, wurden für die Präzision RSD-Werte unter 16 % und für die Richtigkeit RSD-Werte unter 25 % erzielt. Der Hauptgrund für diese überraschend guten Ergebnisse wurde in erster Linie der Herstellung und zur Verfügung stellen von Referenzwürsten als Kalibratoren zugeschrieben, welche Kalbfleischanteile von 30 bis 60 % aufwiesen. Dies untermauert die bereits eingangs beschriebene Wichtigkeit der Qualität und der Verfügbarkeit von geeigneten Referenzmaterialien. Aufgrund dieser ermutigenden Ergebnisse kamen wir zu dem Schluss, dass die lebensmittelrechtliche Überprüfung von Mindestfleischgehalten in Wurstwaren mittels molekularbiologischer Nachweisverfahren ein möglicher und gangbarer Weg ist. Dies ist umso erstaunlicher, da bekannt war, dass der DNA-Gehalt von verschiedenen Geweben wie Muskel, Fett oder Nerv große Unterschiede aufweist. Eine Korrelation des gemessenen DNA-Gehalts mit dem in der Probe vorhandenen Fleischanteil erschien deshalb vor diesem Hintergrund schwierig.

Die systematische Abweichung betrug bis zu −5,6/100 g und war am kleinsten für die Probenwürste, welche genau gleich wie die Referenzwürste hergestellt wurden. Auch wenn nicht für alle verschiedenen Wurstspezialitäten entsprechende Referenzwürste als Kalibratoren hergestellt werden können, könnte dies für die wichtigsten Würste auf dem Markt ein gangbarer Weg für die Lebensmittelkontrolle darstellen. Weiter müssen künftige Untersuchungen zeigen, wie groß der Anwendungsbereich der hergestellten Referenzwürste ist. Eine weitere Anwendung von quantitativen molekularbiologischen Nachweisverfahren bei Fleischwaren ist die quantitative Bestimmung von nicht deklarierten Tierarten. Durch das Setzen von GHP-Werten für die Fleischbranche wird es auf diese Weise künftig möglich sein, zwischen kontaminierenden Spuren und absichtlichen Beimengungen zu unterscheiden.

14.4 Zusammenfassung

Quantitative molekularbiologische Analysen werden nun seit Jahren in der Lebensmittelanalytik erfolgreich eingesetzt und sind den Kinderschuhen mittlerweile entwachsen. Die Leistungsmerkmale solcher Verfahren sind bekannt, womit deren

Anwendbarkeit für verschiedene Fragestellungen in der Lebensmittelanalytik beurteilbar wurde.

Der quantitativen molekularbiologischen Analytik sind durch verschiedene Faktoren Grenzen gesetzt. Die Genauigkeit der quantitativen molekularbiologischen Analytik liegt in der Größenordnung der Genauigkeit von mikrobiologischen Nachweisverfahren, welche seit Jahrzehnten angewandt und akzeptiert werden. Vor allem bei Rohware gilt zu berücksichtigen, dass der größte Unsicherheitsfaktor die Probenahme darstellt, deren Unsicherheit selten in Prüfberichten berücksichtigt wird. Die bei quantitativen Bestimmungen wichtige Bestimmungsgrenze wird bei der quantitativen molekularbiologischen Analytik durch die Anzahl amplifizierbarer Zielsequenzen in der PCR bestimmt. Diese Anzahl wird beeinflusst durch die Menge der in der PCR eingesetzten DNA, die Genomgröße der untersuchten Nutzpflanze, durch die Zutatsmenge in der untersuchten Lebensmittelprobe und durch die Integrität der DNA, welche je nach Lebensmittelprozessierung variieren kann. Wenn die Anzahl der amplizierbaren Zielsequenzen durch die Lebensmittelprozessierung gegen null geht, können genanalytische Verfahren nicht mehr eingesetzt werden. Wünschenswert wäre in Zukunft die Berechnung und Angabe der probenbezogenen Bestimmungsgrenze im Prüfbericht sowie eine entsprechende Aufklärung der Resultatsempfänger.

Die quantitative molekularbiologische Analytik benötigt für die Überprüfung der Richtigkeit international verfügbares (zertifiziertes) Referenzmaterial. Die EU ist zurzeit dabei, diese Frage im Bereich GVO-Analytik auf Verordnungsebene zu regeln. Es darf aber darauf hingewiesen werden, dass wir dieses Problem bereits vor zehn Jahren erkannt haben, dass aber die politischen und wirtschaftlichen Randbedingungen bis heute keine befriedigende Lösung dieses Problems zuließen.

Literatur

[1] ISO Guide 30 (1992): Terms and definitions used in connection with reference materials.

[2] Berdal, K.; Holst-Jensen, A. (2001): Roundup Ready® soybean event-specific real-time quantitative PCR assay and estimation of the practical detection and quantification limits in GMO analyses. European Food Research and Technology 213, 432–438.

[3] Hübner, P.; Studer, E.; Häfliger, D.; Stadler, M.; Wolf, C.; Looser, M. (1999): Detection of genetically modified organisms in food: critical points for quality assurance. Accreditation and Quality Assurance 4, 292–298.

[4] Peccoud, J.; Jacob, C. (1996): Theoretical uncertainty of measurements using quantitative polymerase chain reaction. Biophysical Journal 71, 101–108.

[5] Hübner, Ph.; Waiblinger, H.-U.; Pietsch, K.; Brodmann, P. (2001): Validaton of PCR methods for quantitation of genetically modified plants in food. Journal of AOAC International 84, 1855–1864.

[6] Moreano, F.; Busch, U.; Engel, K.-H. (2005): Distortion of genetically modified organism quantification in processed foods: influence of particle size compositions and heat-induced DNA degradation. Journal of Agricultural Food Chemistry 53, 9971–9979.

[7] Arumuganathan, K.; Earle, E.D. (1991): Nuclear DNA content of some important plant species. Plant Molecular Biology Reporter 9, 209–218.

[8] Eugster, A.; Ruf, J.; Rentsch, J.; Hübner, Ph.; Köppel, R. (2009): Quantification of beef and pork fraction in sausages by real-time PCR analysis: results of an interlaboratory trial. European Food Research and Technology 230, 55–61.

Kapitel 15
Qualitätsmanagement in molekularbiologischen Laboratorien

Manuela Schulze

Inhalt

Abkürzungen

dTTP Desoxythymidintriphosphat
dUTP Desoxyuridintriphosphat
EPS Eignungsprüfungssystem
LIMS Laborinformationsmanagementsystem
PCR Polymerasekettenreaktion
QMS Qualitätsmanagementsystem

M. Schulze (✉)
Niedersächsisches Landesamt für Verbraucherschutz und Lebensmittelsicherheit,
Lebensmittelinstitut Braunschweig, Dresdenstraße 2, 38124 Braunschweig, Deutschland
Tel.: 0531/6804 130
Fax: 0531/6804 101
e-mail: Dr.Manuela.Schulze@gmx.de

U. Busch (Hrsg.), *Molekularbiologische Methoden in der Lebensmittelanalytik*,
DOI 10.1007/978-3-642-10716-0_15,

15.1 Warum Qualitätsmanagement?

Jedes Laboratorium führt Untersuchungen nach bestem Wissen und Gewissen durch, und jeder Analytiker weiß von sich, dass er/sie gute Arbeit macht. Trotzdem können Analysen des gleichen Probenmaterials in verschiedenen Laboren zu unterschiedlichen Ergebnissen führen. Sofern es sich dabei nicht um Untersuchungen im Bereich der Nachweisgrenze und damit letztlich um statistisch bedingte Unterschiede oder Inhomogenitäten im Probenmaterial handelt, trägt dies nicht zur Vertrauenswürdigkeit von analytischen Untersuchungsergebnissen bei. Mit der zunehmenden Globalisierung der Märkte rückt die gegenseitige Anerkennung von analytischen Resultaten immer stärker in den Vordergrund. Die Vergleichbarkeit von Laborresultaten wird erleichtert, wenn sich die Laboratorien auf die gleichen Richtlinien zur Vorgehensweise und Handhabung ihrer Arbeiten verständigen. Im Bereich der Laboruntersuchungen von Lebensmitteln, Futtermitteln und Saatgut ist als derartige Richtschnur die EN ISO/IEC 17025 [1] anerkannt. Diese Norm enthält alle Anforderungen, die Prüflaboratorien erfüllen müssen, wenn sie nachweisen wollen, dass sie ein Qualitätsmanagementsystem betreiben, technisch (meint: fachlich) kompetent und fähig sind, fachlich fundierte Ergebnisse zu erzielen.

15.2 Ein historischer Rückblick

Schon im EWG-Vertrag von 1957 wurde der Wille festgehalten, einen immer engeren Zusammenschluss der europäischen Völker zu schaffen. Mit der Unterzeichnung der Einheitlichen Europäischen Akte (EEA) im Februar 1986 durch die Regierungsvertreter der (damals zwölf) EG-Mitgliedsstaaten wurde als Ziel die Schaffung eines europäischen Binnenmarktes bis Ende 1992 schriftlich vereinbart. Die Verwirklichung des Binnenmarktes zum 1.1.1993 war durch den Wegfall der innergemeinschaftlichen Grenzen gekennzeichnet. Die vier Freiheiten des Binnenmarktes traten in Kraft, und zwar

- der freie Personenverkehr,
- der freie Dienstleistungsverkehr,
- der freie Kapitalverkehr und
- der freie Warenverkehr.

Der freie Warenverkehr beinhaltete unter anderem den Wegfall der innergemeinschaftlichen Grenzkontrollen und die Harmonisierung oder die gegenseitige Anerkennung von Normen.

Als Grundlage für die Harmonisierung der Lebensmittelüberwachung der Mitgliedsstaaten war bereits 1989 die Richtlinie 89/397/EWG erlassen worden, die 1993 ergänzt wurde durch die Richtlinie 93/99/EWG, die zusätzliche Maßnahmen im Bereich der Lebensmittelüberwachung festlegte. In der Richtlinie 93/99/EWG fand sich schon in den Erwägungsgründen die Forderung nach Qualitätsmanagementsystemen in der amtlichen Lebensmittelüberwachung. Dort hieß es: „Um eine hohe Qualität der Prüfungsdaten zu gewährleisten, sollte für die von den Mitgliedsstaaten mit der Lebensmittelüberwachung beauftragten Laboratorien ein Qualitätsmanagementsystem (QMS) eingeführt werden, das den allgemein anerkannten und harmonisierten Normen entspricht." Die Verordnung (EG) Nr. 882/2004 [2] über amtliche Kontrollen zur Überprüfung der Einhaltung des Lebensmittel- und Futtermittelrechts bekräftigt die Forderung nach Qualitätsmanagementsystemen in Artikel 12, (2), indem sie vorgibt, dass die Mitgliedsstaaten ... (für die Untersuchung) ... nur Laboratorien benennen (dürfen), die gemäß der Europäischen Norm EN ISO/IEC 17025 betrieben ... werden.

15.3 Funktion und Nutzen eines Qualitätsmanagementsystems

Durch die Einführung und das Aufrechterhalten eines Qualitätsmanagementsystems (QMS) in Laboratorien soll eine *Transparenz der Leistungsfähigkeit* nach innen und außen geschaffen werden. Im Rahmen eines sogenannten Akkreditierungsverfahrens werden durch unabhängige Dritte die Einhaltung, die Nachvollziehbarkeit des QMS und die fachliche Kompetenz nachvollzogen. Eine erfolgreiche Bestätigung der fachlichen Kompetenz durch externe Akkreditierungsstellen hat den Vorteil, dass das Laboratorium in seiner subjektiven Behauptung, fachlich qualitätsgerechte Arbeiten durchzuführen, objektiv gestützt wird.

Weitere Zielsetzungen eines QMS sind:

- Schaffung eines Orientierungsrahmens für systematische Qualitätsverbesserungen,
- Optimierung bestehender Prozesse,
- Erhöhung der Kundenzufriedenheit,
- Steigerung der Dienstleistungsfähigkeit.

Ein funktionierendes Qualitätsmanagementsystem ist dadurch gekennzeichnet, dass zu jeder Zeit nachvollziehbar ist, *wer was wann womit wie* gemacht hat. Eine entsprechende Dokumentation ist essenziell. Dadurch sind eine Wiederholung der Untersuchung unter gleichen Bedingungen sowie die Nachvollziehbarkeit gegeben.

15.4 Labororganisation

15.4.1 Räumliche Trennung

Gemäß ISO 17025 Abschn. 5.3.3 muss es „... zwischen benachbarten Bereichen, in denen miteinander unverträgliche Tätigkeiten durchgeführt werden, eine wirksame Abtrennung geben. Gegen Querkontaminationen müssen Maßnahmen getroffen werden" [1].

Da die Molekularbiologie die Spurenanalytik der Biologie darstellt, ist hier ein besonderes Augenmerk auf eine konsequente Einhaltung von Untersuchungsbereichen zu legen. Selbst geringe (Rest)spuren eines Proben- oder Vergleichsmaterials können Untersuchungsergebnisse anderer Proben verfälschen. Deswegen sind strikte Trennungen der Untersuchungsbereiche einschließlich der dort verwendeten Reagenzien (z. B. Puffer) und Gerätschaften (z. B. Pipetten) sowie das Prinzip der Einbahnstraße bei der Probenhandhabung einzuhalten.

Unter dem Prinzip der Einbahnstraße im Laboralltag ist zu verstehen, dass die Untersuchungsmaterialien die Analysenbereiche ausschließlich in eine Richtung durchlaufen und nach Verlassen eines Bereiches nicht wieder in diesen zurückkommen.

Bei den Untersuchungsbereichen sind voneinander zu trennen:

1. Der Bereich des Probeneingangs. Hier wird die Probe auf Übereinstimmung der Probenkennzeichnung mit den Probenbegleitdokumenten und ihrer Eignung zur Untersuchung (d. h. z. B. hinsichtlich ausreichender Probenmenge, Unversehrtheit der Packung usw.) überprüft, in ein Labordatenerfassungssystem (Labortagebuch oder Laborinformationsmanagementsystem (LIMS)) aufgenommen und bis zur Weitergabe in den spezifischen Untersuchungsbereich fachgerecht aufbewahrt.
2. Der Homogenisierungs- und Zerkleinerungsabschnitt mit der entsprechenden gerätetechnischen Ausstattung. In diesem Bereich kann die Produktion von Stäuben je nach eingesetzten Mühlen oder Zerkleinerungsgeräten sehr intensiv sein. Daher ist es ausgesprochen wichtig, eine, – auch minimale –, flächenhafte Verbreitung dieser feinen Stäube zu verhindern. Dieses kann durch zusätzliche Abdichtungen erfolgen, die dann natürlich bei jeder Probe bzw. bereits bei jeder Teilprobe zu wechseln sind. Deckel von Mahlgeräten sollten erst nach angemessener Zeit, d. h., wenn sich die Stäube im Innern des Mahlbehälters gesetzt haben, geöffnet werden. Wird ein Stomacher für die Homogenisierung verwendet, so kommt sicherlich keiner auf den Gedanken, einen Stomacherbeutel für mehrere unterschiedliche Teilproben hintereinander zu verwenden. Das ist gut so. Das gleiche Prinzip gilt jedoch auch für wieder verwendbare Mahlbehälter anderer Mühlen. Werden Teilproben einer Untersuchungsprobe zum Beispiel im Rahmen eines Subsamplings untersucht, so sind zwischen der Bearbeitung der verschiedenen Teilproben unbedingt die Mahlbehälter vollständig zu reinigen. Es bietet sich daher an, von den Mahlbehältern mehrere Exemplare zu haben, damit die Reinigung der Mahlbehälter nicht zum zeitlimitierenden Schritt wird.
3. Extraktions- und Nukleinsäurepräparationsbereich. Anzuraten ist bei diesen Arbeiten die Verwendung von Filtertips bei Pipettierschritten (Abb. 15.1). Die Pipettenspitzen sind konsequent, das heißt häufig zu wechseln, z. B. auf jeden Fall, sobald mit der Pipette in die Probengefäße pipettiert wird, da eine leichte Aerosolbildung in Reaktionsgefäßen auch oberhalb der Flüssigkeit gegeben ist.
4. Wird als analytische Methode die PCR eingesetzt, so ist für die Vorbereitung des Mastermixes ein weiterer separater Arbeitsbereich erforderlich. Dieser ist für die Untersuchungsproben und der daraus gewonnenen Nukleinsäuren tabu, auch

Abb. 15.1 Filtertips und Handschuhe beim Pipettieren

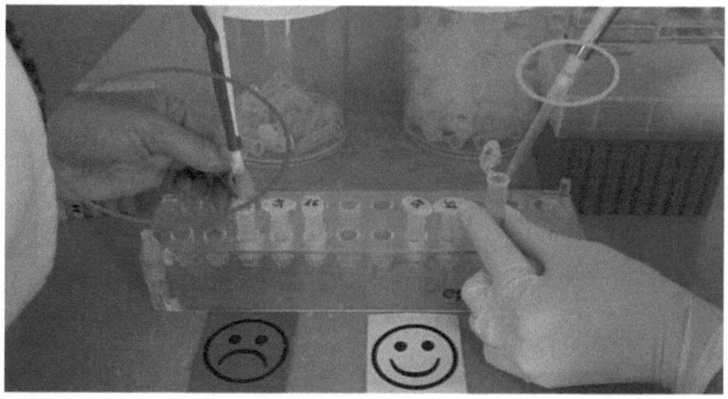

Vergleichs- oder Referenzmaterialien und deren Nukleinsäurelösungen gehören nicht in diesen Bereich. Dieser Ansatzraum wird für die Handhabung von Primern, PCR-Puffern, der PCR-Polymerase und dem dafür vorgesehenen PCR-Wasser genutzt. Oft werden für oder in diesem Raum sogenannte PCR-Hauben, auch PCR-benches genannt (s. Abb. 15.2), genutzt. Sie bieten meist UV-Strahler als Ausstattungsoption, die mit ihrer Fähigkeit, Nukleinsäuren zerstören zu können, und damit als Dekontaminationsmöglichkeit angepriesen werden. Leider wird dabei nur sehr selten erwähnt, dass die Wirksamkeit von UV-Strahlung mit zunehmendem Abstand sehr stark abnimmt. Entgegen herkömmlicher Gepflogenheiten und Meinungen ist eine Desinfektion oder sogar Sterilisation von Flächen oder Gegenständen mit UV-Bestrahlung nicht möglich. Auch eine Desinfektion von Luft ist durch UV-Lampen nicht zu erreichen. Die Aktivität von UV-Strahlungsquellen nimmt sehr schnell ab. UV-Strahlen können Staub und

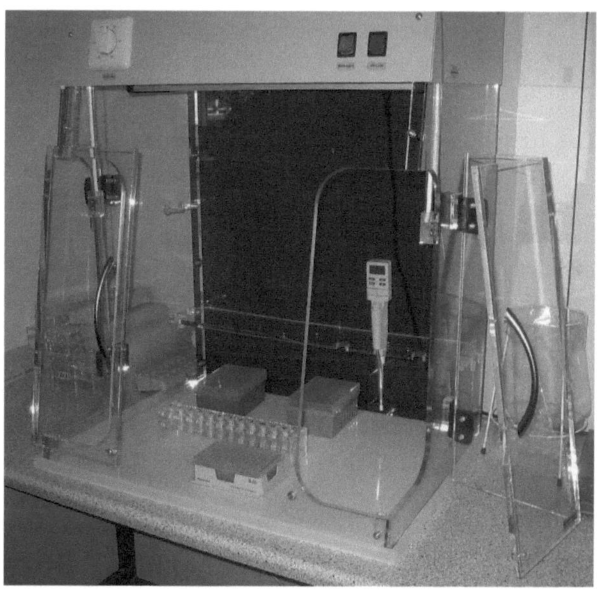

Abb. 15.2 PCR-Arbeitsplatz

Schmutz nicht durchdringen, und bei der Bestrahlung entstehen Strahlenschatten [3 S. 153]. Letztere können wegen der geringen Eindringtiefe von UV-Strahlen nicht durch ein „Durchdringen" der Strahlung ausgeglichen werden. Gleiches lässt sich auf die Wirkung von UV-Strahlen auf Nukleinsäuren übertragen. Eine für 15 min vor und/oder nach den Arbeiten eingeschaltete UV-Lampe mag zwar das ein oder andere Gewissen beruhigen, kann ein sorgfältiges Arbeiten und eine zusätzliche Reinigung jedoch nicht ersetzen. Auch die Wirksamkeit von Alkoholen zur Flächenreinigung wird oftmals in Bezug auf nukleinsäurehaltige Rückstände überschätzt. Wenn überhaupt, dann sollte je nach Art des Alkohols (am gebräuchlichsten in molekularbiologischen Laboratorien ist Ethanol) dieser in einer Konzentration von 50–80 % eingesetzt werden [4]. Reiner 99%iger Alkohol hat eher eine konservierende Wirkung [4] und wird in der molekularbiologischen Diagnostik routinemäßig als Arbeitsschritt zur Fällung von Nukleinsäuren eingesetzt.

5. DNA-Zugabeplatz. Hier wird den PCR-Reaktionsansätzen die zu untersuchende Nukleinsäurelösung der Proben zugegeben. Sofern in der Labororganisation realisierbar, kann ein weiterer getrennter DNA-Zugabebereich für die Positivmaterialien sinnvoll sein.
6. Post-PCR-Bereich, Detektionsraum. Aus den Zeiten vor der inzwischen weit verbreiteten real-time PCR stammt die Forderung nach diesem Arbeitsbereich. Nach der Vervielfältigung der Nukleinsäuren im Thermocycler mussten die Reaktionsgefäße, in denen die DNA idealerweise nahezu exponentiell vervielfältigt worden ist, geöffnet werden, um die Reaktionsprodukte der PCR nachzuweisen. Insbesondere das Öffnen der Reaktionsgefäße ist dabei ein kritischer Verfahrensschritt. Selbst bei größter Sorgfalt lässt sich beim Öffnen der Gefäße das Entweichen von Aerosolen, die auch die Amplifikate (Reaktionsprodukte der PCR) enthalten, nicht verhindern. Durch Umstellung der Laborpraxis auf Real-Time-Verfahren kann in vielen Anwendungsgebieten ein Öffnen der Reaktionsgefäße nach der PCR entfallen, da die entstehenden Reaktionsprodukte bereits während ihrer Entstehung „in real time", das heißt in Echtzeit, sichtbar gemacht werden.

Die Einteilung der Arbeitsbereiche ist in verschiedenen internationalen Normen [5–7] aufgegriffen und beschrieben worden. Die mögliche Zuordnung des eigentlichen Amplifikationsbereiches, d. h. des Bereiches, in dem die Thermocycler stehen, ist dabei von der Einschätzung des Auftretens eines GAUs (größten anzunehmenden Unfalls), eines nicht geplanten Öffnens von PCR-Gefäßen während oder nach der Amplifikation, abhängig. Nach heutigem Stand von Wissen und Technik ist die Amplifikation während der PCR als geschlossenes System zu betrachten und das Aufstellen der Thermocycler grundsätzlich in jedem Arbeitsbereich möglich. Hervorzuheben ist dabei, dass trotzdem das Prinzip der Einbahnstraße hinsichtlich Reagenzien, Laborutensilien, z. B. PCR-Gefäßständer und auch Kittel (s. u. entsprechender Abschnitt), unbedingt beachtet wird.

Bewusst wird von Arbeits „bereichen" gesprochen und nicht von Räumen. Natürlich sind getrennte Räume die konsequenteste Durchführungsmöglichkeit. Viele Laboranten müssen jedoch in vorgegebenen Räumlichkeiten arbeiten und gegebenenfalls alternative Umsetzungen praktizieren. ISO/EN 17025 und auch die zitierten Normen [5–7] fordern keine räumliche Trennung. Insbesondere in kleineren Laboratorien mit geringerem Probendurchsatz lassen sich gleiche Arbeitsflächen auch durch zeitliche Trennung voneinander entkoppeln. An die Qualitätssicherung sind dann hinsichtlich der Dokumentation Nachweise über die Einhaltung der zeitlichen Abfolge, Zwischenreinigung und Überprüfung von Querkontaminationen zu stellen. Letzteres (Zwischenreinigung und Überprüfung von Querkontaminationen) ist natürlich auch bei getrennten Räumen erforderlich.

15.4.2 Vermeidung von Kreuz- bzw. Querkontaminationen

15.4.2.1 Handhabung von Reagenzien, Verbrauchsmaterialien einschließlich Laborkleidung

Um das Prinzip der Einbahnstraße einzuhalten und gleichzeitig ein effizientes Arbeiten zu ermöglichen, sind für die verschiedenen Arbeitsbereiche getrennte Ausstattungen erforderlich. Dies schließt Puffer und Reaktionslösungen ein. Bewährt hat sich, Arbeitslösungen in kleinen Volumina zu verwenden und diese häufiger „frisch" aus Stammlösungen herzustellen oder im Fall von RNAse-, Proteinase- oder PCR-Reagenzien in Aliquots aufzubewahren.

Da Aerosolbildung auch bei sorgfältigstem Arbeiten im normalen molekularbiologischen Standardlabor nicht zu vermeiden ist, kommt dem Wechsel der persönlichen Schutzausrüstung auch aus Sicht des Produktschutzes eine besondere Bedeutung zu. Um minimale Spuren, z. B. von Aerosolen oder Lösungen, nicht ungewollt von Reaktionsgefäßen auf andere zu übertragen, ist ein konsequenter häufiger Handschuhwechsel durchzuführen. Für die Arbeiten in den unterschiedlichen Arbeitsbereichen sollten verschiedene Laborkittel verwendet werden. Und für die Minimierung möglicher Querkontaminationen innerhalb eines Arbeitsbereiches ist der arbeitsbereichsinterne Laborkittelwechsel wichtig. Nicht zu unterschätzen sind die erforderlichen Regelungen für die Handhabung in den Übergängen zwischen den Arbeitsbereichen. Zum Beispiel sollten auch Reaktionsgefäßständer aus dem Homogenisierungsbereich nicht bedenkenlos in den DNA-Präparationsbereich verbracht werden oder umgekehrt.

15.4.2.2 Reinigung

Leicht übersehen wird in diesem Zusammenhang, dass auch durch die Reinigung der Arbeitsräume oder Arbeitsbereiche Verschleppungen verursacht werden können. Fachfremdes Reinigungspersonal sollte daher unbedingt entsprechend ein- und angewiesen werden, getrennte Reinigungsausrüstungen zur Verfügung gestellt bekommen und hinsichtlich der Reihenfolge der Reinigung der Arbeitsplätze/-räume strikt festgelegte Verfahrensanweisungen erhalten.

15.4.2.3 Einsatz von Uracil-N-Glykosylase

Auf die Wirksamkeitsüberschätzung von UV-Licht und alkoholischen Lösungen bei der Flächenreinigung hinsichtlich Nukleinsäurelösungen wurde bereits im vorhergehenden Abschnitt hingewiesen. Als „Allheilmittel" wird leider auch häufig der Zusatz von dUTP zu den PCR-Ansätzen und UNG (Uracil-N-Glykosylase)-Behandlung angesehen. Querkontaminationen ließen sich durch Einsatz von Uracil (bzw. dUTP) anstelle von dTTP im PCR-Mastermix und anschließender Behandlung mit dem Enzym Uracil-N-Glykosylase (UNG) verhindern. Übersehen wird bei dieser Einschätzung, dass *nur* während der mit dUTP angesetzten PCR gebildete uracilhaltige Amplifikate dadurch abgebaut werden können. Querkontaminationen zum Beispiel durch feine Stäube während der Homogenisierung, Aerosolübertragungen im Nukleinsäure-Präparationsbereich oder bei der DNA-Zugabe lassen sich dadurch nicht beseitigen. Insbesondere bei Arbeiten mit Real-Time-PCR-Verfahren, bei denen die Reaktionsgefäße nach dem Ansatz nicht mehr geöffnet werden, ist der Einsatz von dUTP und UNG fachlich zu hinterfragen. Für das QMS von Bedeutung ist dabei, dass die durch dUTP geänderten biochemischen Eigenschaften der Amplifikate bei deren Detektion berücksichtigt und zusätzlich *geeignete* Maßnahmen zum Vermeiden und Erkennen von Querkontaminationen festgelegt und deren Durchführung dokumentiert werden.

15.5 Erkennen von Querkontaminationen

15.5.1 Kontrollreaktionen

Maßnahmen zur Qualitätssicherung sind nicht immer zusätzliche Anforderungen an die Verfahrensweise im Laboralltag. In vielen Fällen war das „Neue" des QMS die schriftliche Festlegung der gängigen bereits durchgeführten Verfahrensweisen und vor allem die fortlaufende Dokumentation deren Durchführung. Unerlässlich sind auch in molekularbiologischen Laboratorien die Kontrollreaktionen. Definitionen und hervorragende tabellarische Zusammenstellungen für den Einsatz der verschiedenen Kontrollen sind in Internationalen Normen [5, 6] zu finden.

Vereinfacht lassen sich die Kontrollen und ihr Einsatz wie in Tab. 15.1 darstellen.

Im Rahmen des Labormanagements sind dabei die Einsatzhäufigkeiten der jeweiligen Kontrollen festzulegen. Die Flexibilität ergibt sich dabei dadurch, dass einige Kontrollen andere Kontrollen grundsätzlich abdecken, aber bei einem unerwarteten Ergebnis eine nähere Bestimmung des „Problembereiches" sinnvoll ist. So kann durch die negative Extraktionskontrolle auch gleichzeitig sowohl die negative PCR-Kontrolle als auch PCR-Reagenzienkontrolle abgedeckt werden. Sollte die negative Extraktionskontrolle allerdings ein positives Ergebnis zeigen, kann sie allein keine Auskunft darüber geben, in welchem Arbeitsbereich die Kontamination erfolgt ist.

Tab. 15.1 Schematische Darstellung des Einsatzes von Kontrollen bei PCR-basierten Analyseverfahren

	Negative Extraktionskontrolle	Positive Extraktionskontrolle	Negative PCR-Kontrolle	Positive PCR-Kontrolle	PCR-Reagenzienkontrolle	PCR-Inhibitionskontrolle
Homogenisation						
Nukleinsäureextraktion	Eine pro Untersuchungsreihe	In Abhängigkeit von Laborerfahrung und Untersuchungsmatrix erforderlich				
Amplifikation				Erforderlich pro PCR-Mix	Erforderlich pro PCR-Mix	Erforderlich bei negativen PCR-Ergebnissen und unüblicher Amplifikationskurve

Abb. 15.3 Entnahme von Reaktionsgefäßen

15.5.2 Die Tücken des Labor-Alltags

Im Gegensatz zur Zertifizierung verlangt eine Akkreditierung von Prüflaboratorien nicht nur ein gelebtes Qualitätsmanagementsystem, sondern auch die fachliche (technische) Kompetenz. Und hier liegt mehrfach die Tücke im Detail. Es sind oftmals die „Kleinigkeiten", die zu einem sachgerechten Arbeiten gehören. Abbildung 15.3 zeigt als Beispiel die Entnahme von Reaktionsgefäßen, zum einem nicht- und zum anderen sachgerecht. Hier gilt es zusätzlich zu dem Lehrbuchwissen auch die kleinen Handhabungen im Labor zu schulen.

15.6 Qualitätssicherung

15.6.1 Teilnahme an Eignungsprüfungssystemen

Zu den Eignungsprüfungssystemen (EPS) zählen sowohl Ringversuche als auch Laborvergleichsuntersuchungen. Während bei Ringversuchen i. A. die zu verwendende Methode vorgegeben wird, ist diese bei Laborvergleichsuntersuchungen frei vom Labor wählbar und sollte der normalen Methodenauswahl des Labors für die zu untersuchende Matrix folgen. Durch die Teilnahme an EPS stellt sich das Labor bewusst dem Vergleich seiner Untersuchungsergebnisse mit den Resultaten anderer Labore. Dadurch, dass die Auswertung durch eine dritte unabhängige Stelle erfolgt, besitzen Teilnahme und Auswertung an EPS eine hohe Relevanz bei der Bewertung von Prüflaboratorien. Abweichungen vom gewünschten Ergebnis erfordern eine Überprüfung der Analyse einschließlich Beurteilung und eine Umsetzung von Korrekturmaßnahmen.

15.6.2 Qualitätsregelkarten

In den chemischen Laboratorien findet man in vielen Bereichen sogenannte Qualitätsregelkarten. Mit ihnen wird ein bestimmter Parameter, z. B. der Messwert eines Standards, über eine Zeit grafisch dargestellt. Sind eine Reihe an Werten gesammelt, lassen sich Streubereiche und die Grenzen von Außer-Kontroll-Bereichen festlegen. Gleichzeitig können mögliche zeitliche tendenzielle Änderungen auf diese Weise erkannt und korrigierende Schritte bereits vor Eintreten einer Außer-Kontrollreaktion eingeleitet werden. Qualitätsregelkarten (QRK) lassen sich auch in molekularbiologischen Laboratorien festlegen und zur Qualitätssicherung heranziehen. Dabei kann es sich z. B. um Messwerte handeln, die mit einem Standard in einander folgenden Reaktionen erzielt werden.

15.6.3 Beurteilung von Untersuchungsergebnissen

Das Qualitätsmanagement hört nicht mit dem erzielten Messwert auf. Die Interpretation und Bewertung der erzielten Werte gehört mit dazu. Auch hier finden sich allgemeine Hinweise, z. B. zur Bewertung der eingesetzten Kontrollen, in den bereits zitierten Internationalen Standards [5–7]. Diese Normen können das fachspezifische Wissen zur Interpretation der Untersuchungsergebnisse jedoch nicht allein abdecken. War z. B. vor wenigen Jahren ein Screenen auf Bestandteile aus gentechnisch veränderten Organismen mithilfe der 35-S-Promotor- und nos-Terminatorgensequenzen [z. B. 8] angemessen und sachgerecht, reicht dieses heutzutage nicht mehr aus, um mögliche für den europäischen Markt zugelassene GVO-Produkte nachweisen zu können.

15.7 Ausblick

Die Etablierung eines Qualitätsmanagementsystems erfordert Zeit, Arbeit und Geld. Gleiches gilt für die Aufrechterhaltung. Trotzdem werden die Vorteile eines QMS nur dann genutzt, wenn das System nicht auf dem Papier fixiert bleibt, sondern wenn es gelebt wird.

Literatur

[1] EN ISO/IEC 17025:2005 Allgemeine Anforderungen an die Kompetenz von Prüf- und Kalibrierlaboratorien.

[2] Verordnung (EG) Nr. 882/2004 des Europäischen Parlaments und des Rates vom 29. April 2004 über amtliche Kontrollen zur Überprüfung der Einhaltung des Lebensmittel- und Futter-

mittelrechts sowie der Bestimmungen über Tiergesundheit und Tierschutz, EU ABl. Nr. L 165, S. 1, zuletzt geändert durch Verordnung (EG) Nr. 1029/2008 vom 21. Oktober 2008 (ABl. EU Nr. L 278 S. 6).

[3] Daschner, F.; Dettenkofer, M.; Frank, U.; Scherrer M., Praktische Krankenhaushygiene und Umweltschutz 2006, 3. Auflage. Springer-Verlag ISBN 3540237461, 9783540237464.

[4] Liste der vom Robert-Koch-Institut geprüften und anerkannten Desinfektionsmittel und -verfahren, Bundesgesundheitsblatt (10) 2007, 1335–1356.

[5] DIN EN ISO 24276:2006 Verfahren zum Nachweis von gentechnisch modifizierten Organismen und ihren Produkten in Lebensmitteln – Allgemeine Anforderungen und Definitionen.

[6] DIN EN ISO 22174:2005 Mikrobiologie von Lebensmitteln und Futtermitteln – Polymerase-Kettenreaktion (PCR) zum Nachweis von pathogenen Mikroorganismen in Lebensmitteln – Allgemeine Anforderungen und Begriffe.

[7] EN 15634-1:2009 Lebensmittel – Nachweis von Lebensmittelallergenen mit molekularbiologischen Verfahren – Teil 1: Allgemeine Betrachtungen.

[8] L 00.00-122 Untersuchung von Lebensmitteln, Nachweis von bestimmten, häufig in gentechnisch veränderten Organismen (GVO) verwendeten DANN-Sequenzen aus dem Blumenkohlmosaicvirus (CaMV 35S-Promotor, P35S) sowie aus Agrobacterium tumefaciens (T-nos) in Lebensmitteln – Screeningverfahren, Amtliche Sammlung von Untersuchungsverfahren, Beuth-Verlag, Juni 2008.

Kapitel 16
Die Amtliche Sammlung von Untersuchungsverfahren nach § 64 LFGB, § 35 Vorläufiges Tabakgesetz und § 28b Gentechnikgesetz – ein Instrument der amtlichen Lebensmittelüberwachung

Silke Renger und Carolin Stachel

Inhalt

Abkürzungen

PCR Polymerase Kettenreaktion

Immer wieder werden Skandale in Zusammenhang mit Lebensmitteln bekannt. Schlagworte wie BSE, Gammelfleisch, Acrylamid, Cumarin oder auch Melamin, Dioxin sind den Verbrauchern geläufig und erschüttern das Vertrauen in ein gesundes und ernährungsphysiologisch wertvolles Lebensmittel. Das Bewusstsein des Verbrauchers hinsichtlich der Ernährung und der Auswahl beim Kauf der Lebensmittel hat sich in den vergangenen Jahren deutlich verändert. Bei der Auswahl seiner Lebensmittel liegt sein Augenmerk verstärkt auf gesunden, qualitativ hochwertigen und vor allem sicheren Lebensmitteln. Dies wurde insbesondere bei dem verhaltenen Kauf von Fleisch und Fleischerzeugnissen während der BSE-Krise oder auch dem kürzlich aufgetretenen Gammelfleischskandal deutlich.

Die Aufdeckung solcher Skandale und deren Verhinderung und damit der Schutz des Verbrauchers vor gesundheitlicher Schädigung ist oberstes Ziel der amtli-

S. Renger (✉)
Bundesamt für Verbraucherschutz und Lebensmittelsicherheit (BVL),
Diedersdorfer Weg 1, 12277 Berlin, Deutschland
e-mail: silke.renger@bvl.bund.de

U. Busch (Hrsg.), *Molekularbiologische Methoden in der Lebensmittelanalytik,*
DOI 10.1007/978-3-642-10716-0_16,

chen Lebensmittelüberwachung. Neben dem gesundheitlichen Verbraucherschutz (Schutz vor gesundheitlichen Schäden akuter und chronischer Art) ist die amtliche Lebensmittelüberwachung ebenfalls für den Schutz des Verbrauchers vor irreführenden Werbeaussagen, Übervorteilung und Täuschung (Betrug) zuständig. Dazu erteilen die Lebensmittelgesetze einen klaren Auftrag. Wie aber realisiert die amtliche Überwachung die vielfältigen Aufgaben?

Die überwachenden amtlichen Behörden führen regelmäßige, stichprobenartige Betriebskontrollen durch, um sich davon zu überzeugen, dass die geltenden Rechtsvorschriften von allen Beteiligten eingehalten werden. Das heißt, alle Stufen der Lebensmittelkette, von der landwirtschaftlichen Erzeugung über die Verarbeitung bis hin zum Einkaufsort, werden kontrolliert. In diesem Zusammenhang führen die amtlichen Überwachungsbehörden zum einen Inspektionen mit Prüfung der hygienischen Bedingungen, der Dokumentation auf Schrift und Datenträgern in den Produktionsbetrieben und die Prüfung der betriebsinternen Kontrollsysteme und der damit erreichten Zielnormen durch. Zum anderen werden physikalische, chemisch-analytische und mikrobiologische Untersuchungen an ausgewählten Proben von Lebensmitteln, von Kosmetika und Bedarfsgegenständen, von Tabakerzeugnissen und Futtermitteln durchgeführt. Letztere stellen eine zentrale Aufgabe der Lebensmittelüberwachungsämter dar. Im Detail ist im Rahmen des Gesundheitsschutzes von Interesse, ob

- krankheitserregende Keime nachweisbar sind,
- verbotene Stoffe enthalten sind (Arzneimittel, Pestizide),
- festgesetzte Höchstmengen für zugelassene Zusatzstoffe oder Rückstände überschritten werden,
- gefährliche Stoffe nachweisbar sind, die durch Verderb oder falsche Verfahren entstanden sind, wie krebserregende Schimmelpilzgifte, Oxidationsprodukte aus verdorbenem Fett, Prozesskontaminanten wie Benz-a-pyren, Acrylamid oder gefährliche Stoffe, die durch Übergänge aus Verpackungen in Lebensmittel gelangen wie Semicarbazid und Phtalate,
- Fremdkörper enthalten sind (Glassplitter, Mäusekot, Insekten),
- das Produkt bei Erreichen des Mindesthaltbarkeitsdatums bereits verdorben ist.

Im Rahmen des Schutzes vor Täuschung ist von Interesse zu prüfen, ob

- die enthaltenen Zutaten vollständig und korrekt auf dem Etikett aufgeführt sind,
- die wertgebenden Substanzen in der vorgeschriebenen oder notwendigen Menge zugesetzt sind, z. B. Fleisch in der Wurst, Kakao in der Schokolade, Sahne im Spinat, Ei in Nudeln, Alkohol in Spirituosen,
- unzulässige Bestandteile zu finden sind, z. B. Kuhmilch in Schafskäse, Anteile von nicht zugelassenem gentechnisch verändertem Soja, Reis oder Mais,
- sonstige Werbebehauptungen, z. B. gentechnikfrei, aus ökologischem Anbau, vitaminisiert, kaltgepresst stimmen.

Darüber hinaus werden die Rückverfolgbarkeit und die Authentität geprüft [1]. Für die dargelegten vielfältigen Aufgaben der Lebensmittelüberwachung werden leistungsstarke, statistisch abgesicherte Verfahren benötigt. Diese sollen zuverlässige und vergleichbare Untersuchungsergebnisse generieren und somit zu einer korrekten und bundesweit einheitlichen Beurteilung der Proben beitragen. Insbesondere vor dem Hintergrund, da die Lebensmittelüberwachung in der Bundesrepublik Deutschland den einzelnen Bundesländern obliegt, ist die Anwendung von standardisierten Untersuchungsverfahren eine Grundvoraussetzung für einen einheitlichen Gesetzesvollzug. Aus diesem Grund hat man eine amtliche Sammlung von Untersuchungsverfahren geschaffen. In der Amtlichen Sammlung von Probenahme- und Untersuchungsverfahren nach § 64 LFGB, § 35 Vorläufiges Tabakgesetz und § 28b Gentechnikgesetz werden fortlaufend standardisierte Untersuchungsverfahren für die physikalische, chemisch-analytische, molekularbiologische oder mikrobiologische Untersuchung von Lebensmitteln, Bedarfsgegenständen, kosmetischen Mitteln, Tabak und Tabakerzeugnissen, Futtermitteln und Verfahren zur Überwachung der Gentechnik veröffentlicht. Sie besteht aus sechs Bänden, die thematisch geordnet Verfahren zur Untersuchung von Lebensmitteln, Bedarfsgegenständen, Kosmetika und Tabakerzeugnissen, Futtermitteln und Verfahren zur Überwachung der Gentechnik enthalten (siehe Abb. 16.1). Die in der Sammlung enthaltenen Verfahren werden von ausgewiesenen Sachkennern aus der Lebensmittelüberwachung, Wissenschaft und Wirtschaft gemeinsam unter geschäftsführender Leitung des Bundesamtes für Verbraucherschutz und Lebensmittelsicherheit (BVL) erarbeitet und in methodenprüfenden Ringversuchen auf ihre Leistungsfähigkeit und Robustheit geprüft. Die Amtliche Sammlung wird ständig auf dem neuesten Stand gehalten und berücksichtigt den wissenschaftlichen und technischen Fortschritt bei der Methodenstandardisierung.

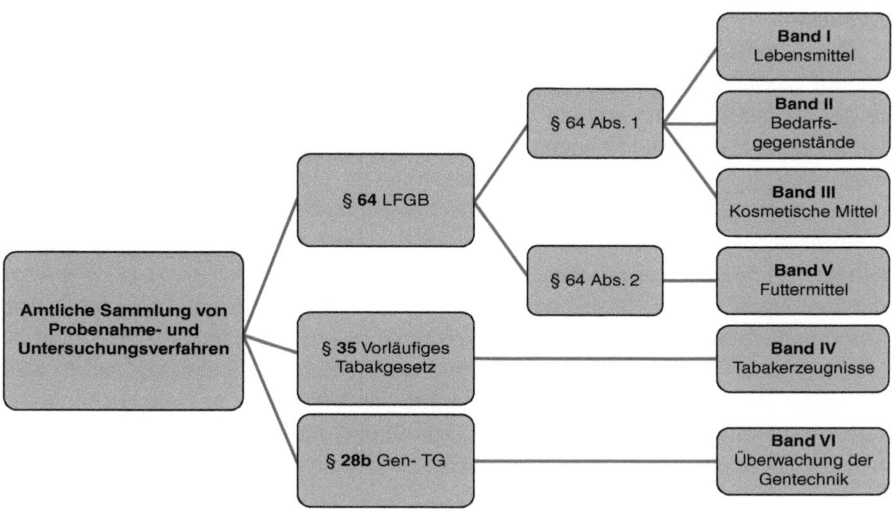

Abb. 16.1 Aufbau der Amtlichen Sammlung von Untersuchungsverfahren

16.1 Entstehungsgeschichte

Der Grundstein für die heutige Amtliche Sammlung von Untersuchungsverfahren wurde vor einigen Jahrzehnten mit dem „Gesetz zur Gesamtreform des Lebensmittelrechts“ vom 15. August 1974 gelegt. Die Erkenntnis, dass für eine funktionierende Lebensmittelüberwachung eine umfassende Gesetzgebung erforderlich ist, die die wissenschaftliche, technische und wirtschaftliche Entwicklung berücksichtigt, fand hier Eingang in die Gesetzgebung. Gleichzeitig erfuhr der Verbraucherschutz eine grundlegende Neuregelung. Kernstück dieser Gesamtreform bildete dabei das Lebensmittel- und Bedarfsgegenständegesetz, das am 1. Januar 1975 in Kraft trat und das Lebensmittelgesetz von 1927 ablöste. Hauptziele des Lebensmittel- und Bedarfsgegenständegesetzes (LMBG) bildeten die Erweiterung des Schutzes des Konsumenten vor Gesundheitsschädigung sowie vor Täuschung und Irreführung ohne unnötige Behinderung der wirtschaftlichen Entwicklung [2]. Ferner wurden die Tabakerzeugnisse, kosmetische Mittel sowie die Bedarfsgegenstände ausführlich eigens geregelt. Durch die Implementierung verbesserter Vorschriften für die Lebensmittelüberwachung wurde dem Bund eine Reihe von Möglichkeiten gegeben, den Gesetzesvollzug wirksamer zu gestalten und den Schutz des Verbrauchers vor gesundheitlichen Risiken und Schäden effektiver durchzusetzen. Dazu zählte auch die Schaffung der Amtlichen Sammlung von Probenahme- und Untersuchungsverfahren, die im § 35 LMBG festgelegt wurde. Darin hieß es: „Das Bundesgesundheitsamt veröffentlicht eine Amtliche Sammlung von Verfahren zur Probenahme und Untersuchung von Lebensmitteln, Tabakerzeugnissen, kosmetischen Mitteln und Bedarfsgegenständen. Die Verfahren werden unter Mitwirkung von Sachkennern aus den Bereichen der Überwachung, der Wissenschaft und der beteiligten Wirtschaft festgelegt. Die Sammlung ist laufend auf dem neuesten Stand zu halten.“

Die Schaffung einer Methodensammlung war durch die großen Fortschritte, die auf wissenschaftlich-analytischem Gebiet bis zum Anfang der Siebziger Jahre des 20. Jahrhunderts erreicht worden waren, notwendig geworden. Die schnell vorangegangenen Veränderungen in der chemisch-instrumentellen Analytik führten dazu, dass die Lebensmitteluntersuchung mit sehr unterschiedlichen chemischen, chemisch-physikalischen und biochemischen Methoden durchgeführt wurde. Die mithilfe der Analysenmethoden erhaltenen Ergebnisse konnten mitunter auch erheblich voneinander abweichen. Um jedoch einen einheitlichen Gesetzesvollzug durchzusetzen, war es für alle beteiligten Kreise von großem Interesse, durch eine Vereinheitlichung von Untersuchungsverfahren zuverlässige analytische Daten zu erhalten. Auch im nationalen und internationalen Bereich fanden zur selben Zeit vielfältige Bemühungen zur Standardisierung von Verfahren zur Untersuchung von Lebensmitteln statt. Ziel war es, diese Bemühungen unter Mitwirkung von Fachleuten aus verschiedenen Bereichen zu stärken und an einer Stelle zu koordinieren, mit dem Ziel, amtliche Vorschriften für die Lebensmitteluntersuchung sowie die Untersuchung von Bedarfsgegenständen, kosmetischen Mitteln und Tabakerzeugnissen festzulegen und zu veröffentlichen [3]. Mit der Herausgabe der Amtlichen Sammlung als Loseblattsammlung und der Maßgabe einer laufenden Aktualisierung wurde die Möglichkeit geschaffen, auf die rasche technische und wissenschaftliche Entwicklung reagieren zu können und damit eine effektivere Lebensmittelüberwachung zu ermöglichen. Nach einer Planungs- und Konzeptionsphase von vier Jahren konnte 1981 die erste Veröffentlichung von standardisierten Methoden erfolgen. Seitdem sind mehr als 50 Ergänzungslieferungen für den Band Lebensmittel und je 15 für die Bände Bedarfsgegenstände, kosmetische Mittel und für Tabakerzeugnisse herausgegeben worden. Heute umfasst die stetig wachsende amtliche Sammlung ca. 1300 Verfahren (Abb. 16.2). Davon bilden die Untersuchungsverfahren für Lebensmittel den größten Teil mit ca. 1100 Methoden.

Im Jahr 2005 wurden die gesetzlichen Regelungen zu Lebensmitteln und Futtermitteln neu geregelt und die Lebensmittel- und Futtermittelüberwachung im Lebensmittel- und Futtermittelgesetzbuch (LFGB) zusammengeführt. Anstelle des § 35 LMBG ist der § 64 LFGB getreten. Die Herausgabe der Amtlichen Sammlung von Probenahme- und Untersuchungsverfahren durch das Bundesamt für Verbraucherschutz und Lebensmittelsicherheit (BVL) ist somit in seinen wesentlichen Bestandteilen in § 64 Abs. 1 LFGB mit den Bänden Lebensmittel, Bedarfsgegenstände, kosmetische Mittel und in § 35 Vorläufiges Tabakgesetz mit dem Band Tabakerzeugnisse übergegangen. Gleichzeitig wurde das BVL beauftragt, die Amtliche Sammlung zu erweitern und eine Amtliche Sammlung von Analyseverfahren für Futtermittel (§ 64 Abs. 2 LFGB) und eine Amtliche Sammlung von Untersuchungsverfahren für die Überwachung der Gentechnik (§ 28b GenTG) zu veröffentlichen. Konzeptionell werden die neuen Teile der Amtlichen Sammlung in Anlehnung an die bestehenden Bände erarbeitet, wobei die jeweiligen Besonderheiten der einzelnen Sachgebiete berücksichtigt werden.

Abb. 16.2 Die Amtliche Sammlung von Untersuchungsverfahren als Loseblattsammlung

16.2 Die Durchführung des § 64 LFGB – Erarbeitung der Methoden

Die Erarbeitung, Festlegung und Standardisierung von neuen Probenahme- und Untersuchungsmethoden selbst geschieht in Arbeitsgruppen, die das Bundesamt für Verbraucherschutz und Lebensmittelsicherheit einrichtet und deren Geschäftsführung das Bundesamt innehat. In diesen wirken mit der entsprechenden Methodik vertraute Sachverständige aus den Bereichen der Überwachung, Wissenschaft und Wirtschaft und den beteiligten Fachverbänden zusammen, um geeignete Analysenmethoden und Probenahmeverfahren festzulegen und deren Zuverlässigkeit, Leistungsfähigkeit und Vergleichbarkeit zu bewerten.

An der Standardisierung von Verfahren für die Untersuchung von Lebensmitteln, kosmetischen Mitteln, Bedarfsgegenständen und Verfahren zur Überwachung *nach dem Gentechnikrecht* arbeiten momentan über 250 Experten in 28 Arbeitsgruppen des Bundesamtes für Verbraucherschutz und Lebensmittelsicherheit. Die Arbeitsgruppen bestehen in der Regel aus bis zu 20 Mitgliedern, ein Obmann bzw. eine Obfrau, der/die die wissenschaftliche Leitung der Arbeitsgruppe übernimmt, wird bestimmt. Die nachfolgende Tab. 16.1 zeigt eine Zusammenstellung der aktiven Arbeitsgruppen.

Die Standardisierungsvorhaben der Arbeitsgruppen werden durch die zu untersuchende Matrix (z. B. Milch, Backwaren, Fleisch und Fleischerzeugnisse, Kaffee, Tee) oder durch den zu untersuchenden Parameter (Nachweis von Allergenen,

Tab. 16.1 Arbeitsgruppen des BVL nach § 64 LFGB und § 28b GenTG (Stand 2009)

AG Aromastoffanalytik	AG Fleischerzeugnisse
AG Elementanalytik	AG Tierarzneimittelrückstände in Lebensmitteln
AG Mykotoxine	AG Chem. Verfahren der Milch
AG Süßungsmittel	AG Tierartendifferenzierung – Fleisch
AG Backwaren	AG Molekularbiologische Methoden Mikrobiologie
AG Ballaststoffe	AG Molekularbiologische Methoden zur Tier- und Pflanzenartendifferenzierung
AG Cholesterin	AG Lebensmittelassoziierte Viren
AG Vitaminanalytik	AG Hemmstoffe in Milch
AG Lebensmittel-Allergene	AG Kosmetische Mittel
AG Wirkungsbezogene Analytik	AG Verbotene Azofarbstoffe/Bedarfsgegenstände
AG Entwicklung von Methoden zur Identifizierung von mithilfe gentechnischer Verfahren hergestellten Lebensmitteln	AG Nitrosamine
AG Nitrat/Nitrit	§ 28b GenTG AG Methodensammlung
AG Pestizide	
AG Mineralwasser – chemisch	
AG Phycotoxine	
AG Furan-Analytik	
Unter-AG Quantifizierung von PCR-Verfahren	

gentechnisch veränderte Bestandteile im Lebensmittel, Mykotoxine) bestimmt. Einerseits erfolgen Neugründungen nach fachlich geprüften Gesichtspunkten durch Anregung des Arbeitskreises Lebensmittelchemischer Sachverständiger der Länder und des BVL (ALS) oder des Arbeitskreises der auf dem Gebiet der Lebensmittelhygiene und der vom Tier stammenden Lebensmittel tätigen Sachverständigen (ALTS) oder durch Auftrag des aufsichtführenden Bundesministeriums, dem Bundesministerium für Ernährung, Landwirtschaft und Verbraucherschutz (BMELV). Andererseits ruhen die Arbeiten in den Arbeitsgruppen, wenn es vorübergehend keinen Standardisierungsbedarf auf dem Arbeitsgebiet mehr gibt.

Im Detail erfolgt die Standardisierung einer Untersuchungsmethode in mehreren Stufen. Zunächst wird der Bedarf an neuen zu standardisierenden Verfahren von den Sachverständigen ermittelt. Dieser ergibt sich zum Beispiel aus neuen gesetzlichen Regelungen mit veränderten Grenzwerten, Kennzeichnungspflichten oder neu zugelassenen Stoffen mit Höchstmengen, aus der Weiterentwicklung der instrumentellen Analytik und damit der Anpassung der Verfahren an den wissenschaftlichen Stand der Forschung wie z. B. Anwendung von PCR-Verfahren in der Mikrobiologie oder Etablierung von Multimethoden in der Pestizidanalytik. Unter Umständen ist es notwendig, auf bestimmte Krisen zu reagieren, um die gesundheitlichen Risiken des Verbrauchers besser abschätzen zu können (als Grundlage für die Datenermittlung bei Prozesskontaminanten wie z. B. Acrylamid, Furan oder 3-MCPD zur Expositionsabschätzung).

Nach einer eingehenden Prüfung der vorgeschlagenen Verfahren durch die Arbeitsgruppe, gegebenenfalls auch durch notwendige Vorversuche in kleinerem Rahmen von drei bis vier Laboren, wird die Tauglichkeit für eine Standardisierung ermittelt. Hat sich eines der vorgeschlagenen Verfahren in den kleineren Vorversuchen bewährt, wird in einem Ringversuch in der Regel mit mindestens acht Laboren die Leistungsfähigkeit der Methode überprüft. Nach einem unter statistischen Gesichtspunkten aufgestellten Ringversuchsplan werden an ausgewählten homogenen Proben die festgelegten Untersuchungsparameter anhand des zu standardisierenden Verfahrens ermittelt. Die Ergebnisse werden statistisch, auf Grundlage einschlägiger internationaler Normen, z. B. der DIN EN ISO 5725 Teile 1, 2 und 6 [5–7], ausgewertet. Das Ergebnis der statistischen Analysen, denen die ausreißerbereinigten Analysedaten zugrunde liegen, sind Leistungsparameter wie Gesamtmittelwert, Vergleichsstandardabweichung und Wiederholstandardabweichung. Die Vergleichsstandardabweichung charakterisiert die Variabilität der Messwerte zwischen verschiedenen Laboratorien. Die Wiederholstandardabweichung hingegen beschreibt die Variabilität innerhalb eines Labors und unter konstanten Bedingungen, den Wiederholbedingungen. Aus der Vergleichs- und Wiederholstandardabweichung wird die Vergleichsgrenze, die die maximal zu erwartende Abweichung zwischen zwei Messwerten unterschiedlicher Labors und derselben Probe darstellt, und die Wiederholgrenze, als Kriterium für die Abweichung von Messwerten innerhalb eines Labors unter Wiederholbedingungen, ermittelt. Darüber hinaus können durch Bestimmung anderer statistischer Parameter, wie beispielsweise HORRAT-Wert und Z-Score, Aussagen über die Leistungsfähigkeit des Verfahrens getroffen werden.

Ist ein Verfahren durch einen erfolgreich abgeschlossenen Ringversuch in seiner Eignung bestätigt worden, wird die ausführliche Methodenbeschreibung mit den entsprechenden Leistungsparametern veröffentlicht. Die Katalogisierung der Methode erfolgt entsprechend des Sachgebietes L – Lebensmittel, B – Bedarfsgegenstände, K – Kosmetische Mittel, T – Tabakerzeugnisse, F – Futtermittel, und G – Gentechnik und innerhalb des Sachgebietes nach dem festgelegten Anwendungsbereich der Methode, z. B. Milch, Fleisch oder Lebensmittel allgemein. Die Katalogisierung nach dem Anwendungsbereich wird in Übereinstimmung mit dem Matrixkodes-Katalog [4] vorgenommen. Im Matrixkodes-Katalog wird das Untersuchungsmaterial, die Matrix, nach einem hierarchischen Prinzip sortiert und mit einer Nummer versehen. Bei dem hierarchischen Aufbau des Kataloges wird dabei nach pragmatischen Gesichtspunkten versucht, folgenden Ordnungsprinzipien zu folgen:

- Anlehnung an einschlägige Gesetze, Verordnungen und Leitlinien,
- Berücksichtigung technologischer Gesichtspunkte,
- Berücksichtigung praktischer Erfahrungen in der Lebensmittelüberwachung,
- Einhaltung botanischer und zoologischer Einteilungen.

Dementsprechend wird die Untersuchungsmatrix mit einer sechsstelligen Kode-Nummer versehen, die eine Spezifizierung des Untersuchungsmaterials ermöglicht; z. B. bezeichnet das

- erste Ziffernpaar (Doublette) die Obergruppe, wie z. B. Wurstwaren (080000) (siehe auch Tab. 16.2),
- die zweite Doublette bezeichnet die Überbegriffe, z. B. Rohwürste (080100) oder Brühwürste (080500) und
- die dritte Doublette bezeichnet das Einzellebensmittel, z. B. Salami 1a (080105), Wiener Würstchen (080504).

In Übereinstimmung mit dem Matrixkodes-Katalog wird der standardisierten Methode eine Ordnungsnummer zugeordnet, die widerspiegelt, für welche Matrix die Methode geprüft und validiert wurde (Abb. 16.3). Damit ist zugleich der Geltungs- und Anwendungsbereich der Methode festgelegt. Außerdem legt die Arbeitsgruppe u. a. auch auf Grundlage der im Ringversuch ermittelten Leistungsparameter der Methode fest, ob es sich um eine Referenz- bzw. Schiedsmethode, eine Routine- oder Screeningmethode handelt. Wird eine Methode zur Untersuchung einer nicht im Anwendungsbereich festgelegten Matrix angewendet, so muss der Anwender die Eignung des Verfahrens für diese Matrix nachweisen.

In die Amtliche Sammlung werden neben den in BVL-Arbeitsgruppen standardisierten Methoden auch andere Verfahren aufgenommen (siehe auch Abb. 16.4). Dieses sind Verfahren, die als Anhänge von Gesetzen und Richtlinien zwingend zur Anwendung vorgeschrieben sind (wie z. B. Probenahmeverfahren für die Mykotoxinuntersuchung), sowie Verfahren, die aus der nationalen, europäischen und internationalen Normung stammen (DIN-, EN- und ISO-Normen). Im Bereich der Futtermitteluntersuchung finden darüber hinaus gemäß der Kaskadenregelung nach Art. 11 VO (EG) Nr. 882/2004 [8] auch die Verbandsmethoden des Verbandes Deutscher

Tab. 16.2 Auszug aus dem Matrixkodes-Katalog für Lebensmittel

Obergruppen Lebensmittel
000000 Lebensmittel – allgemein
010000 Milch
020000 Milchprodukte, ausgenommen 030000 u. 040000
030000 Käse
040000 Butter
050000 Eier und Eiprodukte
060000 Fleisch warmblütiger Tiere, auch tiefgefroren
070000 Fleischerzeugnisse warmblütiger Tiere, ausgenommen 080000
080000 Wurstwaren
100000 Fische und Fischzuschnitte
110000 Fischerzeugnisse
120000 Krusten-, Schalen-, Weichtiere, sonstige Tiere u. Erzeugnisse daraus
130000 Fette und Öle, ausgenommen 040000
140000 Suppen und Soßen, ausgenommen 200000 und 520100
150000 Getreide
160000 Getreideprodukte, Backvormischungen, Brotteige, Massen und Teige für Backwaren
170000 Brote und Kleingebäcke
180000 Feine Backwaren
200000 Mayonnaisen emulgierte Soßen, kalte Fertigsoßen, Feinkostsalate
210000 Puddings, Kremspeisen, Desserts, süße Soßen
220000 Teigwaren
230000 Hülsenfrüchte, Ölsamen, Schalenobst
240000 Kartoffeln und stärkereiche Pflanzenteile
250000 Frischgemüse, ausgenommen Rhabarber
260000 Gemüseerzeugnisse und Gemüsezubereitung, ausgenommen Rhabarber u. 200700
270000 Pilze
280000 Pilzerzeugnisse
290000 Frischobst, einschließlich Rhabarber
300000 Obstprodukte, ausgenommen 310000 und 410000 einschl. Rhabarber
310000 Fruchtsäfte, Fruchtnektare, Fruchtsirupe, Fruchtsäfte, getrocknet
320000 Alkoholfreie Getränke, Getränkeansätze, Getränkepulver, auch brennwertreduziert
360000 Biere, bierähnliche Getränke und Rohstoffe für die Bierherstellung
370000 Spirituosen und spirituosenhaltige Getränke
390000 Zucker
400000 Honige, Blütenpollen und -zubereitungen, Brotaufstriche, auch brennwertvermindert, ausgenommen 410000
410000 Konfitüren, Gelees, Marmeladen, Fruchtzubereitungen, auch brennwertreduziert
420000 Speiseeis und Speiseeishalberzeugnisse
430000 Süßwaren, ausgenommen 440000
440000 Schokoladen und Schokoladenwaren
450000 Kakao
460000 Kaffee, Kaffeeersatzstoffe, Kaffeezusätze
470000 Tees und teeähnliche Erzeugnisse
480000 Säuglings- und Kleinkindernahrung

Tab. 16.2 (Fortsetzen)

Obergruppen Lebensmittel
490000 Diätetische Lebensmittel
500000 Fertiggerichte und zubereitete Speisen, ausgenommen 480000
510000 Nährstoffkonzentrate und Ergänzungsnahrung
520000 Würzmittel
530000 Gewürze
540000 Aromastoffe
560000 Hilfsmittel aus Zusatzstoffen u./o. LM und Convenience-Produkt
570000 Zusatzstoffe und wie Zusatzstoffe verwendete Lebensmittel und Vitamine
590000 Trinkwasser, Mineralwasser, Tafelwasser, Quellwasser, Brauchwasser

Landwirtschaftlicher Untersuchungs- und Forschungsanstalten (VDLUFA) Eingang in die Amtliche Sammlung. Dazu arbeitet das BVL eng mit dem Deutschen Institut für Normung e. V. (DIN) zusammen und kooperiert mit dem VDLUFA. Die Drucklegung und der Vertrieb werden in Zusammenarbeit mit dem Beuth Verlag realisiert. Die Amtliche Sammlung wird vom Bundesamt für Verbraucherschutz und Lebensmittelsicherheit als Loseblattsammlung herausgegeben und erscheint seit 2001 auch als Online-Datenbank (www.methodensammlung-bvl.de). Sie ermöglicht die Suche nach einzelnen Untersuchungsverfahren auch ohne registriertes Zugriffsrecht nach verschiedenen Parametern wie u. a. Sachgebiet, Untersuchungsparameter, Verfahrensprinzip, Dokumentnummer oder auch mit einem Freitext.

16.3 Zusammenarbeit mit DIN

Die Aktivitäten in der Standardisierung und Normung sind im Hinblick auf einen funktionierenden europäischen Binnenmarkt und auf die fortschreitende weltweite Globalisierung unverzichtbar. Sie tragen in entscheidendem Maße zum Abbau von Handelshemmnissen bei und stellen die Kompatibilität und Interoperabilität von Produkten, Systemen und Verfahren her. Eine wesentliche Grundlage dazu liefern

<table>
<tr><td colspan="3">Amtliche Sammlung von Untersuchungsverfahren nach § 64 LFGB</td></tr>
<tr><td rowspan="2">**L**</td><td rowspan="2">Untersuchung von Lebensmitteln
Nachweis einer bestimmten, häufig in gentechnisch veränderten Organismen (GVO) verwendeten **DNA-Sequenz** aus dem *bar*-Gen von ***Streptomyces hygroscopicus*** in **Lebensmitteln**
Screening-Verfahren</td><td>00.00</td></tr>
<tr><td>124</td></tr>
</table>

wobei bedeuten: L – Sachgebiet Lebensmittel, 00.00 – Ordnungsnummer der Methode nach Matrixkodes-Katalog für Lebensmittel-allgemein, 124 – laufende Methodennummer

Abb. 16.3 Kopfzeile einer amtlichen Methode für die Untersuchung von Lebensmitteln

die in den Arbeitsgruppen des BVL erarbeiteten Verfahren sowie die in diesem Zusammenhang vom BVL geförderten Forschungsvorhaben. Das Ziel des BVL ist es, in Zusammenarbeit mit dem DIN für die in den Arbeitsgruppen des BVL standardisierten Verfahren zur Lebensmitteluntersuchung auch internationale Akzeptanz zu erlangen.

Damit dieses gelingt, arbeiten BVL und DIN eng miteinander zusammen. Die Arbeitsgruppen des BVL kooperieren mit den korrespondierenden Arbeitsausschüssen des DIN, des Nationalen Ausschusses für Lebensmittel und landwirtschaftliche Produkte (NAL). Der NAL spielt dabei eine zentrale Rolle bei der Durchführung der Standardisierung von Untersuchungsverfahren für Lebensmittel und Futtermittel auf europäischem und internationalem Gebiet. Zum einen werden Verfahren, die in den Arbeitsgruppen des BVL standardisiert wurden, über die Arbeitsausschüsse des NAL in die europäische Normung beim Europäischen Normungskomitee (CEN)

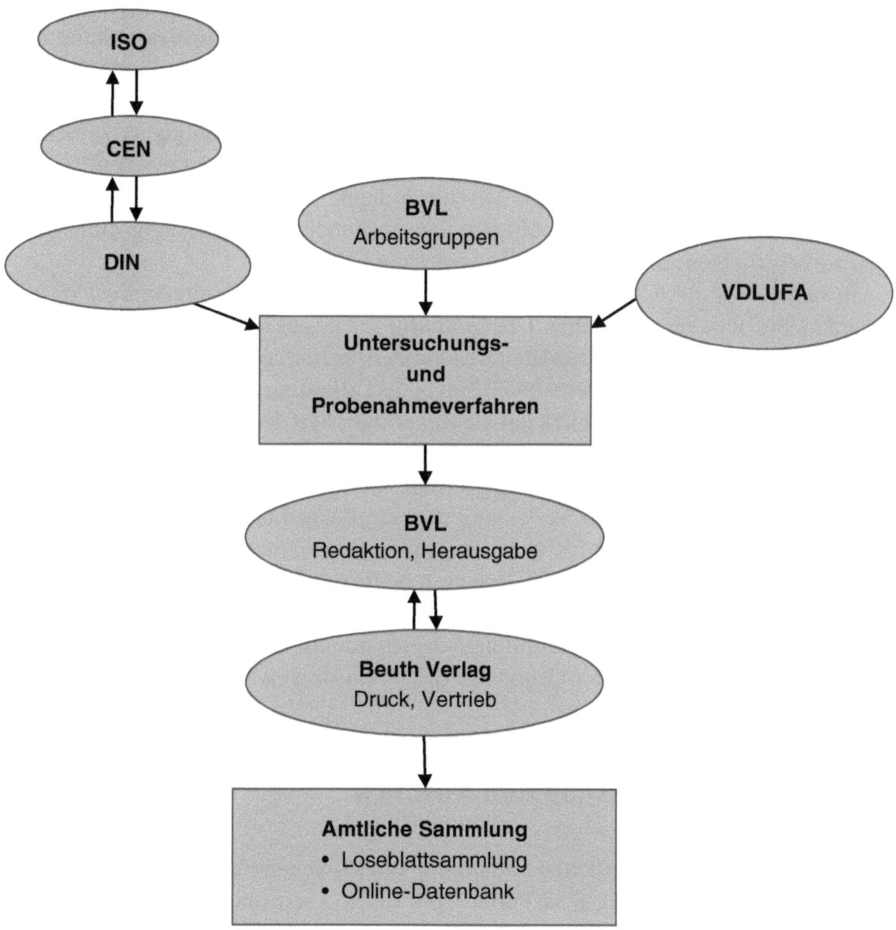

Abb. 16.4 Realisierung der Amtlichen Sammlung von Untersuchungsverfahren

eingebracht, zum anderen wird durch die Beteiligung des DIN beim CEN und ISO aktiv Einfluss auf die Standardisierungsprojekte genommen. Dieses ist besonders vor dem Hintergrund wichtig, da internationale und europäische Normen immer in nationale Normen überführt werden und somit durch ihre internationale Akzeptanz und Höherwertigkeit gegenüber nationalen Standardverfahren direkten Eingang in die Amtliche Sammlung finden. Aus diesem Grund ist die Einbringung und Durchsetzung deutscher Interessen auf diesem Gebiet von großer wissenschaftlicher und wirtschaftlicher Bedeutung. Das BVL unterstützt zu diesem Zweck die Mitarbeit von Experten der amtlichen Überwachung in den Arbeitsausschüssen des DIN.

16.4 Rechtliche Bedeutung

Die Amtliche Sammlung nach § 64 LFGB, § 35 Vorläufiges Tabakgesetz und § 28b GenTG stellt zum Zeitpunkt ihrer jeweils letzten geltenden Veröffentlichung eine gutachterliche Äußerung über die Verfahren zur Probenahme und zur Untersuchung der dem LFGB unterliegenden Erzeugnissen dar. Die Sachverständigen verfügen somit über Verfahren, die standardisiert sind und deren Anwendung es keiner besonderen Begründung mehr bedarf. Die Sammlung hat jedoch keinen allgemein verbindlichen Charakter. Es bleibt den zuständigen Länder- und Bundesbehörden überlassen, die ihrer Weisungsbefugnis unterstehenden Untersuchungseinrichtungen zu verpflichten, diese Verfahren anzuwenden.

In begründeten Ausnahmefällen, aber auch wenn ein Sachverständiger es aufgrund seiner wissenschaftlichen Überzeugung für zweckmäßig hält, andere als in der Amtlichen Sammlung enthaltene Methoden anzuwenden, so steht ihm diese Möglichkeit offen. Ein solches Abweichen bedarf allerdings einer ausführlichen Begründung, besonders im Hinblick auf die Zuverlässigkeit der angewandten Methode. Von Untersuchungsverfahren, die in Rechtsvorschriften verbindlich vorgeschrieben worden sind, darf nicht abgewichen werden. Ob zum Beispiel ein Lebensmittelhersteller vom Vorwurf einer Verletzung der Sorgfaltspflicht bei Probenahmen und Untersuchungen freigestellt ist, wenn er sich bei der eigenen Qualitätskontrolle der in der Sammlung veröffentlichten Verfahren bedient, hängt von den Umständen des Einzelfalls ab. Die Gerichte sind nicht gezwungen, die Festlegung einer Zuwiderhandlung nur auf eine in die Sammlung aufgenommene Untersuchungsmethode zu gründen. Es gilt auch hier der Grundsatz der freien Beweiswürdigung [9].

16.5 Zusammenfassung und Ausblick

Mit der Schaffung der Amtlichen Sammlung von Probenahme- und Untersuchungsverfahren nach § 64 LFGB, § 35 Vorläufiges Tabakgesetz und § 28b GenTG wurde dem Fortschritt auf dem wissenschaftlich-analytischen Gebiet Rechnung getragen. Mit den bis heute über 1300 standardisierten Verfahren zur Untersuchung von Lebensmitteln, Bedarfsgegenständen, kosmetischen Mitteln und Tabakerzeugnissen wird den Wissenschaftlern der amtlichen Überwachung ein grundlegendes Instrument für die Umsetzung ihrer Aufgaben, dem gesundheitlichen Verbraucherschutz und dem Schutz des Verbrauchers vor Irreführung und Täuschung, gegeben. Ihre Anwendung ermöglicht zugleich eine bundesweit einheitliche amtliche Lebensmittelüberwachung und einen einheitlichen Gesetzesvollzug.

Bei der Erarbeitung der Verfahren hat sich die Zusammenarbeit von Experten aus den Bereichen der Wissenschaft, Wirtschaft und der amtlichen Überwachung in den Arbeitsgruppen des BVL bewährt. Die fortwährende Arbeit an der Etablierung neuer standardisierter Verfahren, unter Einbeziehung neuester Erkenntnisse aus Wissenschaft und Technik, bildet dabei den Grundstein für die hohe Qualität der amtlichen Methoden.

Darüber hinaus findet die Amtliche Sammlung nicht nur auf nationalem Gebiet, sondern auch international große Beachtung. Ein wesentliches Ziel ist es, auch weiterhin die internationalen Aktivitäten der Methodenstandardisierung besonders im Bereich der Lebensmittelanalytik durch eine enge Zusammenarbeit mit dem DIN zu tragen, um die Herausforderungen der zusammenwachsenden Märkte zu bewältigen, denn die Standardisierung und Normung von Verfahren leistet einen wesentlichen Beitrag für ein Funktionieren des europäischen Binnenmarktes und des weltweiten Handels.

Literatur

[1] Amtliche Lebensmittelüberwachung, Preuß, A., AID-Heftreihe Nr 115/2004, 5. Auflage.

[2] W. Zipfel, Lebensmittelrecht, Kommentar der gesamten Lebensmittel und weinrechtlichen Vorschriften sowie des Arzneimittelrechts, Bd. 2, München 1991, S. 1 f.

[3] Entwurf der Bundesregierung zur Gesetzesbegründung § 35 LMBG, Bundesdrucksache 7/255.

[4] ADV-Kodierkataloge für die Amtliche Übermittlung von Daten aus der amtlichen Lebensmittel- und Veterinärüberwachung sowie dem Lebensmittelmonitoring. Katalog 3 (Version 1.18): Matrixkatalog; BVL, http://www.bvl.bund.de/cln_007/nn_494194/DE/01_Lebensmittel/00_doks_download/adv_pdf.zip.html_nnn=true

[5] DIN ISO 5725-1, Genauigkeit (Richtigkeit und Präzision) von Messverfahren und Messergebnissen, Teil 1: Allgemeine Grundlagen und Begriffe, November 1997.

[6] DIN ISO 5725-2, Genauigkeit (Richtigkeit und Präzision) von Messverfahren und Messergebnissen, Teil 2: Grundlegende Methode für die Ermittlung der Wiederhol- und Vergleichspräzision eines vereinheitlichten Messverfahrens, Mai 2000.

[7] DIN ISO 5725-6, Genauigkeit (Richtigkeit und Präzision) von Messverfahren und Messergebnissen, Teil 6: Anwendung von Genauigkeitswerten in der Praxis, Juli 2000.

[8] Verordnung (EG) Nr. 882/2004 des Europäischen Parlaments und des Rates vom 29. April 2004 über amtliche Kontrollen zur Überprüfung der Einhaltung des Lebensmittel- und Futtermittelrechts sowie der Bestimmungen über Tiergesundheit und Tierschutz (ABl. Nr. L 165 S. 1, gesamte Vorschrift ber. ABl. Nr. L 191 S. 1) EU-Dok.-Nr. 3 2004 R 0882, zuletzt geändert durch Anh. Nr. 5.16 ÄndVO (EG) 596/2009 vom 18.6.2009 (ABl. Nr. L 188 S. 14).

[9] W. Zipfel, Rathke, Lebensmittelrecht, Kommentar des § 64 LFGB,2007, c 102 S. 1 f.

Kapitel 17
Normung (Standardisierung)

Dirk Kostmann

Inhalt

17.1 Einführung

Normung ist aus dem täglichen Leben nicht wegzudenken. In allen Bereichen des Lebens begegnet man Normen, die Aktivitäten reichen von Festlegungen für Kindersitze im Auto über Implantate zum Gelenkersatz bis zu Schraubengrößen oder Verfahren zur Optimierung von Unternehmen.

Auf dem Gebiet der Lebensmitteluntersuchungen hat die Normung die Aufgabe übernommen, im Interesse aller interessierten Kreise durch die Vereinheitlichung von Untersuchungsverfahren die Zuverlässigkeit und Vergleichbarkeit der erhaltenen analytischen Daten sicherzustellen. Damit wird ein Instrument geschaffen, welches zur Kontrolle der Einhaltung einschlägiger Rechtsvorschriften dient.

Die Normung auf nationaler, europäischer und internationaler Ebene ist eng miteinander verbunden, damit stellt die Normungsarbeit einen idealen Weg dar, in Deutschland erarbeitete Untersuchungsverfahren auch im europäischen und internationalen Rahmen allgemein verfügbar zu machen.

D. Kostmann (✉)
DIN Deutsches Institut für Normung e. V.,
Normenausschuss Lebensmittel und Landwirtschaftliche Produkte (NAL),
Burggrafenstraße 6, 10787 Berlin, Deutschland
Tel.: +493026012026
Fax: +4930260142026
e-mail: dirk.kostmann@din.de

U. Busch (Hrsg.), *Molekularbiologische Methoden in der Lebensmittelanalytik,* 297
DOI 10.1007/978-3-642-10716-0_17, © Springer-Verlag Berlin Heidelberg 2010

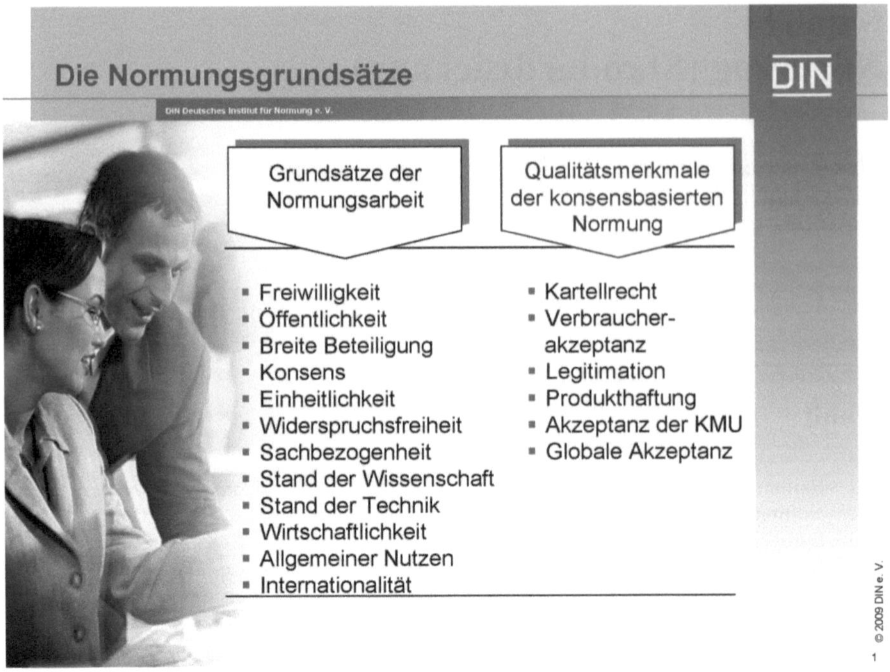

Abb. 17.1 Normungsgrundsätze

Unter Normung versteht man im allgemeinen Sinne ein Mittel zur Ordnung und damit eine Grundlage für ein sinnvolles Zusammenarbeiten und Zusammenleben. Normungsarbeit ist laut Definition in DIN EN ISO 45020:1998 die „Tätigkeit zur Erstellung von Festlegungen für die allgemeine und wiederkehrende Anwendung, die auf aktuelle oder absehbare Probleme Bezug haben und die Erzielung eines optimalen Ordnungsgrades in einem gegebenen Zusammenhang anstreben.“ Eine Norm ist definiert als ein Dokument, das mit Konsens erstellt und von einer anerkannten Institution angenommen wurde und das für die allgemeine und wiederkehrende Anwendung Regeln, Leitlinien und Merkmale für Tätigkeiten oder deren Ergebnisse festlegt, wobei ein optimaler Ordnungsgrad in einem gegebenen Zusammenhang angestrebt wird. Die Tätigkeit zur Erarbeitung einer Norm wird im deutschen Sprachgebrauch „Normung“ genannt. Die Normungsgrundsätze sind in Abb. 17.1 dargestellt.

Im englischen Sprachraum werden dafür die Begriffe „standard“ und „standardization“ verwendet. Aber aufgrund der verschiedenen historischen Entwicklungen der Normen in den Ländern ist festzustellen, dass diese Begriffe nicht synonym verwendet werden können. Als Standardisierung wird im Deutschen der Erarbeitungsprozess von Spezifikationen bezeichnet, zur Unterscheidung von der (voll konsensbasierten) Normung.

Für die Erarbeitung von Normen ist in Deutschland das Deutsche Institut für Normung e. V. (DIN) zuständig.

Satzungsgemäßer Zweck des DIN ist es, durch Gemeinschaftsarbeit der interessierten Kreise zum Nutzen der Allgemeinheit deutsche Normen oder andere

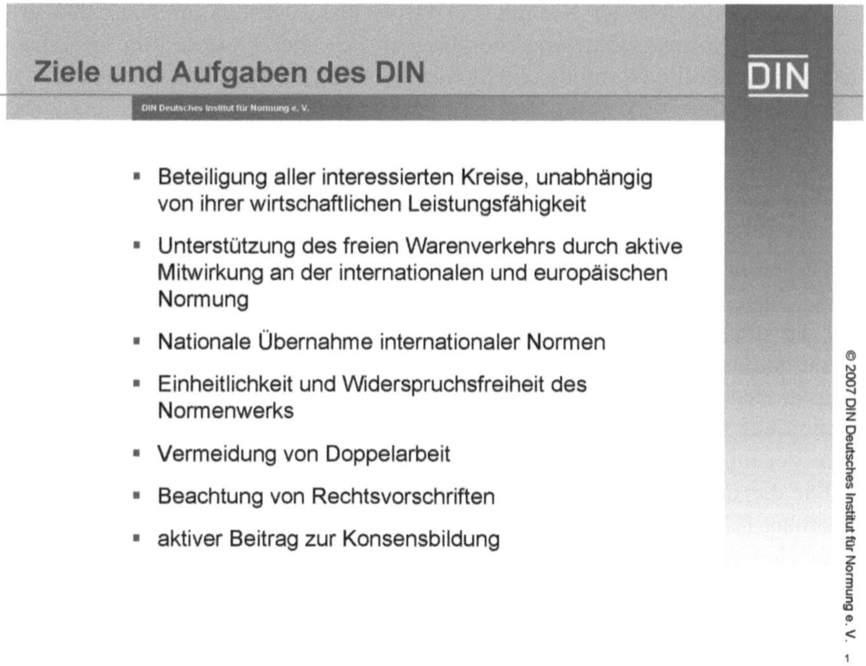

Abb. 17.2 Ziele und Aufgaben des DIN

Arbeitsergebnisse, die der Rationalisierung, der Qualitätssicherung, dem Umweltschutz, der Sicherheit und der Verständigung in Wirtschaft, Technik, Wissenschaft, Verwaltung und Öffentlichkeit dienen, zu erarbeiten, zu veröffentlichen und ihre Anwendung zu fördern. Die Erarbeitung von Normen orientiert sich an folgenden Grundsätzen: Freiwilligkeit, Öffentlichkeit, Beteiligung aller interessierten Kreise, Einheitlichkeit und Widerspruchsfreiheit, Sachbezogenheit, Ausrichtung am Stand von Wissenschaft und Technik, Ausrichtung an den wirtschaftlichen Gegebenheiten, Ausrichtung am allgemeinen Nutzen und Internationalität Ziele und Aufgaben des DIN sind Abb. 17.2 zu entnehmen.

Das DIN Deutsches Institut für Normung e. V. erarbeitet Normen und Standards als Dienstleistung für Wirtschaft, Staat und Gesellschaft. Das DIN ist privatwirtschaftlich organisiert und besitzt den rechtlichen Status eines gemeinnützigen Vereins. Der Geschäftssitz ist seit 1917 in Berlin. Die Mitglieder des DIN sind Unternehmen, Verbände, Behörden und andere Institutionen aus Industrie, Handel, Handwerk und Wissenschaft. Die Hauptaufgabe des DIN besteht darin, gemeinsam mit Vertretern der interessierten Kreise konsensbasierte Normen markt- und zeitgerecht zu erarbeiten. Hierfür bringen rund 26.000 Experten (Stand 2007) ihr Fachwissen in die Normungsarbeit ein. Auf Grund eines Vertrages mit der Bundesregierung ist das DIN als die nationale Normungsorganisation und als Vertreter deutscher Interessen in den europäischen und internationalen Normungsorganisationen anerkannt (siehe Abb. 17.3). Die Normungsarbeit des DIN ist zu fast 90 % international ausgerichtet.

Die Zukunftsziele der Normung in Deutschland wurden im Jahr 2004 in der „Deutschen Normungsstrategie“ beschrieben. Als Ziel 3 wurde dort festgehalten, dass auch zukünftig Normung und Standardisierung die staatlichen Regelsetzer entlasten sollen. Die Verweisung auf die Arbeitsergebnisse der Normungsorganisationen in der Regelsetzung sind in die politische Willensbildung eingebracht und der Nutzen der Normung und Standardisierung ist für den Staat herausgestellt. Wesentlich zur Schaffung des europäischen Binnenmarkes hat die neue Konzeption (new approach) beigetragen.

Diese wurde per EU-Ratsbeschluss vom 7.5.1985 ins Leben gerufen und hat zum Inhalt, dass europäische Richtlinien zur Harmonisierung der Rechtsvorschriften sich auf die Festlegung wesentlicher Anforderungen beschränken. Die technische Ausgestaltung der wesentlichen Anforderungen wird an europäische Normungsorganisationen übertragen. In Europa wird derzeit eine Übertragung der neuen Konzeption auf weitere Gebiete wie die Verkehrstechnik, den Gesundheits- und den Dienstleistungsbereich, angeregt.

Für die übernationalen Normungsarbeiten sind das Europäische Komitee für Normung (CEN) in Brüssel für den europäischen Wirtschaftsraum und die Internationale Organisation für Normung (ISO) in Genf weltweit zuständig. Alle durch CEN veröffentlichten Europäischen Normen (EN) werden durch deren Mitgliedsorganisationen als nationale Normen herausgegeben und entgegenstehende Publikationen werden zurückgezogen.

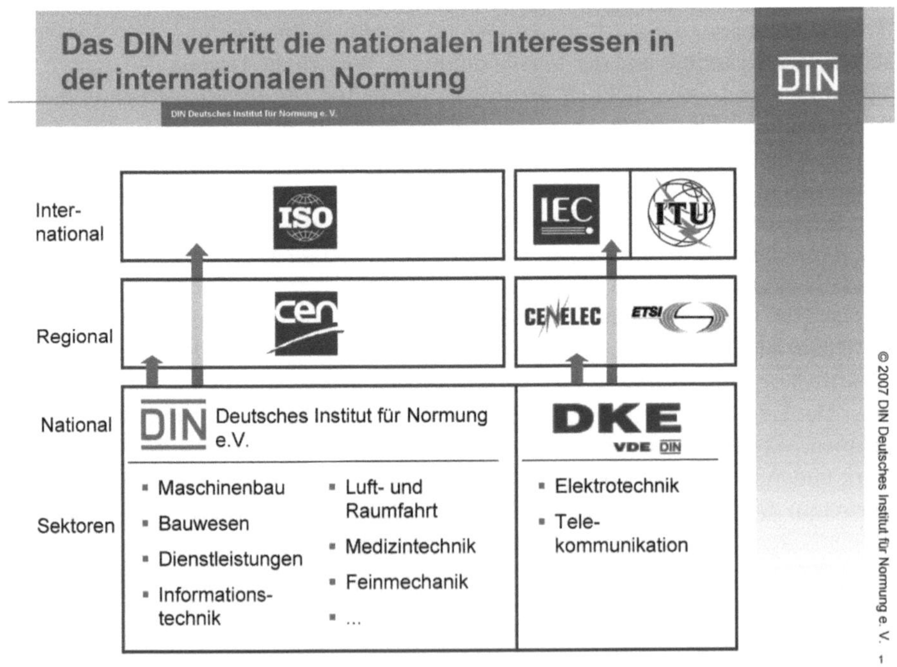

Abb. 17.3 Das DIN als Vertreter der nationalen Interessen

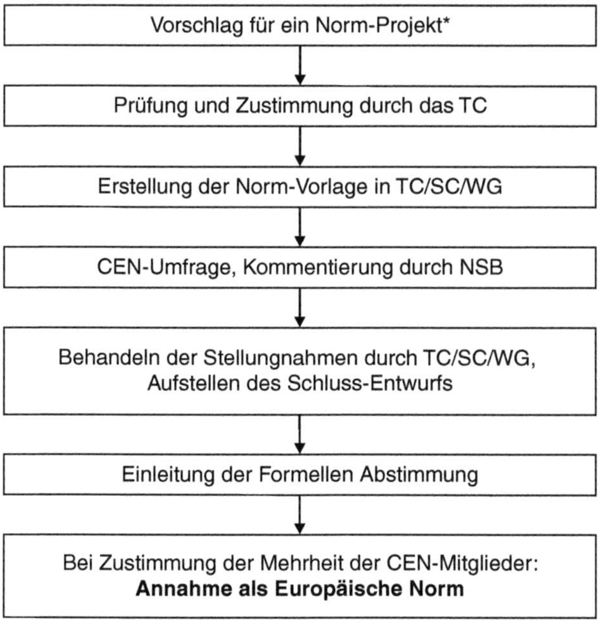

* durch Nationale Normungsorganisation, EU-Komission und EFTA oder europäische Organisation
TC – Technisches Komitee;
SC – Unterkomitee;
WG – Arbeitsgruppe;
NSB – Nationale Normungsorganisation.

Schema 1 Erarbeitung einer Europäischen Norm

Der Ablauf zur Erarbeitung einer Europäischen Norm wird in Schema 1 dargestellt. Das europäische Normungsvorhaben beginnt mit dem Normungsantrag. Antragsberechtigt sind die Mitglieder von CEN, also die nationalen Normungsinstitute, europäische Organisationen, die EG-Kommission sowie das EFTA-Sekretariat. Wird nach Umfragen bei der Fachöffentlichkeit der Mitgliedsländer der Normungsantrag positiv beschieden, so wird zunächst ein bestehendes Gremium, in der Regel ein technisches Komitee, mit der Bearbeitung beauftragt oder ein neues Gremium eingesetzt. Das Gremium arbeitet einen europäischen Normentwurf aus und stellt den technischen Inhalt im Rahmen eines Umfrageverfahrens der Fachöffentlichkeit zur Stellungnahme. Um einen möglichst breiten Konsens über die technischen Inhalte zu erzielen, wird eine Einspruchssitzung durchgeführt. Hierzu werden alle Kommentierenden eingeladen, um ihre Stellungnahmen direkt zu vertreten. In dieser Einspruchssitzung muss darauf geachtet werden, dass keine Stellungnahmen unberücksichtigt bleiben. Im Anschluss daran wird der Schlussentwurf formuliert, der – je nach Kommentaren – erheblich vom Normentwurf abweichen kann. Erst dann erfolgt die endgültige, gewichtete Abstimmung. Hierbei ist jedem Land ein Stimmanteil entsprechend seiner Wirtschaftskraft zugeordnet.Die Stimmgewichte der CEN-Mitgliedsländer sind in Abb. 17.4 angegeben.

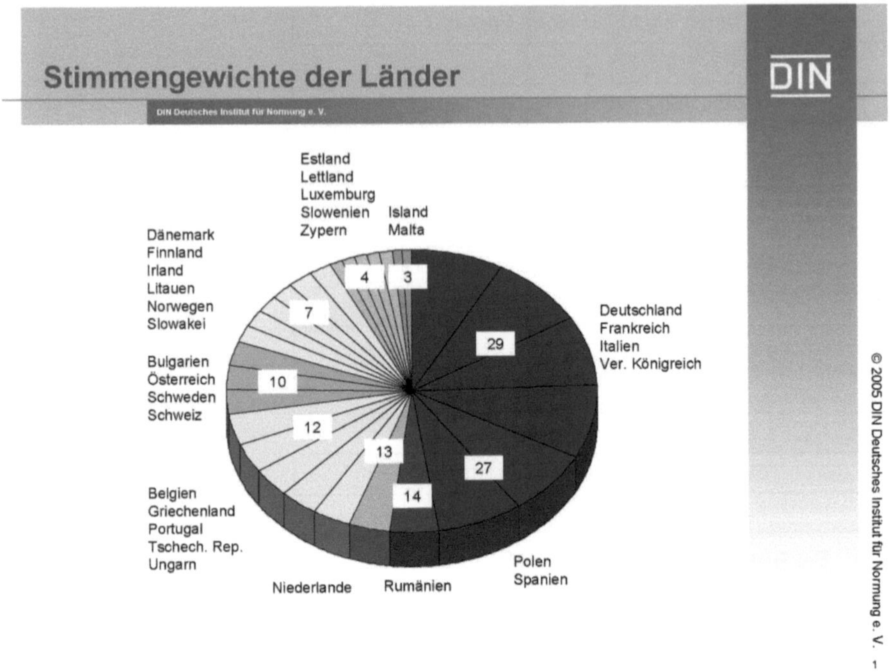

Abb. 17.4 Stimmgewichte der CEN-Mitgliedsländer bei der formellen Abstimmung (Stand 2007)

17.2 Normungsarbeit im DIN

Das DIN ist in etwa 80 Normenausschüsse gegliedert, welche die Normungsarbeiten in den einzelnen Fachgebieten betreuen. Für den Bereich der Lebensmittel ist der Normenausschuss Lebensmittel und landwirtschaftliche Produkte (NAL) zuständig. Hier werden Untersuchungsverfahren sowie die entsprechenden Laborgeräte, Arbeitsgeräte und Hilfsmittel für verschiedene Lebensmittelmatrizes sowie produktübergreifend für eine Vielzahl von Erzeugnissen erarbeitet.

Die Normung im NAL begann um etwa 1930 mit landwirtschaftlichen Themen. Damals hieß der NAL noch Fachnormenausschuss Landwirtschaft und normte z. B. Bodenbearbeitungs- und Imkereigeräte und erarbeitete Normen über Verpackungen für Butter, Eier, Obst und Gemüse.

Mit der Gründung des Technischen Komitees 34 bei ISO (ISO/TC 34 „Landwirtschaftliche Lebensmittelerzeugnisse") im Jahr 1961 erweiterte sich das Aufgabengebiet des NAL. Das ISO/TC 34 mit seinen zahlreichen Subkomitees erforderte die Gründung von nationalen Spiegelgremien. Damit verlor die landwirtschaftliche gegenüber der Lebensmittelnormung an Bedeutung. Der Schwerpunkt im NAL lag von nun an bei der Erarbeitung von chemisch-physikalischen, mikrobiologischen und sensorischen Untersuchungsverfahren für Lebensmittel.

Die Normung im NAL ist sehr stark mit der europäischen und nationalen Rechtsetzung verbunden. Auf fast allen Fachgebieten werden Normen erarbeitet, die Inhalte aus Verordnungen oder Richtlinien durch Regeln der Technik konkretisieren. Dies zeigt sich auch in der Zunahme von Normprojekten, die im Rahmen von Mandaten der EU-Kommission bearbeitet werden. Vorwiegend sind dies Themen, die Probenahme- und Prüfverfahren zum Inhalt haben.

Der NAL ist in die folgenden sechs Fachbereiche gegliedert:

Fachbereich 01 „Horizontale Lebensmittelanalytik“,
Fachbereich 02 „Lebensmittelsicherheit“,
Fachbereich 03 „Landwirtschaft“,
Fachbereich 04 „Tabak“,
Fachbereich 05 „Lebensmittelanalytik – Vertikale Verfahren“ und
Fachbereich 06 „Biotechnik“.

17.3 Europäische Normungsarbeit

Seit 1974 wird durch das Bundesamt für Verbraucherschutz und Lebensmittelsicherheit BVL (früher das Bundesgesundheitsamt) die Amtliche Sammlung von Untersuchungsverfahren nach § 64 des Lebensmittel- und Futtermittelgesetzbuches (LFGB), § 35 des Vorläufigen Tabakgesetzes und § 28 des Gesetzes zur Regelung der Gentechnik (GenTG) (nachfolgend „Amtliche Sammlung“ genannt) herausgegeben. Unter Mitwirkung von Experten aus Überwachungsinstitutionen, der Wissenschaft sowie der betroffenen Wirtschaftskreise ist in den zurückliegenden Jahrzehnten in Deutschland eine Methodensammlung von beachtlichem Umfang entstanden. Die breite Akzeptanz der Methodensammlung durch die betroffene Fachwelt ist nicht zuletzt darauf zurückzuführen, dass die in dieser Sammlung veröffentlichten Untersuchungsverfahren einen hohen Grad an Sicherheit in der naturwissenschaftlichen und lebensmittelrechtlichen Beurteilung der erhaltenen Untersuchungsergebnisse gewährleisten. Dies wird erreicht, indem die statistische Zuverlässigkeit der Untersuchungsverfahren durch Ringversuche ermittelt wird und somit die Angaben für die Präzision der Verfahren nach ISO 5725 Bestandteil eines jeden amtlichen Verfahrens sind.

Im Hinblick auf die vollständige Verwirklichung des europäischen Binnenmarktes und des Abbaus von Handelshemmnissen ist es nach der Verordnung (EG) Nr. 178/2002 erforderlich, die Gleichwertigkeit der einzelstaatlichen Untersuchungsverfahren festzustellen und gegebenenfalls einheitliche Analyseverfahren auszuarbeiten. Bei dieser Aufgabenstellung handelt es sich um ein klassisches Normungsthema. Im Interesse eines einheitlichen europäischen Normenwerkes werden alle interessierten Kreise an den Arbeiten beteiligt, um auf diese Weise einen breiten Konsens zu erlangen und die Koordinierung mit anderen Normungsgebieten sicherzustellen. Die Kommission hat bereits in der Verordnung (EG) Nr. 882/2004 festgelegt, dass Verfahren für die amtliche Kontrolle und Probenahme entweder den einschlägigen gemeinschaftlichen Rechtsvorschriften entsprechen sollen oder in zweiter Priorität solche sein sollen, die von CEN erarbeitet wurden.

Das Normungsvorhaben „Lebensmittelanalytik – Horizontale Verfahren" geht auf einen 1990 vom DIN gestellten und vom damaligen Bundesgesundheitsamt unterstützten europäischen Normungsantrag zurück. Ziel des Normungsvorhabens zur Lebensmittelanalytik ist es, durch Einbringen wesentlicher Teile der Amtlichen Sammlung in die europäischen Harmonisierungsarbeiten und durch aktive Mitgestaltung der europäischen Normungsarbeiten das hohe Niveau der Lebensmittelanalytik in der Bundesrepublik Deutschland zu sichern.

Die Methoden werden dann in den entsprechenden Arbeitsausschuss des NAL mit dem Ziel eingebracht, das Verfahren möglichst unverändert als europäisch harmonisierte Norm herauszubringen und dann wieder in die Amtliche Sammlung zu integrieren. Eine Darstellung der Zusammenarbeit BVL - DIN steht mit Abb. 17.5 zur Verfügung.

Das Technische Komitee CEN/TC 275 „Lebensmittelanalytik – Horizontale Verfahren" wurde im Jahr 1990 unter deutscher Sekretariatsführung gegründet. Der Arbeitsbereich des CEN/TC 275 umfasst die Analytik von Zusatzstoffen, Rückständen, Kontaminanten oder Allergenen in Lebensmitteln. Der Aufgabenbereich des CEN/TC 275 beinhaltet damit die für den gesundheitlichen Verbraucherschutz wesentlichen Themen. Ferner stehen die Normungsthemen in unmittelbarem Zusammenhang mit der europäischen horizontalen Richtliniensetzung im Lebensmittelbereich. Damit sind die Normungsarbeiten des CEN/TC 275 im Bereich der Lebensmittelanalytik von übergeordneter Bedeutung.

Die Gründung des CEN/TC 275 erfolgte durch Beschluss des CEN/BT (technical board) im Jahre 1990.

Im Jahre 1991 hat das CEN/TC 275 seine Arbeit aufgenommen und anlässlich seiner bisher 18 Sitzungen (Stand 2008) folgende vorläufige Arbeitsschwerpunkte festgelegt:

- Sulfite,
- Süßungsmittel,
- Pestizide,
- polychlorierte Biphenyle (PCB),
- Biotoxine (Mykotoxine und marine Biotoxine),
- mikrobielle Kontamination,
- Nitrat/Nitrit,
- bestrahlte Lebensmittel,
- Vitamine und Carotinoide,
- Schwermetalle (Elementspuren),
- gentechnisch modifizierte Lebensmittel,
- Lebensmittelallergene und
- Prozesskontaminanten.

Zur Erstellung der konkreten Arbeitsprogramme sowie der Beratung der einzelnen Normungsvorhaben wurden die folgenden Arbeitsgruppen (WG, working groups) eingesetzt:

CEN/TC 275/WG 1 – Sulfite, Federführung: Schweden,
CEN/TC 275/WG 2 – Süßungsmittel, Federführung: Deutschland,

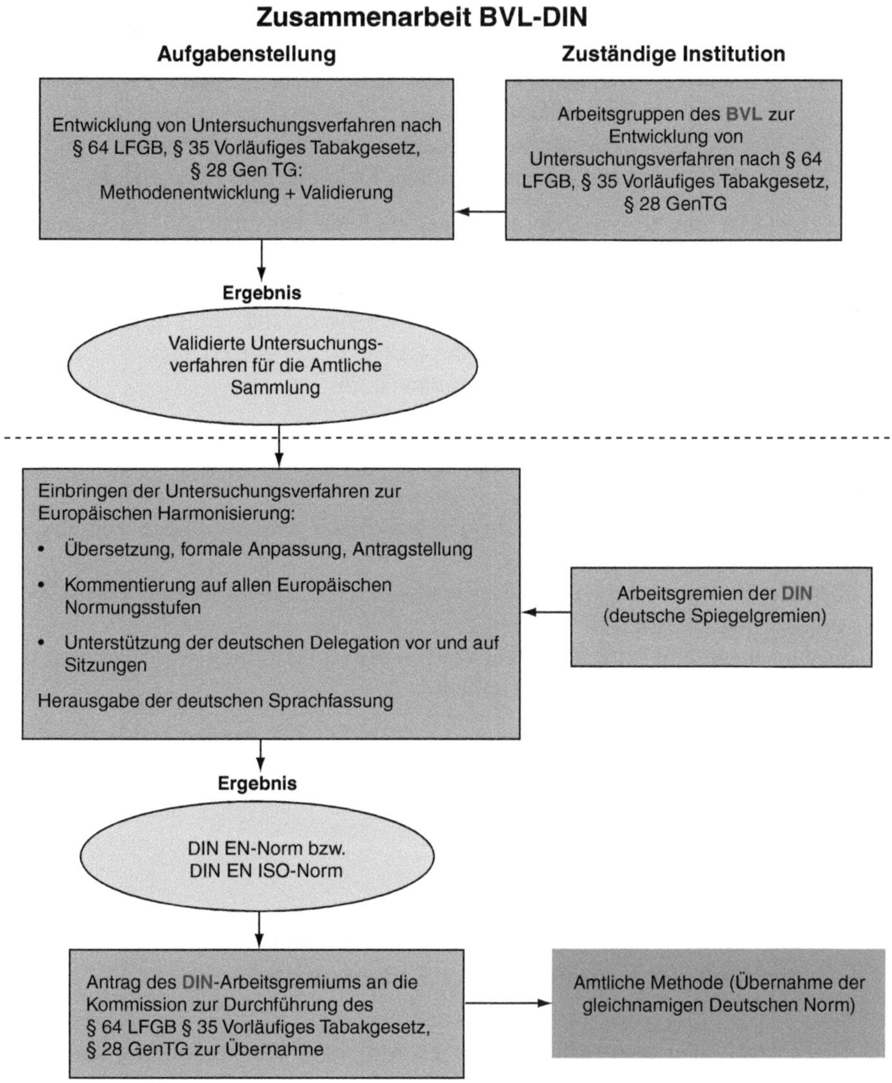

Abb. 17.5 Zusammenarbeit BVL – DIN

CEN/TC 275/WG 3 – Pestizide und PCB in tierischen Lebensmitteln, Federführung: Deutschland,
CEN/TC 275/WG 4 – Pestizide in pflanzlichen Lebensmitteln, Federführung: Deutschland,
CEN/TC 275/WG 5 – Biotoxine, Federführung: Niederlande,
CEN/TC 275/WG 6 – Mikrobielle Kontamination, Federführung: Frankreich,
CEN/TC 275/WG 7 – Nitrat/Nitrit, Federführung: Deutschland,
CEN/TC 275/WG 8 – Bestrahlte Lebensmittel, Federführung: Deutschland,

CEN/TC 275/WG 9 – Vitamine und Carotinoide, Federführung: Niederlande,
CEN/TC 275/WG 10 – Spurenelemente (Schwermetalle), Federführung: Schweden,
CEN/TC 275/WG 11 – Gentechnisch modifizierte Lebensmittel, Federführung: Deutschland,
CEN/TC 275/WG 12 – Lebensmittelallergene, Federführung: Deutschland und
CEN/TC 275/WG 13 – Prozesskontaminanten, Federführung: Niederlande.

Das Sekretariat des technischen Komitees und die von acht der insgesamt 13 Arbeitsgruppen werden durch den NAL geführt.

Zur Wahrung der deutschen Interessen wurden im Normenausschuss Lebensmittel und landwirtschaftliche Produkte im DIN Arbeitsausschüsse als Spiegelgremien zu den entsprechenden Arbeitsgruppen des CEN/TC 275 eingerichtet.

Die Aufgaben der Spiegelgremien bestehen darin:

- die europäisch einzubringenden Untersuchungsverfahren auszuwählen,
- die Vertretung der deutschen Vorschläge in den CEN-Arbeitsgruppen vorzubereiten,
- eine Meinungsbildung über die in den jeweiligen Arbeitsgruppen vorgelegten Arbeitspapiere herbeizuführen,
- über die bereits eingebrachten Bezugsdokumente hinaus weitere eigene Vorschläge einzureichen und
- für eine insgesamt wirksame deutsche Interessenvertretung bei Sitzungen der europäischen Arbeitsgruppen zu sorgen.

In die europäischen Normungsarbeiten des CEN/TC 275 wurden bisher ungefähr 100 Verfahren aus der Amtlichen Sammlung eingebracht und größtenteils auch berücksichtigt.

17.4 Normung von Verfahren zum Nachweis gentechnisch modifizierter Lebensmittel

In der Europäischen Gemeinschaft gilt seit Mai 1997 die Verordnung über neuartige Lebensmittel und Lebensmittelzutaten, kurz genannt die „Novel Food VO“ 258/97. Nach dieser Verordnung müssen gentechnisch veränderte Lebensmittel zugelassen und gekennzeichnet werden. Die Verfügbarkeit von validierten Nachweisverfahren, die den in den Durchführungsbestimmungen zur Verordnung über gentechnisch veränderte Lebens- und Futtermittel festgelegten Zulassungskriterien und Leistungsanforderungen entsprechen, ist unerlässlich. Nur dann kann geprüft werden, ob die auf dem Markt befindlichen Lebensmittel ordnungsgemäß zugelassen und gekennzeichnet sind.

Deutschland hatte die ersten Verfahren zum Nachweis von gentechnisch veränderten Organismen (GVO) entwickelt, validiert und in der Amtlichen Sammlung von Untersuchungsverfahren veröffentlicht.

Vor dem Hintergrund der Novel-Food-Verordnung und deren Kennzeichnungsvorschriften und mit dem Ziel, die Verfahren der Amtlichen Sammlung auch in den anderen Mitgliedsstaaten der Europäischen Gemeinschaft und darüber hinaus zu etablieren, hatte Deutschland auf Vorschlag des damaligen BgVV erstmals 1997 die Einrichtung einer Arbeitsgruppe zur Erarbeitung von Normen zum Nachweis genetisch veränderter Lebensmittel bei CEN im Rahmen des CEN/TC 275 beantragt.

Im Juni 1998 wurde dieser Vorschlag erneut eingebracht und in der 8. Plenarsitzung des CEN/TC 275 auch akzeptiert. Als Grundlagen für die Arbeiten der WG 11 dienten neben der „Novel-Food-Verordnung" die Verordnung 1139/1998 über die Kriterien für die Kennzeichnung von GVO sowie die VO 49/2000, die auch einen Schwellenwert festlegt sowie die Verordnungen 1829/2003, 1830/2003 und 641/2004, welche die Zulassung und Rückverfolgbarkeit von aus genetisch veränderten Organismen hergestellten Lebensmitteln und Futtermitteln regeln.

Die CEN/TC 275/WG 11 „Gentechnisch modifizierte Lebensmittel" konstituierte sich im Februar 1999 unter deutschem Vorsitz. Das Sekretariat der Arbeitsgruppe wird vom DIN geführt. Mitglieder sind Experten aus der Lebensmittelüberwachung, der Lebensmittelwirtschaft, von niedergelassenen Untersuchungslaboratorien, Test-Kit-Herstellern und -entwicklern sowie der Ernährungs- und Agrarwirtschaft aus Belgien, Dänemark, Deutschland, Finnland, Frankreich, Großbritannien, Irland, Italien, den Niederlanden, Norwegen, Österreich, Portugal, Schweden, der Schweiz und Spanien.

Als Spiegelgremium zur Wahrung der deutschen Interessen hat sich im November 1998 innerhalb des NAL der Arbeitsausschuss „Gentechnisch modifizierte Lebensmittel" konstituiert. Aufgabe des Spiegelgremiums ist es, Verfahren auszuwählen und deren Vertretung in der CEN-Arbeitsgruppe vorzubereiten sowie eine Meinungsbildung über die in der CEN/TC 275/WG 11 erarbeiteten Schriftstücke herzustellen. Anlässlich der ersten Sitzungen des Arbeitsausschusses wurden die wenigen aus den europäischen Mitgliedstaaten vorgeschlagenen Verfahren sowie sämtliche in der Amtlichen Sammlung veröffentlichten Verfahren geprüft, und es wurde beschlossen, die folgenden Verfahren in die europäische Diskussion einzubringen:

- L 00.00-31 Screeningverfahren zum Nachweis gentechnisch veränderter DNA-Sequenzen in Lebensmitteln durch den Nachweis der DNA-Sequenzen, die häufig in gentechnisch veränderten Organismen vorkommen.
- L 02.02-4 Nachweis einer gentechnischen Veränderung von *Streptococcus thermophilus* in Joghurt durch Amplifizierung der veränderten DNA-Sequenz mithilfe der PCR (Polymerase Chain Reaction) und Hybridisierung des PCR-Produktes mit einer DNA-Sonde.
- L 08.00-44 Nachweis einer gentechnischen Veränderung von *Lactobacillus curvatus* in Rohwurst durch Amplifizierung der veränderten DNA-Sequenz mithilfe der PCR (Polymerase Chain Reaction) und Hybridisierung des PCR-Produktes mit einer DNA-Sonde.
- L 23.01.22-1 Nachweis einer gentechnischen Veränderung von Sojabohnen durch Amplifizierung der veränderten DNA-Sequenz mithilfe der PCR (Polymerase Chain Reaction) und Hybridisierung des PCR-Produktes mit einer DNA-Sonde.

- L 24.01-1 Nachweis einer gentechnischen Veränderung von Kartoffeln durch Amplifizierung der veränderten DNA-Sequenz mithilfe der PCR (Polymerase Chain Reaction) und Hybridisierung des PCR-Produktes mit einer DNA-Sonde.
- L 25.03.01-1 Nachweis einer gentechnischen Veränderung von Tomaten durch Amplifizierung der veränderten DNA-Sequenz mithilfe der PCR (Polymerase Chain Reaction) und Hybridisierung des PCR-Produktes mit einer DNA-Sonde oder Restriktionsanalyse des PCR-Produktes.

Alle deutschen Vorschläge wurden von der WG 11 angenommen und finden sich in den von dieser Arbeitsgruppe erarbeiteten Dokumenten wieder. Die WG 11 hat auf ihrer ersten Sitzung im Februar 1999 und später, im Jahre 2001, das folgende Arbeitsprogramm formuliert:

- Lebensmittel – Nachweis von gentechnisch veränderten Organismen und daraus hergestellten Lebensmitteln – Allgemeine Anforderungen und Definitionen,
- Lebensmittel – Nachweis von gentechnisch veränderten Organismen und daraus hergestellten Lebensmitteln – Probenahme,
- Lebensmittel – Nachweis von gentechnisch veränderten Organismen und daraus hergestellten Lebensmitteln – Nucleinsäureextraktion,
- Lebensmittel – Nachweis von gentechnisch veränderten Organismen und daraus hergestellten Lebensmitteln – Qualitative auf Nucleinsäure basierende Verfahren,
- Lebensmittel – Nachweis von gentechnisch veränderten Organismen und daraus hergestellte Lebensmittel – Quantitative auf Nucleinsäuren basierende Verfahren und
- Lebensmittel – Nachweis von gentechnisch veränderten Organismen und daraus hergestellten Lebensmitteln – Proteinverfahren.

Die WG 11 hat die Erarbeitung von Normen beschlossen, die aus einem Hauptteil und mehreren Anhängen bestehen. Im Hauptteil werden allgemeine Hinweise für die PCR- bzw. Proteinanalytik formuliert, wobei die konkreten Verfahren in den Anhängen beschrieben werden. Das ermöglicht eine schnelle Aktualisierung der Normen, wenn neue validierte Verfahren zur Verfügung stehen, denn diese können dann als zusätzliche Anhänge aufgenommen werden.

Seit 2002 haben sich auch Länder außerhalb CEN an den Normungsarbeiten interessiert gezeigt. Um eine Begleitung der europäischen Normungsarbeiten zu erlauben, wurde bei ISO eine Arbeitsgruppe innerhalb des für Lebensmittel zuständigen technischen Komitees eingerichtet, die ISO/TC 34/WG 7. Sämtliche Projekte der WG 11 werden seit dem unter der „Wiener Vereinbarung" unter CEN-Leitung erarbeitet, um die gleichzeitige Veröffentlichung als Europäische und Internationale Normen (EN ISO) zu ermöglichen.

Das Ziel der Arbeitsgruppe war es immer, die geltende Rechtsetzung in den Normen zu berücksichtigen. Da während der Erarbeitung der Norm zur Probenahme die Empfehlung für eine technische Anleitung für Probenahme und Nachweis von gentechnisch veränderten Organismen herausgegeben wurde, hat sich die Gruppe dazu entschlossen, den ersten Entwurf dieser Empfehlung 2004/787/EG anzupassen. Grundlage für die Empfehlung waren die Erkenntnisse aus dem KELDA-Projekt, die von einigen nichteuropäischen Mitgliedern als nicht geeignet angesehen wurden. Dies hatte zur Folge, dass das Projekt aus der parallelen Erarbeitung bei ISO und CEN herausgenommen wurde.

Dieses Dokument wurde auf CEN-Ebene als technische Spezifikation veröffentlicht.

2008 wurde auf Antrag der amerikanischen Normungsorganisation ANSI im ISO/TC 34 „Food products" ein neues Unterkomitee SC 16 „Horizontal methods for molecular biomarkers analysis" eingerichtet, in das die ISO/TC 34/WG 7 einbezogen wurde.

Folgende normative Dokumente sind herausgegeben worden (Stand 2008):

EN ISO 21569: 2005 Lebensmittel – Verfahren zum Nachweis von gentechnisch modifizierten Organismen und ihren Produkten – Qualitative auf Nukleinsäuren basierende Verfahren,

EN ISO 21570: 2005 Lebensmittel – Verfahren zum Nachweis von gentechnisch modifizierten Organismen und ihren Produkten – Quantitative auf Nukleinsäuren basierende Verfahren,

EN ISO 21571: 2005 Lebensmittel – Verfahren zum Nachweis von gentechnisch modifizierten Organismen und ihren Produkten – Nukleinsäureextraktion,

EN ISO 21572: 2004 Lebensmittel – Verfahren zum Nachweis von gentechnisch modifizierten Organismen und ihren Produkten – Proteinverfahren,

EN ISO 24276: 2006 Lebensmittel – Verfahren zum Nachweis von gentechnisch modifizierten Organismen und ihre Produkten – Allgemeine Anforderungen und Definitionen und

CEN/TS 15568: 2006 Lebensmittel – Verfahren zum Nachweis von gentechnisch modifizierten Organismen und ihren Produkten – Probenahmestrategien.

Die Arbeiten auf europäischer Ebene mit internationaler Begleitung (parallele Erarbeitung von EN ISO-Normen) wurden im Jahre 2006 beendet. Es ist jedoch abzusehen, dass die bereits veröffentlichten Normen aufgrund der schnellen Entwicklung in diesem Gebiet auf internationaler Ebene bald überarbeitet bzw. aktualisiert werden müssen. Für die Wahrung der deutschen Interessen ist es daher unerlässlich, dass die deutschen Experten zukünftig an den Sitzungen des mittlerweile verantwortlichen ISO-Gremiums, dem ISO/TC 34/SC 16, teilnehmen, um dort die Verfahren aus der Amtlichen Sammlung wirksam zu vertreten.

Es wurde beschlossen, die Übernahme der fünf oben genannten Normen in die Amtliche Sammlung als Paket zu beantragen.

17.5 Normung von Verfahren zum Nachweis von Lebensmittelallergenen

In der Europäischen Gemeinschaft gilt die Richtlinie über die Kennzeichnung von Lebensmitteln 2000/13 EG, in der auch festgeschrieben ist, dass potenziell allergene Stoffe kenntlich gemacht werden müssen.

Bereits im Jahre 2000 wurde im Technischen Komitee CEN/TC 275 festgehalten, dass es wünschenswert wäre, wenn in Europa vereinheitlichte genormte Verfahren zur Bestimmung von Lebensmittelallergenen zur Verfügung stehen würden. In den Jahren 2000 und 2001 wurden daher alle CEN-Mitgliedsorganisationen um Zusendung validierter Verfahren gebeten. Da solche Verfahren jedoch zu dieser Zeit nicht zur Verfügung standen, wurde von der Errichtung einer Arbeitsgruppe abgesehen.

Im Jahre 2002 wurde dann beschlossen, die Arbeitsgruppe zunächst mit dem Ziel einzusetzen, den Experten die Möglichkeit zu eröffnen, sich auf europäischer Ebene zu organisieren. So sollten sie bessere Möglichkeiten haben, Forschungsprojekte (z. B. bei der EU-Kommission) zu beantragen und damit die Validierung von europäischen Verfahren zu initiieren. Der übliche Anspruch an die Arbeitsgruppen des CEN/TC 275, auf deren erster Sitzung bereits konkrete Vorschläge für das Arbeitsprogramm mit Zieldaten zu formulieren, wurde an die WG 12 „Lebensmittelallergene“ nicht herangetragen.

Im Jahr 2003 fand die erste Sitzung der WG 12 statt. Der Vorsitz und das Sekretariat wurde durch das DIN übernommen. Zur Aufteilung der Arbeiten wurden drei Ad-hoc-Gruppen gegründet und eine Prioritätenliste für potenzielle Lebensmittelallergene festgelegt:

- Erdnuss,
- Haselnuss,
- Milchproteine,
- Eier,
- Gluten und
- Sojabohnen.

Durch die Ad-hoc-Gruppen wurde Kontakt mit Herstellern von Test-Kits aufgenommen und die Verfügbarkeit von geeigneten validierten Verfahren recherchiert.

Die WG 12 hat seit Aufnahme der Arbeiten Vorlagen für Normen über allgemeine Grundlagen für die Untersuchungsverfahren sowie für die immunologischen bzw. molekularbiologischen Verfahren beraten. Die Gruppe befasst sich weiterhin mit Vorgaben für die Probenahme und Referenzmaterialien zur Verfahrensvalidierung.

Im Jahr 2006 wurden die beiden folgenden Projekte in das Arbeitsprogramm des CEN/TC 275 aufgenommen: eine Norm zu molekularbiologischen Verfahren und eine Norm zu immunologischen Verfahren zur Bestimmung von Lebensmittelallergenen. Die Herausgabe der Europäischen Normen erfolgte Ende 2008. Weiterhin wurde beschlossen, eine Europäische Norm über allgemeine Grundlagen und Methodenvalidierung zur Bestimmung von Lebensmittelallergenen zu erarbeiten. Die CEN-Umfrage zum Normentwurf wurde Mitte des Jahres 2008 eingeleitet.

Nachdem die grundlegenden Arbeiten weitestgehend abgeschlossen waren, forderte die europäische Arbeitsgruppe die Experten auf, Allergennachweismethoden, die zur Normung geeignet sind, einzureichen. Das deutsche Spiegelgremium zur WG 12 stellte daraufhin zwei immunologische Methoden zum Nachweis von Haselnussallergenen vor.

Es ist vorgesehen, die einzelnen Untersuchungsverfahren nach deren Fertigstellung als Teile der Normen zu molekularbiologischen Verfahren und zu immunologischen Verfahren zu veröffentlichen. Auf diesem Weg kann ein inhaltlich zusammenhängendes Normenwerk geschaffen werden, welches die ganze Bandbreite der aktuellen Nachweismöglichkeiten für Lebensmittelallergene abdeckt.

Mit der WG 12 steht den interessierten Kreisen ein Gremium zur Verfügung, durch das Ergebnisse der Methodenerarbeitung zeitnah in die europäische Normung eingebracht werden können.

Sachverzeichnis

U. Busch (Hrsg.), *Molekularbiologische Methoden in der Lebensmittelanalytik,*
DOI 10.1007/978-3-642-10716-0, © Springer-Verlag Berlin Heidelberg 2010